U0284724

河流空间设计

城市河流规划策略、方法与案例

河流空间设计

城市河流规划策略、方法与案例

River. Space. Design.
Planning Strategies, Methods and Projects for Urban Rivers

（原著第二版增补本）

［德］马丁·普林斯基（Martin Prominski）
［德］安特耶·施托克曼（Antje Stokman）
［德］苏珊娜·泽勒（Susanne Zeller）
［德］丹尼尔·斯蒂姆伯格（Daniel Stimberg）
［德］辛纳克·沃尔玛尼克（Hinnerk Voermanek）
［斯洛文尼亚］卡塔琳娜·巴伊茨（Katarina Bajc）
著

王秀蘅　王秋茹　王秀慧　王　群　译

中国建筑工业出版社

1

中文版序 ↗4
任南琪

前言 ↗5
赫伯特·德莱塞特尔

基础知识

2

设计目录

案例

中文版序

过去的几十年来，很多城市河流在人们眼中的形象似乎已经固化为“三面光”的混凝土渠道，它的功能是排污和尽快将暴雨排到下游。近几年，随着我国黑臭水体专项整治和海绵城市建设工作的推进，城市河流的水质有了较大的提升，洪水流量也得到一定管控。然而，直立的堤岸、不可接近的水面和没有沙滩的河床，无法唤起童年时将脚丫泡在水里看着鱼儿游来游去，以及守着河边的小水坑看蝌蚪长腿的记忆。

19世纪末到21世纪初，欧美的一些城市开始呼唤近自然化和生态化的河流。在管理方与居民的共同努力下，对很多河流空间进行了设计和改造，以复兴河流。在改造后的城市河岸，能体会到空间舒适感、开阔的视野、沿着河堤上上下下的亲切参与感，以及现代化的岸边建筑与近自然河流的水乳交融。设计思路来自景观、水利、土木和生态等各种专业人员的合作交流，有时也有当地民众的创意。

我很欣喜地看到，我国的河流复兴工作也开始起步。有些城市在基础设施升级和生态文明建设过程中，将原来碎片化的、工程化的河流管控措施上升到在流域范围内开展空间设计和管理，融合了防洪、城市美化和生态修复的多重功能目标。很多城市的文化发展都源于河岸，河流的复兴也意味着水文化的回归。

河流复兴工作，在今后的几十年中，将是我国生态环境保护和城市建设领域的一项重要任务。我们希望对河流空间进行精心的设计，在防洪和创造城市景观的同时，也为城市居民提供活力源泉。我国城市地貌和气候的多样性又为河道设计和河流空间复兴增添了难度。可以采用哪些设计策略和设计手段？有哪些案例可以效仿？是不是可以奉行“拿来主义”？不同的设计方法的适用原则是什么？

本书通过提取可借鉴移植的设计工具及工程案例，为从事城市规划、海绵城市建设、水利建设、景观设计的研究人员、工程师和政府管理者提供了跨学科的知识启迪。本书的另一个特点是建立了 “基于河流过程的设计” 的方法体系，有助于设计师理解“水景观是时空过程的表达”，通过对堤坝、洪泛区、河床与水流的综合设计，在不同季节和不同水位下为民众创造出多样的、变化的空间。谨此，特别推荐本书，相信大家读后会受益匪浅。

在对本书作者们的编写创意和认真工作表示感谢的同时，也感谢我们课题组的教师与来自其他高校的译者的共同努力，他们细致认真地翻译了这本融合了河流动力学、景观设计、水利、建筑、规划、生态修复和水环境知识的著作，为我国的河流生态修复、滨河空间设计提供参考，助力我国生态文明建设。

任南琪
中国工程院院士
住房和城乡建设部全国海绵城市建设技术指导委员会主任
哈尔滨工业大学教授
2019年7月24日

前 言

是不是每条河流都很特别？没有任何两条河流的形态、风貌和氛围是完全相同的。河流是景观的脉络，它充满生命活力。一条河流可以变换无穷，某一天水面反射着阳光轻柔的舞步，接下来的日子可能就是充满泡沫的急流，冲走所有它前行的阻挡者。如果仅仅将河流简单地理解为流动的水，我们则忽略了太多；它们是流动的水体与河床的共舞，塑造着两岸和周边环境。这些，使每条河流独有自己的个性和特点，徜徉地叙述着自己的故事与传说，传唱着歌曲，从远古至今朝。

几乎所有的城市和文化空间的发展都源于河岸，居民的发展与繁荣也讲述了他们与水之间的故事。由于河流的通航和其作为运输路线的重要性，沿岸的贸易、运输和工业得以蓬勃发展；几个世纪以来，河流也一直是居住在河岸附近的人们的重要食物来源地；水和人类双手塑造的水景观是我们文化的基础。

人类最初的工程建设是为了治理河流，目的始终是保护居所不受洪水的肆虐和破坏。同时，在许多地方，对河道的驯服和管理也促使了文化景观的发展。如今，我们的河流在很大程度上已经被裁弯取直，变成了工程奇迹——它们的原始形态和塑造地貌的方式几乎难以察觉。然而，福兮祸兮！近年来的灾难性洪水、气候变化的影响以及水中和岸边的物种多样性的下降，正是大自然对人类现今技术至上的全面控制河流的方式提出的质疑。如今河流越来越多地吸引了人们的注意力，为了所有欧洲河道能处于良好条件，逐渐提升公众意识，欧盟拟订和执行了《欧盟水框架指令》（EU Water Framework Directive）。

河流治理不仅仅是水力学和防洪问题。河流为娱乐提供服务空间变得越来越重要，因为我们再次发现河流是沉思和休养的好地方。近年来，通过提升污水处理和雨水管理能力，城市河流水质已大大改善，不再是城市里人们避之不及、臭气熏天的死水；河流展现着城市最美丽的一面，也是游客们对这座城市的第一印象。因此，以河流形态和堤岸类型表现出来的河道空间的美学，变得越来越重要。我们对待河流的方式正在从僵硬的水利技术工程转变为半自然的生态工程，将河道塑造成一个水陆交融的人与动植物和谐共处的多功能区。我们希望对河流进行精心的设计，使其处于良好状态——一个有生命的有机体，为城市居民提供活力源泉，不负居民的期望。

如何实现这些目标？哪些案例可以效仿？哪些因素在实际实施中起决定性作用？这些都是当今河道设计和河流空间复兴中亟待解决的问题。

基于此，《河流空间设计》这本书在人们的期待中问世了，目前正在发行经过扩增的第二版。本书具有出色的内容并设置了清晰的导读结构，既适用于业内专家，也可供感兴趣的业外人阅读。本书为政策制定者和公共管理者提供跨学科联系的启迪，为规划师、工程师和承建商提供有价值的工作建议。最后，我想强调，每一个对水有专业兴趣的人都将从这本书中汲取营养，如饮甘泉！

我们希望，我们的河流，即使是被管控的状态，仍能保持其形状和古老的力量，为公众创造和活跃城市的景观。

赫伯特·德莱塞特尔（Herbert Dreiseitl）

基础知识

绪　论

易北河，海港城（hafencity），汉堡。在很多城市，人们再次也重新认识了他们的河流。在这些新的滨水区域和河岸景观中，城市规划、防洪、生态和美化等多方面需求以最具创新性的方式交织在一起。

目　标

城市河流及其周边经历了戏剧性的变化：曾经长期被忽视，如今又发展成为城市中最负盛名的地方。这反过来又对河流提出了许多新的要求，河流空间设计承载着过多的期望——希望滨水区成为具有吸引力的开放空间，河流也被预期为城市间经济竞争的重要区位因素。2000年被采纳的《欧盟水框架指令》自始至终都对河流提出高标准的生态要求，与此同时，由于气候变化，城市发展面临极端天气和洪水的威胁，所有这些要求都必须由城市河流系统来承载——然而，河道空间往往是最有限的。

欧盟指令行动计划　从水资源管理的角度来看，气候变化的预后事件、洪水和河流断流的交替出现让人们意识到改造城市河流空间的必要性。长期干旱、更频繁的暴雨和海平面上升一次又一次地考验着防洪体系以及城市供水和污水系统。2007年实施的《欧盟洪水风险管理指令》要求成员国对洪灾风险进行精确评估，并制订改善防洪的管理计划。由此产生的必要防护工程正在改变着城市的地上和地下空间环境。

与此同时，《欧盟水框架指令》优先考虑生态目标，比如更好的水质和河道结构。该指示要求会员国“保护、加强及修复所有地表水体”（《欧盟水框架指令》第4条）。目前，许多项目正在对现状进行广泛的调查，以满足指令要求。水管理的专业协会，如德国水、污水和废物协会（DWA 2009）也在制定自己的管理框架以便优化城市环境中的河道设计，　并寻求能够统筹多方面要求，甚至是兼顾相互冲突的各种要求的方法。

近年来，水日益吸引着城市规划者的目光。显然，为了提高都市生活质量，城市正转过身来，面对它的河流和湖泊——开发滨水的生活和工作环境，比如，港口再开发、建造城市海滩和滨河步行街。由此，很多基于重建城市沿岸景观的项目如雨后春笋般出现，项目建设内容既包括河道水体也有岸线。总的来说，落实纷繁芜杂的执行要求需要各有关方面密切合作：水管理专业人员、城市规划师、建筑师、景观设计师、自然保护主义者和其他领域的代表。由于城市河流的多样性，每个项目都迅速成为跨学科的挑战；其中最重要的是安全利益的冲突和寻求新的亲水方式，这些对设计师的能力提出了更高的要求。

今天，世界各地已有许多重建项目成功实施，其设计和实施措施记录在各种专业期刊、书籍和数据库中。对于那些现在面临城市河流空间设计的人来说，了解优秀的参照项目是很重要的。但是搜索可用的资料不仅费时费力，而且结果往往不令人满意，因为每一个案例研究都太过特殊，无法直接用于自己的规划任务。目前缺乏一种归纳总结，它以系统的和可移植应用的方式呈现城市河流空间广泛多样的设计。本书旨在填补这一空白，作为城市河流空间设计师的入门和参考。

本书希望能够达到以下主要目标：

1. 创建可移植应用的知识。　从那些因各种理由而成为典范的城市河流空间的建造设计中提取设计工具，并按类型学进行分类。由此衍生出设计策略目录，使从业者更容易将工具内容移植到他们自己的设计任务中。本书用设计图清晰地展示了设计策略和工具与待设计空间的相关性，有助于读者快速理解。

2. 寻找跨学科的语言。　类型学的设计方法整合了城市河流空间设计中涉及的所有学科的关键因素。这种跨学科的展示方法和语言促进了景观设计师、生态学家、建筑师和城市规划者之间的合作——考虑到城市河流空间设计的复杂性，这一点至关重要。

3. 描述了河流的各种动态过程。 之所以强调河流在动态中，是因为河流空间在不同过程中是不断变幻的。因此，在设计河流空间时，“过程导向”是必不可少的，并且应该在设计方案中体现。然而，许多关于河流空间的设计是基于河流处在一种固定状态下，因此无法展现河流空间的潜力。为了使读者能够理解河流系统的过程情景原则，本书图文并茂地呈现了与水有关的各种过程。

4. 建立生态、防洪与美化的联系。 阐述了以过程为导向的设计的意义，其中融合了城市空间设计中的三大主题板块——生态、防洪和美化。揭示了这三个主题焦点在空间设计中的协同作用与冲突。

由景观设计师和水利工程师组成的跨学科作者团队，从不同角度审视本书中选择的项目案例，将当地专家的访谈、文献研究和团队自身的分析提炼为设计策略，开发出一套系统的设计工具和措施。基于对河流过程的分析和理解，从而形成了对各种设计可能性的概念性分类和描述，然后再系统化。

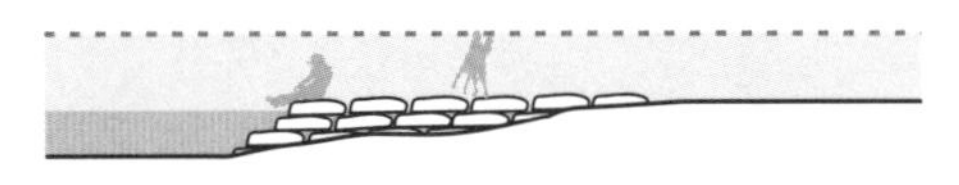

D1.3
铺设石制防波堤

两个可移植利用的设计工具范例：作为修复的一部分，在巴塞尔的比尔斯河（River Birs）上，从河岸伸出的砌石防波堤可以减缓水流；在沃斯（Wörth）的美因河，壮观的折叠水闸与老城墙融合在一起，被用作防洪屏障。

案例选择

这本书的准备工作从选择好的案例开始，这些案例符合预先设定的标准，即涉及三个目标中的至少两个：生态、防洪和美化。这些案例采取综合方法，在多重意义上将上述目标的至少两项结合，有效利用公共投资，使有限城市空间能够以不同的方式使用。本书也选择了一些追求单一目标的适用于特殊环境中的案例。项目建设的初衷分别是为了满足生态、水利或建筑目标，相应地，编写团队的人员是多元组成的，项目的设计语言是多样的。他们在对比不同的项目时，特别是感受到不同专业的人员处理河流过程的方式，碰撞出了新的跨学科的火花并有效地协作。所以，本书编写时有意将有不同目标和特点的项目并列在一起，使读者也能够产生新的跨学科的见解，获取协同综合效益的灵感。

其次，每个案例都展现出一种基于河流动态的设计意图，小到修补河滨长廊，大到改变河床，程度不等。

第三，项目的总体设计质量和项目独特性不是主要的案例选择标准。所选的案例至少包含一个特别创新的设计工具；每个案例均有其独特的解决问题方法，或者展现了设计手法特殊的一面。鉴于各种参考项目中的河流非常多样化，因此并非所有的设计工具或措施都可以被其他项目采纳。

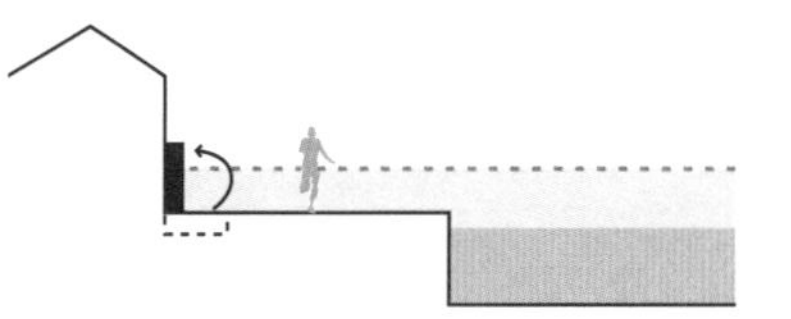

B5.3
折叠式防洪设施

如何使用本书

本书分为三部分：

第一部分为基础知识，阐述了高品质的城市河流空间设计的要点，讲解了塑造河流的各种过程类型，河流的外观与变化。这些基础知识为本书的核心奠定了理论基础——系统地组织设计策略及其各自的设计工具和措施。

第二部分为设计目录，分为5个不同的河流“过程空间”（A到E），通过设计措施，对有限的河流空间区域的水体过程进行了不同程度的塑造。

第三部分为案例，包含了为本书派生出设计工具的最佳实践案例。这些参考案例都有详尽的方案说明和插图，同时也介绍了项目实施的背景。这些项目同样按5个“过程空间”（A到E）分组，每组内按河流名称的字母排序。

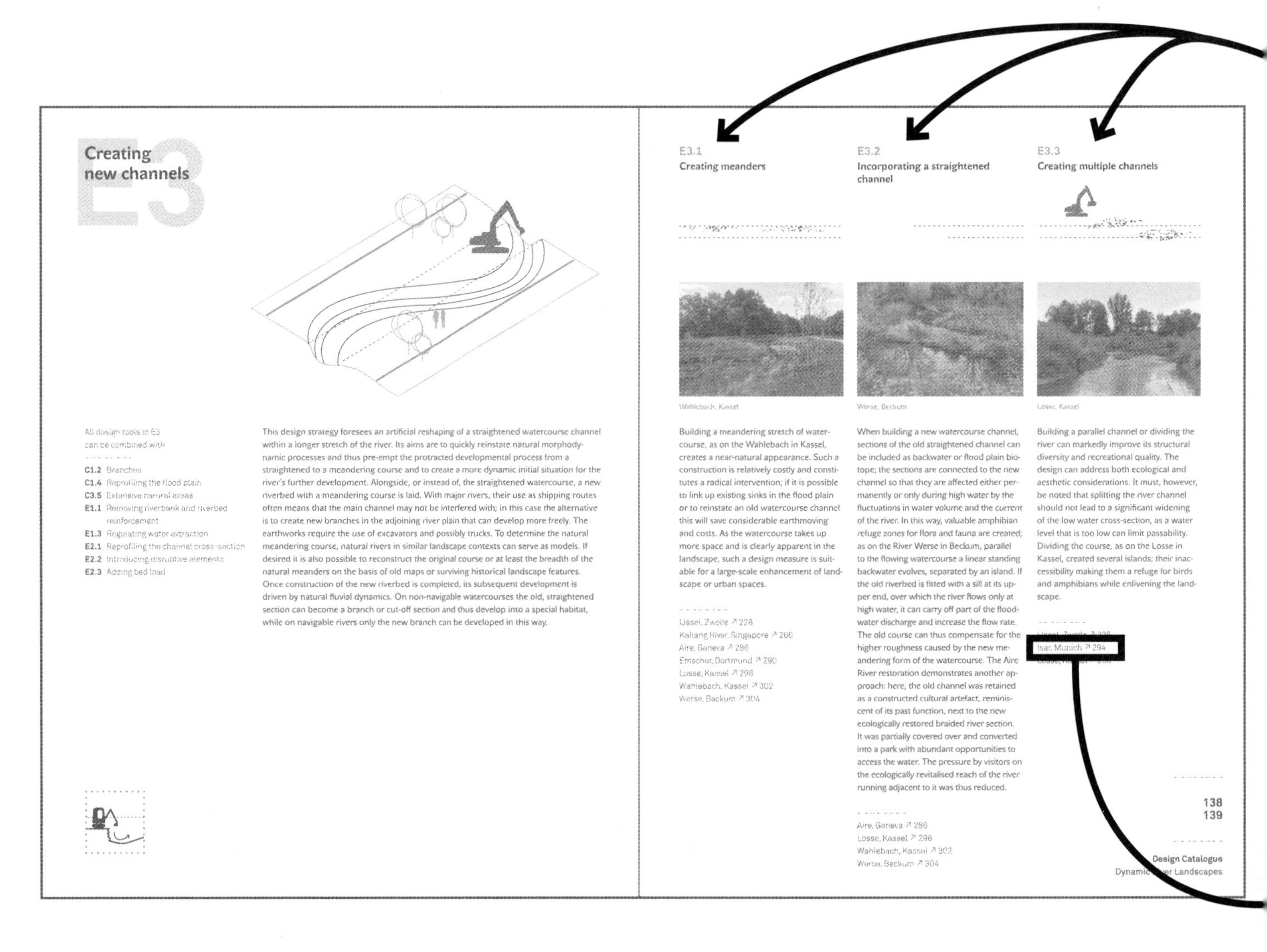

Creating new channels

E3

All design tools in E3 can be combined with

C1.2 Branches
C1.4 Reprofiling the flood plain
C3.5 Extensive natural areas
E1.1 Removing riverbank and riverbed reinforcement
E1.3 Regulating water extraction
E2.1 Reprofiling the channel cross-section
E2.2 Introducing disruptive elements
E2.3 Adding bed load

This design strategy foresees an artificial reshaping of a straightened watercourse channel within a longer stretch of the river. Its aims are to quickly reinstate natural morphodynamic processes and thus pre-empt the protracted developmental process from a straightened to a meandering course and to create a more dynamic initial situation for the river's further development. Alongside, or instead of, the straightened watercourse, a new riverbed with a meandering course is laid. With major rivers, their use as shipping routes often means that the main channel may not be interfered with; in this case the alternative is to create new branches in the adjoining river plain that can develop more freely. The earthworks require the use of excavators and possibly trucks. To determine the natural meandering course, natural rivers in similar landscape contexts can serve as models. If desired it is also possible to reconstruct the original course or at least the breadth of the natural meanders on the basis of old maps or surviving historical landscape features. Once construction of the new riverbed is completed, its subsequent development is driven by natural fluvial dynamics. On non-navigable watercourses the old, straightened section can become a branch or cut-off section and thus develop into a special habitat, while on navigable rivers only the new branch can be developed in this way.

E3.1
Creating meanders

Wahlebach, Kassel

Building a meandering stretch of watercourse, as on the Wahlebach in Kassel, creates a near-natural appearance. Such a construction is relatively costly and constitutes a radical intervention; if it is possible to link up existing sinks in the flood plain or to reinstate an old watercourse channel this will save considerable earthmoving and costs. As the watercourse takes up more space and is clearly apparent in the landscape, such a design measure is suitable for a large-scale enhancement of landscape or urban spaces.

IJssel, Zwolle ↗ 228
Kallang River, Singapore ↗ 266
Aire, Geneva ↗ 286
Emscher, Dortmund ↗ 290
Losse, Kassel ↗ 298
Wahlebach, Kassel ↗ 302
Werse, Beckum ↗ 304

E3.2
Incorporating a straightened channel

Werse, Beckum

When building a new watercourse channel, sections of the old straightened channel can be included as backwater or flood plain biotope; the sections are connected to the new channel so that they are affected either permanently or only during high water by the fluctuations in water volume and the current of the river. In this way, valuable amphibian refuge zones for flora and fauna are created; as on the River Werse in Beckum, parallel to the flowing watercourse a linear standing backwater evolves, separated by an island. If the old riverbed is fitted with a sill at its upper end, over which the river flows only at high water, it can carry off part of the floodwater discharge and increase the flow rate. The old course can thus compensate for the higher roughness caused by the new meandering form of the watercourse. The Aire River restoration demonstrates another approach: here, the old channel was retained as a constructed cultural artefact, reminiscent of its past function, next to the new ecologically restored braided river section. It was partially covered over and converted into a park with abundant opportunities to access the water. The pressure by visitors on the ecologically revitalised reach of the river running adjacent to it was thus reduced.

Aire, Geneva ↗ 286
Losse, Kassel ↗ 298
Wahlebach, Kassel ↗ 302
Werse, Beckum ↗ 304

E3.3
Creating multiple channels

Losse, Kassel

Building a parallel channel or dividing the river can markedly improve its structural diversity and recreational quality. The design can address both ecological and aesthetic considerations. It must, however, be noted that splitting the river channel should not lead to a significant widening of the low water cross-section, as a water level that is too low can limit passability. Dividing the course, as on the Losse in Kassel, created several islands; their inaccessibility making them a refuge for birds and amphibians while enlivening the landscape.

Isar, Munich ↗ 294

138
139

Design Catalogue
Dynamic River Landscapes

本书第二部分的设计工具和策略与第三部分的案例可以相互对照检索。

各部分之间的联系 第二部分和第三部分是互为索引的，以便前后翻阅参考，并行使用。推荐以下几个阅读本书的方法：正序读——先策略后案例，第二部分的抽象设计策略可以参考第三部分的项目案例，设计工具所在页面索引了采用该工具的项目；逆序读——先案例后策略，第三部分的项目案例同样也索引了第二部分的设计工具。当读者的注意力被案例的有形元素吸引时，他们可以跟随索引仔细地研究对应的设计工具，从而确定这个元素是否可以移植到他们自己的项目中。

索引链接包括分类号和页码，引导读者跳转到想要探索的问题所在的页面。这种链接结构使读者可以从3个部分中的任何一部分——（1）基础知识（2）设计目录或（3）案例——开始本书的阅读。

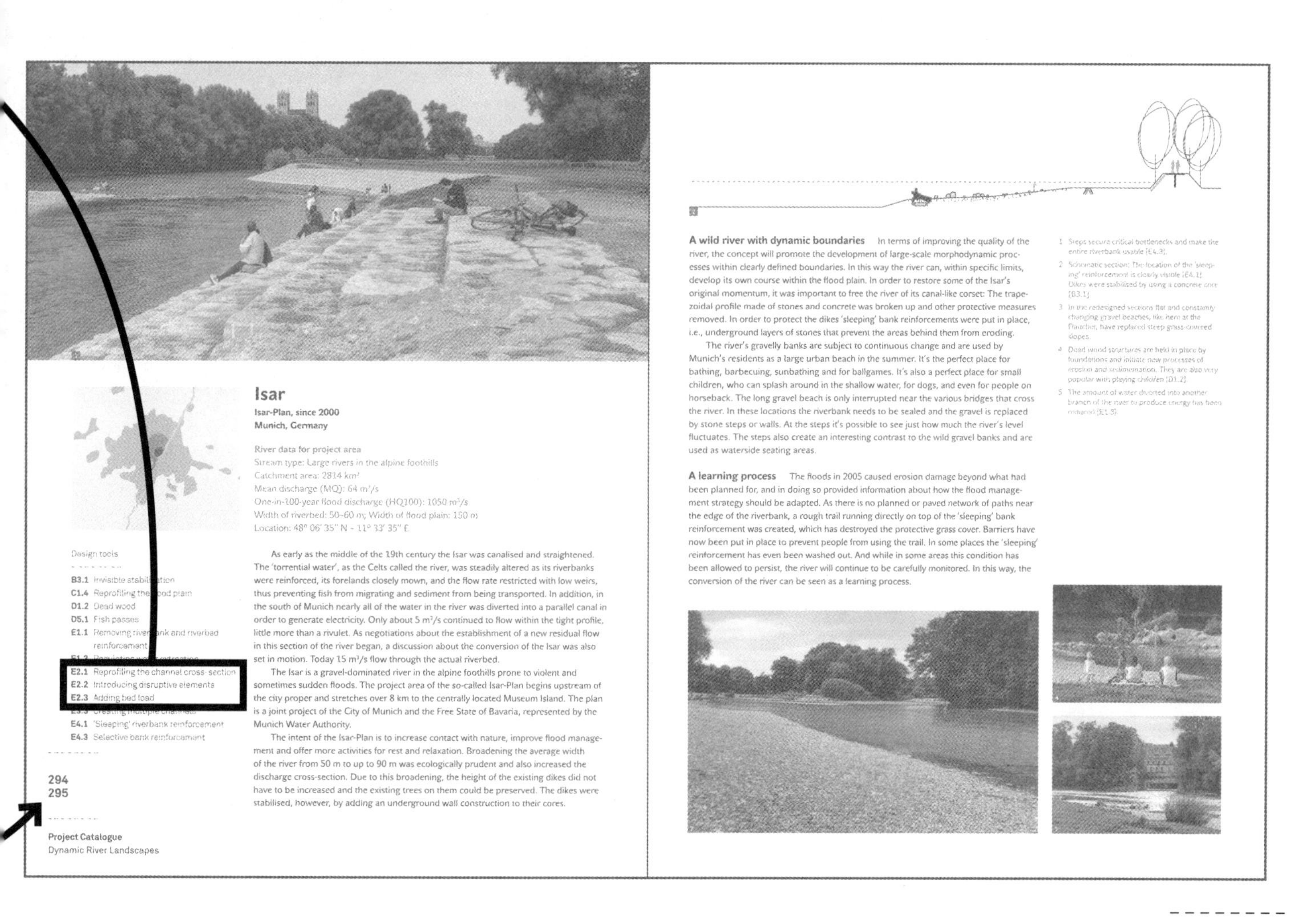

Isar

Isar-Plan, since 2000
Munich, Germany

River data for project area
Stream type: Large rivers in the alpine foothills
Catchment area: 2814 km^2
Mean discharge (MQ): 64 m^3/s
One-in-100-year flood discharge (HQ100): 1050 m^3/s
Width of riverbed: 50–60 m; Width of flood plain: 150 m
Location: 48° 06′ 35″ N - 11° 33′ 35″ E

Design tools

B3.1 Invisible stabilisation
C1.4 Reprofiling the flood plain
D1.2 Dead wood
D5.1 Fish passes
E1.1 Removing riverbank and riverbed reinforcement
E2.1 Reprofiling the channel cross-section
E2.2 Introducing disruptive elements
E2.3 Adding bed load
E4.1 'Sleeping' riverbank reinforcement
E4.3 Selective bank reinforcement

As early as the middle of the 19th century the Isar was canalised and straightened. The 'torrential water', as the Celts called the river, was steadily altered as its riverbanks were reinforced, its forelands closely mown, and the flow rate restricted with low weirs, thus preventing fish from migrating and sediment from being transported. In addition, in the south of Munich nearly all of the water in the river was diverted into a parallel canal in order to generate electricity. Only about 5 m^3/s continued to flow within the tight profile, little more than a rivulet. As negotiations about the establishment of a new residual flow in this section of the river began, a discussion about the conversion of the Isar was also set in motion. Today 15 m^3/s flow through the actual riverbed.

The Isar is a gravel-dominated river in the alpine foothills prone to violent and sometimes sudden floods. The project area of the so-called Isar-Plan begins upstream of the city proper and stretches over 8 km to the centrally located Museum Island. The plan is a joint project of the City of Munich and the Free State of Bavaria, represented by the Munich Water Authority.

The intent of the Isar-Plan is to increase contact with nature, improve flood management and offer more activities for rest and relaxation. Broadening the average width of the river from 50 m to up to 90 m was ecologically prudent and also increased the discharge cross-section. Due to this broadening, the height of the existing dikes did not have to be increased and the existing trees on them could be preserved. The dikes were stabilised, however, by adding an underground wall construction to their cores.

294
295

Project Catalogue
Dynamic River Landscapes

A wild river with dynamic boundaries In terms of improving the quality of the river, the concept will promote the development of large-scale morphodynamic processes within clearly defined boundaries. In this way the river can, within specific limits, develop its own course within the flood plain. In order to restore some of the Isar's original momentum, it was important to free the river of its canal-like corset: The trapezoidal profile made of stones and concrete was broken up and other protective measures removed. In order to protect the dikes 'sleeping' bank reinforcements were put in place, i.e., underground layers of stones that prevent the areas behind them from eroding.

The river's gravelly banks are subject to continuous change and are used by Munich's residents as a large urban beach in the summer. It's the perfect place for bathing, barbecuing, sunbathing and for ballgames. It's also a perfect place for small children, who can splash around in the shallow water, for dogs, and even for people on horseback. The long gravel beach is only interrupted near the various bridges that cross the river. In these locations the riverbank needs to be sealed and the gravel is replaced by stone steps or walls. At the steps it's possible to see just how much the river's level fluctuates. The steps also create an interesting contrast to the wild gravel banks and are used as waterside seating areas.

A learning process The floods in 2005 caused erosion damage beyond what had been planned for, and in doing so provided information about how the flood management strategy should be adapted. As there is no planned or paved network of paths near the edge of the riverbank, a rough trail running directly on top of the 'sleeping' bank reinforcement was created, which has destroyed the protective grass cover. Barriers have now been put in place to prevent people from using the trail. In some places the 'sleeping' reinforcement has even been washed out. And while in some areas this condition has been allowed to persist, the river will continue to be carefully monitored. In this way, the conversion of the river can be seen as a learning process.

1 Steps secure critical bottlenecks and make the entire riverbank usable [E4.3].
2 Schematic section: The location of the 'sleeping' reinforcement is clearly visible [E4.1]. Dikes were stabilised by using a concrete core [B3.1].
3 In the redesigned sections flat and constantly changing gravel beaches, like here at the Flaucher, have replaced steep grass-covered slopes.
4 Dead wood structures are held in place by foundations and initiate new processes of erosion and sedimentation. They are also very popular with playing children [D1.2].
5 The amount of water diverted into another branch of the river to produce energy has been reduced [E1.3].

城市河流空间规划的前提条件

重塑城镇的河流空间，可以同时促进生态改善、城市生境再生和防洪减灾。
巴塞尔的比尔斯河（River Birs），1987年时和2005年改造后。

要成功实施城市河流设计的复杂任务，我们认为需要三个基本的先决条件：先要考虑城市河流空间的多重需求，即满足多功能性；其次，负责设计的专业人士之间要有建设性的合作，即有跨学科性；最后，观察和深入了解各种水体过程，即做到过程导向。

多功能性

河流空间的复合特征在城镇中表现尤为明显：它们既是人工的又是自然的。城市河流是空间上受限的、人工控制的水利基础设施，同时也是城市居民重要的娱乐场所。它们还是连接整个流域的连续生态系统，上游的变化总是对下游产生影响，从而创造了共饮一江水的上下游沿岸居民之间的依赖关系。

当前城镇水系恢复与重建面临的问题是：如何在河流空间设计中将多种功能需求结合？如何将这些需求与水体的自然动态相协调？过去，改变河道的内部动力引起了各种问题：认为城市水岸空间只有在完全防护洪水后才能发挥全部潜力，不能利用河流的动态变化，设计严格限于水流的直接影响范围，也限制构筑水上建筑物。加之过去水质经常很差，河流空间不再出现在城市居民的意识和日常生活中。同时，堰坝阻碍了物种迁移，硬化和渠化破坏了自然栖息地，许多水生植物和动物也从改造过的河流中消失了。造成生态环境恶化的另一个原因是经常彻底清淤和疏浚河道，清淤的目的是优化排水和保障过流能力，却损害了生态和美学方面的利益。尽管河流被渠化并反复清淤，狭窄的河道仍然不足以排出由于城市过度硬化导致入渗量减少和更极端的降雨事件产生的径流。一直以来，城市防洪的目标是尽可能快地将洪水排到下游，直到最近几年，才提出一种新的策略：尽可能通过渗透、滞留和蓄存来就地消纳雨水，从而缓解对下游地区的影响。

生态、防洪与美化之间的相互作用　对河流内部动态过程的理解是本书中所有可持续的、多学科交叉的项目的出发点，这有助于更好地整合河流修复设计中遇到的各种各样的需求和挑战。这一目标包含三个方面的需求：水的空间更大，动植物的空间更多，人的空间更大。这三个看似不相容的需求催生了新的协同作用的可能性。为此，我们将重点介绍能够显示出生态、防洪与美化相互作用的各种设计方法和项目实例。

当水有足够的空间时，正如慕尼黑伊萨尔（Isar）河的Flaucher河滩城市休闲景观的做法，协调这些需求并没有太大的困难。然而，像Flaucher这样拥有强大的内部动态和河滨滩涂草甸（同时作为重要的亲水休闲空间）的自然河流的模式，在城市范围内是很少有的情况，多数项目缺乏空间。针对这一点，本书选择了很多在非常有限的空间内设计的项目实例，旨在激发创意和智慧，实现在难度极大的条件下组合设计方法以满足多种重叠和交织的功能。其实，有的项目的初衷可能只是为了解决一个问题。

跨学科性

未来的河流空间设计提出了挑战，而这一挑战不可能由单一学科的人员解决。从这个角度来看，观察和反思水利工程、生态保护、城市规划和景观设计师们决策时的相互制约性是有意义的。

寻求共同语言 通常，如果缺乏共同语言，互相不了解对方专业的基本技术以及不掌握多学科合作的工作体系时，多方协作的阻力是很大的。项目方案通常是在一个学科的主持下编写的，其他学科人员只是在后期才加入，没有机会参与概念性规划时的决策。

在城市河流复兴的过程中，最近有大量的跨学科团队的设计竞标和项目方案，在水文学家、景观建筑师和城市规划师之间的密切合作下，既做到了提高防洪能力又将水体的有形美丽融入城市景观中。虽然，这些项目因只关注单个案例而缺乏系统性，但是在项目设计过程中得到的经验为创建新的规划联合体和创新规划体系提供了基础，因为规划团队的组成和协作对项目的最终质量有着至关重要的影响。

系统理解作为基础 这本书旨在促进专业学科之间更好的理解。我们的读者目标不是某一个行业的人士，而是面向所有从事水体设计的各行业代表。我们关注不同专业领域的特殊兴趣，因此从生态振兴、改善防洪、融入城镇规划和（或）开放空间规划这三个切入点介绍项目实例及其设计方法。同时，通过展示跨学科之间联系以促进系统地理解水体空间设计的复杂性，形成共同的语言推动协作。综上，本书可以作为跨学科团队的工作手册，也是达成相互了解的基础。

过程导向

城市河流的空间设计是否不用考虑水的各种涨落过程和水的力量？当然不是！但是，浏览目前有关河流空间设计的出版物，几乎不会看到任何关于过程状态的表述；通常显示的是仅仅一种状态下的设计（设计师认为的理想状态），没有说明设计能如何响应水体的变化韵律。

动态下的设计 不愿意解决“过程”中的问题不仅仅发生在河滨设计中，它似乎是所有空间设计的基本问题。二十年前，美国景观设计师乔治·哈格里夫斯问：“为什么时空冻结的静态风景在设计中成为常态？也许现在是做出改变并重新定义美丽的时候了。”[Hargreaves，1993，177页]。到目前为止，并没有做出太多的改变来纠正这种见解，大多数客户（还有一些设计师）喜欢在阳光明媚的常水位状态下表达项目。我

河流设计的跨学科工作的基础是开发一种共享的语言，其首要任务是对系统的理解。这也是2009年IBA实验室在汉堡研究气候变化后果时的联合创意工作方法。本图为团队实地考察。

们认为静态方案不是很有效，希望本书有助于读者理解“基于过程的设计”。这个目标隐含两方面：一个是我们关注于更好地理解河流动力学，为此我们设计了一个新的系统学方法（下文中详述）；另一方面，我们使用多种呈现方式来表达水动力学和设计工具之间复杂的时空相互作用。总之，如果要有效地设计城市河流空间，诠释动态过程是至关重要的。

“过程导向”是未来工作的发展方向 基于过程导向的城市河流空间设计是有挑战性的和有意义的研究课题，因为在动态导向中，自然过程、土木工程系统和设计景观被叠加，不断地交互并彼此重塑，以应对外界条件变化。

本书的过程系统方法和呈现方式可以用于各种河流空间情况，因为它是“可移植的”。每一个项目都有自己的挑战，每一个水体的响应方式不同，也有不同的可用空间。此外，必须接受的是，我们不能全面地预见项目的发展。过程导向设计意味着面向多种选择去思考和规划，跟进后续措施并面向发展。对于许多地方当局和规划者来说，这种“进化”的设计方式是新的；然而，这对未来是非常重要的。

过程导向不仅是河流空间的重要设计原则，它适用于各种景观，因为它们由多种文化和自然过程塑造，比如聚落增长、交通通道、季节变化、植被生长、地质过程和气候变化。我们希望，未来，本书的系统类型学和呈现方法将为过程导向的研究和设计，尤其是城市景观设计，提供一种模式。

河流空间及其过程

曼海姆（Mannheim）附近莱茵河和内卡河（Neckar）的历史河床地图。不同颜色表明，从6世纪到1850年，随着时间的推移，河曲是如何变化的。

“过程”一词来自拉丁语procedere，意思是“推进，继续”；“过程”是事件的定向过程的术语，它描述运动、动态，指事件遵守某些规则和规律。

赫拉克利特（Heraclitus）的格言“人不能再次踏入同一条河流”，也可以理解为水和过程是永远不能分离的。潮流和旋涡都表明河流在景观中是一个强烈的动态因素，长期的观察结果表明，整个河流空间不断地向前推移，处于连续变化过程中。

河流是动态的 河流是动态的这个话题乍看起来很难理解，因为如今的大部分河流被人为限制了，自然现象反而被遗忘。即使如此，它所衍生的力量仍永远强有力地存在着。

多数情况下，人们能明确地感知水位的升降，尤其是极端高低水位时，变化非常明显。要想了解不受人类影响的河道的动态变化程度，只有长期观察河道的历史发展才会弄清楚。河流的路线不断变化，塑造着景观，形成了一个复杂的、不断变化的系统——虽然这些过程跨越了我们不能直接感受的时间尺度。从这个角度来看，一条河流现在的路线，只不过是这个持续的过程中的一个快闪。

过程及其驱动力

每个动态过程的驱动力都是太阳。太阳能使水蒸发，水蒸汽上升到高处，凝结成雪或雨。以这种方式储存的势能在水以雨的形式降落并从山上流下时转化为动能，坡度越陡，释放的能量就越多。水的动能会侵蚀土壤和岩石，从而形成地貌。流水的驱动力将地表物质冲到下游，理论上命名为侵蚀和沉积过程，河流不断地侵蚀着高处的景观，抬高了低处的河道空间。

这些过程不是恒定的和线性的，有安静阶段和动态阶段，还有如暴雨和由此引起的洪水等突发事件，以山体滑坡或河流环路撕裂等自然灾害的方式不规则地发生。

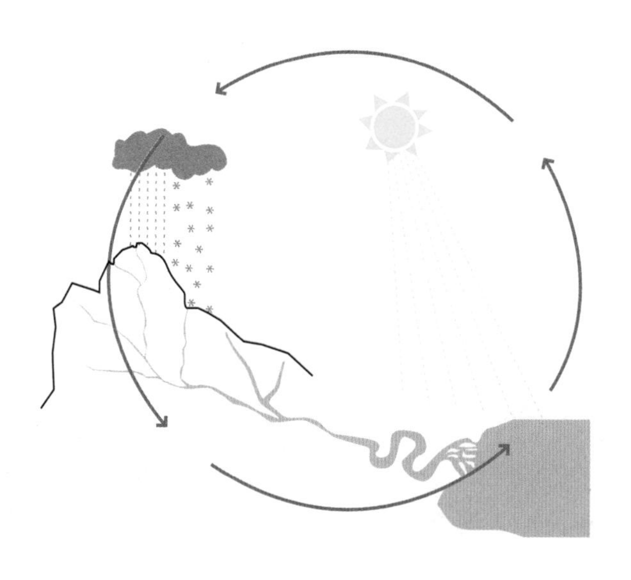

太阳能是驱动河流所有的动态过程和天然水循环所依赖的能量。当载满能量的水落到地面时，会形成各种河流景观。

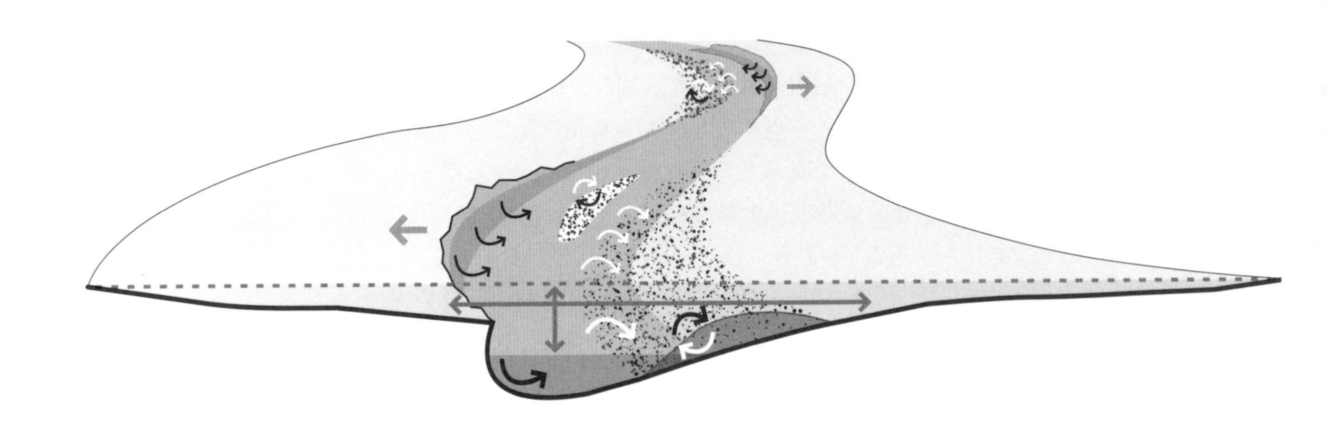

河流过程的类型

在流动的水中发生的过程是非常复杂的，四个空间活动过程如下：垂直水位变化和横向扩展（蓝色箭头）、泥沙输移（环形箭头）、侵蚀（黑色箭头）和沉积（白色箭头）形成的河谷演变（灰色箭头）。

河流是一个高度复杂的系统，其中物理、化学和生物过程同时发生、相互关联、相互作用。本书主要讨论物理过程，因其在空间上的可操作性，在塑造河流空间中占主导地位。首先，河流过程区分为两种类型的动力学过程，每个均有两个子过程：

1. 短时的流量变化

子过程1：垂直水位变化

子过程2：水面横向扩展

2. 地形动力过程

子过程1：河流内部泥沙输移

子过程2：内动力河道发展过程

当水位急剧上升时，水的横向扩散会导致洪水淹没河流漫滩，就像下图中汉诺威附近的莱纳河（River Leine）一样。

短时的流动变化　由于汇入流量变化引起的河流水位周期性的涨落仅仅临时占用空间。水的波动表现在水位的上升和在漫滩上横向扩展。水位变化是完全可逆的，河道还会回到原始状态。

因为降雨和融雪汇入，河流的不同位置甚至同一位置的流量在全年变化很大，流量变化幅度主要和汇水面积及本地气候有关。在建筑物密集区或大坡度汇水区会产生河流的极端峰值流量，大雨能导致从降雨点起始汇流而下的水位一路攀升。

子过程1：垂直水位变化　河流的过流量和水位每天都在变化，然而我们通常只注意到极端的洪水期和枯水期。平原地区河流的洪水位和汇水区的排水量直接相关，根据可利用的空间以及河床、河岸和河滩的粗糙度，在沿河道的某位置，一定的流量即对应一定的水位。因此，洪水期即高水位事件时用流量m^3/s而不是用水位来描述。

不同的水位影响着生态系统和人类利用：高水位下的水深和洪水的力量给滨河地区带来威胁，能永久地改变生态系统中的物种构成，低水位时航运和发电的冷凝系统会遇到问题。如果水位很低或者河道完全干涸，对生态系统的压力是巨大的。

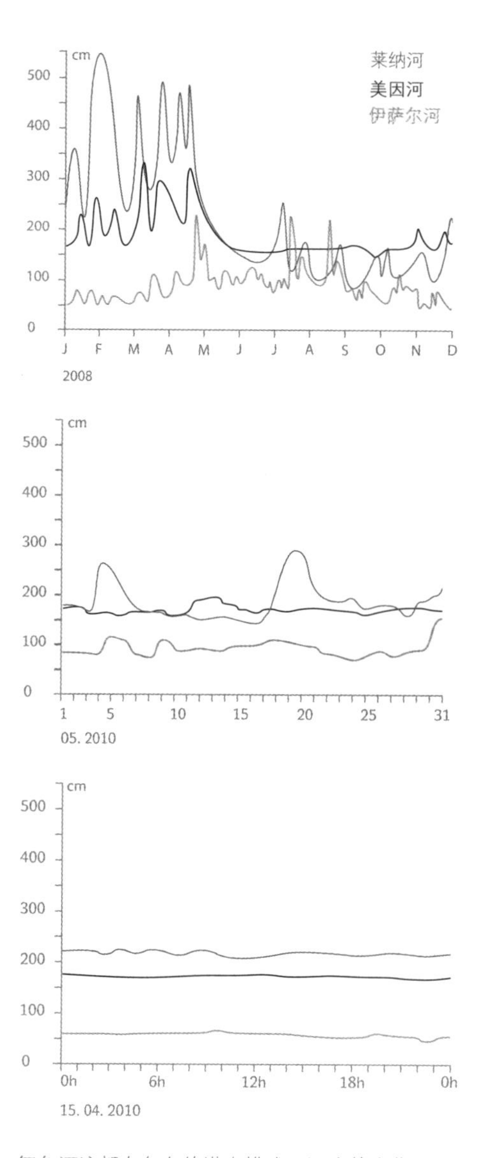

每条河流都有各自的洪水模式，河流的水位是不断变化的，然而我们通常只注意到极端的洪水位和枯水位。

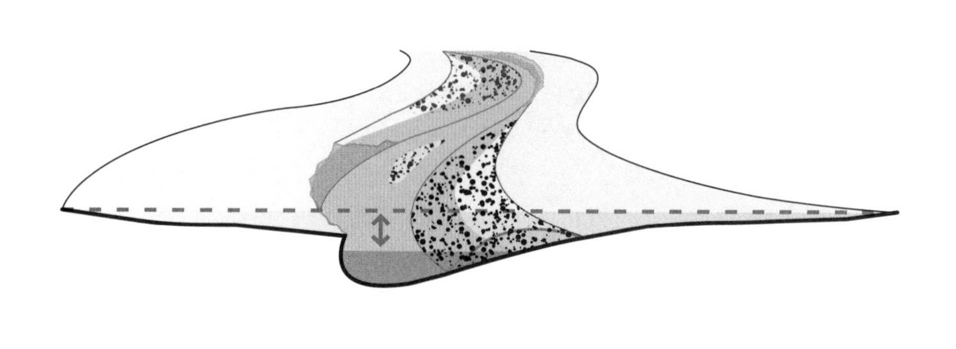

子过程2：水面横向扩展　流量的小幅上升通常可以控制在河道内，但随着水位上升到较高洪水位时，河水会溢出堤岸，淹没邻近的洪泛漫滩。洪水前行淹没前陆时有削弱洪水的效果，通常前陆具有较高的粗糙度，水的能量耗散，洪水的高度和速度降低。当河流不由人为措施塑造时，洪水被阻挡在河谷边界。堤坝等防洪措施人为地限制了洪水的蔓延，控制了泛洪区面积。

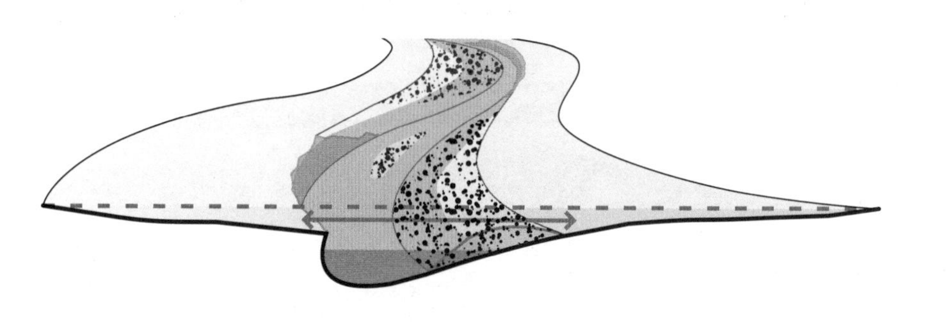

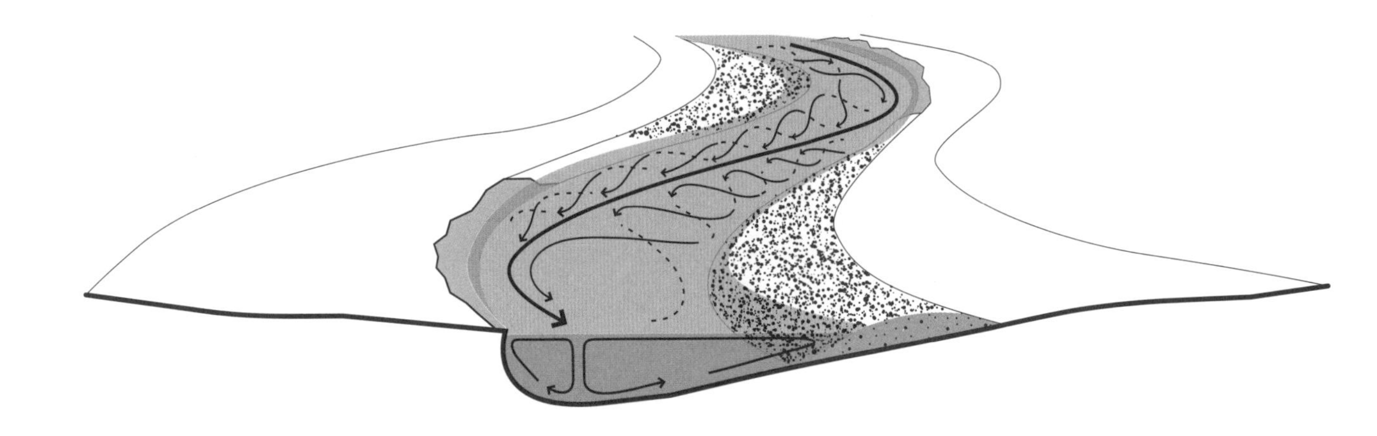

河流的主流沿山谷向下流动，副流在河道中生成：在水道中心，产生了两股反向的螺旋状的环流。

地形动力过程　河流在地形中出现是多种多样复杂的动态地貌发展的结果。驱动力是水流，由于水流包含众多而复杂的子过程，很难用科学的方法来全面描述。因此，准确预测河流的发育是不可能的。

河流的主流沿山谷向下流动，近岸时摩擦力使流速降低形成差速水流；进而引起的横向环流被称为副流。副流将水从两侧向上推，并在中间向下拉，形成相对的螺旋流。在河流的外弯处旋流集中并加速，而在内弯处，由于途经的距离较短，流动速度减慢。

水流引起河岸的侵蚀和沉积，河流空间地貌持续变化。在这些地貌动态过程中，需要将河道内的泥沙输移（子过程1）与内动力河道变化（子过程2）加以区别。泥沙输移主要表现在河床的特征和构造上，在一定程度上是可逆的。然而，由于河流的内在动力塑造的河槽，整个河道空间结构的变化是不可逆转的。

可逆的泥沙输移过程：慕尼黑伊萨尔河砾石岸的迁移。

子过程1：河流内部泥沙输移 内曲（凸岸）的流速低，泥沙沉积，形成冲积坡；外曲（凹岸）被快速的螺旋状环流剥蚀，河床越来越深。这意味着河流弯曲段的断面是不对称的：凸岸为平岸，凹岸为较深的河道，形成坑塘。副流在河床上切割出一个通道，当水位低时，它承载了大部分的流量，因此被称为低水位河道。由于流动漩涡所产生的离心力，低水位河道从河床的一边蜿蜒到另一边，河水总是沿着外曲的边缘前行。而在河流的直段，河床是平坦的，沉积形成浅滩。

由于这些动态过程，河床的状态不断变化。当流量较低时，水流较慢，坑塘里布满了沉淀物，形成近乎平坦的断面。当流量较高时则相反，驱动力更大，坑塘被进一步挖空。有浅滩的地方流速降低，泥沙沉积，河床升高。这样断面就会进一步分化，水会因为河床不平整而减慢，并产生漩涡。河流作为一个自我调节系统，通过这种侵蚀和沉积的交替过程，河床的纵断面在一个相对稳定的中间位置附近变化[Schaffernak 1950: p.45]。

水流撞击和大卵石或枯木等障碍物，造成了沿着河流的流动剖面进一步变化。这些不同的流态造成了小规模的侵蚀和沉积过程，其中细颗粒沉积在较静态的区域，而在流速较快的区域，只有粗糙的河床才能抵抗急流。这样，形成了临时岛屿和沙洲。

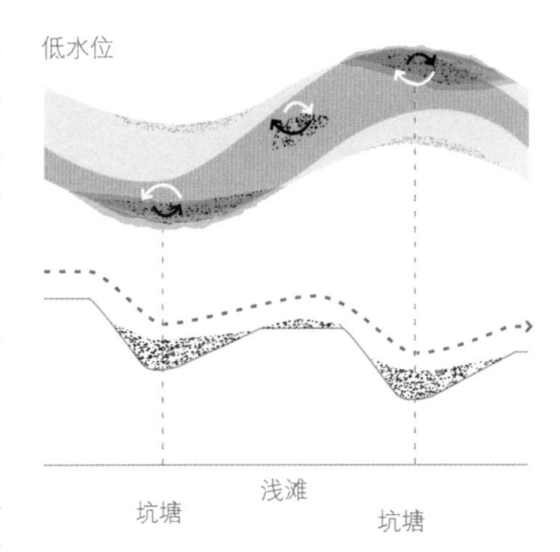

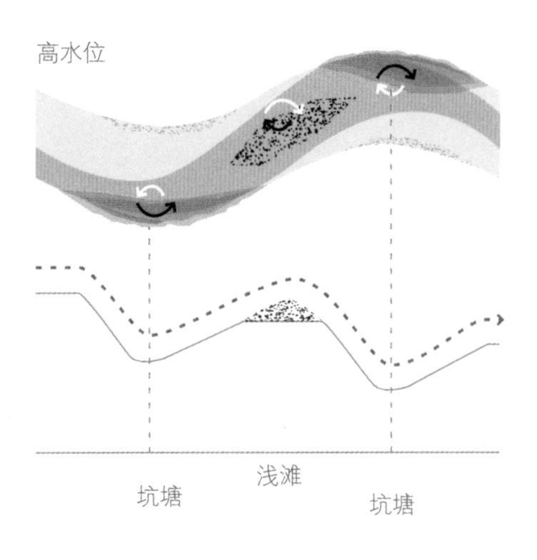

河流的可逆泥沙输移过程。低水位时，坑塘被沉积物填满而浅滩则被挖深，河流仍保持着低水位。高水位时，河流的凹岸被深挖，断面越来越不规则，从而使水流降速。

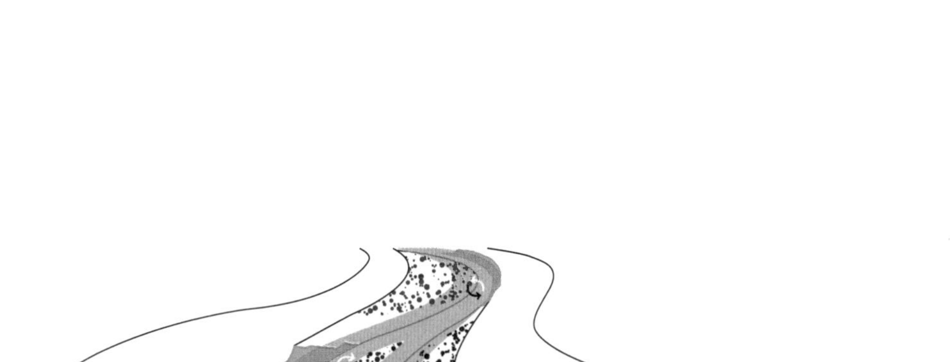

子过程2：内动力河道发展过程 一条不受约束的河流在不断地变换河道，但这种变换历时太长，几乎难以察觉。借助历史地形图和土壤分析，有可能重现一条河流的旧河道，使河流发育过程变得可见。这些图像揭示了自然河流极大的动态过程。

所有的河道都经过侵蚀和沉积过程。这种自驱动河道发育的速度取决于当地地质延展性和水的动力学。坡降大且经受超大流量影响的河流，其发育速度明显快于缓坡的低地河流或泉源流。

河流的蜿蜒曲折是一个自我强化的过程，因为水流在弯曲外侧的凹岸上流速更快，并导致进一步的侵蚀。河岸被“吃掉”了，形成陡峭的边缘。随着河岸的崩塌，河曲不可避免地向河谷边缘和下游移动。

在河曲的另一侧，冲积坡的水流较缓，泥沙沉积，这样两侧作用叠加后整个河道都在变化。河流曲率会越来越大，进而变成Ω状。当圆环逐渐闭合时，河道就会裁弯取直。整个过程周而复始，这条河向下游蜿蜒曲折地移动。废弃的旧河曲形成的牛轭湖逐渐干涸，只有河流泛洪时才有水注入。

河道的发展可以是渐进的，也可以是突发的，比如当曲流冲裂时。蜿蜒的水流减缓了河水的流速，使河流变长。这种河道推移的地貌动力学过程也有助于系统的自我调节。例如，它可以保护系统免于洪水破坏的可能，或者河道不受限制地向纵深拓展。

在河岸走廊内，这些动态过程为动植物的各种生境带来了巨大的多样性。牛轭河发展成为与“活水”河流直接相邻的平静水域。更新的动态过程产生了特殊的临时栖息地，如沙砾滩或剥落的河岸。在河流内部，形成了多种多样的水流和沉积物类型。

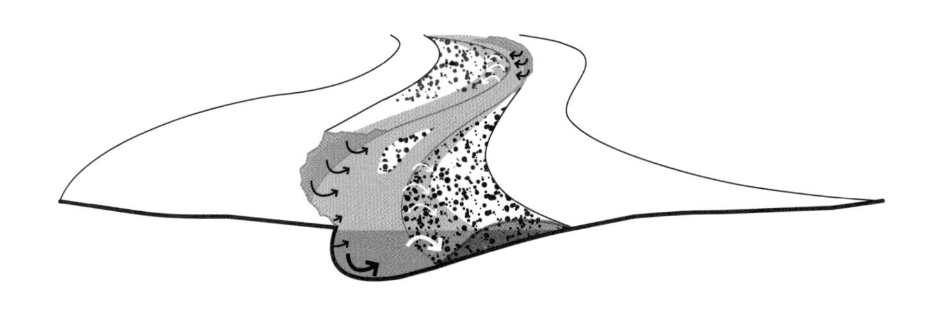

河曲凹岸的侵蚀和凸岸冲积坡上的泥沙淤积不断地扩大着河道的蜿蜒程度，并使河道逐渐向下游移动。冲裂之后，河流裁弯取直，形成的牛轭湖只在泛洪淹没时才有水。

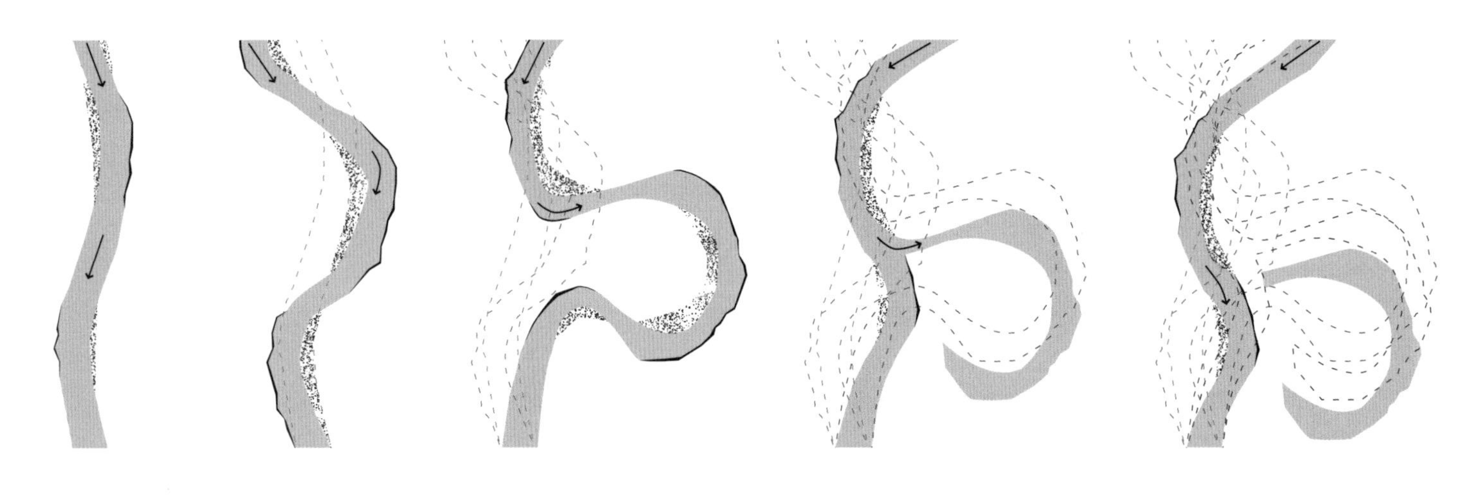

水景观是时空过程的表达

尽管原则上每条河流都发生相同的过程，但没有两条河是完全相同的。由于永远找不到背景条件完全相同的两个地方，所以每条河流本质上都是独一无二的。因此，每个项目的设计措施必须精确地与对应的河流相协调。

河流系统覆盖着地球表面，就像密集的静脉。地形决定了河流系统的走向与组成，景观中的山脊作为汇水区的分水岭，汇水区内的一条条支流汇入越来越大的主河道。当汇水区划分有建成区或者林地，大雨或小雨时，排出的水的体积和节律变化很大。

水与景观的相互作用 每条河流以不同的方式塑造着周围的景观，反过来，周围的环境通过多种因素对河流的形状产生影响。水塑造土地的力量是由地形、地质、气候条件和上述的水流侵蚀和沉积活动密切相互作用而产生的。每条河流都在不同的时间尺度和空间尺度上变化；因此，水景观是复杂的时空过程的表达。

这些形成过程起始于水作为一种运输介质，通过水流的力量，将土壤和石头搬运到流域内。河流坡度不同，不同流速的水流携带被侵蚀的物质顺流而下，从高地和山区陡峭的源头到缓慢流动的低地河段的过程中，物质被磨得更小更细。不同的动态意味着沿着河流的上游、中游和下游形成不同的水景观。在上游地区，地表物质被不断地掀起带走，切割地面形成陡峭的河谷。侵蚀程度与当地的地质情况和流量直接相关，坡度陡峭地区河流没有明显的曲度。在大量泥沙快速沉积的地区，如山脚下的平原，河流可以形成几个平行的支流。上游的泥沙被输送到中游，其中的一部分连同中游地区形成的侵蚀物质被进一步输送到下游。这样，河流通过推移质（底沙）平衡形

德国北部平原上蜿蜒的河流——汉诺威附近的莱纳河

河流像密密麻麻的静脉布满整个大地。

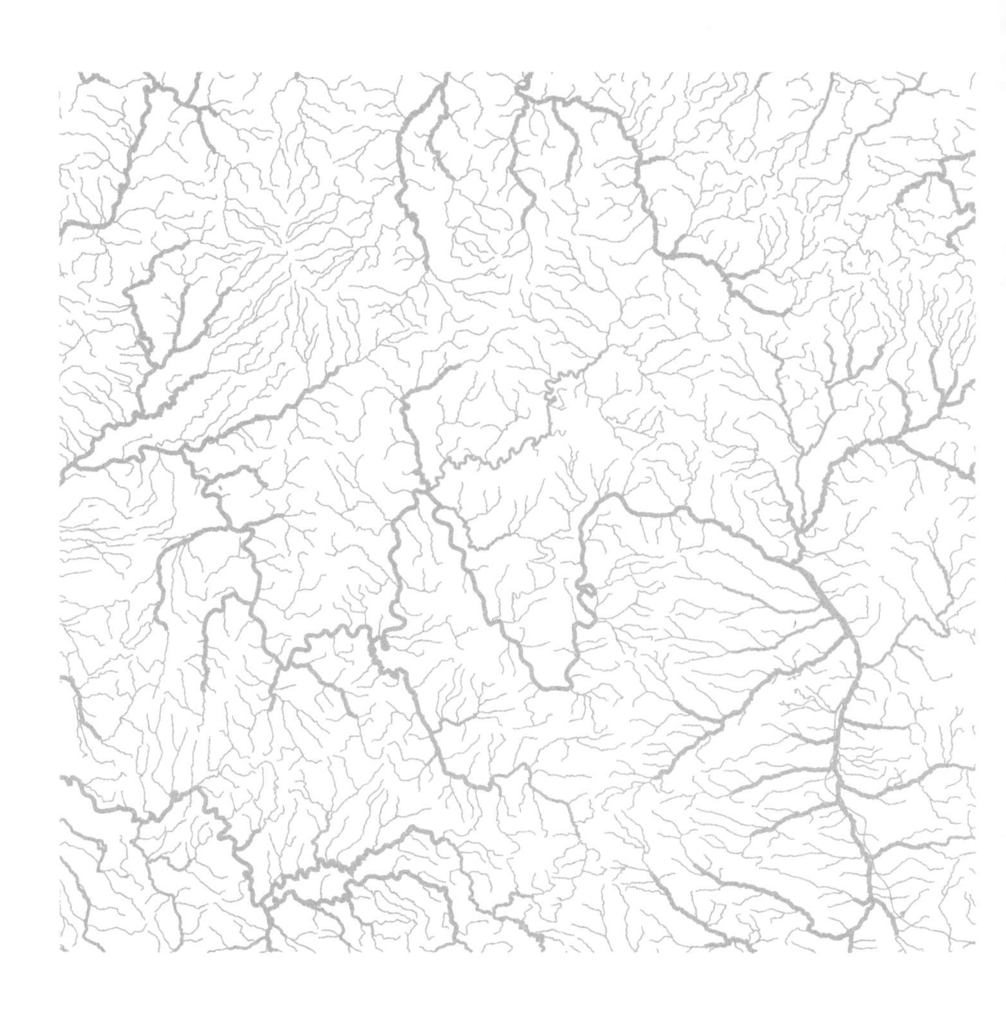

成一个相对稳定的深度。在中游，以及下游的低地，人们可以看到由于水流缓慢、沉积增多引起的较大的河曲。

河流沉积过程塑造大地景观 在河流的低地和三角洲地区，冲积物的累积可以抬升地面。不同的水流条件会导致洪泛平原出现不均匀的地面上升，当河水漫过河岸时，大量的砾石和沙子会在紧靠河流的地方沉积。沉积物堆积直接抬升了河道旁边的海拔，因此河岸边的地区很少被淹没，沿河经常能找到最古老的人类定居点。在洪水泛滥的过程中，这些隆起的高区后面的河水更平静，更细的沉积物——黏土和淤泥——沉淀下来形成了粘土土壤，在此区域形成了历史上长期无人居住的沼泽地景观。与砾石和沙子堆积的高区相比，这些较低洼地只有在完成大量的排水设施建设和堤坝建造后，才能定居和耕种。汉堡附近的易北河上阿尔特蓝区（Altes Land）是一个很好的案例：其最古老的定居点沿着易北河岸边狭窄的山丘布置，从那里向下的“Marschhufendorfer”村庄位于地势较低的沼泽地，通过建设了排水设施提高生产效率，而远离易北河的低洼沼泽地，至今仅用于粗放农业。

当海水涨潮河水倒流时，一部分河段的河水几乎静止不动，泥沙沉积下来形成河床和堤岸，地面上升尤为明显。在三角洲地区，顺流而下的泥沙向大海方向推进，堆积成沙坝进而造陆。当水流倒流时，大量的泥沙堆积，阻碍并分流了主要河道，生成多条平行或交错的河道分支，分叉区域形成了大面积的三角洲地貌。

一个特殊的例子是内陆三角港，感潮河流受到附近海水的涨潮和退潮影响而发生海水倒灌，河水流动被涨潮阻止形成分叉，泥沙在水体受阻静止的地方沉积。不来梅和汉堡的城市是建立在这些独特的分支河道上。综上，关于河流过程时空动态的简短描述表明，这些过程在原则上是相同的，但每个位置的不同特征导致没有两种河流景观是相同的。

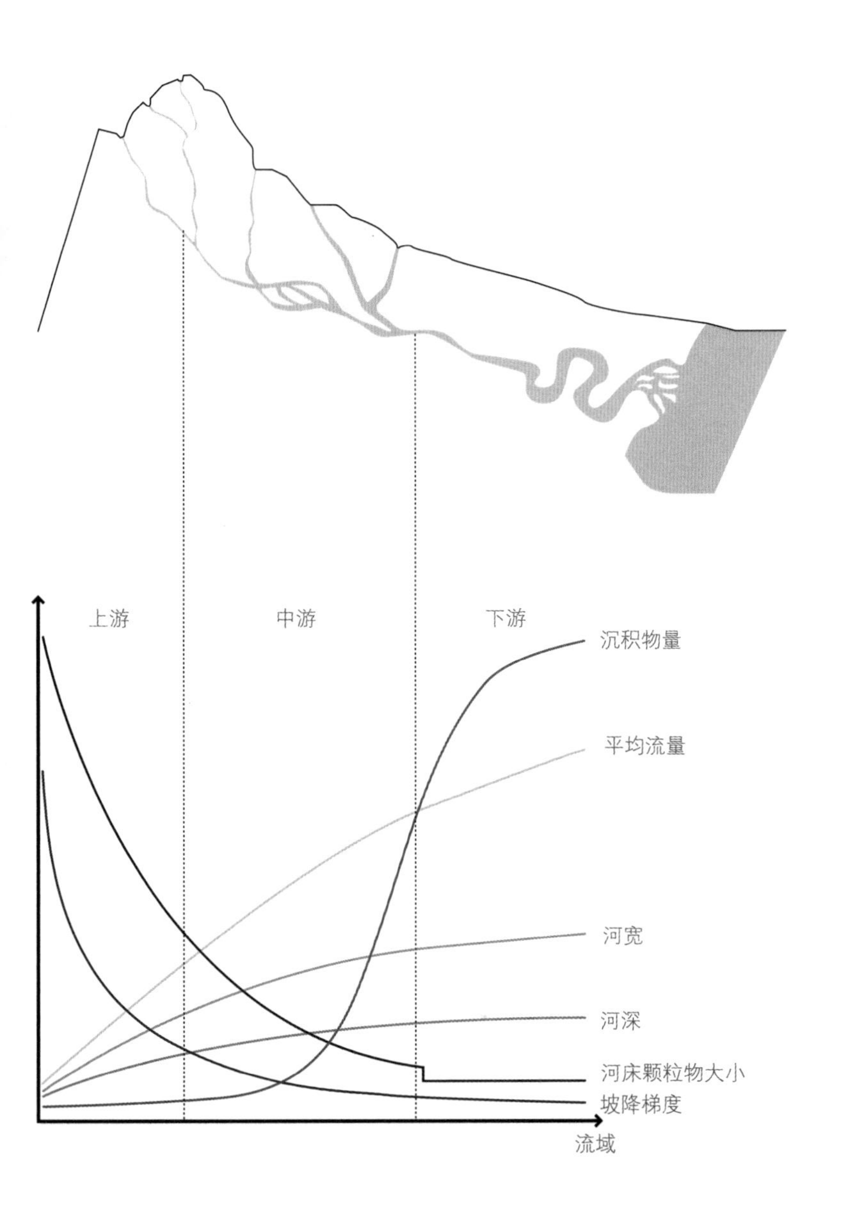

不同的条件影响河流过程，导致上游、中下游的景观和河流类型不同。

河流空间设计

通过在水陆交界处创新性的设计，慕尼黑的伊萨尔河呈现了新的外观。拓宽了河流部分地方的边界，以恢复河滩自然状态；一些需要加强的部分堤岸被修建成台阶。

本书的主要目的是通过系统化现有的诸多水域空间设计方案，开发一个易于理解的清单，从中提取可移植的知识用于未来的设计任务。这个清单的最大特点在于它揭示总结了普遍适用的共同原则，用于所有可想象的水域。通过对水体过程的深入研究，我们得出的结论是，确定河流的边界以及设定边界的方式是决定性因素。上文描述的两种河流过程——流量变化和地貌动态过程——控制着河流的空间特征。城市空间中每一条受人类影响的河流也都受这两种限制！因此，城市河流空间的设计总是要解决这两个河流过程的限制。

河流空间和它受到的限制

在自然河流中进行的时空过程对利用水域空间作为栖息地的人类提出了严峻的挑战。不受控制的河床移动和高水位流量时河流占用的空间危及居住和农耕的人文景观，并一直挑战着人类作为“大自然的主人”[Blackbourn， 2007， p.37]塑造和改造自然的能力。人类限制河流过程以对抗它的动态变化，本书的这一部分将这些限制描述为“过程限制”。沙夫纳克在1950年写的关于河流工程的书中描述了限制自然过程的重要性：“如果任由河流自生自灭，它们就会失控……当河流因洪水或地下水水位变化而决堤时，耕地会被破坏，农业受损；船舶承受着主航道和水深的变化，而建造水电站的成本更高，因为它们只能在受控的河道上成功使用” [Schaffernak，1950， p.5]。

然而，随着时间的推移，人们对河流动态过程的限制方法发生了很大的变化。在前工业时代，应对河流过程的限制措施通常是小规模的，针对存在问题河流的动态习性，在不同的景观空间中采用不同方法。中世纪早期，就有一些小的河流改道和河道蓄水，用来驱动磨坊或建造防御工事。建造了堤防和沟渠，并在转弯处可能破堤的地方开口分洪[Strobl， Zunic， 2006， p.81]。从12世纪开始，莱茵河上出现了一系列词汇，人们以不同的词汇来描述河流的干流与支流、岛屿、小溪、牛轭湖，以及河岸走廊上不同形式的滩涂草甸[Blackbourn， 2007， p.75]。不同位置的小规模措施对河流的动态并没有显著影响，但是试图在几个点上重新限定边界将严重地改变河流下游的动态，从而加剧了危险——这种情况被布莱克本称为“水文蛙跳”[Blackbourn，2007， p.77]。

19世纪大规模的河流渠化 随着工业化的发展，河流作为运输通道的功能变得越来越重要，相应地，河谷地区的居住密度也变得更高。在19世纪早期，工程技术能力的提高导致了河流的大规模渠化和主要河谷的正规化建设，基本的干预措施有：河道裁弯取直以提高通航性，建造大型堰坝，防洪和填河造田。

这个时代非常著名的一位工程师约翰·戈特弗里德·图拉（Johann Gottfried Tulla），因矫直河流而被尊为“莱茵河的驯服者”，他于1809年提交第一个计划，并将这些工程称为“莱茵河修正”（Rheinrektifkation），其基础理念是：“没有任何一个河川、任何一个水流需要一个以上的河床，即便是莱茵河亦如此”[Tümmers，1999，p.145]。莱茵河裁弯取直是当时规模最大的工程项目，移除2000多个岛屿，使巴塞尔和沃尔姆斯（Worms）之间的河流长度缩短了近四分之一，从345公里缩短到273公里，极大地提高了通航能力。此外，防波堤的建造和河道疏浚使河道可以全年通航。在工业化过程中，河流过程的限定措施在规模上和历时上达到了一个全新的高度。不是在河流的个别点位，而是沿着整个长度，在河床上设置防波堤、堰和潜坝，在河岸上建设堤坝和加固物，就好比将河流封堵限定在数个联通的坚固容器中。这些对河流过程限制的改变导致了河流动态的剧烈变化：由于水流速度加快，对河岸和河床的侵蚀明显增加。

结果，河流下切河槽越来越深，导致周边地区地下水水位下降。工程措施进一步禁锢了河流，一些小支流的整个河床都被完全封闭，形成“三面光”河渠，堤坝也建得离河越来越近。尽管图拉认为莱茵河会在它的新河床上找到新的平衡，并且没有预见到有必要建立一个综合的堤坝系统，但在他的“修正”过程中，综合的堤坝系统变得不可或缺。在随后的时期，河流成了土木工程技术发展的代言人。今天，德国河流沿岸最初的河漫滩只剩下了大约三分之一，在特大洪水时被淹没。在莱茵河、易北河、多瑙河和奥德河（River Oder）沿岸，这一比例不超过10%至20%[Bundesministerium für Umwelt, Naturschutz und Reaktorsicherheit, 2009, p.4]。更高更稳固的堤防改善了特定地点的防洪能力，但也制造了景观障碍。河流矫直和截断回水减小阻力使水流更快，然而，持水的能力却降低了，从而加剧了洪水的危险。

河道断面的技术改造进一步限制了河流的横向扩展。阻断水流的建筑物，如拦河坝、瀑布和通过管道渠化等破坏了生态通透性，也就是说，它们对大多数物种的迁移构成了不可逾越的障碍。封闭的河岸和平坦的河床无法给生物提供栖息地，漫滩草甸的消失意味着水岸两栖生物发育阶段空间的丧失，例如在溪边的小水坑中蝌蚪长腿的地方。

新目标 在制定《欧盟水框架指令》的过程中，调查的结果显示，德国21%的河流和溪流仍接近自然状态。然而，它们绝大多数是在城市之外[Umweltbundesamt, 2010]。城市地区的河流被彻底地改变，在空间结构和动态上都在极大程度上被人类的双手重塑。由于城市空间非常有限又有洪水危险，恢复河流的自然状态通常既不可行也不合理。那么，在河流过程限制方面，我们有什么回旋余地来实现生态、防洪和美观的多功能协调？什么样的建筑或空间方案适合于不同类型的河流并符合当地条件？只有当一个人完全熟悉过程限制时，他才能修改这些限制并确定相应的设计可以干预的范围。这正是本书的重点所在。

下图是巴塞尔附近的威泽河（River Wiese）。潜坝和硬化的河床将威泽河束缚在笔直的梯形截面河道内。

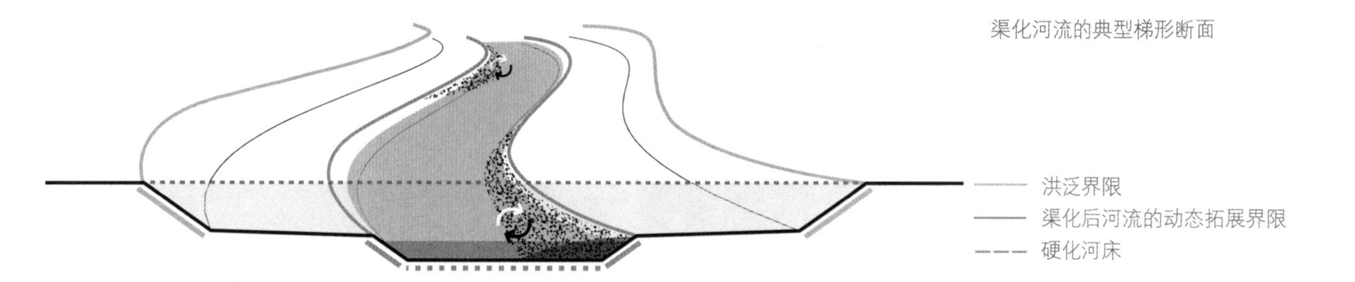

渠化河流的典型梯形断面

限制类型

为了系统地整理和呈现城市河流空间的设计可能性，本书提出了两种不同的过程限制，对应“过程类型”一节中解释的两种过程动力学：影响水体横向扩展的流量短时变化和改变河槽的地貌动态过程。两种过程限制分别定义为：

1. 限制泛洪
2. 河道自动态发展过程的控制

限制泛洪 河流的横向扩展可能达到洪泛边界，本书中的插图将这个边界标记为一条绿线，它可以代表堤坝或防洪墙。在此范围内，水位的垂直波动和水面的横向扩展会发生。超越此范围的洪水将是一场灾难，本书不再考虑这种情况。这个界限在景观设计中被标记为堤坝、堤防墙或河谷的自然边缘。

界限总是相对的，因为它对应的是一定的高水位，而洪水从来都不是可以完全预测的，因此理论上可能会出现超出所有防洪系统的高水位，溢出划定的洪泛界限。根据洪水概率统计或重现期计算确定防洪保护水平的绿线高程。例如，防洪标准为百年一遇时（HQ100，理论上这种洪水每100年才会发生一次），洪水超过界限的风险就会发生。在建筑密集的地区和特别容易遭受洪水袭击的地方，比如荷兰鹿特丹建有环形堤坝，以应对可能发生的万年一遇的洪水。在设计和施工方面，这条线代表了一个起决定性作用的关键界限，它两侧土地潜在用途的基本条件不同，因此规划、建设和生活模式也是完全不同的。然而，绿线划定的洪泛界限并不代表一个特定的保护状态，只是表明不同的防洪水平。绿线高程略低于堤坝或防洪堤的顶部，因为堤坝计算时考虑了波浪和风压的安全系数，设计了超高。

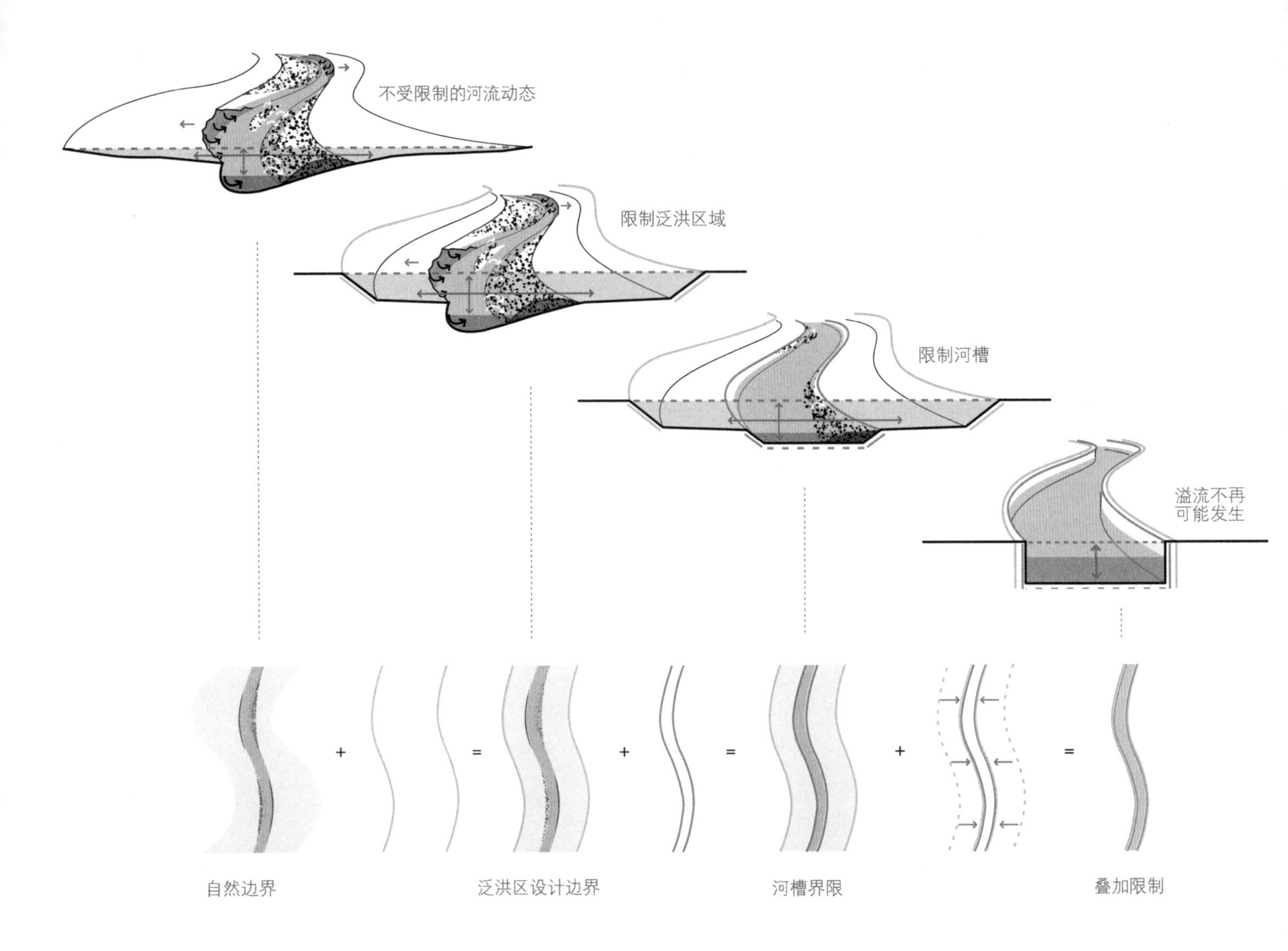

大多数河流的自然过程受到了限制，甚至完全受到控制。洪泛界限（图中绿线）由修筑堤坝等方式划定。通过建造路堤墙或低堰来限制河槽的移动，控制河道动态发展（图中红线）。

河道自动态发展控制　本书介绍的第二个过程限制是河道自动态发展的界限，图示为红线。与第一个过程的空间界限不同，侵蚀和沉积过程发生在它勾画的轮廓内——河流可以通过自身的动态变化改变其形式并发生河道迁移。

通常，这个界限直接位于河岸上，这样河流就无法通过自身的动态来占用更多的空间；河流被限制在自己的河道上，即为河道动态发展的极限。通常情况下，整个河床都是硬化的，因此这条河在物理上被限制在“束身衣”内。然而，如果河道发展空间还包括河漫滩，侵蚀和沉积过程是可能的。

介于控制和动态之间的河岸景观

上图，四个河道空间的图解说明了这两个界限与河流的过程发展是如何相互联系的。

如果只设定了洪泛界限（绿线），侵蚀和沉积过程虽然受到影响但仍会发生；水流被限制在一个较窄的河道中，这样水位和流量通常会随着侵蚀力的增加而增加。红色界限阻碍河岸侵蚀和河道加深，限制河道的动态发展。如果将绿色洪泛界限移至水的边缘与红线叠加，则不会发生泛洪，只有水位波动。这类河道通常也被取直了，在洪峰时水位上升很快，水流很急。这需要对河岸和河床进行强有力的加固以保证不被破坏。

随着受控河流的河道系统空间越来越被压缩，问题也越来越多：洪水可利用的空间更小，防洪结构要求就越高；河流内部的动力越受到约束，作用在河岸和河床上的力就越强。侵蚀或主要沉积过程不会发生，也不能吸收水流的能量。

控制的局限性　在大规模河流工程开始大约200年后的今天，这些干预措施的负面影响在我们的河流系统中越发明显。本着可持续的理念和长期水资源管理的目标，并考虑到生态和美观的因素，需要对河流工程重新定位。

通过渠化和堤防建设，以尽可能快的速度排水的策略，能在特定地点更好地防洪，但在河流沿线的其他地方会造成更大的问题。狭窄的洪泛界限加速了洪水位上升。此外，在景观中珍贵的蓄滞洪区被破坏，而且很少能被恢复。滨河林地等具有阻滞洪水效能的沿岸结构被破坏，并切断可存蓄洪水的回水区与主要水流的联系。保持河道排水畅通的措施同样加剧了洪水问题。枯木、沙砾和河岸植被等可以减缓水流，这些都被看做行洪的障碍物从河道中移除。随着暴雨直接通过雨水管渠流入河流，新建城区不断增加的不透水硬化面积成为另一个推手。城市河流系统通常没有缓冲能力，导致了极端和突然的流量峰值。洪水发生的后果是严重的，因为表面上看来“安全”的内陆地区根本没有准备好应对洪水。由于气候变化，可能会有更频繁和更严重的降雨事件。今天的河道系统显然缺乏“弹性”，不能满足这些新需求。

动态　静态

短时波动

自然扩展　限制横向扩展　无扩展

横向扩展

防洪高度

地貌动态过程

没有人类干扰的自然河流发育　受控制流动过程　无过程

河槽发展和沉积输移过程

力量作用于河岸加固设施

更多的控制造成了能量集中，这需要被再次控制。洪水空间越窄，水位越高；河道动力发育空间越小，对河岸和河床的压力越大。

根据《欧盟洪水风险管理指令》（FRMD），最优先的工作应该是保护和建设河道沿岸的蓄滞洪区，以及规划居住区的滞蓄水设施[FRMD §14]。这将减轻河流系统的压力，并为消纳极端降雨事件创造更大的灵活性。

将控制设施的结构多样性作为目标　《欧盟水框架指令》为未来河流和水空间设计提供了重要的推动力。它不仅根据水质本身，而且还根据河道形态、生物通透性、河岸形状和河岸走廊结构等结构特征，为水道的生态质量制定了重要的评价标准。过去200年的人为干预导致了生物种群多样性和动植物物种数量的急剧下降；沿着河流延伸的重要的水生或边缘生境，如浅水区、芦苇丛、河岸林地、高大的草本河岸植被和泛洪草甸，已让位给统一的、梯形断面的限制洪泛区。这种对称的、单一形式的渠化河槽使得水流速度发生了显著的变化，因此沙砾和沙洲或陡峭的、未经加固的河岸等栖息地几乎完全消失了。堰和潜坝阻碍了许多鱼类和两栖动物的迁徙和繁殖。执行《欧盟水框架指令》的目的是以河流的潜在自然状态为模型恢复自然结构的多样性。这在城市空间内是并不太可行的，尽管也有一些有趣的方法来实现这个目标，特别是过程空间E的项目，见本书第三部分——案例。

从开放空间规划的角度来看，城市河流的渠化和严格控制也被认为是毫无生气和枯燥的。像海滩一样平缓的岸线已经变得罕见。河岸陡峭，缺乏浅水区、浅滩、沙砾滩，水流湍急使人无法步入水中。随着水质的改善，在河边玩耍和在水里游泳在理论上是可能的，但事实上，脚步却被强大的水流和陡峭的河岸阻挡，玩耍和游泳甚至是危险的。

新的洪泛界限　高堤防和围墙等防洪措施经常将城区与河流分隔开，挡住行人的视线，使亲水变得困难。另一方面，抬高河岸带来的好处是，可以提供安全的娱乐空间和面向河流的良好视野，沿着长直的防汛设施可以设置迷人的漫步道和自行车道。近年来，城市再次转身面对河流：在许多社区，都有新的生活设施和办公楼建在水边，由此人们对加强河岸和应对洪水风险的新方法进行了许多思考。然而，气候变化和随之而来的强降雨事件，以及汇水区不透水路面和建筑屋面的增加，预计更高的洪水位将出现，现有的防洪保护系统仍是问题所在。位于密集建成区内的城市河岸和堤防，在不永久破坏城市与河流关系的情况下，很难保障安全。

为了应对这些规划上的挑战，最近重新评估了大量的早期干预河流系统的严格限制措施。一些限制边界已经从紧靠水的边缘后撤，扩大了河流空间。与此同时，城市更新或新建设施为重新思考空间设计、解决过程限制和寻找新方法提供了新的机会。通过筛选的所有项目都展示了创新的方法来限制洪水、限制河道变化，或者利用这些界限之间的空间。

因此这本书的目的是从案例中抽象出系统化设计策略、工具和措施。对过程空间元素的讲解排序是基于河流过程和空间条件的相互作用——这是所有利益相关者在设计河流空间时必须关注的基本范畴。由此产生的洞察力旨在揭示可能的行动领域，并促进跨学科的理解，以克服部门的具体、单一维度的方法。

Blackbourn, David, 2007. *The Conquest of Nature: Water, Landscape and the Making of Modern Germany.* London: Pimlico.

Bundesministerium für Umwelt, Naturschutz und Reaktorsicherheit – BMU (Federal Ministry for the Environment, Nature Conservation and Nuclear Safety), department for public relations, 2009. Auenzustandsbericht, Flussauen in Deutschland. Berlin.
http://www.bmu.de/files/pdfs/allgemein/application/pdf/auenzustandsbericht_bf.pdf, accessed March 3, 2010

Deutsche Vereinigung für Wasserwirtschaft, Abwasser und Abfall e. V. (DWA), 2009. *Entwicklung urbaner Fließgewässer*, part 1: *Grundlagen, Planung und Umsetzung*, DWA-M 609-1.

European Flood Risk Management Directive (FRMD), 2007. Directive 2007/60/EC of the European Parliament and of the Council of 23 October 2007 on the assessment and management of flood risks.
http://eur-lex.europa.eu/LexUriServ/LexUriServ.do?uri=OJ:L:2007:288:0027:0034:EN:PDF, accessed July 25, 2011

European Water Framewok Directive (WFD), 2000. Directive 2000/60/EC of the European Parliament and of the Council of 23 October 2000 establishing a framework for community action in the field of water policy, Article 4.
http://eur-lex.europa.eu/LexUriServ/LexUriServ.do?uri=CELEX:32000L0060:EN:HTML, accessed July 25, 2011

Hargreaves, George, 1993. Most Influential Landscapes. In: *Landscape Journal*, vol. 12 (2), p. 177.

Schaffernak, Friedrich, 1950. *Grundriss der Flussmorphologie und des Flussbaues.* Wien: Springer.

Strobl, Theodor und Zunic, Franz, 2006. *Wasserbau: Aktuelle Grundlagen – Neue Entwicklungen.* Berlin: Springer.

Tümmers, Horst Johannes, 1999. *Der Rhein – Ein europäischer Fluss und seine Geschichte.* München: C. H. Beck.

Umweltbundesamt (Federal Environment Agency), 2010. *Daten zur Umwelt – Umweltzustand in Deutschland, Gewässerstruktur.* http://www.umweltbundesamt-daten-zur-umwelt.de/umweltdaten/public/theme.do?nodeIdent=2393, accessed November 1, 2010

美因河沃斯段（Wörth）上新的洪水界限：堤坝公园和防洪墙，其间的空隙通过临时元素和设施封闭

设计目录

过程空间 → 设计策略 → 设计工具

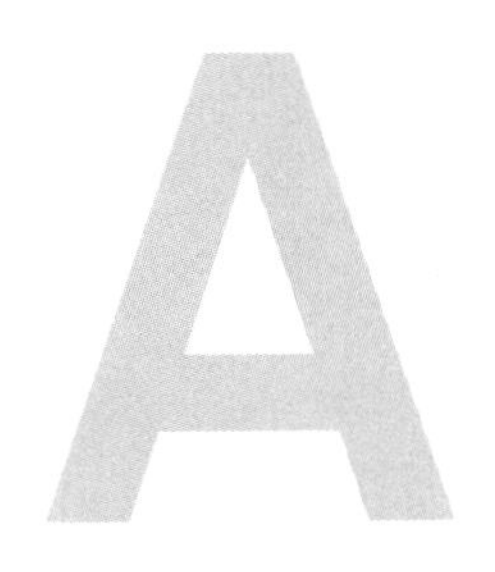

堤防墙与滨水步道

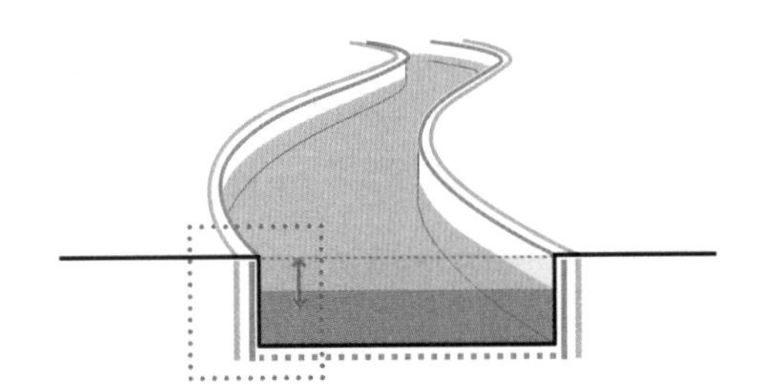

自适应设施

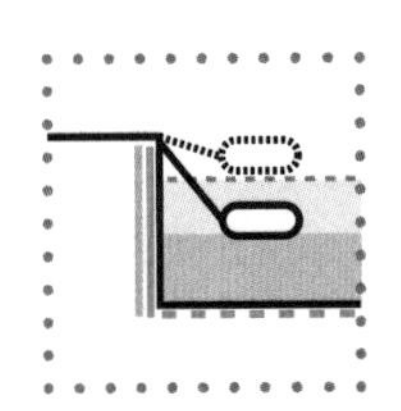

A6.2

浮动岛屿

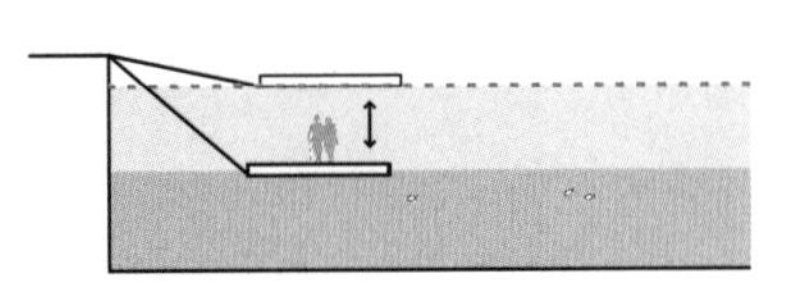

简　介

以下设计目录为本书的核心：一系列从我们研究的项目中提炼和总结出的理念和设计方法，并提出具体设计手段和措施，将其转化应用到未来的项目中。为了使设计者便于根据项目的具体情况寻找到合适的方法，目录将设计手段按其应用分别列入5种“过程空间”，在每个过程空间中，设计手段被分组归属于不同设计策略。

过程空间

在编制此目录的过程中，一个巨大的挑战是如何从我们已筛选过的复杂城市河流空间中提取相同的特征，并将其归纳为几种合理的空间类型——通过这种抽象来实现多种设计手段在实际设计工作中的转化和应用。作为分类的基础，通过调查分析典型城市的河流空间情况得知，在过程空间中各空间条件与河流过程（从水位的波动到动态地貌过程，见本书第一部分）的变化关系是可以清晰识别的。我们将这些滨水空间区域定义为“过程空间”，并区分为5种基本类型。

过程空间A——堤防墙与滨水步道，河岸非常陡峭，没有洪水可泛滥的区域。鉴于此，河道内的变化仅限于水位的垂直波动，不存在任何地貌动态过程。

过程空间B——堤坝与防洪墙，大规模的垂直防护设施将洪泛区域限制在与河道有一定距离的范围内。这种情况下，河道水平扩展和水位垂直变化都会发生，洪泛边界将河流地貌动态过程限定在较小规模。

过程空间C——洪泛区，包括河道周边在河流水平扩展后经常淹没的区域，空间C的设计工作需要考虑相应的水流过程。

在以上三个过程空间——A到C中，水域空间自身并没有改变，单是水流的波动使它们呈现出不断变化的外观。相比之下，过程空间D到E中，地貌动态逐渐成为主导，比如泥沙输移与河槽路径的改变，河流的动态不能只解读为水位的变化，更是河流本身的变化。

过程空间D——河床与水流，当河流并非被禁锢在一个地方时，沿着河床有泥沙堆积与侵蚀过程发生，这些变化是可逆的，同时对河床和河岸的形状都有影响。

过程空间E——动态的河流景观，与自然河道形成的过程相同。当包含洪泛区的侵蚀和堆积过程后，整个河道都可能改变。

在对每一个过程空间进行图示展示时，对河流空间内发生的过程和过程界限的表达方式与第一部分相同：洪泛界限为绿线，河道的自动力发育过程界限为红线，过程空间的位置与范围由灰色方框表示。

书中大多数的工程仅被列入一种过程空间类别中，但是大型工程可以包括多个过程空间。例如，慕尼黑伊萨尔河（River Isar）的河流复兴工程，设计方法属于过程空间E“动态的河流景观”，然而，工程又涉及堤岸加固，此空间要素属于过程空间B“堤坝与防洪墙”，并且采用了自己独特的设计方案。因此在单个工程中可能会出现源于不同过程空间中的设计手段与措施。但是，一般来说，应用的设计手段与本书第三部分中将案例归入的过程空间相对应。

设计策略　设计策略阐明滨水空间设计中与河流过程的应对方法，描述了设计者在面对河流工程中的方法与态度，例如接纳洪水、顺其自然、将水流偏转等，设计师的态度将影响每个与设计策略相关的实际设计手段或措施。

例如，在过程空间A中，所有的设计主要基于河道水位的垂直波动。一种设计策略是，塑造某种在水位上升时“允许被淹没”的元素，并且不会遭到破坏，即它们能“接受”水位的上升。另一种策略是，设计要素能“适应”水位的变化，就像船屋与浮动码

过程空间

A **堤防墙与滨水步道**

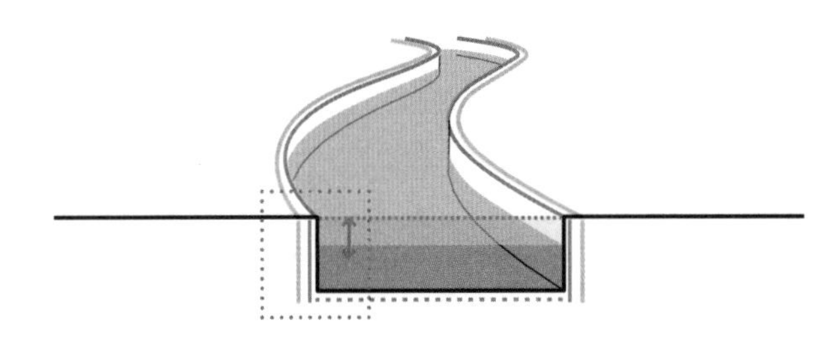

B **堤坝与防洪墙**

C **洪泛区**

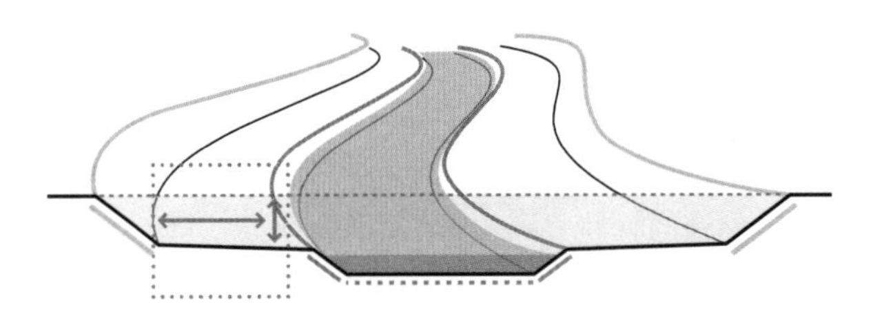

D **河床与水流**

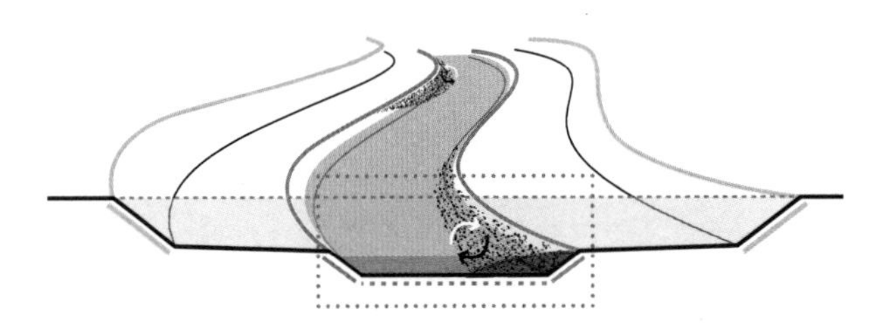

E **动态的河流景观**

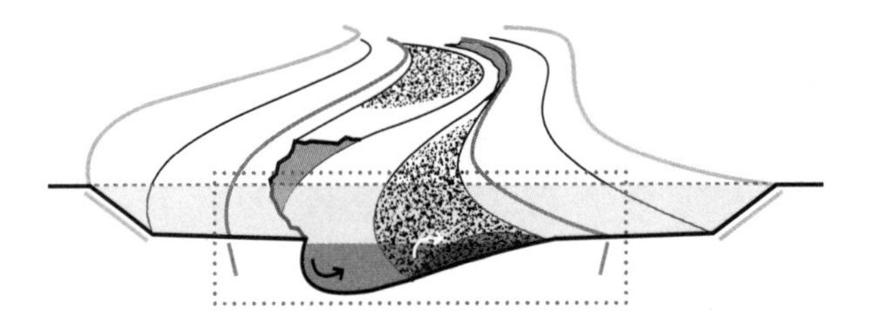

界限标识

- 过程空间的界限
- 洪泛界限
- 河流动态变化界限
- 河床加固
- 水位垂直波动界限

河流过程

- 水位垂直波动
- 水平扩展
-  泥沙输移
-  沉积作用
-  侵蚀作用
-  河岸下切
-  沉淀物

头。各种设计策略的范围清楚地表明，在每个过程空间内处理不同的水动态时可以采用多少种不同的设计方法。通过分析书中的实例，读者能识别出每个过程空间中的4~6个独立策略。

设计手段与方法 编写本书时，作者利用设计图、文献、讨论和调研等方式识别项目现场所采用的单独设计措施，然后提取其特点并抽象成可以转移应用的设计手段，通过示意图和图则加以描述。设计手段的范围很广，小到具体措施；比如岸边独立的休息区，大到大型干预手段，比如蓄滞洪区。

在设计手段被列入目录前，先检查它是否符合两个重要的标准：满足河道动力学的结构要求，和具有多功能性。优先选择应对城市河道空间复杂需求的创新性设计手段，这些手段可以作为未来项目的灵感来源。该目录并不是为了提供所有可能的河道设计措施的全面清单，而是试图通过其可转移的设计方法和实际案例，为其他设计师在河流项目上的工作提供丰富的设计建议。

设计手段的展示原则是：每个设计手段原理用剖面图或平面图表示，并且配有工程案例的照片。在“设计手段”下标出与第3部分中的案例相关的链接。在第3部分“案例”中列出每个案例所用的设计手段，通过链接也很容易在第2部分“设计目录”中找到。在对应的“设计手段”页面下阅读设计方法的详细说明并找到应用该方法的其他项目的清单。

联合使用设计手段 任何一个城市河流空间的设计任务都很难仅用单一设计手段完成，经过多次探索后，设计师逐渐开始联合使用过程空间里的设计手段。通过对实践中常见的组合或互补性较好的设计手段进行分析，总结经验，在设计目录中提出了组合设计手段的建议。对应每种设计策略，本书均列表推荐了可联合利用的设计手段，例如，应用B2（垂直阻挡）中的多功能防洪墙（B2.1）时，可以通过将墙壁整合为座椅元素或作为空间组织特征与堤防公园概念（B1.1堤防公园）组合。通过临时阻水设施（B5.1-5.3）加强、加高防洪墙是很容易实现的，使在墙壁上开窗或留入口成为可能。

过程空间与设计策略清单

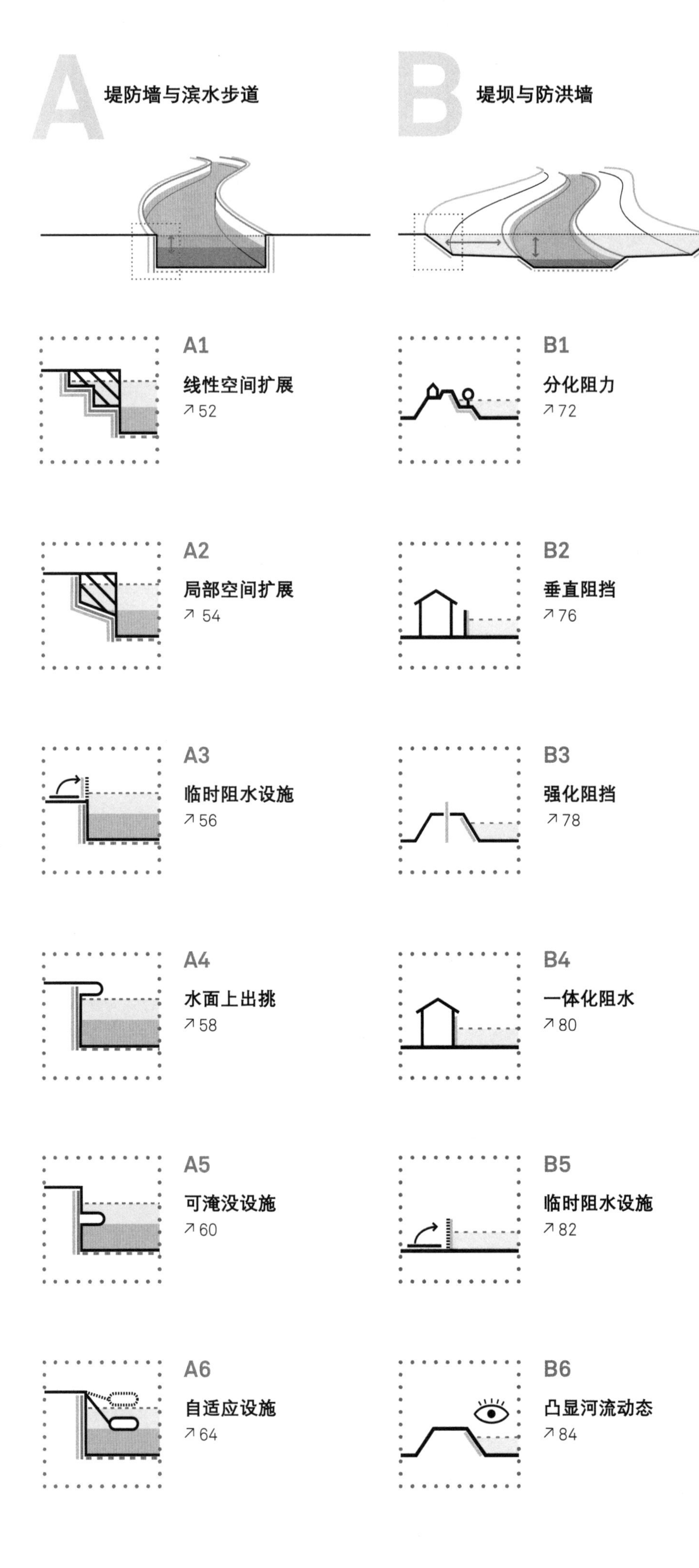

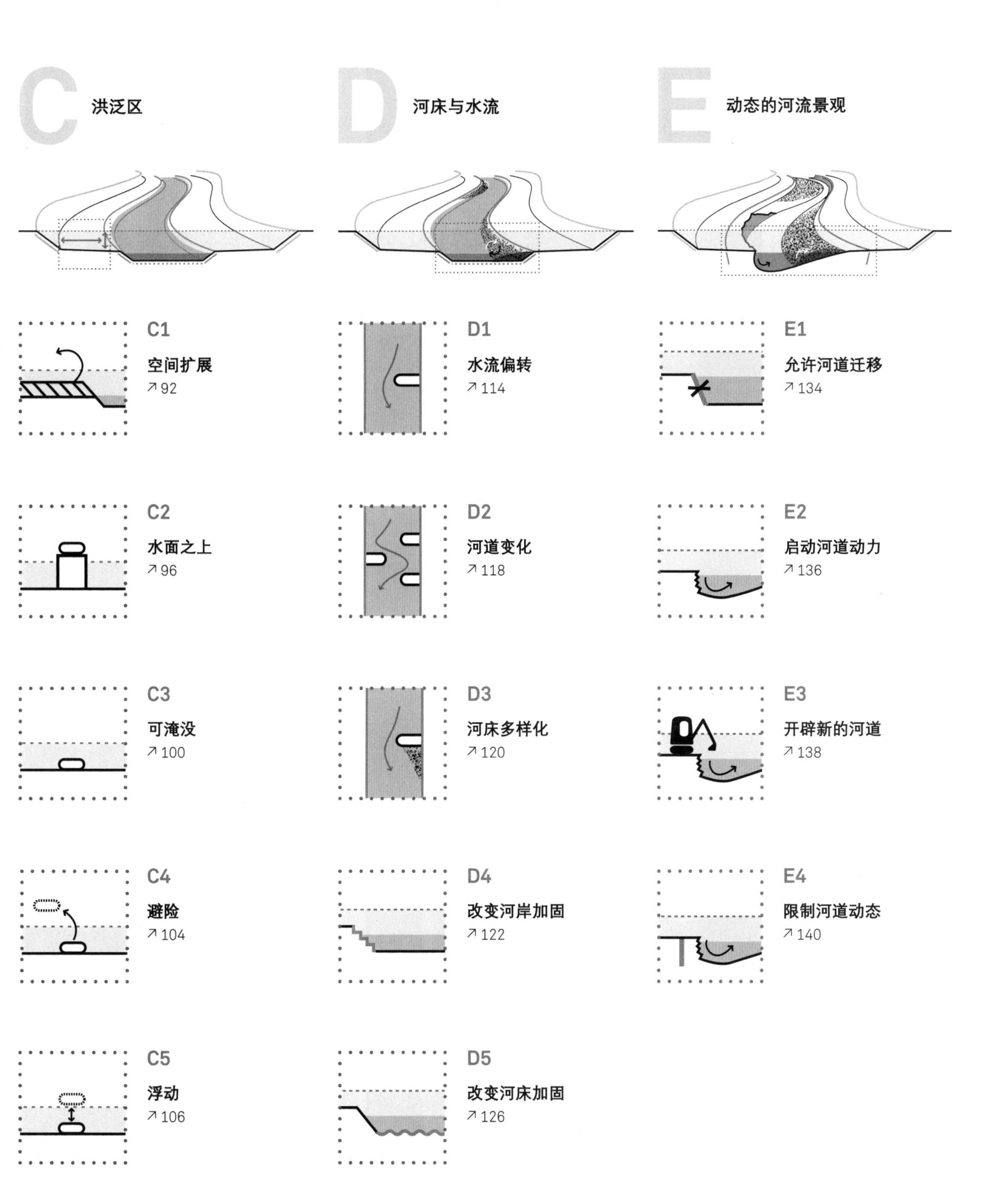

C 洪泛区
D 河床与水流
E 动态的河流景观
C1
空间扩展
↗92
D1
水流偏转
↗114
E1
允许河道迁移
↗134
C2
水面之上
↗96
D2
河道变化
↗118
E2
启动河道动力
↗136
C3
可淹没
↗100
D3
河床多样化
↗120
E3
开辟新的河道
↗138
C4
避险
↗104
D4
改变河岸加固
↗122
E4
限制河道动态
↗140
C5
浮动
↗106
D5
改变河床加固
↗126

设计工具与
设计措施清单

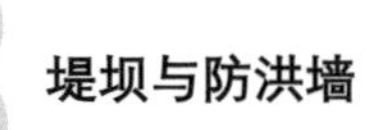

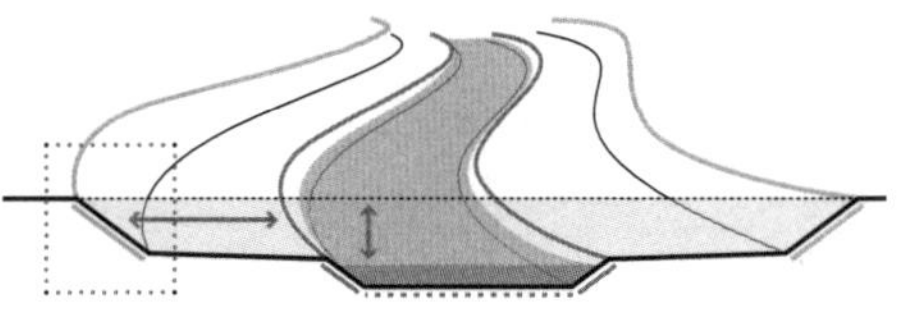

C 洪泛区

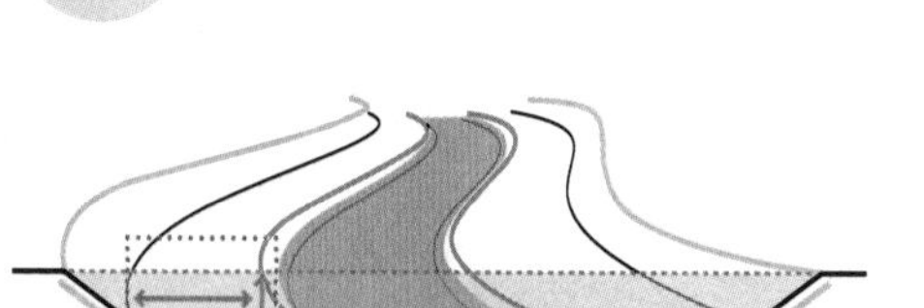

D 河床与水流

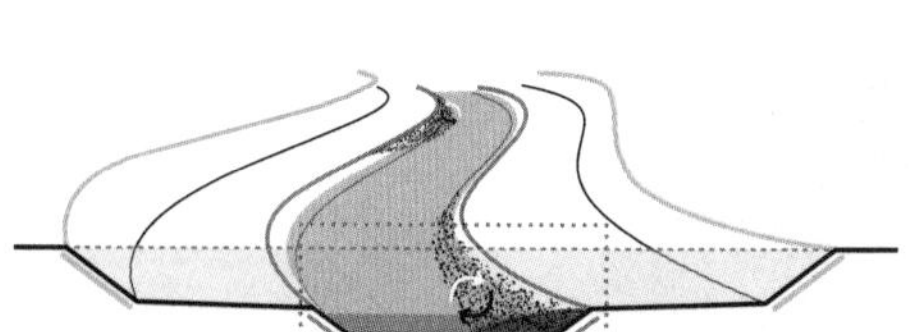

E 动态的河流景观

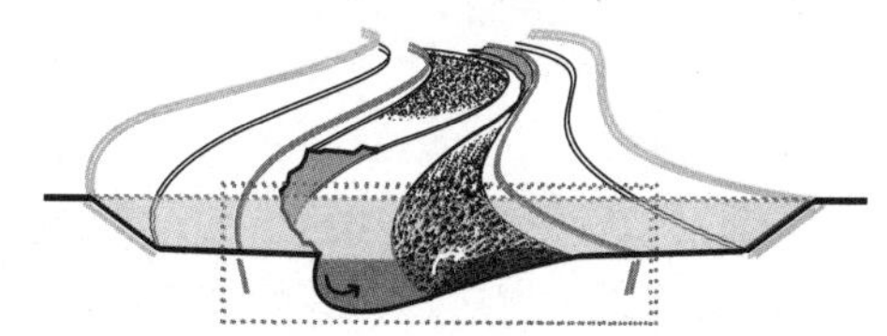

A 堤防墙与滨水步道

莱纳河，汉诺威

从冷冰冰的堤防墙到富于变化的滨水区。通过这种转化，边界的分隔性失去了，水体与河岸之间则形成了一个可利用的过渡区。活动的范围经常为陡峭的堤防墙所限。

堤防墙与滨水步道

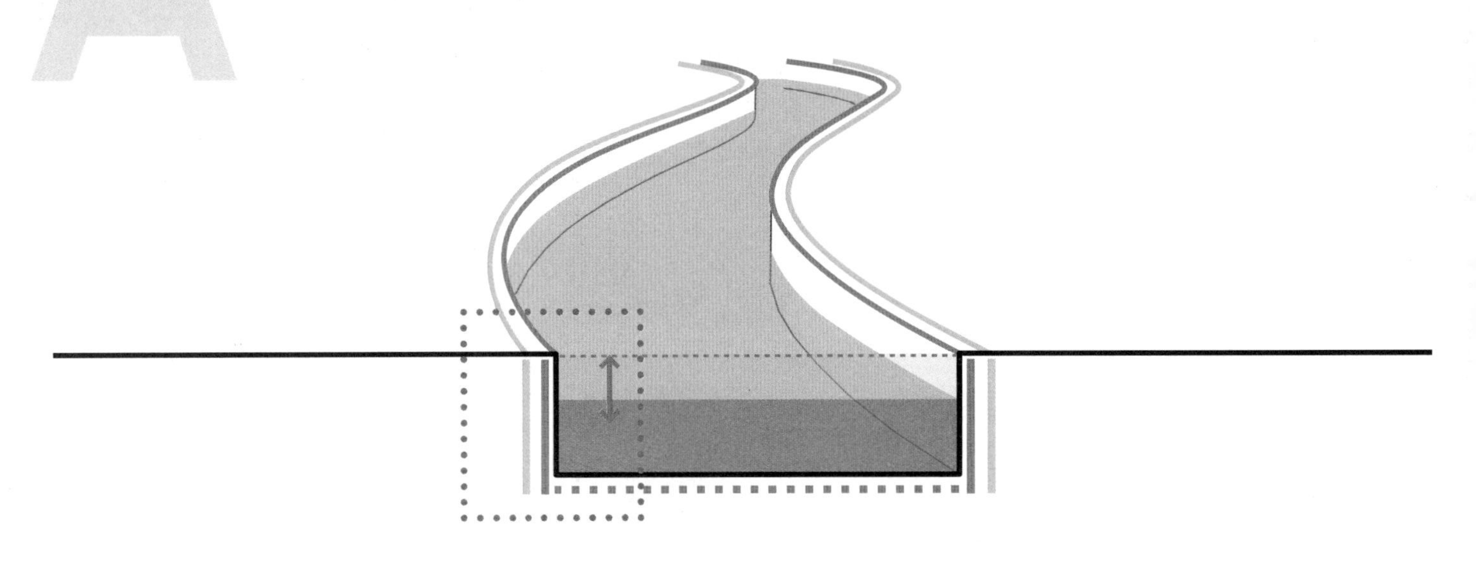

空间状况　过程空间A包括通常设在市中心地区的垂直堤岸。堤防墙既用于防洪，也用作河岸加固。大部分堤防墙建于数世纪之前，因此多存在于历史悠久的城镇中心或前工业区和港口区。它们就像城镇发展的胚胎细胞一样，是原住民的最早聚居点，人们在这里装船与卸货，其英文名称Embarkment Wall就来源于“装船”。堤防墙不仅仅存在于前码头，也存在于古老的水力发电（部分仍在运转）引水河槽。不同的是，引水河槽曾经完全被埋没在地下涵洞中，如今暴露在阳光下。

被这些高高的直立堤岸束缚下的河流的水面远远低于城市地面，尤其在常水位或低水位时，河流几乎不可见，似乎从城市景观中消失了。然而，由于河流的中心位置和逐水而居的文化，它在促进城市复兴和开发高质量的中心城区公共空间中具有举足轻重的作用。通常，这些河道及河岸的额外空间是有限的，因此大多数直立堤岸在重建期间仍然需要保留。

实施过程　位于过程空间A的某一河段的空间特征是：受直立堤岸束缚和没有泛洪区，当流量变化时仅仅有水位竖向波动，水面横向扩展是受限的。因此，泛洪界限（绿线）与河道自动力发展界限（红线）是一致，由同一建筑元素——堤防墙来定义，堤防墙的功能既是防洪墙也是河岸挡土墙。在这些空间中，河道完全没有发生地貌动态过程的可能。然而，如果在岸边特殊地点打入一些方桩，河流可以实现小规模的水流变化和沉积区。

设计方式　适合该过程空间的设计手段和干预措施是：将其狭窄的外部边界进行分段变化设计或隔一段选择某个点位进行特殊设计，把部分断面设置为互动界面或将断面扩展。这种重建边界的方式，不仅能使游客在视觉上强烈地感受到河流水面的波动，还提供了很多其他用途。当水位上升，淹没了扩展断面区时，河流则呈现出较大的水面。

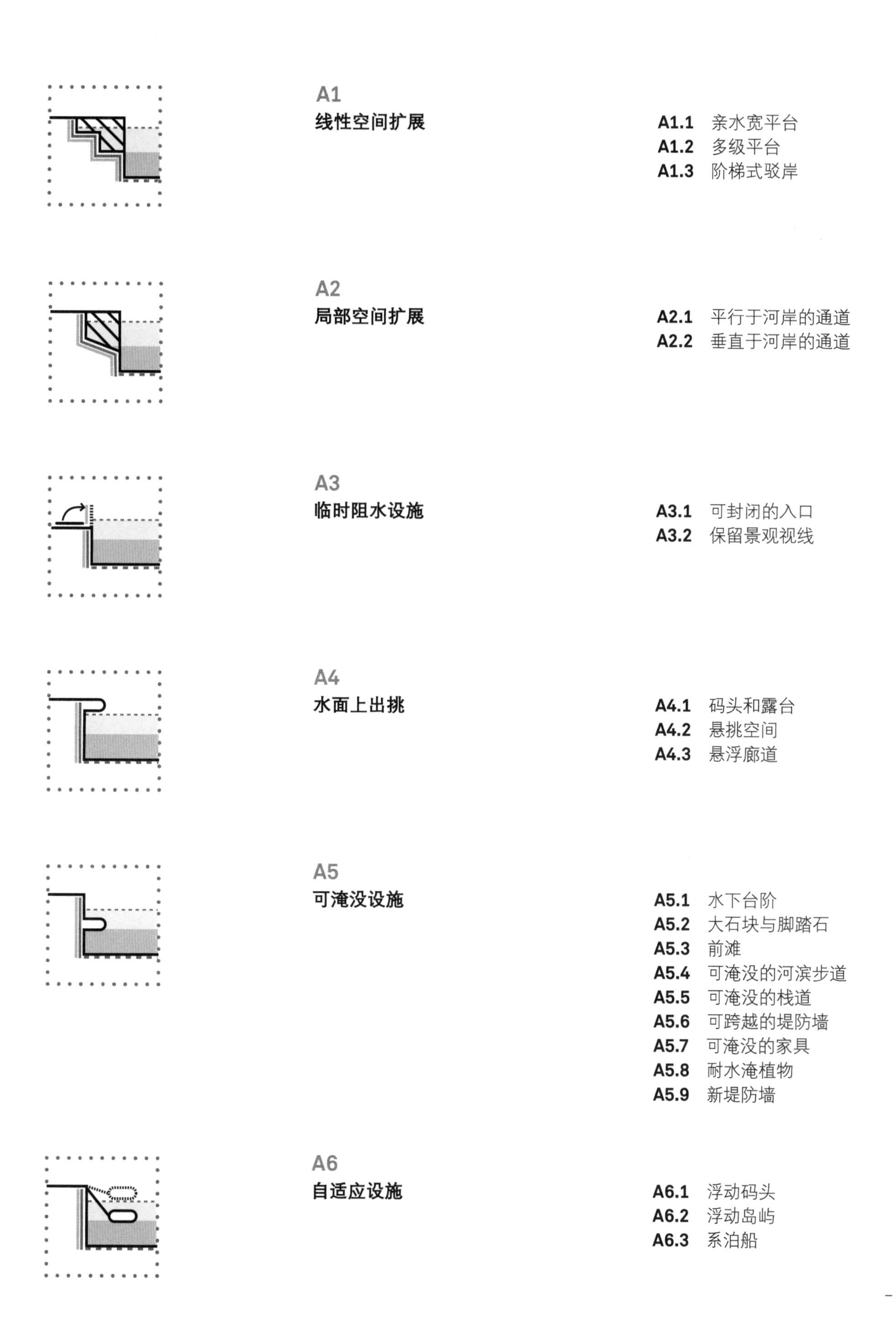

A1
线性空间扩展

A1.1 亲水宽平台
A1.2 多级平台
A1.3 阶梯式驳岸

A2
局部空间扩展

A2.1 平行于河岸的通道
A2.2 垂直于河岸的通道

A3
临时阻水设施

A3.1 可封闭的入口
A3.2 保留景观视线

A4
水面上出挑

A4.1 码头和露台
A4.2 悬挑空间
A4.3 悬浮廊道

A5
可淹没设施

A5.1 水下台阶
A5.2 大石块与脚踏石
A5.3 前滩
A5.4 可淹没的河滨步道
A5.5 可淹没的栈道
A5.6 可跨越的堤防墙
A5.7 可淹没的家具
A5.8 耐水淹植物
A5.9 新堤防墙

A6
自适应设施

A6.1 浮动码头
A6.2 浮动岛屿
A6.3 系泊船

A 堤防墙与滨水步道

滨岸设计的范围可以囊括整个城镇的河流岸线，也可以仅仅点缀一些特定的元素，水面的变化可以通过多种设计策略来展示。一些元素是置在洪水中的（A5可淹没设施），有些则避开洪水置于洪泛区上方（A4水面上出挑），或者它们随水位的波动上下移动（A6自适应设施）。虽然可利用空间是有限的，但本章示范了许多设计手段和措施，表明仍然有很多干预手段可以选择。

城市美化　在这种河流空间中，陡峭的高位堤岸限制了居民亲水，沿岸的道路既碍事又不美观。改造设计中新设置的水边休闲空间让河流可亲可赏，水位的波动可以带来视觉愉悦。梯级层叠的岸线上可以开发出一些安静的地方，隔离城市的交通噪声。受空间限制，新设置滨河步道和自行车道难度较大；然而，可以采用浮动码头、浮筒等特殊方案，创造出城市里高质量的特色区域。

防洪　过程空间A中，河流的自然泛滥被人工堤岸所制约，城市高密度的居住状况也不允许大幅度改变这种防洪形式。所有的干预手段都要避免减小行洪断面。设置背对堤防墙的梯级平台并提高堤防墙的高度能够适当扩展断面，从而提升防洪能力。在这种情况下，建议采用一些临时措施，避免在城市与河流之间再次制造障碍。

生态　硬质人工堤岸下几乎没有什么生态环境可言。没有水陆两栖区，没有河岸植被，河床上几乎没有水流变化，河流中不可能存在水生动物。在《欧盟水环境指令》中，这些河道被归类为“人工的”或者至少是“大幅度改造的”河道，因此要求的水质标准也较低：在可能的情况下，必须改善生境，但并不需要达到优良的指标。采用适当的措施小幅度地提高生境是可行的：比如在河道中修建供鱼类躲避急流的护鱼区，在脚踏石上附着生长两栖群落生境，建立或保留通道，使鱼和两栖动物更容易向上游和下游迁移。在一些地方也可以拆除堤防墙，以建立动植物的水陆联系区。

直立式堤防墙，将限制洪水与限制河道自动力扩展的功能融为一体。如上图中莱比锡的普莱瑟河道（Pleiße Millrace），通过设置宽台阶，将两条限制边界线分开，扩展出来一个蓄洪区的同时形成亲水空间。

A1 线性空间扩展

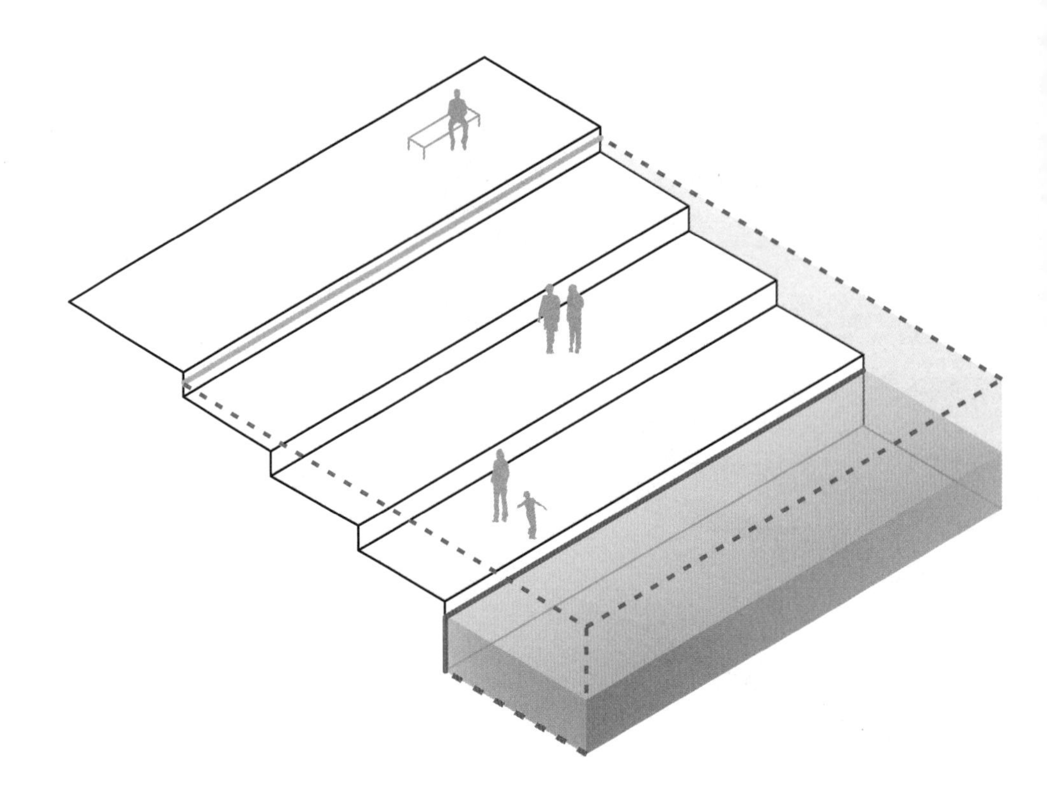

A1中所有设计手段可与以下联用：

A3.1 可封闭的入口
A5.1 水下台阶
A5.2 大石块与脚踏石
A5.3 前滩
A6.1 浮动码头
A6.3 系泊船

这种设计策略通过对河岸进行阶梯化来提供多种线性扩张的可能性，使河岸沿线的区分感更加强烈，同时也为水的横向扩展创造了更多的空间。洪泛界限（绿线）向陆地移动，而滨水区域则被设置在分级平台或台阶踏步上。这等于说，在洪泛区域内创造了不同的亲水空间。

采用完全由砖石或混凝土砌成的台阶或者草地平台同样可行，重要的因素是它们能够耐侵蚀，因为平台或驳岸的台阶同时还承担着护岸的功能。它们决定了河道的边缘（红线），同时允许人们在这里接触水。露台或台阶可以仅限在一个小的区域，也可以沿着河岸线延伸更长。根据各级平台的高度，在不同的水位波动下这些空间的裸露程度不同；平台的高度决定了它们被洪水淹没的程度和频率。与之前的直立堤岸墙相比，水量和水位的变化能够明确地显现出来，例如，通过数台阶的方式来感知——今天有多少个台阶被淹没了？

很多设计手段都采用了这种策略，只是设计的台阶或平台的高度和宽度有所不同，采用大一些或小一点的台阶对新空间的潜在用途会产生直接的影响：窄的台阶可以当做踏步、座位，宽的平台可以宽阔到作为中间层的餐饮露台。这种河岸的重塑使得滨河空间直接与城市建筑物交织在一起，从而将原本不引人注意或破败的河道再度被开发利用，提升为城镇风景中的重要部分，这使居民更容易接触到水。除此之外，河道还可用来游泳或划船等。

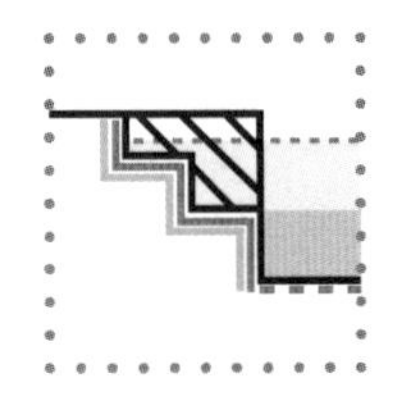

A1.1
亲水宽平台

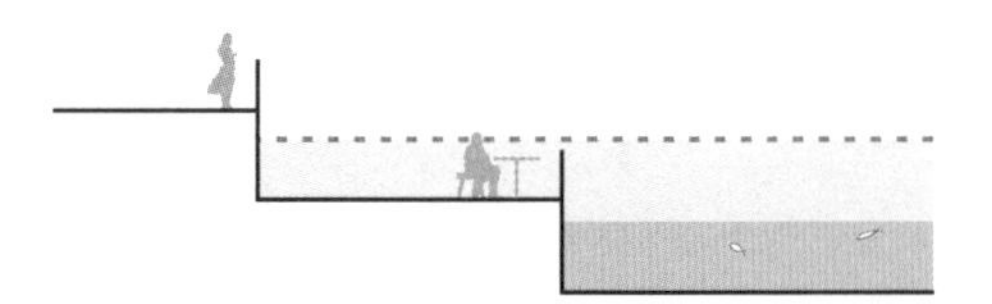

纳赫河，巴特克罗伊斯纳赫，德国
Nahe, Bad Kreuznach

亲水宽平台为水岸沉思者提供空间，也是夏季滨河咖啡馆用地。这一要素经常在河岸空间较为有限的长河段广泛使用。通过加宽河流断面扩展了行洪空间，丰富了垂直堤岸的个性。如图，在巴特克罗伊斯纳赫，这个水岸空间用于租赁游船和开咖啡馆。

阿勒格尼河，匹兹堡，美国 ↗150
莱纳河，汉诺威，德国 ↗162
罗纳河，里昂，法国 ↗168
纳赫河，巴特克罗伊斯纳赫，德国 ↗194
易北河，汉堡，德国：海港城 ↗216

A1.2
多级平台

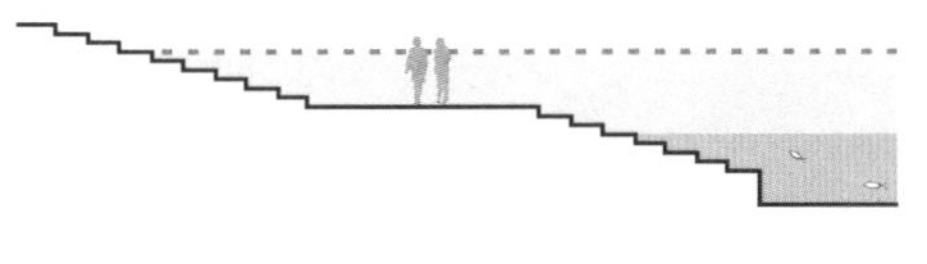

罗纳河，里昂，法国
Rhône, Lyon

通过多级平台逐步接近水面，打造一个复合式空间：在里昂，球场坐落于树林旁边。此设计强调区域的双重功能，一方面直接亲水，另一方面作为水滨娱乐休闲区。多级平台需要设在较长的河段才可以充分开发其功能，创造一个逐步过渡到临近城市空间的滨水区域，无明显生硬的界分性。

东河，纽约，美国 ↗152
利马特河，苏黎世，瑞士：水岸工厂 ↗164
罗纳河，里昂，法国 ↗168
纳赫河，巴特克罗伊斯纳赫，德国 ↗194
瓜达卢佩河，圣何塞，美国 ↗222
+利马特河，苏黎世，瑞士：
Oberer Latten浴场洗浴设施 ↗316

A1.3
阶梯式驳岸

纳赫河，巴特克罗伊斯纳赫，德国
Nahe, Bad Kreuznach

阶梯式驳岸旨在创建可以在不同水位下与河流直接接触的河岸公共空间。通过打开新的景观视野，它们可以在城市环境和河流之间建立惊人的联系。多层台阶提供了一种类似于体育场看台的感觉，增强了其作为运动空间或娱乐场所的功能。站在巴特克罗伊斯纳赫新建的河岸台阶上，如同打开了广阔的视窗。

埃尔斯特河和普莱瑟河，莱比锡，德国 ↗156
利马特河，苏黎世，瑞士：Wipkinger公园 ↗166
罗纳河，里昂，法国 ↗168
艾塞尔河，杜斯堡，荷兰 ↗182
易北河，汉堡，德国：Niederhafen长廊 ↗180
纳赫河，巴特克罗伊斯纳赫，德国 ↗194
易北河，汉堡，德国：海港城 ↗216

A2 局部空间扩展

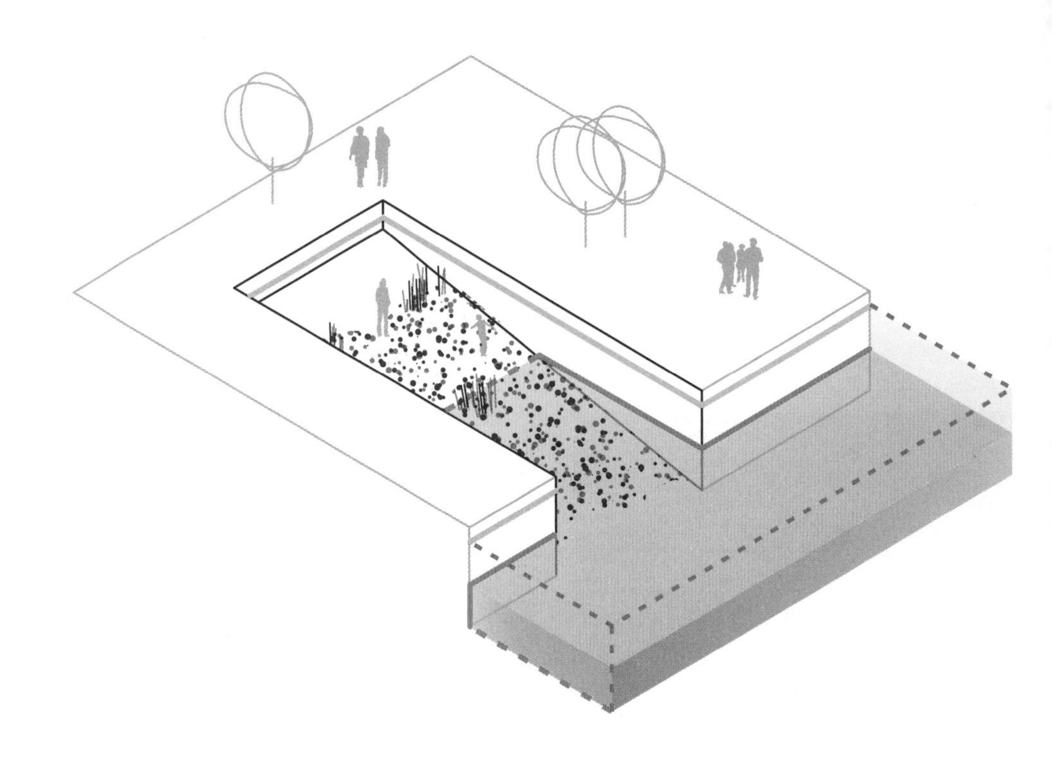

A2中所有设计手段可与以下联用：

A1.2 多级平台
A3.1 可封闭的入口
A5.2 大石块与脚踏石
A5.3 前滩
A5.8 耐水淹植物

与A1不同，A2只在河岸的局部突破对河流空间的连续垂直限制，或者在防护墙的选定位置打开一个缺口，设置狭窄的入水坡道或多级平台通道，缓缓伸入河滩。这个缓坡可以通往沙滩浴场、水边运动场，或者用作船的滑道或小船乘降点。与设计策略A1（线性空间扩展）一样，洪泛界限（绿线）被推后，产生的空间受水位变化的影响；与陡峭的堤防墙相比，河道流量的波动可以通过横向的水面扩展来感知。根据扩展的创意方法不同，部分建造在河湾滩位置的河岸堤防墙（红线）可以取消。

由于在浅水区形成了平静的水域，水流较弱，流速较慢，因此可以预期会发生泥沙沉积。根据河道的类型，可能形成砂砾滩或沙滩，也可能堆积泥浆。

将流速降低的区域作为小型生态栖息地。在高度人工建设的城市河道中，水流速度通常很快，这样流速降低区的边缘前滩为特殊的滨水植物提供了空间，各种沉积物加强了生物群落的多样性，为两栖动物和哺乳动物创造了水域通道。因此，尽管河道还是人工河道，依然可以发展出小小的栖息地。这里展示的两个设计手段显示了对河岸周期性间隔地选择节点开口的可能性。选择在与岸线平行（A2.1）或与岸线垂直（A2.2）的方向铺设通道，会对周围空间的组织设计产生不同的影响。

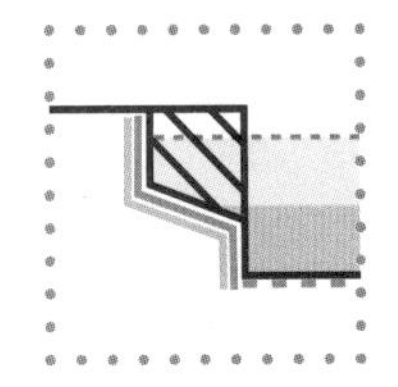

A2.1
平行于河岸的通道

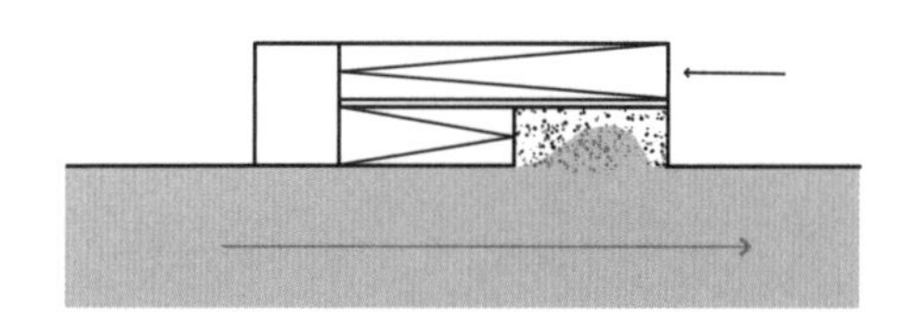

A2.2
垂直于河岸的通道

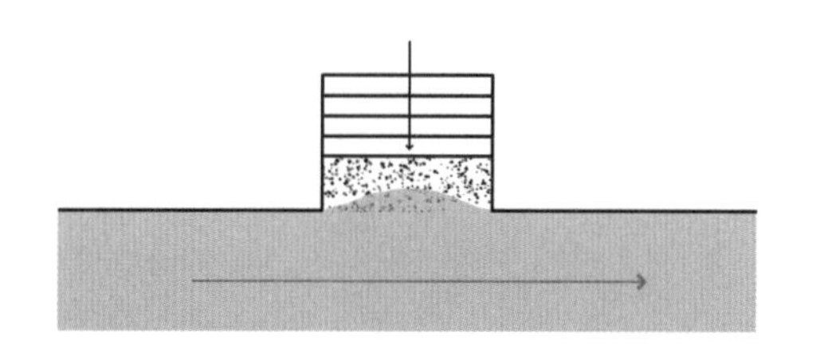

莱纳河，汉诺威，德国
Leine, Hanover

利马特河，苏黎世，瑞士：水岸工厂
Limmat, Zurich, Factory by the Water

伍珀河，明斯顿，德国
Wupper, Müngsten

当堤防墙在某一点被突破后，就可以建设一个在水边流连散步的空间。一个能够克服高度差异而且节省空间的进入河道的解决方案是设置与河岸平行的步道或坡道。在汉诺威的Hohes Ufer路上，水上移动咖啡馆café Leine Suite旁，一条斜坡状小路可以直接通向莱纳河。

苏黎世利马特河边上建设的水岸工厂项目（Fabrik am Wasser），填埋掉一个废弃的运河支流，修建了可亲水的平台。

阿勒格尼河，匹兹堡，美国 ↗150
莱纳河，汉诺威，德国 ↗162
利马特河，苏黎世，瑞士：水岸工厂 ↗164
雷根河，雷根斯堡，德国 ↗198
瓜达卢佩河，圣何塞，美国 ↗222

垂直于河岸的入水通道和平行通道（A2.1）是在空间上相对应的概念，可以打开面对河流水面的迷人景色。因为通道切入了更高的土地， 前陆地貌受到更强烈的影响，堤防的角度决定了通道的长度。明斯特桥梁公园（Brückenpark）使用了交替的开放空间形式，有远离水线的和类似海滩的两种入口。在布鲁克林大桥公园，垂直于岸边的通道被设计成螺旋形，螺旋形阶梯充分地展示了水位的年变化和日波动，所以游客能看到潮水慢慢地爬上来，感受到河水的动力。通往这条河的硬化坡道的路面由抛石护岸所保护， 那里还停泊着小船和皮划艇。

东河，纽约，美国 ↗152
伍珀河，伍珀塔尔，德国 ↗176
伍珀河，明斯顿，德国 ↗250
阿纳河，卡塞尔，德国 ↗260
索斯特溪，索斯特，德国 ↗278

A3 临时阻水设施

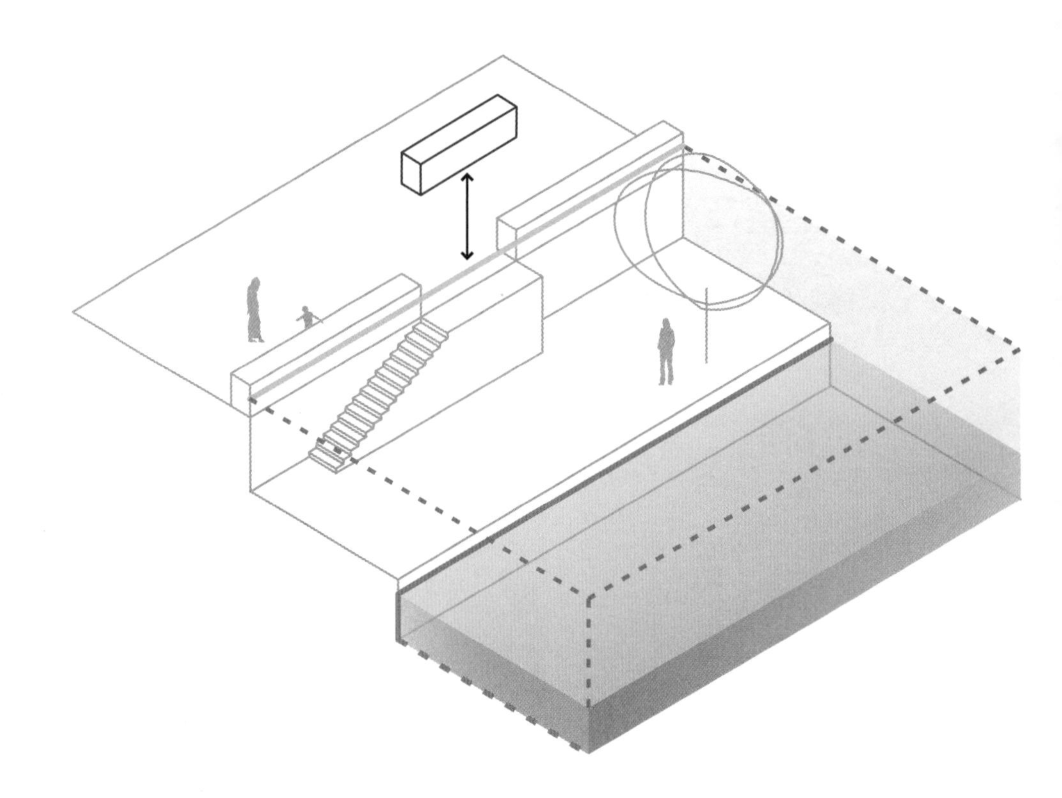

A3中所有设计手段可与以下联用：

A1.1 亲水宽平台
A1.2 多级平台
A2.1 平行于河岸的通道
A2.2 垂直于河岸的通道
A5.4 可淹没的河滨步道
A5.5 可淹没的栈道
B6.1 高水位标识

当有洪水威胁时，可以使用可移动的防洪元素作为防护墙的补充。可移动的防洪元素为局部断开防洪墙提供了可能性，或者为建造适宜高度的主体堤防墙创造了条件。可移动元素是临时使用的，仅用于高水位期间。其永久性的配件和可闭合的水密防洪门或窗户的设计高度要参照高水位，因为要充分利用保护措施的可见性，使人们注意到洪水的危险。使用可移动元素需要复杂的防洪策略，包括建造移动元素仓储和运输安装过程的操作计划。完善的洪水预警系统也是使用这些移动元素作为防洪补充的先决条件。

通过使用可移动的元素来保留视野（A3.2 保留景观视线）和河岸的可达性（A3.1 可封闭的入口）意味着需要高级别防洪保护的城市空间可以与河流保持密切的关系。这些元素的使用频率取决于安装在平均水位以上的高度差异：有的可能只在极端洪涝事件发生时使用，有的可能需要相当频繁地重复安装和拆除。

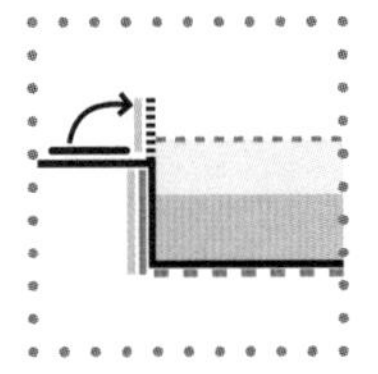

A3.1
可封闭的入口

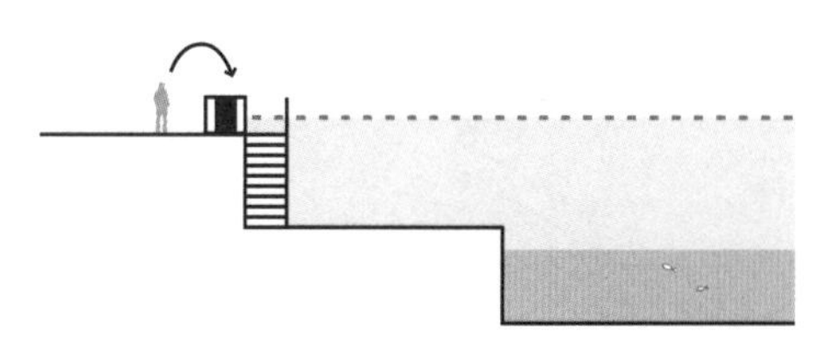

瓦尔河，扎尔特博默尔，荷兰
Waal, Zaltbommel

防洪墙的开口可以直接通向易受洪水侵袭的地区。在这些地区，使用防洪保护界限前面空地的先决条件是设置了可关闭的门或开口。可移动的临时坝梁和永久安装的水密门或百叶窗都是可用的设施。在扎尔特博默尔，进入沿河地势较低的港口地区需要过一个可以用坝梁封住的开口。

塞纳河，舒瓦西勒鲁瓦，法国 ↗172
艾塞尔河，坎彭，荷兰 ↗184
纳赫河，巴特克罗伊斯纳赫，德国 ↗194
雷根河，雷根斯堡，德国 ↗198
瓦尔河，扎尔特博默尔，荷兰 ↗202

A3.2
保留景观视线

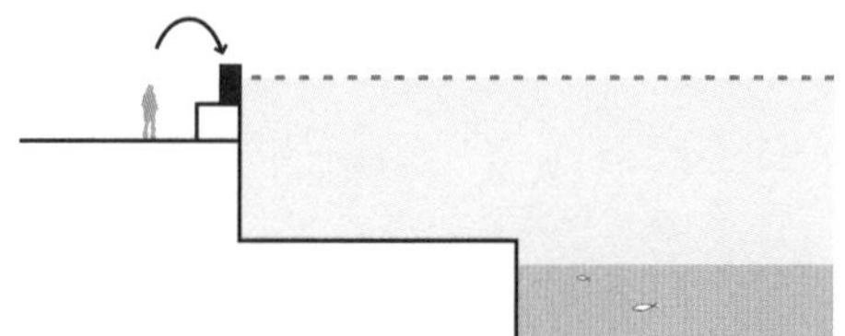

艾塞尔河，坎彭，荷兰
IJssel, Kampen

通过安装可移动的防汛栅栏或翻门，在增加防汛结构的高度的同时仍然可以保留景观和视觉的联系。沿着从城市到河流的清晰视野，历史小镇的滨水景观一直面向水上游船和河对岸的城市开放。在坎彭，使用可以安装在墙体顶部的临时防洪元素意味着艾塞尔河和历史城镇的景观联系不会被打断。

艾塞尔河，坎彭，荷兰 ↗184
雷根河，雷根斯堡，德国 ↗198

A4 水面上出挑

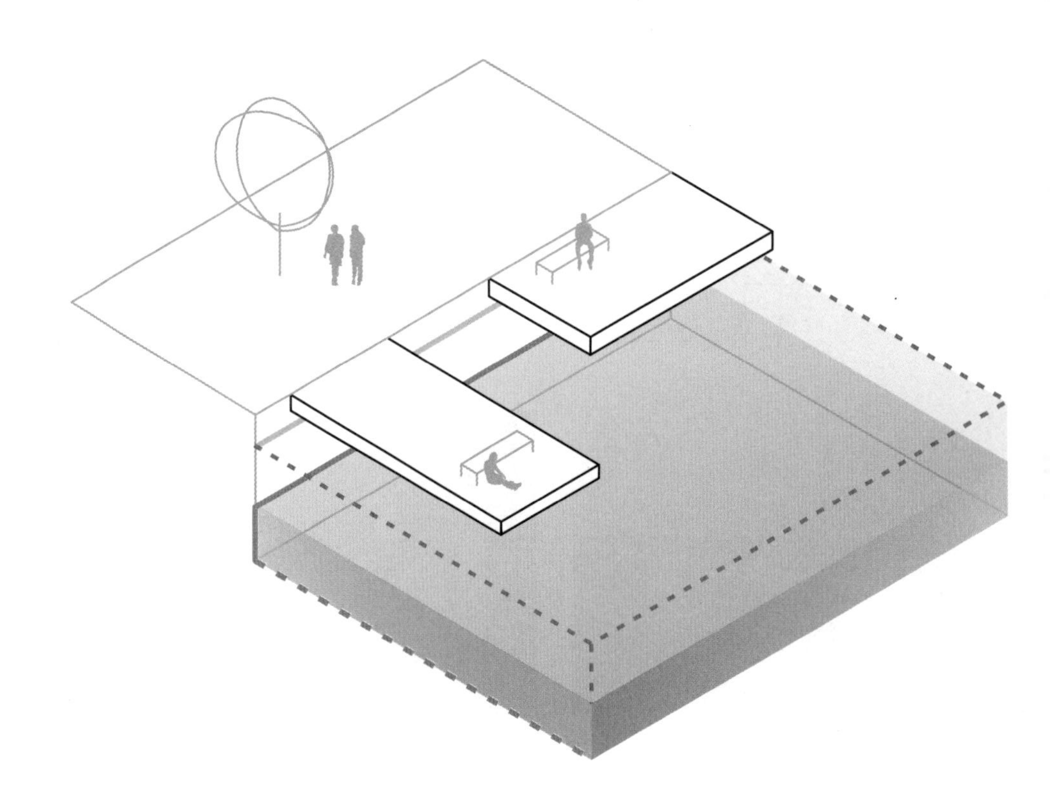

A4中所有设计手段可与以下联用：

A5.6 可跨越的堤防墙

在人口稠密的城市，河岸利用率极高的地方，将悬置于河流和小溪水面上方的悬挑平台或露台作为河岸结构的一部分，可以创造额外的开放空间。它们不受高水位影响，因为他们和防洪设施的顶部处在同一高度，也就是说，它们是在水流动态空间高度之上的。平台挑出设置到河流所在的空间，可以提供一个非常不错的观察水面和河流动态过程的视野，提升了河流在当地居民生活中的存在感，生活也多些情趣。这种策略不改变防洪保护线，防洪安全区内的露台和悬挑空间不影响排水断面或河道的滞洪空间。位于河岸上边缘的平台与相邻的开放空间融为一体，全年都可以使用。

在朝向水的一侧，这些平台通常都用一个齐腰高的护墙或栏杆封闭以保证游客安全，这个屏障的设计对人与水的视觉联系有着至关重要的影响。露台和悬挑空间构成非常棒的开放空间，具有高质量的休闲功能。我们还可以根据位置的不同规划其功能定位，比如大片的区域用作咖啡馆、餐馆，被分隔开的地方就作为休息区或者观景台（A4.1 码头和露台）。在空间不够用时，悬臂结构设计可以提供额外的空间（A4.2 悬挑空间），开辟有吸引力的新道路（A4.3 悬浮廊道），或者规划新的码头，将原来人迹罕至的河岸地区开启出来。

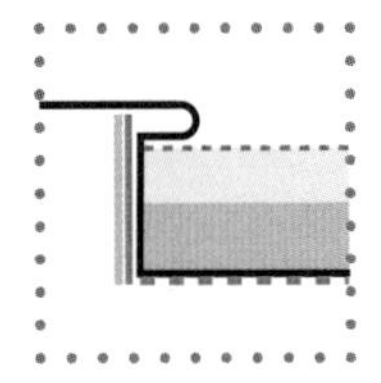

A4.1
码头和露台

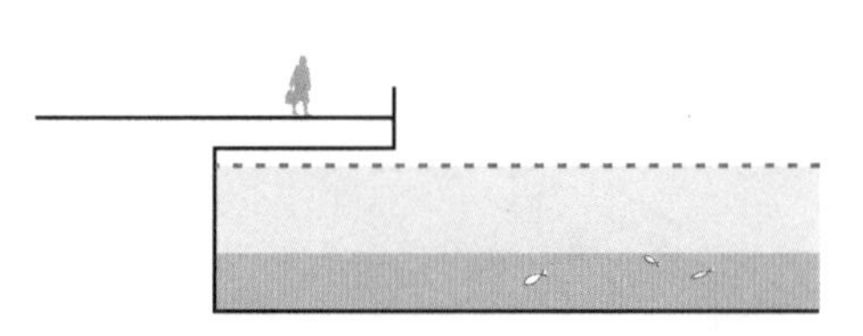

埃布罗河，萨拉戈萨，西班牙：市中心的堤防墙
Ebro, Zaragoza, embankment in the city centre

露台在特定地点挑出进入河流区域，好像是在邀请人们来河边徜徉。它们悬挂于水面上方，可以帮助游客打开视野。在这个突出的位置上，可以纵观整条河流，这在河岸上是不可能做到的。像萨拉戈萨的埃布罗河一样采用通透的设计手法，可以更加强化“漂浮在空中”的效果。当货运港口和其他工业港口设施搬离市中心时，现有的码头结构也可用于建设通往河的通道。因此，布鲁克林大桥公园建设时，对5个码头进行了翻新和再利用，建造了一个悬浮于河上的新公园，用做运动和娱乐空间。

东河，纽约，美国 ↗152
福克斯河，格林湾，美国 ↗160
莱纳河，汉诺威，德国 ↗162
罗纳河，里昂，法国 ↗168
伍珀河，明斯顿，德国 ↗250
路易申溪，苏黎世，瑞士 ↗270
内卡河，拉登堡，德国 ↗272
+埃布罗河，萨拉戈萨，西班牙，市中心河流整治 ↗315

A4.2
悬挑空间

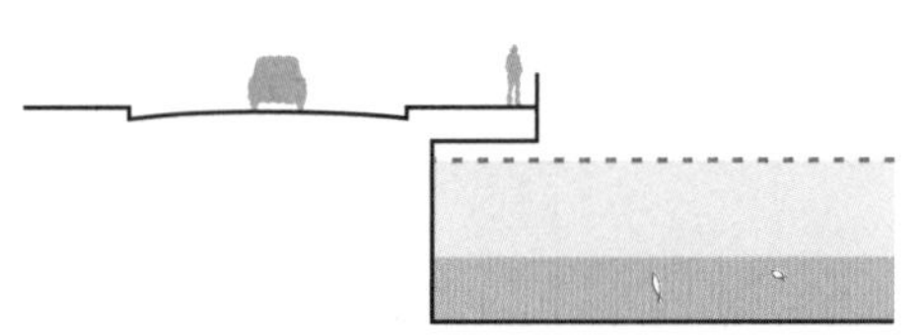

埃尔斯特河，莱比锡，德国
Elster Millrace, Leipzig

当涵河或被覆盖的河道被打开再次见光时，其上原有的街道成了棘手的问题。在莱比锡，只有把部分街道设计成悬挑结构，被覆盖的河道才能得见天日重新呼吸。透过镂空的围栏，部分位于道路下方的埃尔斯特河道（Elstermühlgraben）清晰可见。

埃尔斯特河和普莱瑟河，莱比锡，德国
↗156

A4.3
悬浮廊道

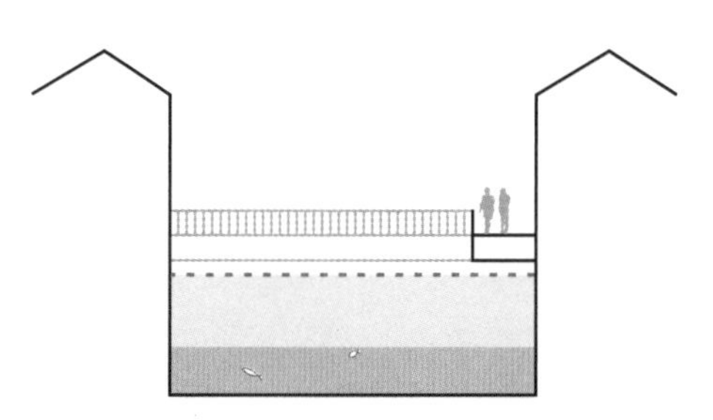

埃尔斯特河，莱比锡，德国
Elster Millrace, Leipzig

在古老城市中心的有限空间中，建筑往往紧靠河道，所以很难新建道路。固定在墙上的栈道提供了一种既实用又美观的解决方案。在莱比锡的埃尔斯特河道上的“悬浮廊道”丰富了城市景观，行人可以沿着水道上有特色、吸引人的小路穿过拥挤的城区。虽然建造的难度较大费用也高，但是它们不影响河流的过流断面，也不受洪水的影响。

埃尔斯特河和普莱瑟河，莱比锡，德国
↗156

A5 可淹没设施

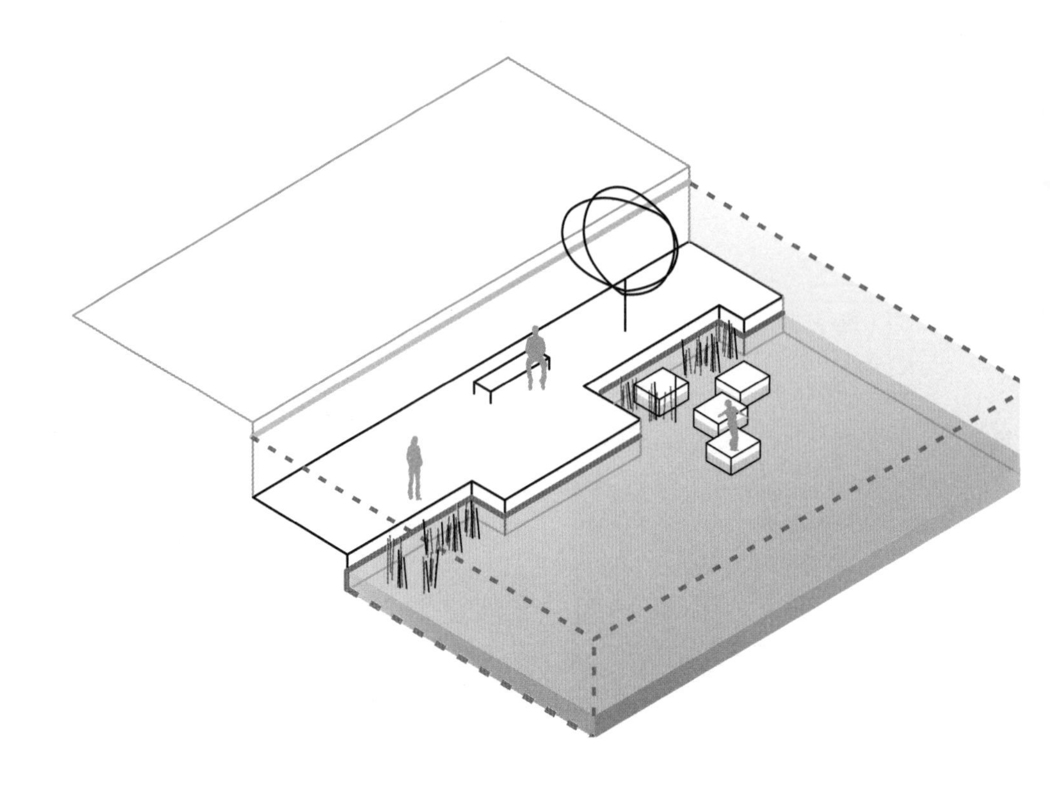

A5中所有设计手段可与以下联用：

A1.3 阶梯式驳岸
A2.1 平行于河岸的通道
A2.2 垂直于河岸的通道
A3.1 可封闭的入口
A4.1 码头和露台
A6.1 浮动码头
A6.3 系泊船
B6.1 高水位标识

河流最有趣和迷人的区域在河岸边，靠着河坐，把脚放在水里晃来晃去，看鱼儿游动波浪拍打，对儿童和成人来说都是生活中一个简单快乐的场景。如何开放这些经常被淹没的空间，是“A5 可淹没设施”设计策略所面临的挑战。位于常水位和高水位之间的城市开放空间必须经过认真的设计和布置，才能在不造成严重破坏的情况下经受住暂时的淹没，即“接受”洪水。在城镇或城市的中心，我们会发现这样的空间大多是狭窄的长条地带或堤墙脚下的生境。设施、植物和硬质景观必须强健且牢固，以抵抗水流的力量和破坏，因为它们有可能被漂浮物撞到。在河流上游固定木桩，可以形成一个额外的防护屏障，将漂浮物导流到河中央。在高水位时，水边的这些地方会被淹没而不能使用，不过这可以帮助居民感知水位的变化。

露出水面的栈道建筑可以在水边创造新的空间。沉积泥沙构造的人工河滩可以种植物，并在水流湍急的河道提供生态位，产生边缘河岸生境。而在改造前陡峭的河堤附近，这种生境则非常罕见。这些单独的小群落生境可以为生物迁移提供庇护地，也就是所谓的“脚踏石”生境。不止如此，沿着堤岸生长的植物，与石墙形成了强烈对比，使水边空间有着美学上的吸引力。像设置河滩、水下台阶和脚踏石等的设计方式，可以增进人们与水域的接触，也大大地提高这些地区的使用潜力。由于它们位于堤岸墙的底部，通常可以在城镇的中心创造出相对私密和隐蔽的地方，独具魅力。

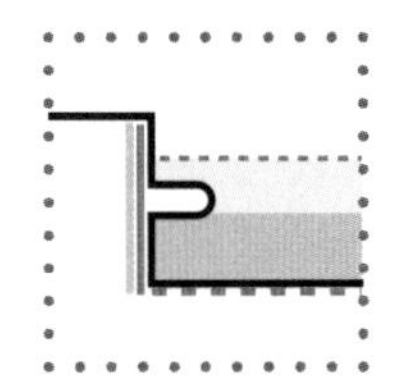

A5.1
水下台阶

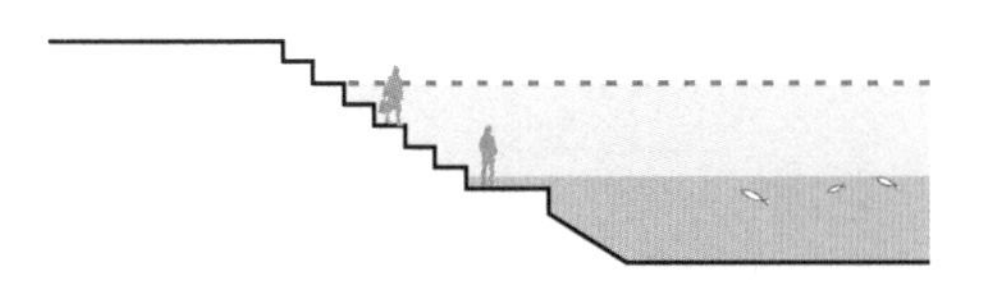

利马特河，苏黎世，瑞士：Wipkinger公园
Limmat, Zurich, Wipkingerpark

将一段台阶或平台的最低层设置在常水位以下，有助于充分利用各种水位，特别是利于人与水的接触。在苏黎世，最后一阶上的浅水让人们心里充满了入水的冲动。同时，这种解决方案也顾全了非常重要的安全问题，毕竟一个人可以落入水中的深度很浅，因此通常可以省去具有视觉干扰性的围栏或围墙。

利马特河，苏黎世，瑞士：Wipkinger公园 ↗166
伍珀河，伍珀塔尔，德国 ↗176

A5.2
大石块与脚踏石

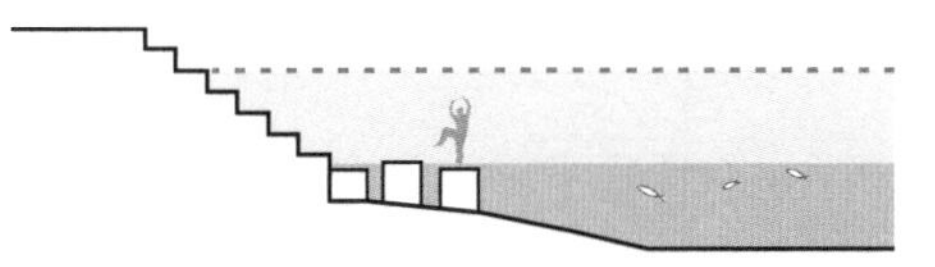

利马特河，苏黎世，瑞士：Wipkinger公园
Limmat, Zurich, Wipkingerpark

露出常水位线的大石块和踏脚石能给予人与水直接的接触，提升居民对于水流的体验。在苏黎世的利马特河上，在水里放置了几块高度不等的、深入到水体几米远的、高出水面的石头。水流在它们粗糙的表面上流过，产生非常有趣的涟漪，从而使水位波动更加明显、更加生动。

利马特河，苏黎世，瑞士：Wipkinger公园 ↗166
伍珀河，伍珀塔尔，德国 ↗176
索斯特溪，索斯特，德国 ↗278

A5.3
前滩

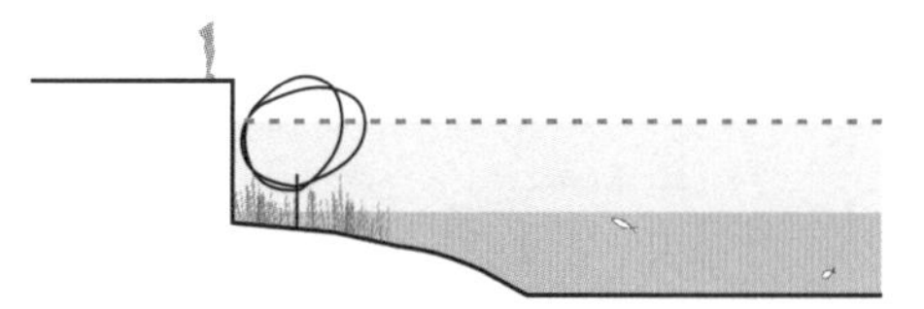

塞纳河，舒瓦西勒鲁瓦，法国
Seine, Choisy-le-Roi

沿着河道边缘的区域，经由沉积的土壤和泥沙堆积抬升形成前滩，然后可以种植物。有时新沉积的底物必须要保护起来，比如盖上一层土工布，直到表面被生长的植物覆盖。慢慢地，一个绿色的河边走廊沿着硬质边缘发展起来。在大河流中，这样浅浅的静水区给迁徙鱼类和两栖动物的生态群落提供了脚踏石生境。这种情形特别适合城镇里的那些通常具有坚硬的、统一的方形截面河流和水道。因其与硬质景观形成了对比，柔化了岸线，所以它们也很美观。在巴黎郊区，舒瓦西勒鲁瓦的塞纳河的河滩回归了原生态风貌，在栈道和河流之间有岸边种植区作为缓冲带，也可以降低行人落水的危险。

塞纳河，舒瓦西勒鲁瓦，法国 ↗172
伍珀河，伍珀塔尔，德国 ↗176
瓜达卢佩河，圣何塞，美国 ↗222
索斯特溪，索斯特，德国 ↗278

A5.4
可淹没的河滨步道

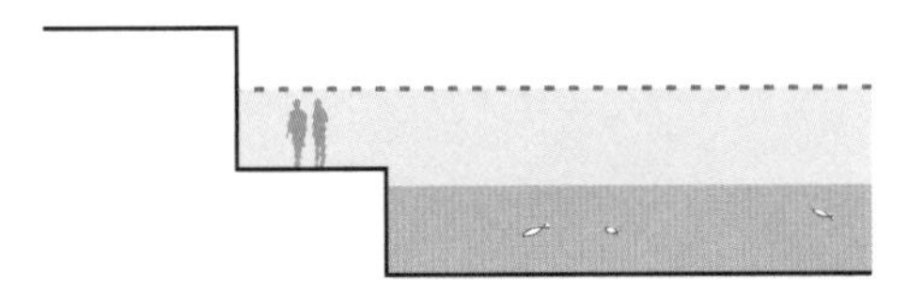

艾塞尔河，杜斯堡，荷兰
IJssel, Doesburg

人们喜欢沿着水边散步，而位于堤岸墙脚下的连续长廊提供了这个机会，也创造了一个私密而隐蔽的滨水空间。不管是沿着水边步道还是在堤防墙漫步，都可以看到沿河不同的景色和远处的景观。步道会经常性地被水淹没，淹没之后要清理干净。在杜斯堡，艾塞尔河的新堤岸边有一条宽阔的步道，同时也用作船只停靠的码头。

阿勒格尼河，匹兹堡，美国 ↗150
罗纳河，里昂，法国 ↗168
艾塞尔河，杜斯堡，荷兰 ↗182
艾塞尔河，坎彭，荷兰 ↗184
雷根河，雷根斯堡，德国 ↗198
瓜达卢佩河，圣何塞，美国 ↗222

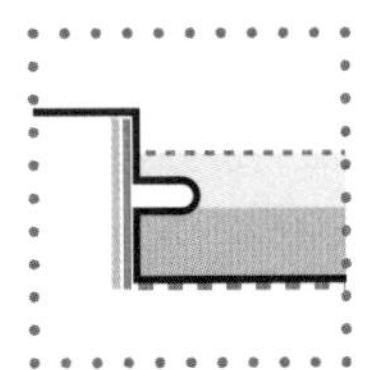

A5.5
可淹没的栈道

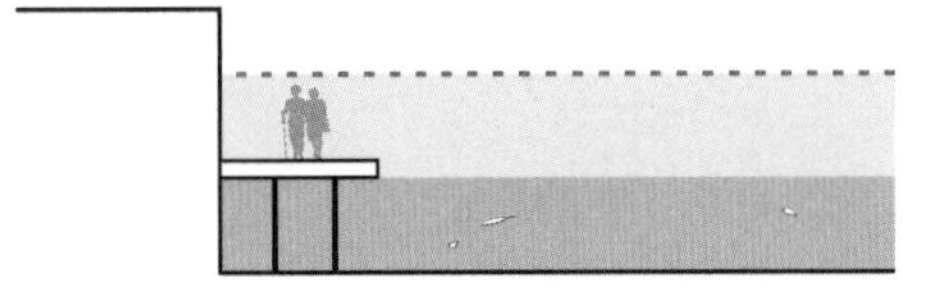

塞纳河，舒瓦西勒鲁瓦，法国
Seine, Choisy-le-Roi

在很多情况下，因为空间有限，并不能设计连续的河边步道，这时候通过可淹没的木栈道进行连通就是一个非常好的方式：既填补了缺口，同时可以在水边开发出有吸引力的地方。舒瓦西勒鲁瓦的塞纳河边，这样的木栈道与新的绿色前滩相结合形成公共空间，居民就在此休闲放松。坚固的钢结构和木锚确保了栈道在遇到高水位的强大水流时也足够牢固。在阿勒格尼（Allegheny）河滨公园，建造了一个混凝土悬挑结构的通道，在河流和邻近的高速公路之间创造可用的空间。它通过混凝土板梁来平衡，板梁也作为沿河的座位使用，可以承受周期性洪水、冰凌和碎片的强大冲击。悬挑结构使得河流边缘的空间得以扩展，而无需在河床中插入垂直支撑板。

阿勒格尼河，匹兹堡，美国 ↗150
福克斯河，格林湾，美国 ↗160
塞纳河，舒瓦西勒鲁瓦，法国 ↗172
艾塞尔河，坎彭，荷兰 ↗184
义乌江和武义江，金华，中国 ↗252
+利马特河，苏黎世，瑞士：Oberer Latten浴场洗浴设施 ↗316

A5.6
可跨越的堤防墙

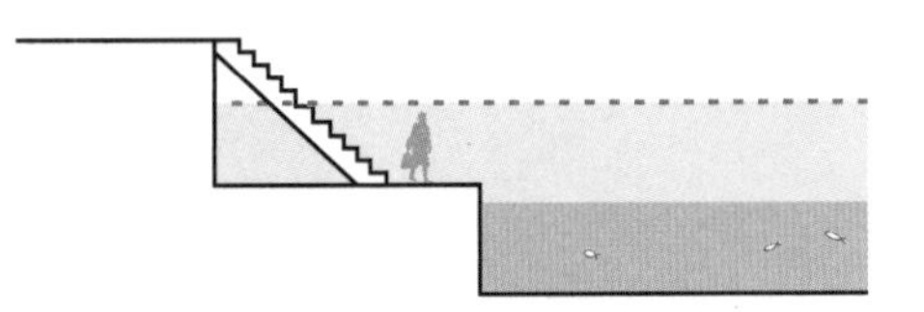

罗纳河，里昂，法国
Rhône, Lyon

当设计足够精巧时，阶梯、坡道和码头将可淹没的滨水区域和岸墙连接起来，成为视觉亮点和人们喜欢漫步亲水的地方。建筑可以沿水边布置，或者与河流成某个角度的交叉，但是斜置的建筑需要格外稳固，以承受高水位时的水流和漂浮物的撞击。在里昂，各种游乐设施巧妙地利用了堤防墙和水面之间的高差。

罗纳河，里昂，法国 ↗168
+埃布罗河，萨拉戈萨，西班牙，市中心河流整治 ↗315

A5.7
可淹没的家具

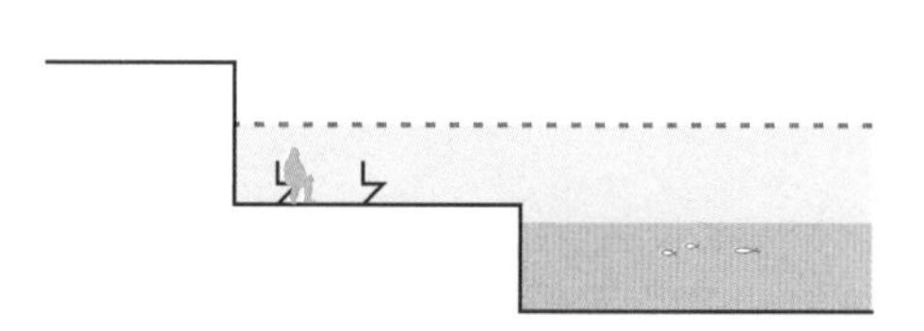

罗纳河，里昂，法国
Rhône, Lyon

河边的漫步长廊经常被水淹没，因此安置在其上的家具和其他配件必须要基础稳固、重量足够，并由防水材料制成，而且设施的摆放方式和位置应该与放置地点的水力状况相符合。如果处理方式得当，家具可以提高人们对洪水的警觉。在里昂，河滨走廊位于洪水影响区域内，但配备了各种可坐的地方，还有不同材质的娱乐设施。然而，在下决心创建一个高质量的结构的同时，也要接受被水淹没后必须要清理和维护这一事实。

阿勒格尼河，匹兹堡，美国 ↗150
福克斯河，格林湾，美国 ↗160
罗纳河，里昂，法国 ↗168
塞纳河，舒瓦西勒鲁瓦，法国 ↗172
瓜达卢佩河，圣何塞，美国 ↗222

A5.8
耐水淹植物

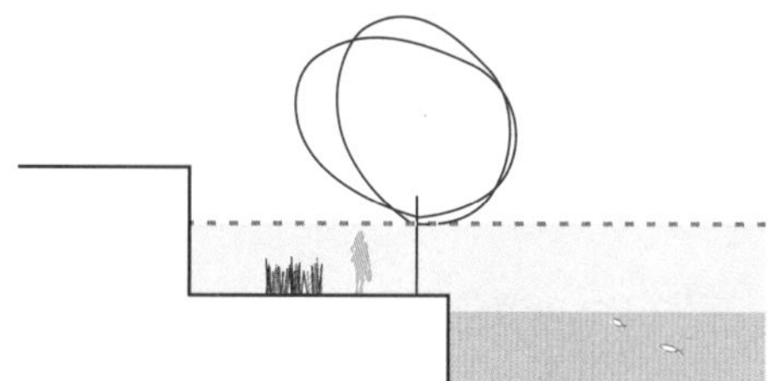

罗纳河，里昂，法国
Rhône, Lyon

在河堤墙脚的河漫滩区种植物可以大大增加空间的宜人性。许多源于季节性淹没河岸栖息地的植物可以很好地容忍洪水淹没和干旱交替。植物选配设计的可能性是多样的，从单一的灌木到列植，再到自然的沿岸走廊种植。沿着里昂的罗纳河，植物为这条新的河滨长廊营造了绿色的氛围。

阿勒格尼河，匹兹堡，美国 ↗150
罗纳河，里昂，法国 ↗168
塞纳河，舒瓦西勒鲁瓦，法国 ↗172
雷根河，雷根斯堡，德国 ↗198
瓜达卢佩河，圣何塞，美国 ↗222

A5.9
新堤防墙

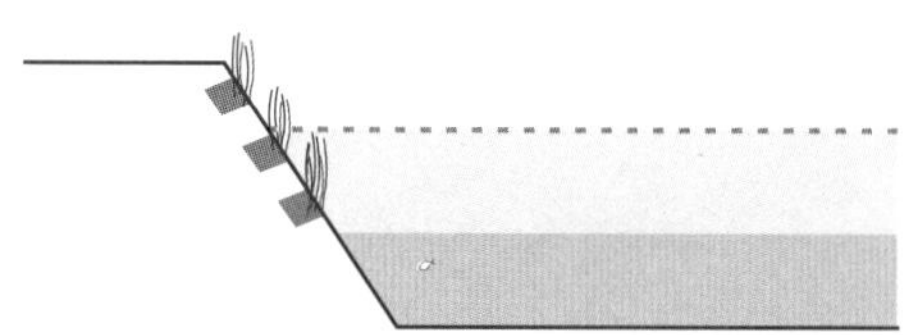

埃布罗河，萨拉戈萨，西班牙：市中心的堤防
Ebro, Zaragoza, embarkment in the city centre

当修缮或重建堤防墙时，材料的形式和材料的选择对生态和河流美学品质至关重要。选择人们喜欢的天然石材、特殊类型的混凝土（如在苏黎世的路易申溪）和正确的植被（如在萨拉戈萨的埃布罗河上）给堤防墙赋予了活力。在砖石之间留下了较大的缝隙，可以为动植物群落创造生态环境。在明斯顿，伍珀河边的Brückenpark公园石墙的上部边缘向游客展示了100年一遇洪水的预计水位。

阿勒格尼河，匹兹堡，美国 ↗150
纳赫河，巴特克罗伊斯纳赫，德国 ↗194
雷根河，雷根斯堡，德国 ↗198
伍珀河，明斯顿，德国 ↗250
路易申溪，苏黎世，瑞士 ↗270
+埃布罗河，萨拉戈萨，西班牙，市中心河流整治 ↗315

A6 自适应设施

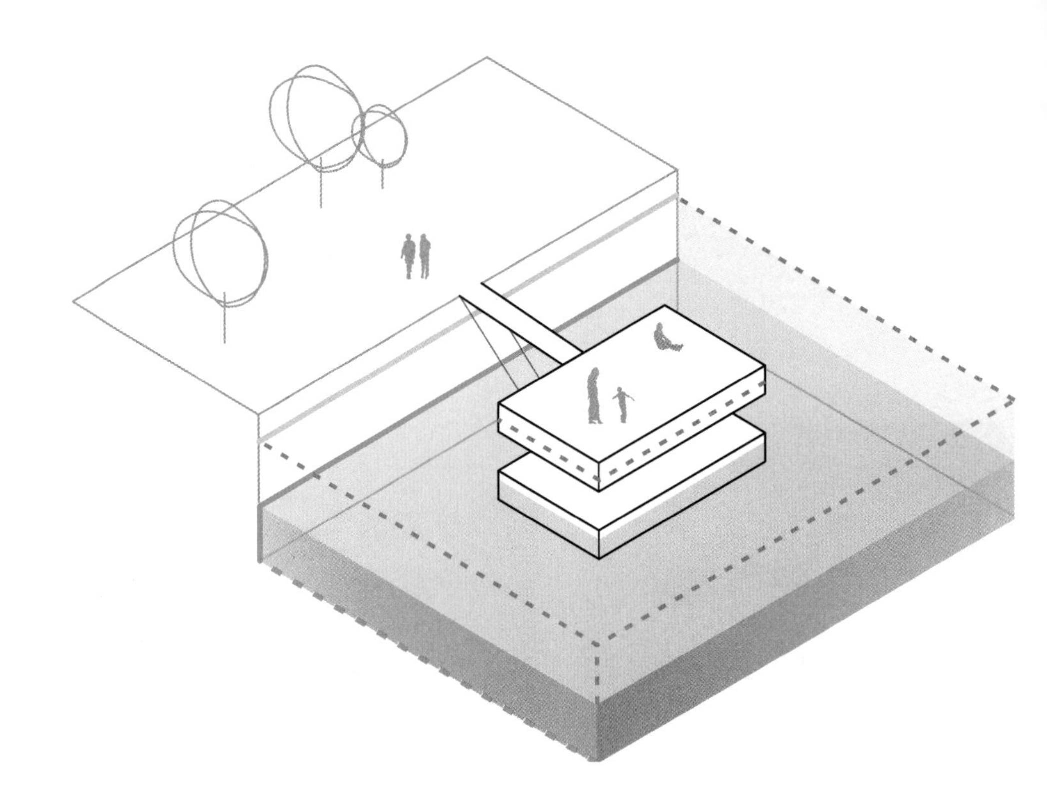

A6中所有设计手段可与以下联用：

A1.1 亲水宽平台
A1.2 多级台阶
A1.3 阶梯式驳岸
A5.4 可淹没的河滨步道

这个设计策略使用漂浮于水面的元素，当水位波动时，可以见到这些设施随着水位涨落，水流从它们下面通过，不受阻挡。因为它们通常位于开放水域表面的显眼位置，浮动设施可以作为城市景观中的强烈视觉元素，因此在开放空间的设计中非常重要。以往通常情况下，这一手段主要应用在主要河道的航运码头，但近年来增加了很多其他的用法。不管是船屋、移动泳池还是浮动岛屿，很多都已经成为诸多欧洲城市中心的地标性景观。根据河岸边开放空间的集成程度，这些元素暂时性地或永久地连接到一个特殊的位置。因为它们紧邻着水，并随着河道流量变化而浮动，强化了人们对河流流动的感知——感知水流的力量和水位变化。因为浮动设施的设计原则是在水面之上随水位灵活变化，因此基本不影响河道的流动阻力，也不改变河流断面。

如果浮动码头需要从河岸进入，那么河岸边缘和浮动单元的高度差需要由一个可调节的柔性结构来补偿。浮动单元更适应流速慢的河道，若在水流强劲的地方，要用有力的系泊设备或其他固定设备确保其牢固，另外在高水位时也建议使用一个对抗危险漂浮物的保护罩。

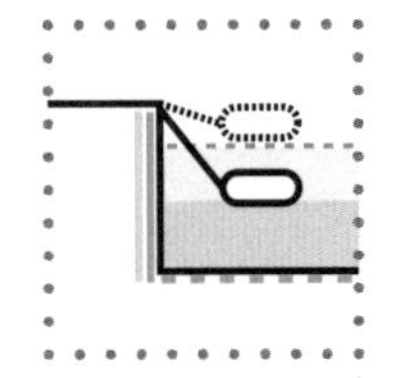

A6.1
浮动码头

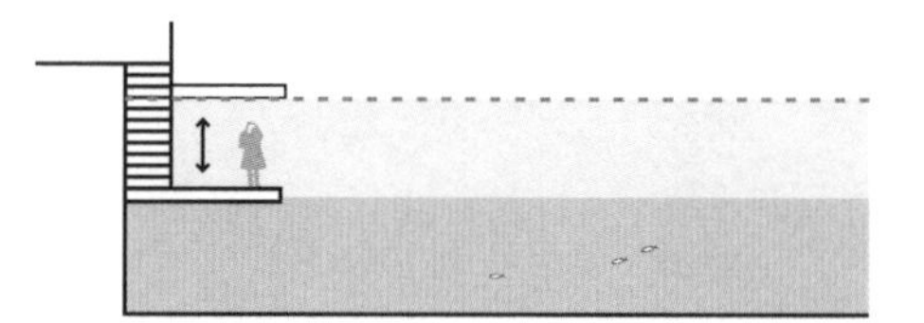

埃尔斯特河，莱比锡，德国
Elster Millrace, Leipzig

一个简单常用的“浮动”主题的变体是漂浮码头，这可以作为船舶的靠岸码头或者漂浮泳池，进而创造出紧靠水边的高质量休闲开放空间。这些灵活的结构不仅在建筑学上是非常有趣的，还可以强化水流动力的存在感。在莱比锡，重见天日的埃尔斯特河道上，通过漂浮码头可以入水，同时，码头也是独木舟靠岸的地方。

东河，纽约，美国 ↗152
埃尔斯特河和普莱瑟河，莱比锡，德国 ↗156
福克斯河，格林湾，美国 ↗160
易北河，汉堡，德国：Niederhafen 长廊 ↗180
+利马特河，苏黎世，瑞士：Stadthausquai 女士露天游泳池 ↗316

A6.2
浮动岛屿

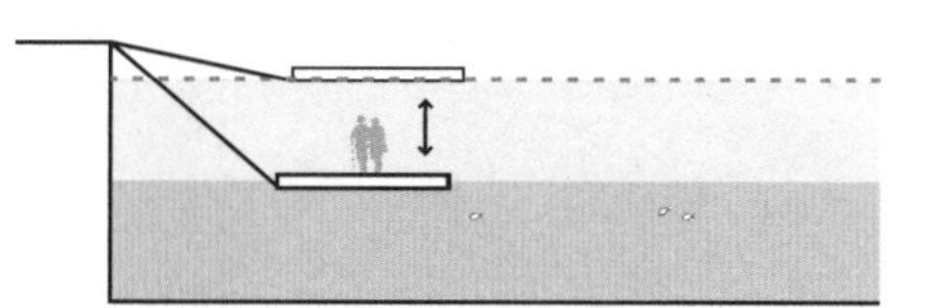

莱纳河，汉诺威，德国
Leine, Hanover

漂浮岛屿让之前无法接触的空间开放了。在汉诺威旧城曾经的防御工事的边缘，建起来一座开设小酒馆的漂浮岛屿，让人们可以直接坐在水边。这样的小岛直接裸露在水位波动产生的波浪和水流中，因此游客在浮岛上对于水的体验就跟在船上一样。

莱纳河，汉诺威，德国 ↗162
易北河，汉堡，德国：海港城 ↗216

A6.3
系泊船

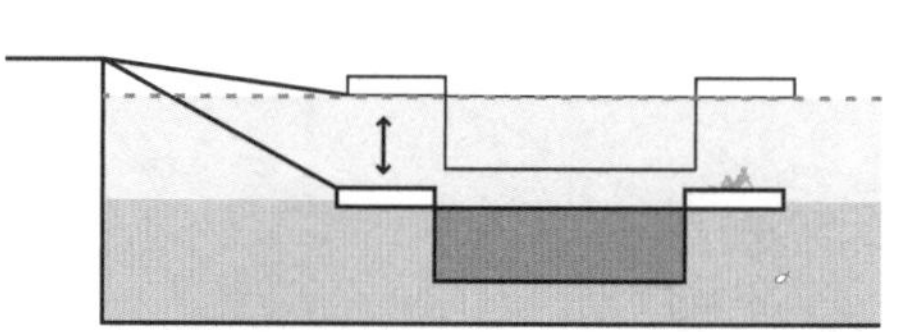

施普雷河，柏林，德国
Spree, Berlin

退役船只或者构造特殊的船可以作为船屋、演艺厅、迪斯科舞厅、咖啡馆或餐馆。在柏林和维也纳，还设有泳池船，让人感觉好像在河里游泳。这些船可以系在河流水质不适合游泳的地方，它们不受河流水位影响，是一个让内城水域空间充满活力的好方法。

罗纳河，里昂，法国 ↗168
施普雷河，柏林，德国 ↗174
易北河，汉堡，德国：Niederhafen 长廊 ↗180
+多瑙河，维也纳，奥地利：泳池船 ↗315

B 堤坝与防洪墙

美因河，美因河畔的沃尔特

从刚性的防护线到多功能舒适空间——将洪泛区域的外部边界设置在明显远离河道的位置，因此只会周期性地被水淹没。同时，设置堤坝或防洪墙以强化可用开放空间的功能，此开放空间作为水系和受保护腹地之间的连接界面。

B 堤坝与防洪墙

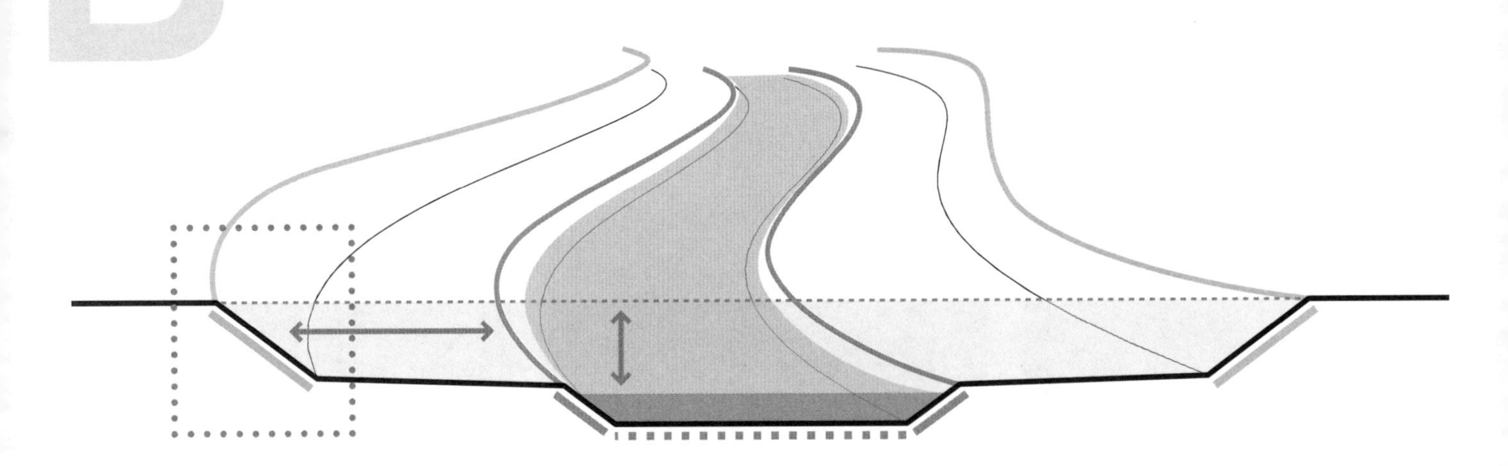

空间状况 堤坝是一种最简单、最古老的构筑物，可以保护特定区域免受洪水威胁。在有限的城市空间内，它们经常被垂直防洪墙代替，并且这种保护系统经常被铁路轨道之类的一些基础设施覆盖。虽然在一些特定点上设置了过水闸门，能够使不同空间相互渗透，但总体上，堤坝和防洪墙能够在功能和空间上有效地分隔城市区域和泛洪平原。

实施过程 防洪墙或堤坝与河岸有相当大的距离，因此只周期性地受到水的影响。作为工程构筑物，它们整体限制着并从根本上影响洪泛区的形态。在设计洪水重现期内，堤坝和防洪墙反复暴露在洪水的波动中，因此，它们必须经受住水流的冲刷和高水位的压力。从高高的堤防上可以清楚地看到河流量的波动和堤防前滩的不同水位。

设计方法 在本书“过程空间B”的设计中，目标是将洪水保护线设计为能丰富周边环境的多元素集合体，替代原来的单一阻水功能。沿着河道的防洪线（由绿实线标出）构成了过程空间B，这些防洪界限位于距离实际河道较远的地方，构成了洪泛区域的限制边界。基于此，防洪界限和蜿蜒前行的河道（由红实线标出）脱离开来，可以单独设计。

考虑到气候变化所带来的影响，我们将来可能会面对更极端的洪水现象。根据欧盟的洪水风险管理指令的行动要求，许多防洪系统必须翻修或升级。有一些情况下，比如需要把堤坝后移来扩大河流区域；或者当城区需要考虑额外的保护时，就有必要建设新堤坝。而对防洪线进行创新性地设计，则可以改善水道空间与被防护内陆之间的相互关系。举个例子：在防护线上做开口处理有诸多好处，建立视觉上的连接，让整体看起来没有那么分离；而当水位上升时，这些开口可以暂时关闭。在整个设计过程中，其他恰当的设计手段，不管是通过增加功能、促进整合还是其他方法，也都是为了让洪水保护线更有效地发挥作用。在强化或抬高现有的防洪系统时，我们要用巧妙的想法来减轻对周边地区的负面影响。堤坝和防洪墙需要解决的是阻挡洪水的问题，防洪元素可以抵抗水流的横向扩张，起到控制洪水区域的作用。设计策略中展示

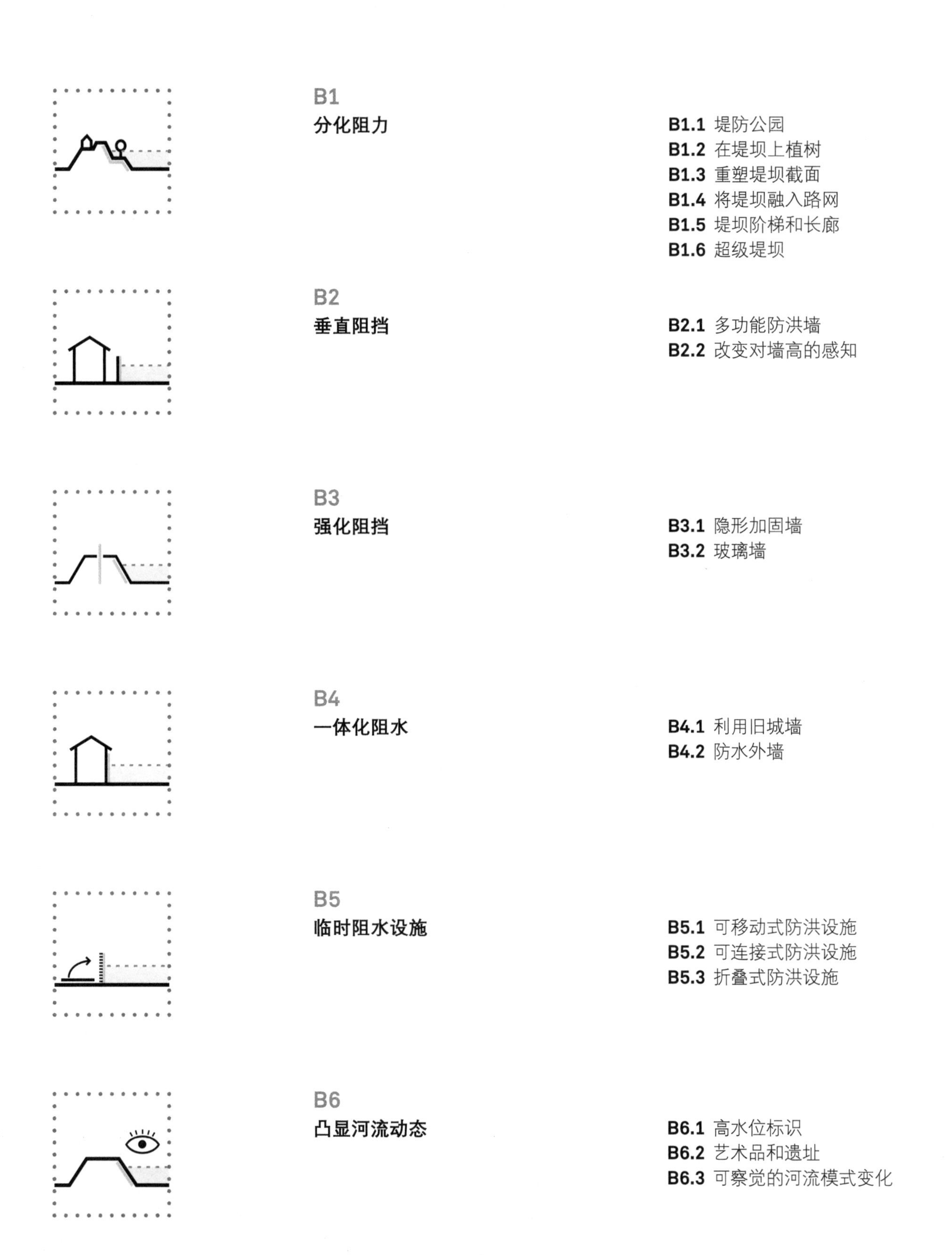

B1
分化阻力

B1.1 堤防公园
B1.2 在堤坝上植树
B1.3 重塑堤坝截面
B1.4 将堤坝融入路网
B1.5 堤坝阶梯和长廊
B1.6 超级堤坝

B2
垂直阻挡

B2.1 多功能防洪墙
B2.2 改变对墙高的感知

B3
强化阻挡

B3.1 隐形加固墙
B3.2 玻璃墙

B4
一体化阻水

B4.1 利用旧城墙
B4.2 防水外墙

B5
临时阻水设施

B5.1 可移动式防洪设施
B5.2 可连接式防洪设施
B5.3 折叠式防洪设施

B6
凸显河流动态

B6.1 高水位标识
B6.2 艺术品和遗址
B6.3 可察觉的河流模式变化

堤坝与防洪墙

了多种方式，组织起阻挡水流的力量，同时防洪元素也被很好地融入整体环境中，以达到最优状态。

城市美化 高高的堤坝和防洪墙对景观有隔断效果，因此它们在景观呈现中的地位极其重要。在一年的大多数时间里，他们远离河岸，矗立在河漫滩的边缘，除了潜在的防洪作用外，它们还可以起到完善开放空间功能的作用。例如，可以利用高起的地形来建造看台，或配建地下停车场，或作为堤防公园。此外，线性延伸的防洪墙可以与不同层次的慢行道系统相融合。堤坝顶的道路就特别受自行车爱好者的欢迎，因为在高高的堤坝上骑行，可以将美景尽收眼底。还有一种可能就是将堤坝与住宅区建设结合进来，与其生活在“堤坝后面”，不如在堤坝的基础上建设高品质的河景住房。建筑可以是堤坝结构的一部分或者建于与堤坝分离的人工加高的基础上。

防洪 建设一条防洪堤坝是为了保护居住区和建筑物，同时也意味着河漫滩受到人为的限制，从而减少河道的天然空间。这反过来会使得洪峰高度增加，加剧下游洪水泛滥的危险。

因为修建了堤坝和防洪墙，在很多本会洪水泛滥的地区，人们对洪水的危机意识逐渐淡漠。因为我们认为堤坝后面的区域是非常安全的，并建起住宅区和商业区，所以一旦堤坝决口，所导致的破坏也会更加严重。如果我们对气候变化的研究结果是正确的，那么在可预见的十几年内，我们很可能会面对更加频繁的强降雨天气。最近几年，很多河流的最高洪水位已经被重新计算，并且防洪的要求也变得更加严格。不过对于气候变化具体将如何影响洪水事件，到目前为止也并没有绝对可靠的预测。在过去的数十年，防洪的必要高度经常被调整，而且也无法准确计算，因此我们需要更灵活的解决方案。加高堤坝系统的传统方式投资非常大，并且由于空间有限，经常很难实施。欧盟洪水风险管理指令要求各地区联动起来建立跨区域思维，这在发展的初期

位于荷兰扎尔特博默尔（Zaltbommel）的瓦尔河（Waal），其洪水界限（由绿实线标出）位于新防洪墙的上边缘。挡墙上的可移动防洪设施（由绿色虚线标出）可以临时加高。河道被限制在河堤内侧，绿实线内为河漫滩，会周期性地被河水淹没。

越来越重要。在很多情况下，当上游设置了额外的滞水区，扩展了河道的过流量，堤坝就没必要建造得太高。通过最小化二次损害或附带损害来降低潜在的洪水灾害是另一种洪水风险管理策略：洪水影响范围内的建筑物可以经过特殊设计，以使它们承受最小的洪水损害。此外，利用双堤坝法或洪区划分来最小化洪水淹没区域的方式也是可行的。

生态　本质上，用防洪墙将河流与其自然河漫滩分隔开意味着干扰其水动力，而这将影响由水文变化造就的宝贵的生态空间。在城市地区，堤防系统和位于其前方的河漫滩还可以构成大片相连的绿色走廊。利用一些手段，如复原堤防脚下的季节性洪水区，有助于重建重要栖息地。与栖息在潮湿的河漫滩上的植被相比，堤坝那陡峭、干燥的一面可以丰富生物多样性。辅以适当的播种和维护策略，就可以建立起具有多样物种的生境。当然，前提是必须周全地考虑防洪安全的要求。

B1 分化阻力

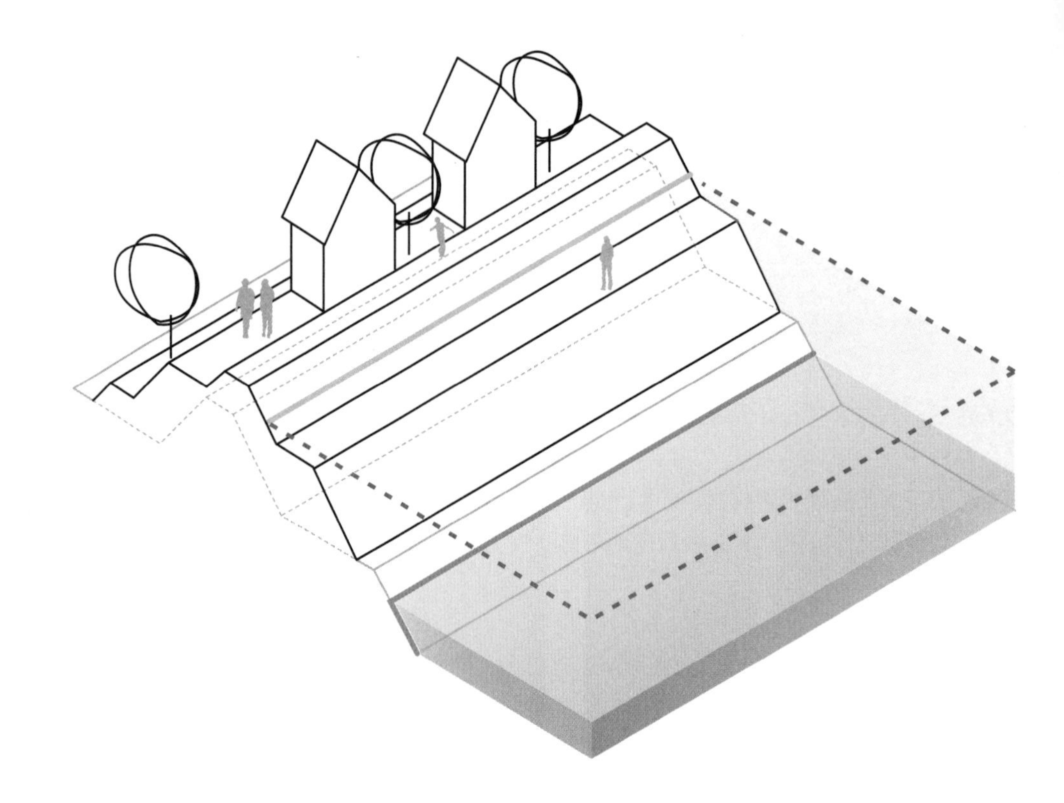

B1中所有设计手段可与以下联用：

B2.1 多功能防洪墙
B3.1 隐形加固墙
C1.1 堤坝后移

当空间足够时，防洪线通常由堤坝（或堤岸）构成。堤坝是用来防护河岸的黏土制人造河堤，他们是技术性的构筑物。几个世纪以来，其结构和形式在安全防护方面已经趋于完善了，因此也变得越来越宽、越来越高。现今，堤坝作为景观特征的主要组成部分，有巨大的设计潜力可以挖掘。堤坝的横截面是其功能的决定性因素，标准的、单功能的、梯形横截面的堤坝在河边几乎随处可见。通过修改堤坝设计，我们可以重新进行空间布局，创造出新的景观。

改进堤坝的侧面或将其变宽，可以在事实上改善堤坝的稳定性，并提高堤坝的设计和使用潜力：使坝顶成为日光浴草坪或者种上一些树（B1.2 在堤坝上植树），或者在堤坝脚下，即季节性湿润和干旱的过渡区域下功夫，丰富区域的生物多样性（B1.3 重塑堤坝截面）。堤坝的坡度越缓，它的景观融合程度越高，到最后几乎感觉不出内陆和河流之间有一个屏障，这样的堤坝可以作为公园（B1.1 堤防公园）。陡峭的窄堤可以在景观上创造一种漂浮跳动的感觉（B1.4 将堤坝融入路网）。相比之下，交错的横截面则可以生动地表现其防洪单元的特征（B1.5 堤坝阶梯和长廊）。

B1.1
堤防公园

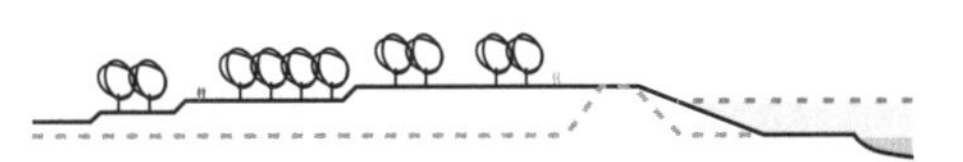

美因河，美因河畔的沃尔特，德国
Main, Wörth am Main

将堤坝重塑成一个公园，是一种非常吸引人的优化滨水环境的方案。和普通的梯形样式相比，这种情况下的堤坝横断面更宽阔，更平坦——不管是通过新建一个堤坝还是把已有的堤坝翻新建得更高一些。平坦的堤坝更稳定，也可以满足更丰富的空间需求。以德国的美因河为例，新堤两侧的土地上分布着停车场和公园。也正因为横断面坡度很缓，其上还有多样化的设计体现，堤防融入了绿意盎然的环境中。对游人而言，已经很难注意到它实际上是一个防洪工事。

美因河，美因河畔的沃尔特，德国 ↗190
纳赫河，巴特克罗伊斯纳赫，德国 ↗194
+新马斯河，鹿特丹，荷兰：达克公园 ↗316

B1.2
在堤坝上植树

马斯河，瓦尔韦克，荷兰
Mass, Waalwijk, Maas dike

纳赫河，巴特克罗伊斯纳赫，德国
Nahe, Bad Kreuznach

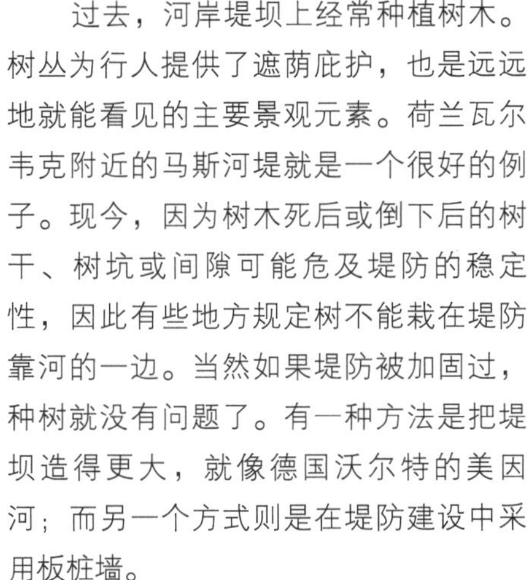

过去，河岸堤坝上经常种植树木。树丛为行人提供了遮荫庇护，也是远远地就能看见的主要景观元素。荷兰瓦尔韦克附近的马斯河堤就是一个很好的例子。现今，因为树木死后或倒下后的树干、树坑或间隙可能危及堤防的稳定性，因此有些地方规定树不能栽在堤防靠河的一边。当然如果堤防被加固过，种树就没有问题了。有一种方法是把堤坝造得更大，就像德国沃尔特的美因河；而另一个方式则是在堤防建设中采用板桩墙。

在德国的巴特克罗伊斯纳赫，纳赫河堤中心线就布有板桩墙。堤坝被种上了大树和灌木，既美观又起到限制水位的作用。

美因河，美因河畔的沃尔特，德国 ↗190
纳赫河，巴特克罗伊斯纳赫，德国 ↗194
艾尔河，日内瓦，瑞士 ↗286

B1.3
重塑堤坝截面

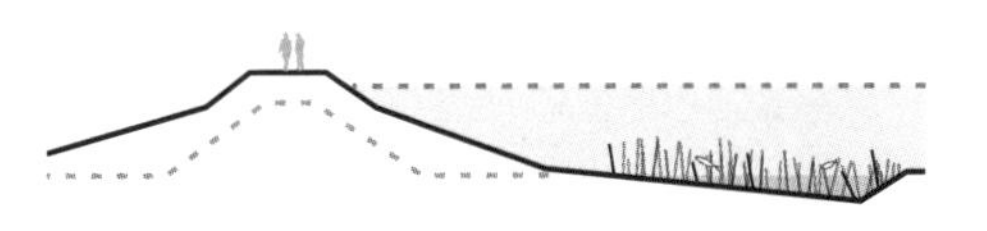

瓦尔河，阿弗登至德勒默尔段，荷兰
Waal, between Afferden and Dreumel

对安全和稳定性能的基本考量决定了大坝横截面的形态，但截面形式也决定了堤坝的景观效果。拉登堡（Ladenburg）的一个堤坝在朝水侧做了分阶处理，这样一来，它可以被用作观赏露台。荷兰阿弗登附近的瓦尔河堤升级改造时，景观设计师给它设计了一个结实的锥形面，所以尽管整个堤底还和改造前的一样宽，但是并不显得厚重压抑。从堤脊上看，堤的上部几乎看不见，因此也提高了周边农村地区的生活体验。堤脚下近水侧是一片在丰水期会被淹没的沼泽，可以作为一个季节性的湿地。

瓦尔河，阿弗登至德勒默尔段，荷兰 ↗200
内卡河，拉登堡，德国 ↗272

B1.4
将堤坝融入路网

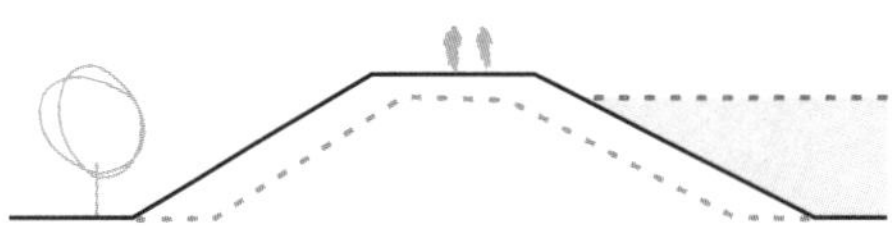

瓦尔河，阿弗登至德勒默尔段，荷兰
Waal, between Afferden and Dreumel

在传统的堤坝结构中，通常有已经建好的坡顶道路。堤坝作为一种临水的线状景观元素，可以用作慢行道或者长距离交通网的一部分，连接起城市之间的空间，也连接起城市与其周边地区。因为河堤往往处在人口密集区和安静优美的河道区域之间，具有景观上的突出地位，所以坡顶的慢行道特别有价值。堤脚下必要的防洪道路并不会影响其景观性能，反而很适合用作步行道或者自行车道。在荷兰阿弗登和德勒默尔之间的新瓦尔河堤就被用作国家自行车路网的一部分，周末的时候非常热闹。

瓦尔河，阿弗登至德勒默尔段，荷兰 ↗200
埃布罗河，萨拉戈萨，西班牙 ↗212
艾尔河，日内瓦，瑞士 ↗286

B1.5
堤坝阶梯和长廊

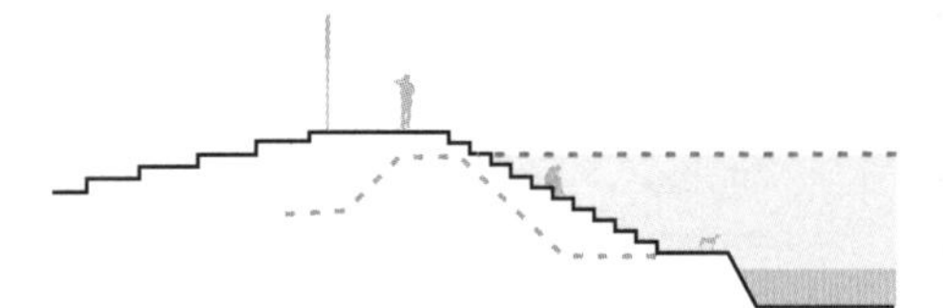

瓦尔河，扎尔特博默尔，荷兰
Waal, Zaltbommel

在城中心的堤岸空间，可供开发的性能就更多了。比如，将防洪构筑物改造成漫步长廊，建台阶或平台供行人坐下休憩，还可以构建出类似于“过程空间A”中城市河岸上的功能性设施，但有一点不同：堤坝长廊是高于整个城市地平面的。扎尔特博默尔的瓦尔河边，带座椅的漫步长廊作为堤坝加固工程的一部分，在堤顶上提供了宽阔的视野。在汉堡，Niederhafen长廊在很大程度上也采用了相似的设计思路。防洪墙加高了1.4米，还带有可坐的曲线台阶和宽阔的水边长廊。

易北河，汉堡，德国：Niederhafen长廊 ↗180
艾塞尔河，杜斯堡，荷兰 ↗182
瓦尔河，扎尔特博默尔，荷兰 ↗202

B1.6

超级堤坝

艾塞尔河，杜斯堡，荷兰
IJssel, Doesburg

新马斯河，鹿特丹，荷兰：达克公园
Nieuwe Maas, Rotterdam, Dakpark

堤坝可以开发为整个城市的景观空间。在杜斯堡，原有的堤坝被一个提供多种空间的综合构筑物取代，既有滨水长廊，还是住宅建筑的基础，同时承担着地下停车场的功能。堤顶层设有河景公寓，整个旧堤的朝水一侧河岸被改建为带有踏步的防洪墙。这样具有庞大横截面的堤防工程常常被称作超级堤坝。他们的多功能性意味着，这些由于气候变化而面临升级的新防洪系统可以更好地和已有城镇景观融为一体。

鹿特丹的老港口地区，一个名为达克公园（Dakpark）的购物中心和办公楼综合体于2013年完工。它的后面，面向新马斯河的区域，被规划为一个公园。这些都是防洪系统的一部分。

易北河，汉堡，德国：Niederhafen长廊 ↗180
艾塞尔河，杜斯堡，荷兰 ↗182
+新马斯河，鹿特丹，荷兰：达克公园 ↗316

B2 垂直阻挡

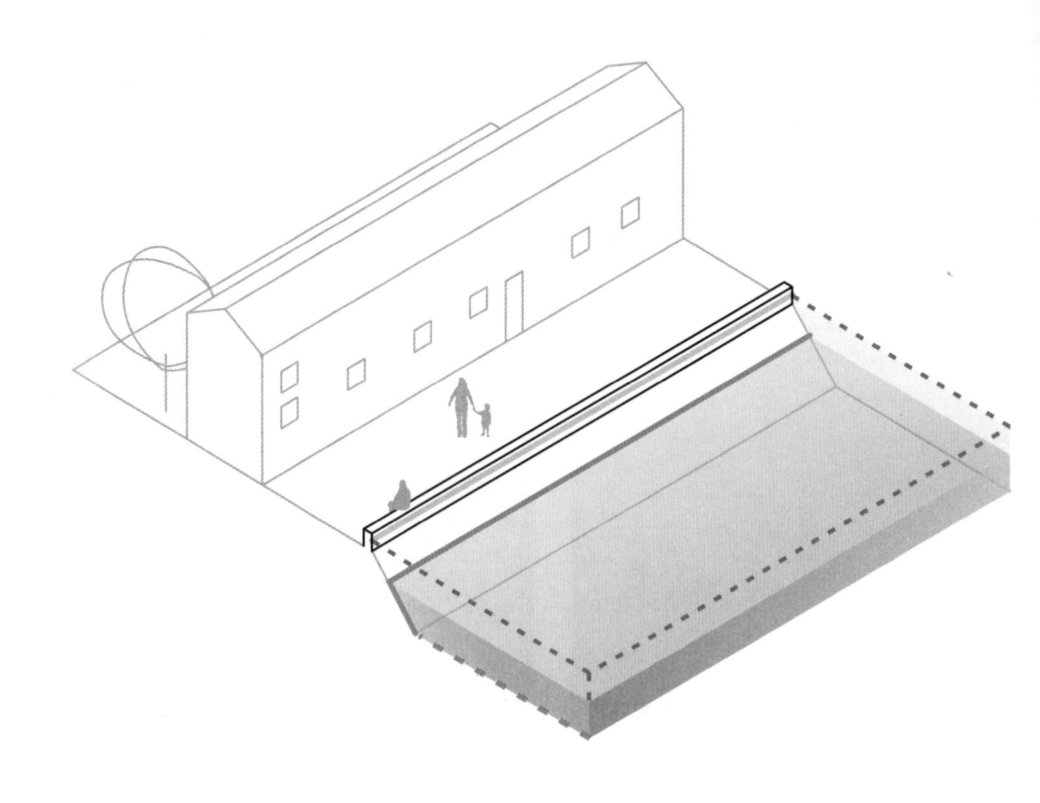

B2中所有设计手段可与以下联用：

B1.1 堤防公园
B1.5 堤坝阶梯和长廊
B4.1 利用旧城墙
B5.1 可移动式防洪设施
B5.2 可连接式防洪设施
B5.3 折叠式防洪设施

因为空间的限制，越来越多的城区防洪控制线由投资巨大的、更复杂的防洪墙组成，而不是以前的堤坝。随着水位上升，累积的水头会施加更大的压力，所以构筑物必须有坚实的基础，还要有可观的稳定性和水密性。此外，为了阻止地下水渗入工程结构下面，还需要采取更进一步的保护措施。建造竖直的防洪设施是必要的，因为在现有的城市结构和空间下，建造一个新堤或扩建现有的堤坝限制太多，而垂直的防洪墙需要非常少的空间，因此尤其适合人口稠密区。

除此之外，防洪墙通常比堤坝更容易融入城镇景观里。可以用它们来勾勒空间，比如利用座椅组织空间，或者用作噪声缓冲区。然而，高墙会严重阻挡视线和切断道路连接；在墙上设置开口并联合使用临时防洪设施是一种解决思路。采用防洪墙的另一个好处是：当预测的洪水位和此前不一样时，只要地基的设计荷载足够，就可以再次加高防洪墙。

B2.1
多功能防洪墙

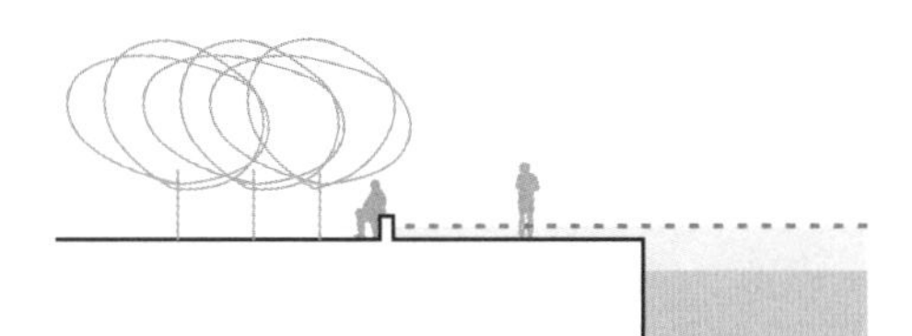

纳赫河，巴特克罗伊斯纳赫，德国：罗森尼斯尔公园
Nahe, Bad Kreuznach, Roseninsel Park

设计时可以有意地将防洪墙作公园的边界，较低矮的防洪墙也是可坐下休息的地方，稍高的可用作视觉或噪声的屏障。防洪墙的多功能性使它们很容易被现有的开放空间融合。在形式与材料的选择上，及细节的质量上多下下功夫，防洪墙还可以美化市容。在巴特克罗伊斯纳赫的纳赫河边，罗森尼斯尔公园的入口被新的防洪墙戏剧化的凸显，线状的墙、座椅和走廊构造了整个空间。设计时，可以将坚固耐用的户外家具与这些功能结合在一起，也可以将家具隐藏在其后，从而增加使用者的可选择性。多功能的防洪墙可以在洪泛区和高地之间建立更柔和、更无缝的过渡。威斯康辛州格林湾（Green Bay）的城市甲板（CityDeck）项目就做到了这一点：一个木质的表面延伸到低矮的防洪堤上，这样在河边的休闲方式除了散步，还多了闲坐、躺卧等多种方式。

福克斯河，格林湾，美国 ↗160
美因河，米尔腾贝格，德国 ↗188
美因河，美因河畔的沃尔特，德国 ↗190
纳赫河，巴特克罗伊斯纳赫，德国 ↗194
雷根河，雷根斯堡，德国 ↗198
伊赫姆河，汉诺威，德国 ↗226

B2.2
改变对墙高的感知

纳赫河，巴特克罗伊斯纳赫，德国：盐水湖入口区
Nahe, Bad Kreuznach, inhalation area next to salina

当城镇和河流之间的堤坝的高度超过了行人视平线高度时，就会造成视线严重阻断的问题。为了改善这一问题，可以降低堤防墙的“相对”高度。为此，在荷兰的扎尔特博默尔和德国的巴特克罗伊斯纳赫，面向小镇一面的堤防墙脚下的位置被抬高，这样一来，在漫步长廊上又能看见河流的风光了。还有德国的米尔腾贝格，也采用了相同的设计思路，整个城市的靠河的区域被修整成为一条比其他地方高一些的长廊，而且还附加了一个开放的邻水露台。

美因河，米尔腾贝格，德国 ↗188
纳赫河，巴特克罗伊斯纳赫，德国 ↗194
瓦尔河，扎尔特博默尔，荷兰 ↗202

B3

强化阻挡

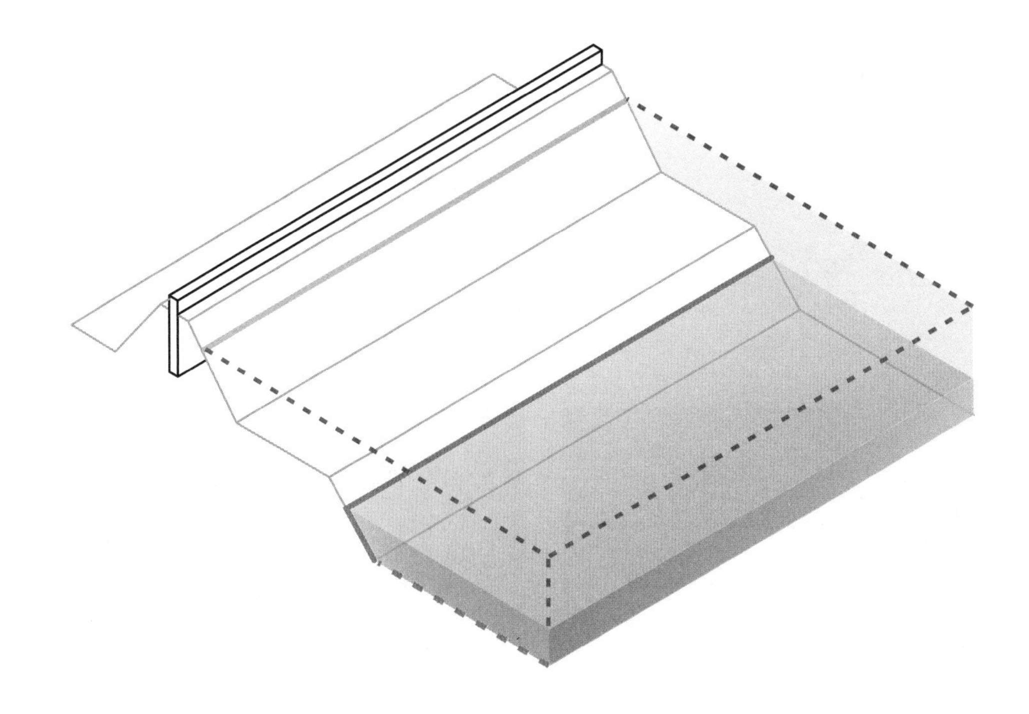

B3中所有设计手段可与以下联用：

B1.1 堤防公园
B1.2 在堤坝上植树
B1.3 重塑堤坝截面
B5.1 可移动式防洪设施
B5.2 可连接式防洪设施
B5.3 折叠式防洪设施

最近，为了响应欧盟洪水风险管理部门的指令，也考虑到气候变化导致极端超高水位的可能性，许多城镇的防洪系统都已经被加固或抬高了。由于防洪标准的变化，近几年来，河流所需防洪设施的最低高度也被重新计算。

加高现有堤坝和防洪墙总是困难重重：这可能会阻碍视线连接和与道路的连通，同时，加高堤坝更是一笔巨大的投资——道路、桥梁、堰和水闸都需要相应抬高，加高堤坝还需要扩大截面，而所需的空间又往往不够。旧堤上的树也必须砍掉才可以进行下一步，这可能会降低开放空间的质量，尤其是在城市，大规模的拆除可能会激起当地居民的抗议和反对。本章提出的设计措施，可以尽可能地减少或避免这种负面效应。

B3.1
隐形加固墙

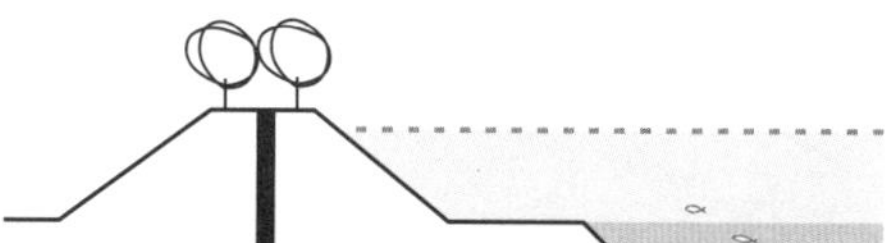

伊萨尔河，慕尼黑，德国
Isar, Munich

如果堤坝不够坚固，可以采用沿着坝基主体的中心加设混凝土墙或钢筋墙的方式来加固堤坝而不是拓宽堤坝的截面。这种措施在工程竣工后通常是看不见的。在慕尼黑，这种加固方式首先满足了保护伊萨尔河沿线树木的任务，同时又稳定了堤坝。

纳赫河，巴特克罗伊斯纳赫，德国 ↗194
雷根河，雷根斯堡，德国 ↗198
瓜达卢佩河，圣何塞，美国 ↗222
伊萨尔河，慕尼黑，德国 ↗294

B3.2
玻璃墙

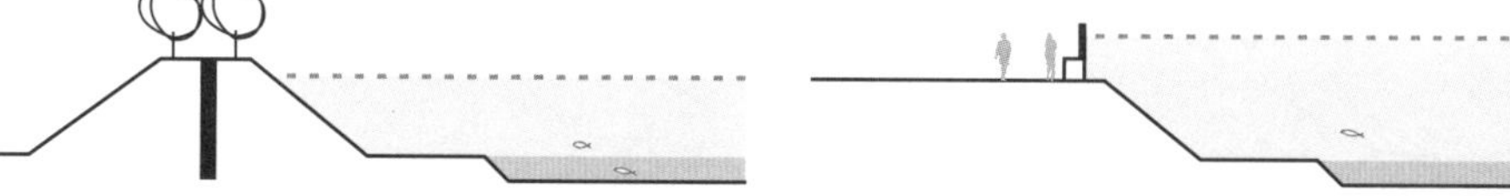

莱茵河，科隆，德国：韦斯特霍芬漫滩保护区
Rhine, Cologne, Flood Protection in Westhoven

当需要在步行长廊或观景平台前抬高防汛墙时，可在原有的防汛设施上设置玻璃墙。通过这种方式可以保留河流与其漫滩区之间的视线联系。足够坚固的防水玻璃墙也提供了在洪水期间观水的机会。在科隆，莱茵河上安装的玻璃墙意味着可以保留从私人花园到周围乡村的视野。

+莱茵河，科隆，德国：韦斯特霍芬漫滩保护区 ↗317

B4 一体化阻水

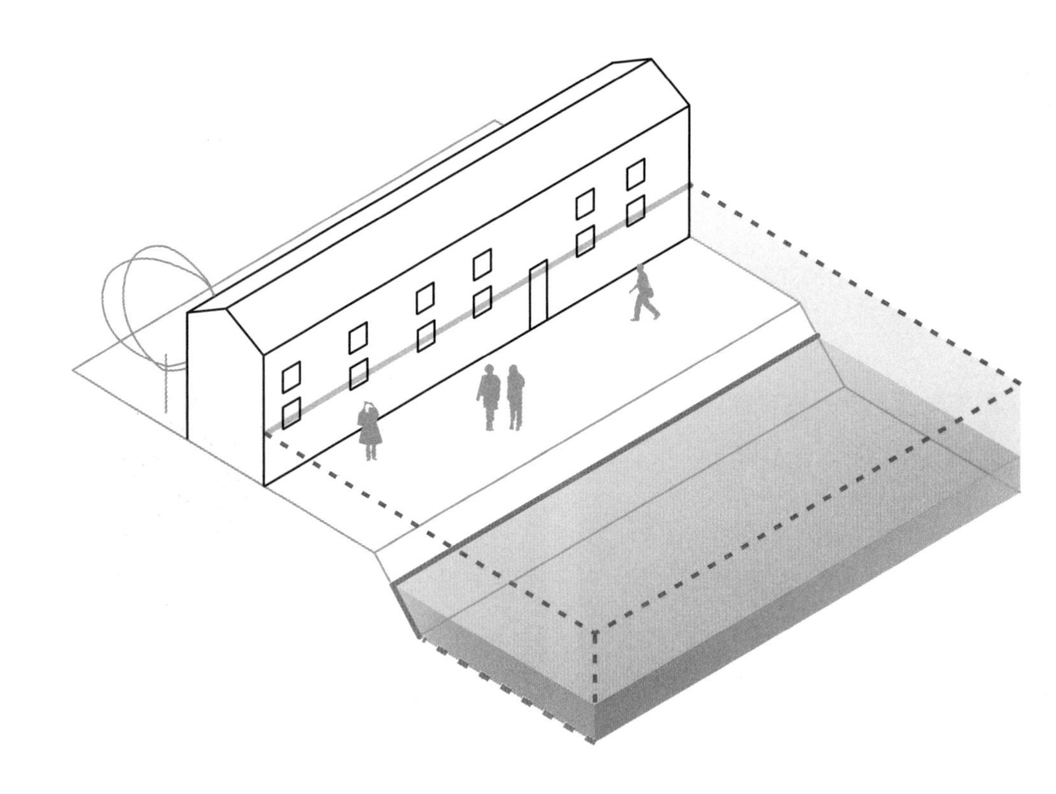

B4中所有设计手段可与以下联用

- - - - - - - - -

B2.1 多功能防洪墙
B5.1 可移动式防洪设施
B5.2 可连接式防洪设施
B5.3 折叠式防洪设施
B6.1 高水位标识

在空间紧凑的城镇中心、历史悠久的旧城镇或居民区，城镇和河流之间没有足够空间设置防洪设施，所以在很多地方防洪保护线被集成到已建成的建筑之中。城墙或无窗房屋的外墙被改造成能够阻挡上升的水位，每个构筑物都使用钢桩墙来防止洪水渗入地基，确保了其密封性、稳定性和安全性。这些现有结构的改造方式，使防洪保护线在城市景观中很难被察觉到，空间的局限性也几乎不存在了。

另一种设计的可能性是对新建的保护系统进行有意的戏剧性布置和装饰，从而给城镇带来一种特殊的视觉效果，同时也能提高和保持公众对于洪水威胁的认识。在寻找设置防洪保护线的最佳位置时，将某些建筑和基础设施留在保护区之外是可行的。在防洪线之外的建筑受到保护的级别较低，财产所有者需要对特定建筑进行独立保护或使用耐洪水的配件和家具等措施。财产所有者对政府采用洪水损失经济补偿来替代用大坝围护的解决方案是完全接受的；因为他们的房子一直在受洪灾影响，现在也不会比建防洪设施之前更糟。对现有的（历史悠久的）建筑进行防洪耐受性改造的同时，能促进对古建筑的有效保护。

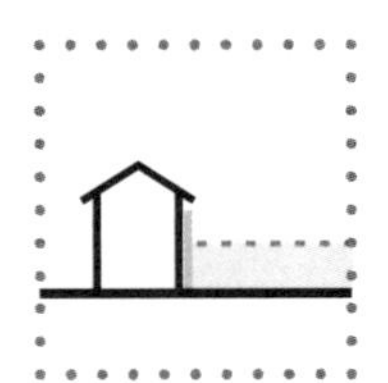

B4.1
利用旧城墙

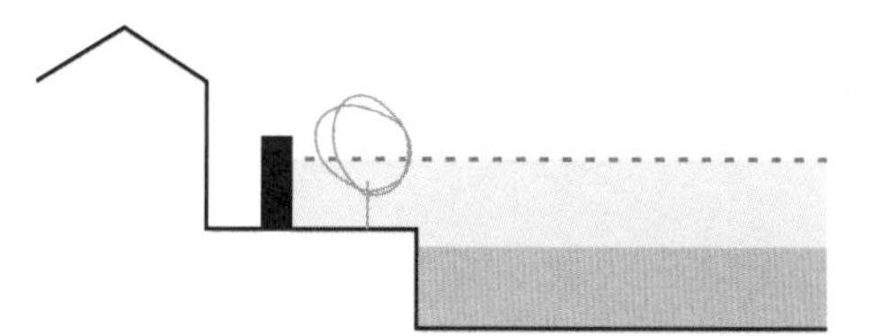

美因河，美因河畔的沃尔特，德国
Main, Wörth am Main

很多历史遗留的防御工事例如旧城墙等在防洪中有可利用的优势：城墙是连续的，位置合适，进行适当的结构改造即可。通常的改造是提高结构稳定性，满足水位上升的压力要求，同时城墙表面需要有足够的防水性。在美因河畔的沃尔特，整座古城墙被改造成了一面新的钢筋混凝土墙，并在许多地方的表面铺有旧城墙所用的石头。在艾塞尔河畔的坎彭，现有的城墙经过密封和加固即可。

艾塞尔河，坎彭，荷兰 ↗184
美因河，美因河畔的沃尔特，德国 ↗190
瓦尔河，扎尔特博默尔，荷兰 ↗202

B4.2
防水外墙

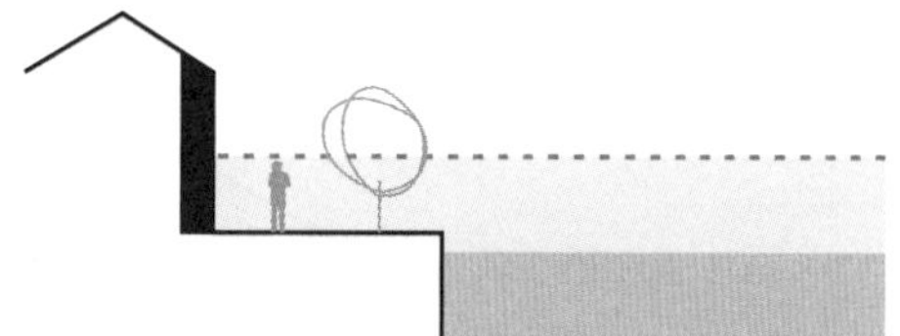

艾塞尔河，坎彭，荷兰
IJssel, Kampen

当空间严重缺乏，其他防洪手段难以实施时，强化建筑外墙防水是一种简洁的做法。在艾塞尔河畔的坎彭，人们使用水密性的砖石、安装特种防水玻璃窗，将门用移动防洪设施保护起来，整个建筑外墙都具有防水性。

艾塞尔河，坎彭，荷兰 ↗184
美因河，美因河畔的沃尔特，德国 ↗190

B5

临时阻水设施

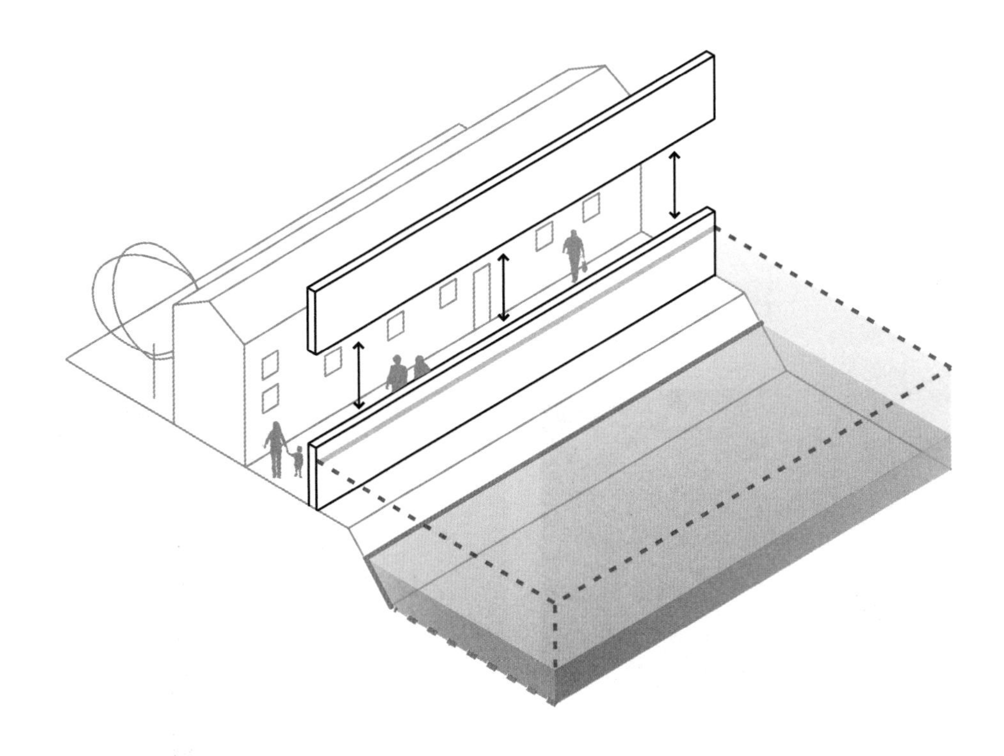

B5中所有设计手段可与以下联用：

B2.1 多功能防洪墙
B2.2 改变对墙高的感知
B3.2 玻璃墙
B4.1 利用旧城墙
B4.2 防水外墙
B6.1 高水位标识

临时防洪设施可以用来封堵固定防洪设施的缺口，或提升现有的防洪高度。因为它们可以移动，也被称为可移动式防洪组件。临时组件的存在可以让固定防洪保护线设施上设置开口，降低整体防洪高度或减少体量。

临时防洪设施只在水位涨到危险水平时使用，其余时间这些设施则在其安装位置保持闲置状态，或被移走贮藏在其他位置。当水位上涨时，它们能封闭防线，保护内陆地区不受洪水侵害。当水位处于中低水平时，它们可能完全从城市景观中消失，如果继续存在则标示着城镇中可能遭受洪水侵袭的区域。

通过设置这些可移动设施，可能被洪水淹没的区域和内陆区域之间的道路网络得以保持原样。只有当水位上涨到洪水位时，防洪闸门才会关闭车行道、小路以及自行车道。防护墙也不再需要修那么高，也可以设置一些小的开口，只有洪水来临时才封闭或加高。城市和河流之间的景观视野得以保留。

临时防洪设施可以被分成许多单独的可移动组件：可完全拆除后存放在其他地方的；设有固定底座，然后拆除可连接部分的；还有固定在某点的折叠式组件，可以根据需要打开或关闭。使用可移动防洪设施需要高效的后勤保障，洪水来袭时快速安装各组件，需要同时满足以下条件：存放地点、训练有素的安装团队和一个好的洪水预警系统；设施的运输和安装流程必须进行预先组织和演习；提前预警的时长则决定着团队可以用来组装移动设施的时间。

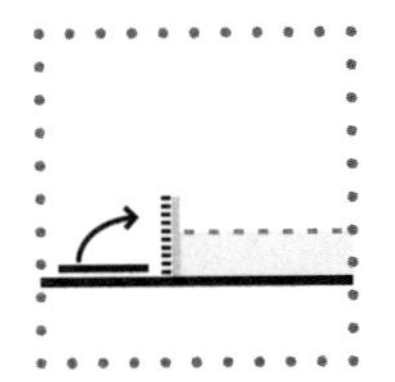

B5.1
可移动式防洪设施

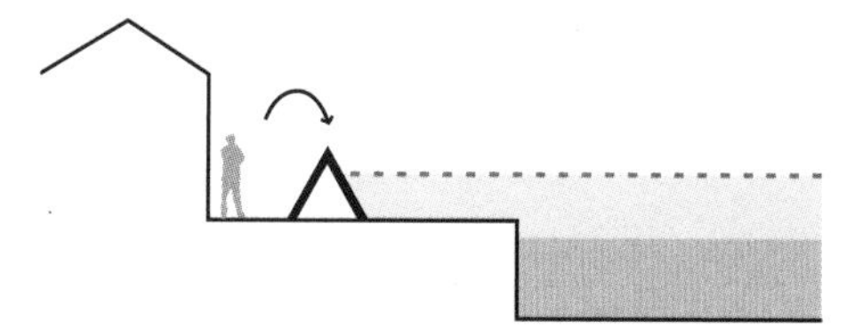

多瑙河，雷根斯堡，德国：移动式防洪设施
Danube, Regensburg, Mobile Protection Elements

可移动式防洪设施没有任何框架结构或基础构造要求，可以根据需要在短时间内在任意地点安装就绪。除了用传统的沙袋作屏障物，如今也出现了更多由塑料和金属组成的可控保护系统，还有能装满水的巨大封闭管等新型系统。这些设施是现有的永久防洪体系中的组成部分，或是作为某具体突发洪灾的应急防御机制。在防洪系统仍在规划或建设阶段的城镇，许多当地政府也使用这些设施用于过渡阶段的防洪，例如多瑙河的雷根斯堡段，就使用了轻质塑料挡板。

+多瑙河，雷根斯堡，德国：移动式防洪设施 ↗315

B5.2
可连接式防洪设施

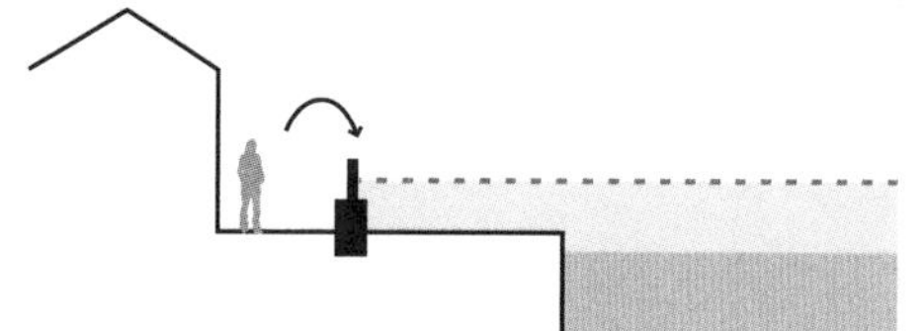

瓦尔河，扎尔特博默尔，荷兰
Waal, Zaltbommel

可连接的移动式元素可以被临时组装在固定桩锚上。在正常水位条件下，只有通过这些桩锚，才能够辨识出这里就是防洪保护线。移动式元素可以代替和补充永久防洪设施，尤其是作为关闭某些特定通路和入口的组件。这些移动式组件也可以用在长距离保护中，例如在瓦尔河畔的扎尔特博默尔，在现有的防洪墙上搭建铝坝梁，用于在高水位情况中提升坝的高度。

利马特河，苏黎世，瑞士：水岸工厂 ↗164
艾塞尔河，坎彭，荷兰 ↗184
美因河，米尔腾贝格，德国 ↗188
美因河，美因河畔的沃尔特，德国 ↗190
纳赫河，巴特克罗伊斯纳赫，德国 ↗194
雷根河，雷根斯堡，德国 ↗198
瓦尔河，扎尔特博默尔，荷兰 ↗202

B5.3
折叠式防洪设施

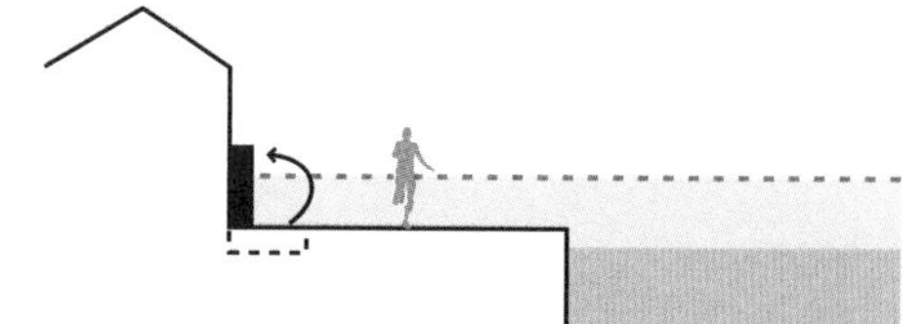

美因河，美因河畔的沃尔特，德国
Main, Wörth am Main

在水位上涨时，可以使用百叶门窗或大门封闭防洪墙、堤坝或建筑上的开口。这样的防御方式非常令人印象深刻，但同时由于它们都是一次性的结构，所以也十分昂贵，特别是防洪保护线上的每个缺口都要进行单独设计和制造。在美因河畔的沃尔特，人们给古城墙上的每个入口和每扇窗户做了水密性封闭板。这种大门如今已经成了这座城市的著名地标式物体。

艾塞尔河，坎彭，荷兰 ↗184
美因河，美因河畔的沃尔特，德国 ↗190
易北河，汉堡，德国：海港城 ↗216

B6 凸显河流动态

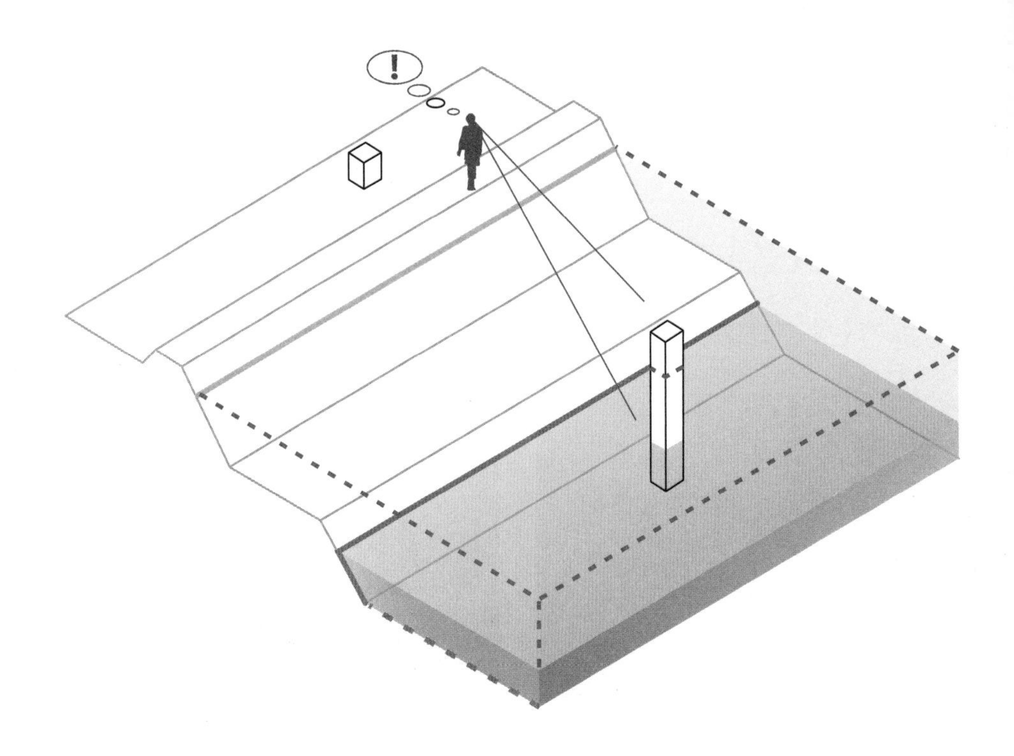

B6中所有设计手段可与以下联用：

A3.1 可封闭的入口
A5.4 可淹没的河滨步道
A5.7 可淹没的家具
B4.1 利用旧城墙
B5.3 折叠式防洪设施

在加强防洪硬件设施的同时，提高生活在易发洪水地区的人群潜在的水灾危险意识是城镇安全观的重要组成部分。对洪水预警正确及时的反应是可以挽救生命的。然而，今天许多欧洲国家的防洪体系在技术上是非常复杂高端的，而意识防线却有些欠缺，生活在防洪线后面的人往往不知道洪水的危险。

该设计方式可以使公众对邻近河流的动态保持清醒。人为地为防洪设置一个动态标识是一种有效的设计手段。防洪墙和大门相当于每天都在发送着洪水预警：墙壁的高度和结构表明洪水可以上升多高，即使多年没有发生严重洪水事件，危险警示仍然存在。一个相对简单的措施是在建筑物或河边安装曾经发生的洪水位的标识。这使人们感到危险，使历史更加有形，强化对本地的认同。水中或水上的物体及艺术装置也可以提升人们对难以琢磨的河流动态的认知。

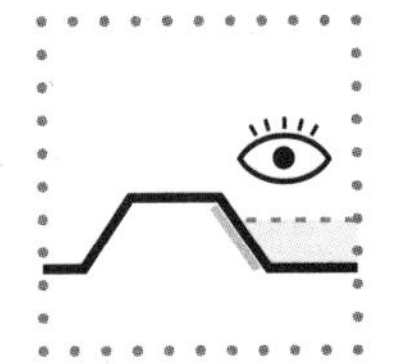

B6.1
高水位标识

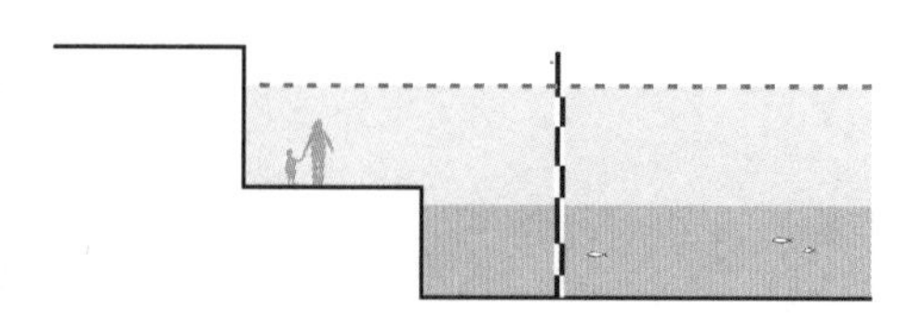

艾塞尔河，杜斯堡，荷兰
IJssel, Doesburg

可以用刻度线或纪念牌匾在建筑上标记高水位线，并且某些创意还可以赋予它们记录之外的意义。这些艺术品和设计使潜在的标记可视化，从而加强了人们对河道动态和潜在危险的认识。在舒瓦西勒鲁瓦的塞纳河两岸，树立着一座标识水位的耐候钢雕塑。通过雕塑上锈迹产生的颜色变化，可以看到最近一次高水位。在艾塞尔河畔的杜斯堡，黑色河岸墙上的白色石头标记着1995年的几次高水位，旁边有一个铭牌记录着石块的安装过程。

塞纳河，舒瓦西勒鲁瓦，法国 ↗172
艾塞尔河，杜斯堡，荷兰 ↗182
瓦尔河，扎尔特博默尔，荷兰 ↗202

B6.2
艺术品和遗址

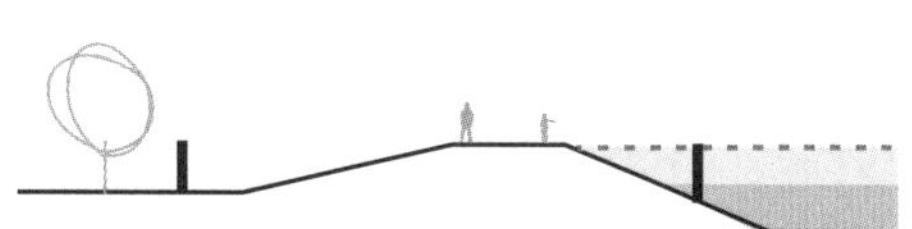

瓦尔河，扎尔特博默尔，荷兰
Waal, Zaltbommel

艺术品和标示水体地点的地标物品增强了河道的价值。在扎尔特博默尔有两座艺术品，一座建在堤坝的人行道前，另一座建在人行道上，用手势微妙地提醒着人们注意可能到来的洪水并关注河流水位的巨大变化。给易受洪水影响地区的公共家具设计提供一种特殊的形式，是艺术家和设计师为河道和露天场所之间建立联系的另一种方法。在被设计成公园的小吉伦特省（Petite Gironde）的滞留盆地中，人们可以找到耐涝座椅，其最高点与最高水位相对应。沿着河岸的旧建筑物的剥脱或者水痕遗迹也可以做为早期水位和洪水侵蚀力的强烈提示。在布鲁克林大桥公园仍然残留着一些早年间的木桩，告诉游客这里早期是工业货运码头。

东河，纽约，美国 ↗152
瓦尔河，扎尔特博默尔，荷兰 ↗202
小吉伦特河，柯莱尼斯，法国 ↗234
永宁河，台州，中国 ↗256

B6.3
可察觉的河流模式变化

艾尔河，日内瓦，瑞士
Aire, Geneva

近年来，生态学家们一直强调河流地貌、侵蚀和河床物质沉积对河流生态的生存和再生的重要性。这些过程已经在许多河流复兴项目中重新启动，包括慕尼黑的伊萨尔河。然而，在这些设计中，由于动态的河流过程发展缓慢，规模宏大，很难为人所知。在视觉上展示河流的动态活力可以增加公众对河流生态的理解和尊重。强调和丰富河流图案的美学外观可以显著地促进这些目标的实现。一个非常有启发性的例子是日内瓦的艾尔河修复项目，设计师们在河床上构建了易于识别的几何图案，让水流慢慢地流过它们使图案重新塑形，在这个过程中创造了可见的、自然织就的新图案。

艾尔河，日内瓦，瑞士 ↗286

C 洪泛区

埃布罗河，萨拉戈拉

由单一功能的泛洪区转变成的可淹没的多功能景观区。经过周密的设计，河流与防洪线之间的区域在周期性洪水淹没时段之外，可以用作休闲娱乐的开放空间，也可以成为许多河岸带物种的生态栖息地。

C 洪泛区

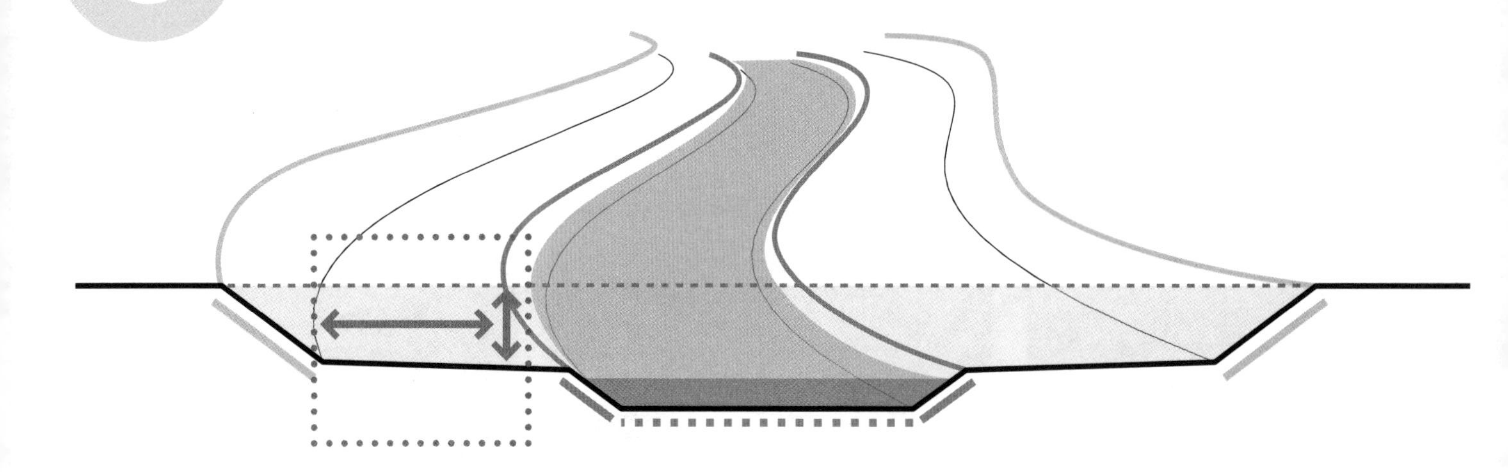

空间状况　在前几个世纪，由于工农业和居住用途而开展的堤防工程和土地抬高，许多自然形成的泛洪平原已经不复存在。如今保持和开拓新的可被洪水淹没的河漫滩已经成了防洪工程的重要课题。当水位上涨时，这些区域为河流拓展提供了空间，我们称之为洪泛区。与此同时，洪泛区也可以作为城市的娱乐空间；对于很多滨水城镇，沿河休闲区域甚至是当地最主要的休闲场所。建于洪泛区上的自行车道和步行道也是城市和乡村之间的重要联系方式。“过程空间C”也可以描述为图中河流正常状态下的界限（红线）与洪水状态下的界限（绿线）之间的可淹没区域，平日里为漫滩，洪水时被淹没。

实施过程　“过程空间C”会不定期地被淹没。根据河流规模的大小，河流沿线的水位可能相差几米不等。通过将防洪界线向内陆推移，可以拓展洪泛区域的面积，另一种可能是挖掘泄洪区。拓展空间C可以有效影响洪水来临时的水位，相当于对这条河流的河槽进行了拉伸。此外，洪水进入可蔓延的地方，即滞洪区后，汹涌的速度明显减慢了。

水位的上涨通常出现在长时间降雨后或是在春天冰雪消融时，以及夏季突发性暴雨，这时洪泛区可能被淹没几天或是几周。之后随着水位不断下降，远离主河道的水流速下降，在洪泛区特别是靠近河道低洼区，大量泥沙沉积使漫滩的高度缓慢但持续上升。每次洪水后高区逐渐干燥，而地势较低的池塘和沼泽地区可以长时间保持蓄水的状态。如果这些区域与下水相连，它们就可以在全年作为独立的储水区存在。

C1
空间扩展

C1.1 堤坝后移
C1.2 支流
C1.3 分洪渠
C1.4 深挖洪泛区
C1.5 回水坑塘
C1.6 圩田系统
C1.7 滞留池
C1.8 旁路涵洞

C2
水面之上

C2.1 土丘
C2.2 土丘上的建筑
C2.3 河桩建筑
C2.4 疏散通道
C2.5 索道

C3
可淹没

C3.1 洪泛区内的步道
C3.2 体育设施和运动场
C3.3 耐受洪水的建筑
C3.4 洪泛区内的公园
C3.5 延伸自然区域
C3.6 农业
C3.7 露营和房车营地
C3.8 聚会场地
C3.9 围堰湿地

C4
避险

C4.1 警示标识和护栏
C4.2 电子预警系统

C5
浮动

C5.1 漂浮式两栖房屋
C5.2 游船码头

C 洪泛区

设计方式 设计过程中的挑战是找到一种能够集合该区域滞水、自然生境和娱乐场所等诸多功能的最佳方法。后撤堤坝位置和降低堤坝前陆可以创造和扩大滞洪区域，同时会对河岸区域潜在的生态环境和用途产生影响。设计这类区域的根本前提是根据高水位出现的频率和持续时间，以及不同降雨概率下的洪水规模和淹没深度来调整区域使用计划（从一年一遇的高水位到百年一遇的洪水）。同时，洪水期间可用的防洪通道也是必要的；或者，可以通过各种警报和信息系统触发的高架逃生路线进行疏散。

尽管河漫滩本身就提供了基本娱乐用途，但河漫滩上还是修建了越来越多的抗涝建筑，诸如高架的和漂浮式结构的设施或建筑。这可以理解为人们有兴趣将洪泛区融入城镇景观——反之也可以解释为人们已经默认一部分城区可被洪水淹没。这些拓展出的区域在常水位时无水，在高水位时被淹没，设计用途就要考虑提高对洪水的适应性。本书展示的这些设计工具和方法阐释了如何更加明智地和实际地拓展、进入和使用这些空间，改造和设计用途都与河水水位的起伏规律相适应。设计策略包括扩大洪水容纳空间、耐受临时洪水或规避洪水。例如河漫滩上的漂浮型设施，就可以适应水位的波动。

有关空间C的处理方法，防洪和保护生态是主要目标。在大型项目中，考虑成本的情况下，最有吸引力的方法是将扩大滞洪空间和发展洪泛区的自然景观两方面相结合，而在城市中心地带最主要的还是考虑休闲用途。

城市美化 河漫滩既宽阔又近水，意味着很容易建成吸引人的公共场所，既能方便到达，又能提供多种功能。这些洪泛区为大型活动、体育运动和诸如日光浴、烧烤、游乐场等的休闲活动提供了场地。这些用途都是临时的，因为它们只能在无洪水时段里发生。如果能够恰当地将河漫滩连通到人口稠密的城市区域，并将其改造成为自然保护区或拓展出文化场所，河流就可以提供高质量的休闲和娱乐环境。它们有着可长久使用的开放空间结构，一方面对于防洪不可或缺，另一方面，除了少数例外情况，它们也可以提供商业、工业和住宅用途。由此，这些易受洪水影响的区域可以保证城市居民对于城市休闲空间的长期需要，为整个城市的发展提供了积极动力。优良的区域划分可以避免自然保护和休闲人群之间的冲突，这些区域的条带性特征也使它们成为城市绿化系统的重要组成部分。

防洪 洪泛区对防洪起到了重要作用，拓展空间相较于抬高堤坝更加经济；由于河流上涨时河水会扩展覆盖这些蓄滞洪区，因此能够降低汹涌洪水的流速与压力，缓解下游地区的负担。强化减压有许多可行的方法，例如将洪水保护线向内陆推移，或向下挖掘以扩大其容量，增强滞留能力。沿江或滨湖地区筑堤围垦成农田的圩田系统可以提高可用区域的效率。

洪水区域的形状影响了水力糙率，因此也影响了高水位时段水流的相互作用。高糙率使水迂回流动，减缓了整体流速，提高了水位。如果泛洪区有限，所有可能导致泄洪效率降低的设施都需要移除，也不可以种植树木和建设河岸林地。当这些地区进行重新设计时，这可能导致自然保护和城市发展及休闲用途之间产生利益冲突，使用面积超大的滞洪空间来弥补高糙率是一种解决办法。

生态 没有受到人为控制的、自然发展的河流空间由于逐渐稀缺和具有高度的结构多样性而弥足珍贵。河岸林地的干旱潮湿交替区域包括了许多的群落生境类型，像沼泽和草甸，都保持着动植物的极大多样化。洪泛区很少建设集约农业、新住宅区和商业地产，尤其适合自然发展。开拓洪泛区的项目也可以是大规模的，例如荷兰的防洪项目 “Ruimte voor Rivieren”（河流的空间）追求的就是这样的理念，在需要新增蓄洪空间的地区，继续尝试沿河创造一个类自然的不断变化的景观区，与之相辅相成的是沿河的城镇逐渐发展对洪水的适应性。已经完成改造和发展的地区，很多都成了宝贵的自然保护区和迷人的城市休闲景观。同时，在这些地方建设和销售滨岸建筑项目也可以为更多的河流改造项目提供资金支持。

在加利西亚自治州（Gallego）的祖埃拉（Zuera），一条新挖掘的支流将河水引入更加靠近城镇的地方。防洪线（绿线）位置明确显示出新建的斗牛场在高水位时会被洪水淹没，水会在斗牛场中停留几天形成一个临时湖。

C1 空间扩展

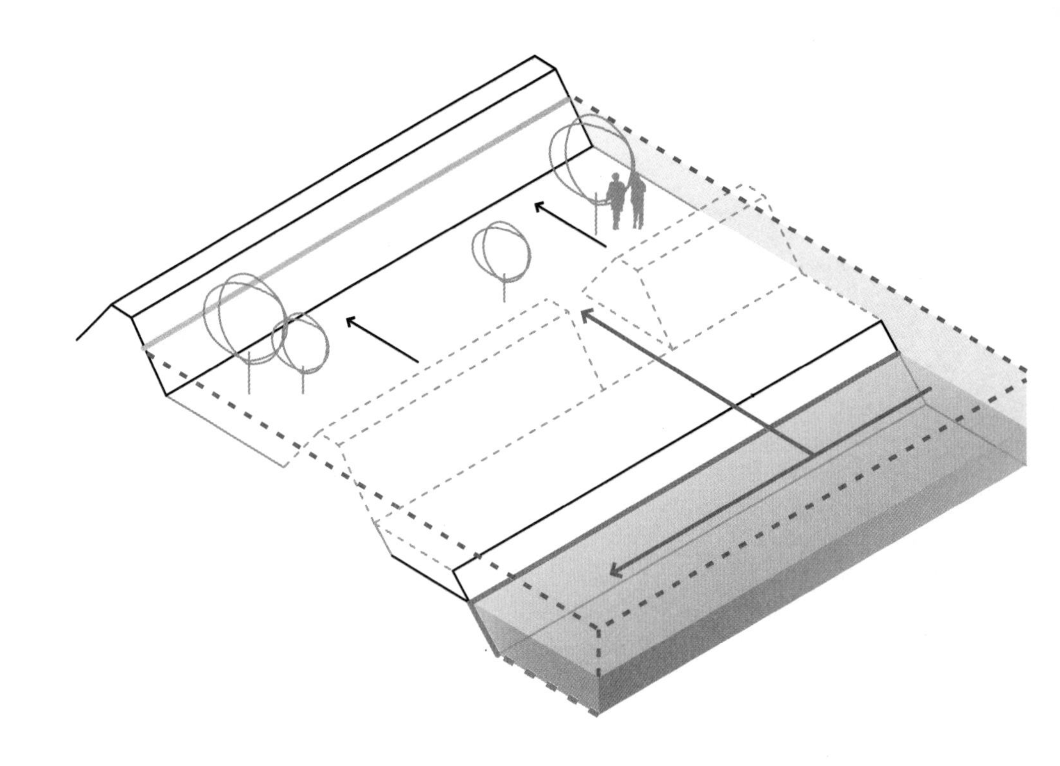

C1中所有设计手段可与以下联用：

B1.3 重塑堤坝截面
B1.4 将堤坝融入路网
C2.1 土丘
C2.3 河桩建筑
C3.1 洪泛区内的步道
C3.2 体育设施和运动场
C3.4 洪泛区内的公园
C3.5 延伸自然区域
C3.6 农业
C4.1 警示标识和护栏
C4.2 电子预警系统
C5.1 漂浮式两栖房屋
C5.2 游船码头
E1.1 拆除河岸和河床加固设施
E2.1 重塑河道断面
E3.1 创建曲流

出于防洪的目标和生态的考虑，如今的河流项目都旨在为严格受限的河道创造更多的洪泛区域。有很多方法可以使河水扩展开来，各种方法的区别在于为控制洪水提供的空间不同。后撤堤线或是创建新的滞洪区域是从水平方向拓展了洪泛空间，而挖掘现有的洪泛区使过流纵向截面更大而不用改变现有的洪泛区边界——被加固的河道或堤坝，在人口密集区域，向下挖掘是创建新的滞洪空间的唯一选择。

滞洪区可以选择可控型圩田，洪水期可以打开圩埂分峰；或是不施加人工干预，随水位上涨让周边被自然淹没。在无人工干预的方案中，高水位会有两个去处：一是扩大的洪泛区让水暂时存蓄在滞洪区，于是洪峰便停留在某一河段，另一个是更大的河流断面使洪水能够更快地流向下游。而圩田是可以控制的，圩埂保持关闭，直到水位达到最高时开放泄洪，这意味着在紧急情况下可以规避水位峰值，从而控制洪水。

在未被改造的地区，洪水的出现频率、持续时间和水位高度是由地形和河流的水力特征决定的，这些因素影响着设计方案和该区域的用途。高水位的范围包括了定期出现的水位上涨和每50～100年出现一次的极端洪水现象。为了在预警时期保障这些区域的居民人身安全，对洪水的速度和水位高度的掌握至关重要。因高水位的动态出现而扩展出的易受洪水影响栖息地也为城镇亲近自然提供了潜能。通常，洪泛区上是不能建设永久建筑物的，因此这个开阔区域可以为城镇提供公共空间和娱乐场地，也扩充了绿化系统。

C1.1
堤坝后移

埃姆舍河，多特蒙得，德国：蒙格德蓄滞洪区
Emscher, Dortmund, retention basin Mengede

将防洪堤进一步远离水体是一种缓解系统瓶颈的有效方法。这种方法相对来讲投资较大，因为需要建立一条新的堤坝。在新的建设计划中，旧堤坝结构或之前的较低矮的夏堤可以被用作路堤，进而整合进新设计中。埃姆舍河畔新建的广阔滞洪区，是在以前沿着渠化水道设置的堤坝后移几百米重新建设，拓宽的河道为鲁尔中部地区形成大片自然区域提供了可能。

柏吉斯彻马斯河，瓦尔韦克至海特勒伊登贝赫段，荷兰 ↗206
艾塞尔河，兹沃勒，荷兰 ↗228
埃姆舍河，多特蒙得，德国 ↗290

C1.2
支流

艾塞尔河，兹沃勒，荷兰
IJssel, Zwolle

开挖支流分散水流形成洪泛区，就像艾塞尔河兹沃勒段的Vreugderijkerwaard那样，河岸景观带的驻留空间得到了扩展。由于主河道需要通航，所以河岸的利用方式是受限的；在正常水位时，支流相当于新的水体，河岸的利用不受限制，具备浅水水域的动态发展条件，成为有新价值的自然区域。水量的分配和支流与干流的连接方式（单边或双边，顺流或逆流）必须根据个案精确计算，以保证主河流所需最低通航水深，或是生态基流。

艾塞尔河，坎彭，荷兰 ↗184
加列戈河，祖埃拉，西班牙 ↗218
艾塞尔河，兹沃勒，荷兰 ↗228
瓦尔河，哈默伦，荷兰 ↗244
塞耶河，梅斯，法国 ↗276
艾尔河，日内瓦，瑞士 ↗286

C1.3
分洪渠

易北河，马格德堡，德国：分洪系统
Elbe, Magdeburg, Flood Diversion System

分洪渠（道），就是指在极端情况下可以排出洪水，避免造成洪灾损失的替代路径。溢出河岸洪道的河水会流进分洪道，并在下游更远处重新汇入河流。分洪道可以像卡塞尔（Kassel）的富尔达（Fulda）分洪沟那样穿过城市，或是像马格德堡的易北河洪道那样将河水从保护级别较高的城市转移到周围的内陆地区。作为确保城市公共空间安全的原则，在分洪道区域内，不能有任何建筑。如果进行了良好的规划和维护，周期性被淹没的区域可以发展成为极具价值的生物栖息地，就像位于特里尔的基尔河口。

基尔河，特里尔，德国 ↗230
永宁河，台州，中国 ↗256
顺特河，布伦瑞克，德国 ↗300
+易北河，马格德堡，德国：分洪系统 ↗315
+富尔达，卡塞尔，德国：分洪沟区域 ↗315

C1.4
深挖洪泛区

伊萨尔河，慕尼黑，德国
Isar, Munich

对洪泛区进行挖掘可以在无需新增土地的情况下扩大高水位时的河道横截面。重新塑造漫滩区域的断面形态，使河岸更平缓，其边缘可以常被淹没，有效提高洪泛区的生态价值（常被用作农田）和其可达性。在慕尼黑，这样修整后形成了大片的砾石海滩和浅水区，是游玩观景的上佳区域。

水牛河，休斯敦，美国 ↗210
瓜达卢佩河，圣何塞，美国 ↗222
艾塞尔河，兹沃勒，荷兰 ↗228
基尔河，特里尔，德国 ↗230
瓦尔河，哈默伦，荷兰 ↗244
义乌江与武义江，金华，中国 ↗252
永宁河，台州，中国 ↗256
加冷河，新加坡 ↗266
塞耶河，梅斯，法国 ↗276
埃姆舍河，多特蒙得，德国 ↗290
伊萨尔河，慕尼黑，德国 ↗294
顺特河，布伦瑞克，德国 ↗300

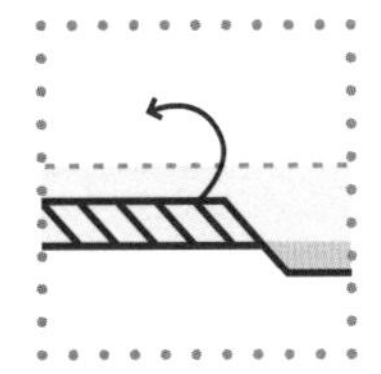

C1.5
回水坑塘

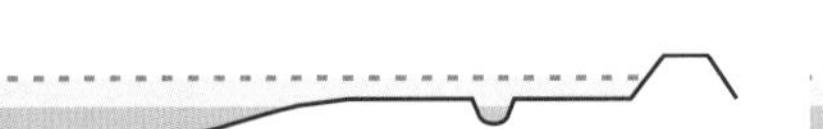

埃布罗河，萨拉戈拉，西班牙
Ebro, Zaragoza

在洪泛区中，开挖池塘、水坑和牛轭湖使其发展成为富有价值的湿地群落生境。在高水位时，它们会填满水，如果没有和地下水相连，它们会在存蓄一段时间后干涸。它们为在河边生活的动植物提供了庇护，丰富了洪泛区的生态多样性。坑塘的深度和面积可由生态目标中具体物种的生存需求决定。在萨拉戈萨的水上公园，埃布罗河冲积平原上非法倾倒的建筑垃圾已经被清理完毕，并规划和建设了许多小型滨岸群落生境。

埃布罗河，萨拉戈萨，西班牙 ↗212
基尔河，特里尔，德国 ↗230
瓦尔河，哈默伦，荷兰 ↗244
埃姆舍河，多特蒙得，德国 ↗290
洛斯河，卡塞尔，德国 ↗298
顺特河，布伦瑞克，德国 ↗300

C1.6
圩田系统

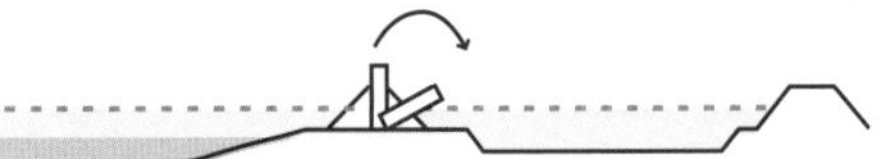

莱茵河，布吕尔，德国
Rhine, Brühl

圩田是被堤坝包围的区域，各侧的堤坝都可以通过水闸来来控制水的流入流出。可控的圩田在洪峰到来期间分峰，是一种高效的防洪方法。构建一个规范的圩田系统需要建设水闸，因此较为昂贵。对圩田界限和水闸的设计也是景观开发中一个重要的决定因素。莱茵河畔临近布吕尔的科勒岛（Koller）圩田已经改造建设完毕，一片原来仅仅是农田的区域已经转变成尤其适合马术运动的自然休闲场所。

莱茵河，布吕尔，德国 ↗238
+莱茵河，英格尔海姆，德国：英格尔海姆圩田 ↗317

C1.7
滞留池

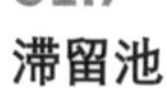

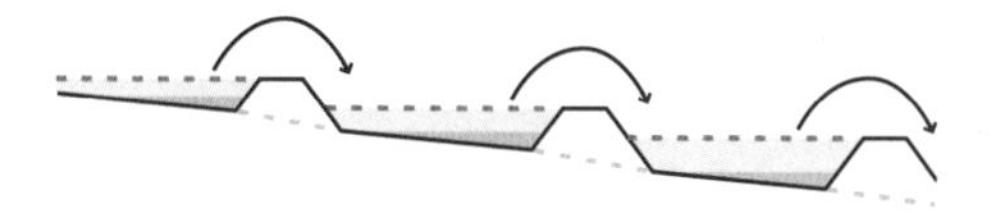

小吉伦特河，柯莱尼斯，法国
Petite Gironde, Coulaines

滞留池在河水上涨时能限制河水溢出边界。设置的方法有两种：一是将池子设置在河水流过的区域（直接连通），或在河流旁边用一条沟渠连到河道（间接连通）。如果将滞留池分格串联起来，洪水时陆续淹没，那样后端的分格被淹没的可能性就小，土地能更高效地利用；而先被淹没的分格则经常被浸没在水下。通过分河段建设，可以降低对堤坝高度的要求，在减少对地形影响的基础上，更好地将堤坝和滞留池整合入景观中。例如，在小吉伦特河的雨水滞留池，有一条排水沟横穿池区的中心，而其中第一分格则进行了大幅加固，因为河水流进该区域时会有相当大的冲击力。第二格和之后的区域被淹没的频率则较小，因此被设计为一座公园。区域之间的溢流口则进行了防侵蚀的加固工程。滞留池的另一种类型是暴雨滞留池，就像梅斯的塞耶河滞留池，针对暴雨后防止雨水在短时间内涌入河流而设计。

小吉伦特河，柯莱尼斯，法国 ↗234
塞耶河，梅斯，法国 ↗276
艾尔河，日内瓦，瑞士 ↗286
埃姆舍河，多特蒙得，德国 ↗290

C1.8
旁路涵洞

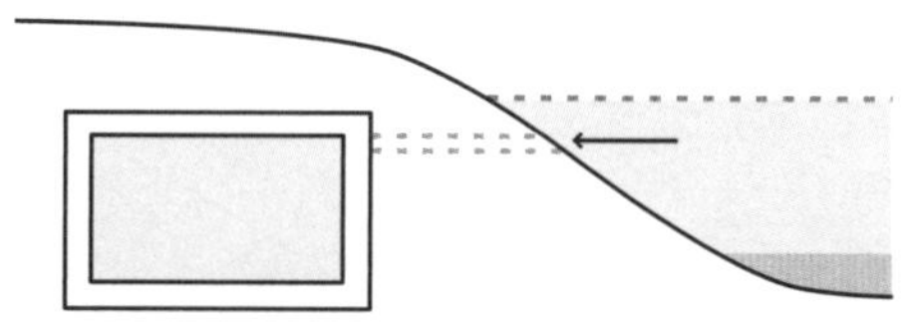

瓜达卢佩河，圣何塞，美国
Guadalupe River, San Jose

地下旁路涵洞是为河流在洪水高峰期扩大可用空间的一种方法。这种涵洞长期以来一直是洪水管理系统的一部分，因为它们建在不允许修建永久性构筑物的洪泛区。然而，涵洞的容积和改建都是非常不灵活的，当它们的容积耗尽时，挖掘、扩大它们的工程量和费用通常是令人望而却步的，而且涵洞也没有生态价值。尽管存在这些限制，它们仍然可以为河床本身提供额外的水道，帮助应对生态和可持续洪水保护的挑战。规划人员在瓜达卢佩河公园选择了这种方法，以保护宝贵的荫蔽河流的水生栖息地，供鲑鱼洄游。他们没有拓宽河道（因为非树木遮盖区会导致河流的水温升高，鲑鱼为冷水鱼），而是选择了植被覆盖隧道，保护了现有狭窄陡峭的河道。为了在人口密集的城市环境中为偶发的洪水提供空间，他们建造了两个平行于生态区域的大型涵洞。这是一个在暴雨频率不高的半干旱区域建设纯工程的地下基础设施和超大型河床之间的折中方案。

瓜达卢佩河，圣何塞，美国 ↗222

C2 水面之上

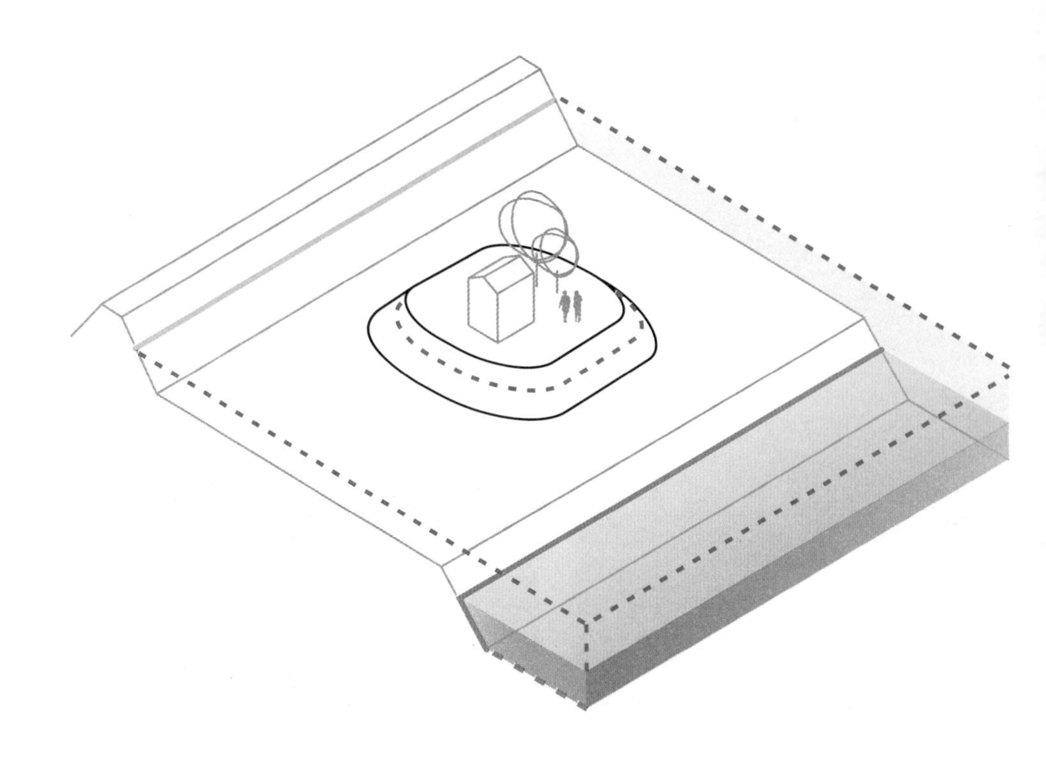

C2中所有设计手段可与以下联用：

C1.1 堤坝后移
C1.3 分洪渠
C1.4 深挖洪泛区
C1.6 圩田系统
C1.7 滞留池

洪泛区内的民用和商用建筑和设施形式需要进行特殊设计和改造。河流空间中最古老居民区的建设原则是建在尽可能高的区域。在德国北部，第一个定居点出现在自然的高地上，比如沙丘顶上有教堂。后来，人造高地住宅群出现了，像德国著名的Warft和Wurt。当河水上涨时，人群向高地移动躲避，人和动物都可以停留在高于洪水位的地方直到洪水退去。

还有一种在滨岸居住的方法是在河桩上建造建筑。在康斯坦茨湖（Lake Constance）上，从石器和青铜器时代开始就有人这样建造建筑，在越南和菲律宾等以水为主要地貌的国家，这仍然是一种非常常见的建筑方式。在欧洲，洪灾危险地区的堤坝前方，很长时间以来被认为不适合新建定居点。今天，洪泛平原是否可用于新的住宅或商业发展的问题再次提上日程，因为它具有吸引人的滨水位置，再加上老传统的复兴——土丘上的新住宅区和桩上的建筑正在出现，而高架通路系统或浮桥建设为进出这些区域提供安全通道。一旦发生灾难，高架路将作为逃跑和疏散路线。

索道提供了一种不常见却具有竞争力的水上交通方式。它们可以在城市河流空间中奏响不同音，如下文中案例所介绍的一样，它们的价值不仅体现在作为园艺展览的临时景点，而且还是河边小径网络的永久成员。

这里介绍的设计工具，都适合在洪泛区应用：它们有助于在漫滩创造新的景观，也可以将洪泛区重新开发为生活和工作场所。高架道路和土丘创造了新的视觉体验与景观：在一个洪水期间，景观处于不断变化的过程中，土丘变成岛屿或半岛，而地势较低的地区转变为开放的水面。

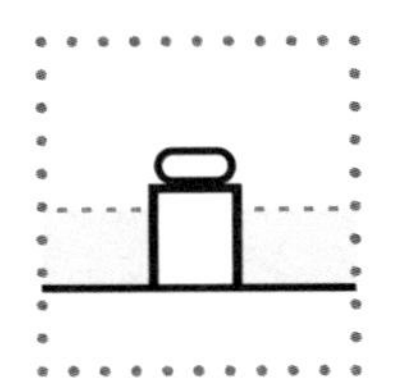

C2.1
土丘

莱茵河，布吕尔，德国：土丘上的养马场
Rhine, Brühl, horse ranch on mound

瓦尔河，哈默伦，荷兰
Waal, Gameren

如上文所说，土丘形式由来已久，可以追溯到公元3世纪。它们是土方工程，土丘和堤坝的结构一样，往往用砂石堆起辅以黏土外层，并在其上种草。土丘与堤坝之间有道路连接。在德国的莱茵河畔，河岸附近堤围泽地被用作马场。在荷兰柏吉斯彻马斯河流域的Overdiepse圩田，一座堤坝进行了后移，农场的房子建设在新堆的土墩上。这种方式使得水位上涨时，部分农田可以被淹没以分担部分洪水。

在人工或自然生态保护区，需要修建可供动物躲避洪水的避难土丘。当在这些土地上进行放牧活动以控制植被生态平衡时，例如在荷兰的瓦尔河流域，避难土丘成了牛群赖以生存的重要区域。对于野生动物，自然保护区中位于洪水位以上的避难土丘也能起到同样的作用。

柏吉斯彻马斯河，瓦尔韦克至海特勒伊登贝赫段，荷兰 ↗206
莱茵河，布吕尔，德国 ↗238
塞纳河，勒佩克，法国 ↗242
瓦尔河，哈默伦，荷兰 ↗244

C2.2
土丘上的建筑

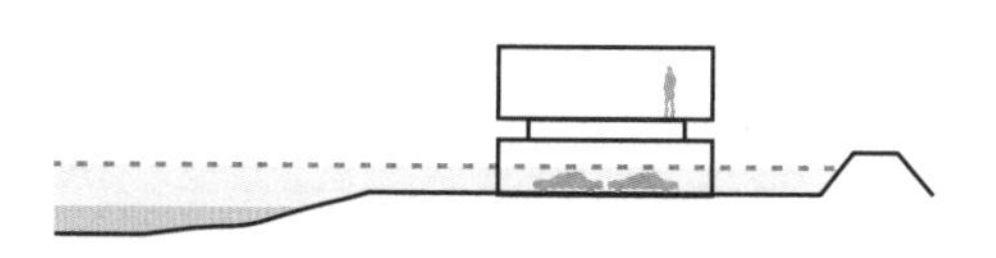

易北河，汉堡，德国
Elbe, Hamburg

在汉堡原港口区洪水保护线以外，新建了一个沿岸城区，即海港城。沿着码头修建围墙，并在其内堆起了巨大的土堆，建筑直接和围墙及土堆整合在一起。土丘边缘的建筑建在地基层上，直接与地下停车场入口、商店和咖啡馆相连，按照海港城的防汛规定，地基层建筑必须用防汛封条保护。道路也与土堆顶部保持在同一高度，并通过新的桥梁和人行道连接，提供从海港城到防汛墙后的市中心的逃生路线。

易北河，汉堡，德国：海港城 ↗ 216

C2.3
河桩建筑

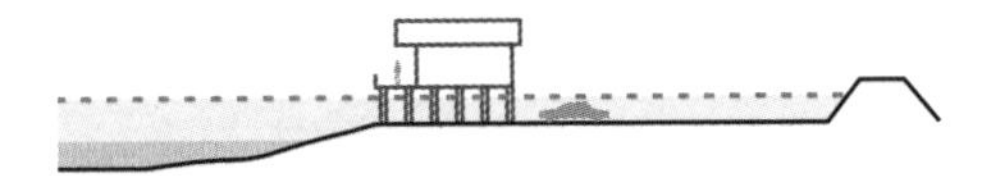

莱茵河，曼海姆，德国：丽都饭店
Rhine, Mannheim, Lido Restaurant

世界上很多靠海岸或湖岸的地方都能找到河桩建筑。这种建筑形式在新式临河建筑中也很流行。洪水会从建筑下方流过，几乎没有受到木桩的任何阻挡，因此房屋能很好地抵御洪水的侵袭。在曼海姆的雷斯（Reiß）岛，新建的沙滩餐厅就是按这种原则建于高脚桩上的。莱茵河洪水时，这家餐厅无法开门营业，但是建筑不会再受到洪水的威胁。

瓦提河，多德雷赫特，荷兰
Wantij, Dordrecht

在荷兰的多德雷赫特，有一个位于堤坝沿岸的洪泛滩的居民区用这种方式修建。道路、小径和露台建在堤顶的高度，因此房子在洪水侵袭期间也可以进出。屋主的船就直接锚在露台外面。

马斯河，马斯博默尔，荷兰 ↗232
莱茵河，曼海姆，德国 ↗240
瓦提河，多德雷赫特，荷兰 ↗248
义乌江与武义江，金华，中国 ↗252
永宁河，台州，中国 ↗256

C2.4
疏散通道

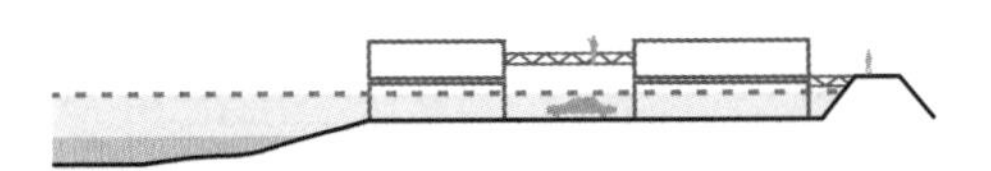

易北河，汉堡，德国
Elbe, Hamburg

为了在水位很高的情况下居民能够逃离房屋，新建的沿河建筑可以将整个道路系统或逃生通道建在高水位线以上。在汉堡的海港城，建有高水位线以上的桥梁及人行道，使得洪泛区居民在洪水期与主城安全地带相通。这种撤离通道在非洪水期的日常时光，是一种带有游乐功能和观景台感觉的人行道。与之相似的是，在多德雷赫特的瓦提河沿岸的河桩建筑区，所有道路都建在河堤水位线以上。

易北河，汉堡，德国：海港城 ↗216
瓦提河，多德雷赫特，荷兰 ↗248

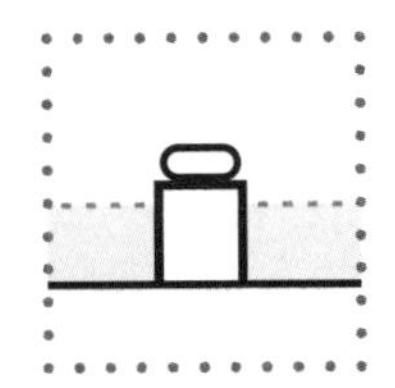

伍珀河，明斯顿，德国：布鲁肯公园内的手摇车
Wupper, Müngsten, handcar in the Brückenpark

莱茵河，科隆，德国：莱茵河缆车
Rhine, Cologne, Rhine Cablecar

有一种非常有吸引力的跨越河流和洪泛区的交通方式是跨河索道。在伍珀河的明斯顿布鲁肯公园河段上，修建了一个小型悬浮渡轮，游客可以通过手动操作装置（手摇车）使其在河上移动。这不仅是一个趣味景点，还是当地徒步环路的重要的一段。

科隆的莱茵河索道建于1957年，连接莱茵河岸的联邦园艺展览馆，既是一种交通方式，也为游客提供了鸟瞰滨河景观的可能。

伍珀河，明斯顿，德国 ↗250
+莱茵河，科隆，莱茵河索道 ↗316

C3 可淹没

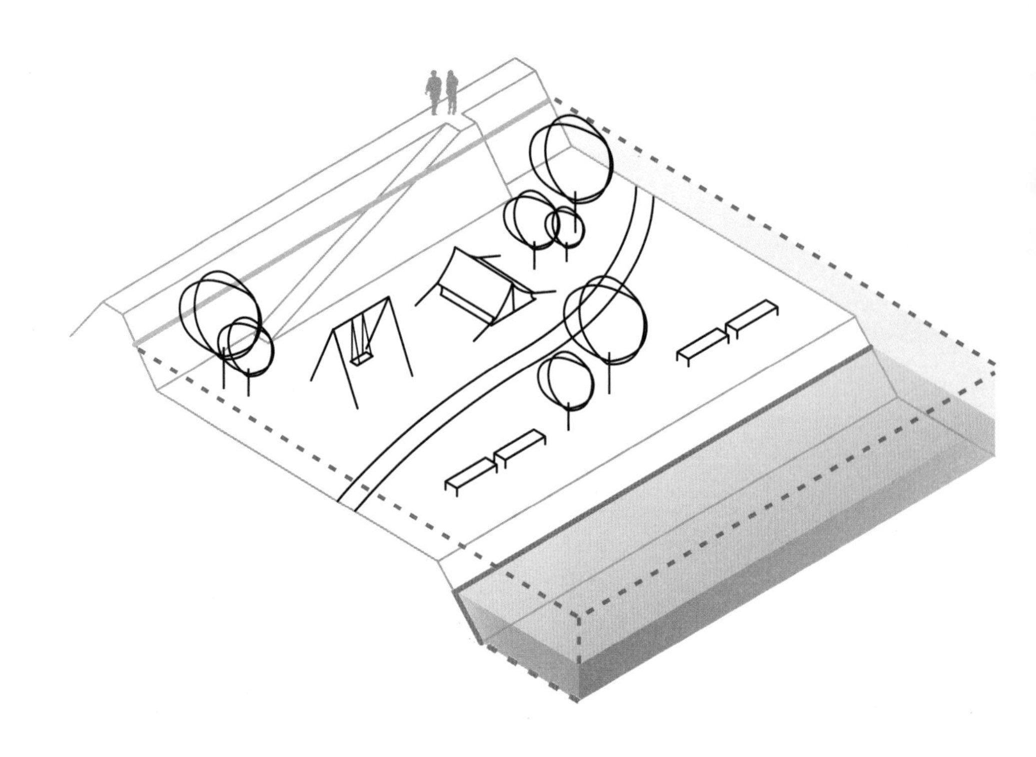

C3中所有设计手段可与以下联用：

C1.1 堤坝后移
C1.2 支流
C1.3 分洪渠
C1.4 深挖洪泛区
C1.5 回水坑塘
C1.6 圩田系统
C1.7 滞留池
C4.1 警示标识和护栏
C4.2 电子预警系统

在泛洪区设置的文化娱乐设施必须能够抵御洪水的侵袭并耐受短时间的淹没。在一年中的大多数时间，当河流水位保持在中等或低水位时，设施的使用不受限制。在高水位时这些地方被完全淹没或是部分被淹没。因此，设置为可以耐受高水位淹没的临时用途，如体育设施、娱乐场和营地、节日聚会地或有典型河岸植被的仿自然区域比较适合。由于设施是固定安装的，因此必须选择能够耐受长时间洪水淹没的材料。当高水位出现的时候，无法抵御洪水的设备和装饰必须拆除或搬走，存储在其他地方。洪泛区固定的设备不能阻挡洪水流过。在更大的尺度上，地形中开放空间的类型和位置对洪水区的设计起着重要的作用。像体育设施这种复杂、昂贵和维护成本高的公共区域可以设置在高地，因为这些地方遭遇洪水的频率更低。这样，设施在一年中大部分时间都可用，且不需要经常清理洪水后沉积的泥沙。

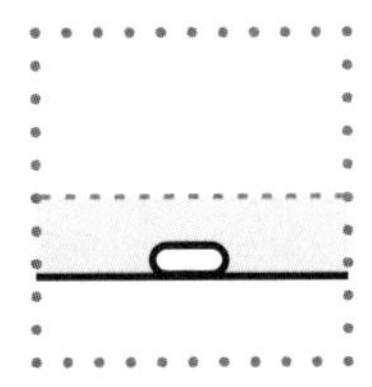

C3.1
洪泛区内的步道

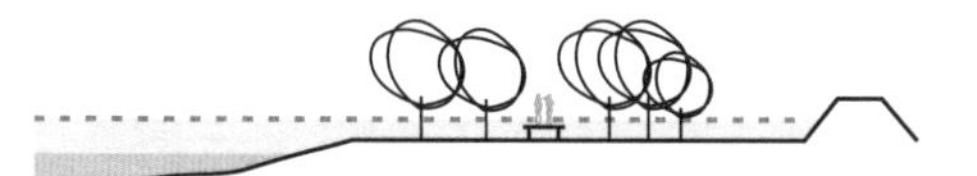

埃布罗河，萨拉戈萨，西班牙：市中心的堤防
Ebro, Zaragoza, embankment in the city centre

设置道路和步道的第一步是将洪泛区按照游人进入的可能性进行分区，分为无人接近区、低频使用区和高频使用区。道路网可由窄步道、宽步道和浮桥组成。萨拉戈萨的埃布罗河沿岸，洪泛区用复杂而昂贵的木结构道路艺术性地连接起来。根据河流的沉积模式，可能需要考虑清理洪水后路面上沉积的泥沙。洪泛区内的沿河堤坝具有较高的地势且线性延伸，比较适合作步道的路基。

埃布罗河，萨拉戈萨，西班牙 ↗212
加列戈河，祖埃拉，西班牙 ↗218
艾塞尔河，兹沃勒，荷兰 ↗228
塞纳河，勒佩克，法国 ↗242
义乌江与武义江，金华，中国 ↗252
+埃布罗河，萨拉戈萨，西班牙：市中心堤防改造 ↗315

C3.2
体育设施和运动场

加列戈河，祖埃拉，西班牙：斗牛场
Gallego, Zuera, bullring

体育和娱乐设施的设置强化了洪泛区的休闲用途。它们有许多不同的设计方式，包括简单的球类运动草地或复杂的体育运动场，甚至高尔夫球训练场。西班牙的祖埃拉斗牛场是一个很好的案例，该场地在洪水期会被淹没至1米深的位置。此外，滨河区域经常用作娱乐场地，虽然活动本身并不会直接使用水，但依然增强了滨河体验。

加列戈河，祖埃拉，西班牙 ↗218
+莱茵河，杜塞尔多夫，德国：Lausward高尔夫球场 ↗317

C3.3
耐受洪水的建筑

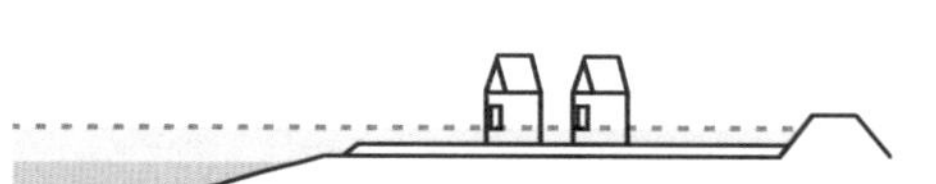

易北河，汉堡，德国：鱼类拍卖大厅
Elbe, Hamburg, Fish Auction Hall

通过适当的改造和设备配置，有些建筑可以不被洪水影响或者损毁很小。这种设计通常包括瓷砖墙面和地面及防水的电气安装方式。传统上，许多洪水地区的建筑物如科隆中心或汉堡的鱼类拍卖大厅都是这样改造的。根据现今更严格的防洪规定，这些改造方式又被重新启用。在荷兰坎彭的艾塞尔河沿岸，部分区域的建筑因为它们的地理位置很尴尬，因此被加以防洪改造后保留在防洪控制线以外。对洪水适度容忍的态度可以降低城市整体防洪系统的建造成本。

艾塞尔河，坎彭，荷兰 ↗184
+易北河，汉堡，德国：鱼类拍卖大厅 ↗315

C3.4
洪泛区内的公园

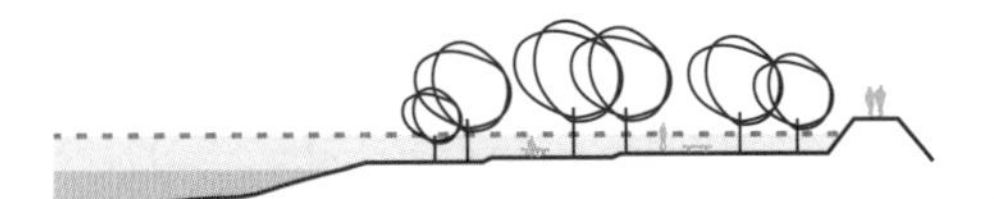

小吉伦特河，柯莱尼斯，法国
Petite Gironde, Coulaines

洪泛区可以设计成一座耐洪涝的公园。植被和公共设施都需要设计成可以耐受几天的淹没，例如沼泽柏树和沉重的石凳。这些特殊设计给予了这个公园一些引人注目的独特景观。加设排水系统则可以使洪水迅速褪去，短时间内又恢复成休闲的绿色空间——比如在柯莱尼斯的小吉伦特，整个草坪区的下方铺设了排水管道以保障该区的排洪功能。

贝索斯河，巴塞罗那，西班牙 ↗208
水牛河，休斯敦，美国 ↗210
埃布罗河，萨拉戈萨，西班牙 ↗212
加列戈河，祖埃拉，西班牙 ↗218
小吉伦特河，柯莱尼斯，法国 ↗234
塞纳河，勒佩克，法国 ↗242
伍珀河，明斯顿，德国 ↗250
义乌江与武义江，金华，中国 ↗252
永宁河，台州，中国 ↗256
加冷河，新加坡 ↗266
塞耶河，梅斯，法国 ↗276
威泽河，罗拉赫，德国 ↗282

C3.5
延伸自然区域

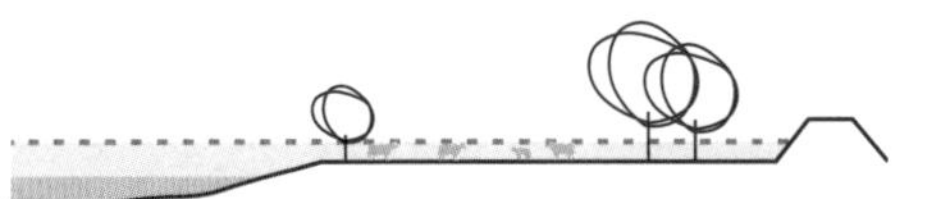

艾塞尔河，兹沃勒，荷兰：观鸟站
IJssel, Zwolle, birdwatching hide

河流浅滩原来多用作农业区域，非常适合转变成自然漫滩环境。因为高密度的灌木丛会阻碍行洪，任由其自然演替直到滨岸林地出现几乎是不可能的。在荷兰，建立起了繁衍着小马、野马和高原牛等生物的自由放养牧场。然而，单独依赖放牧不能完全控制植被的繁殖，该地区计划每10-15年进行一次皆伐清理。在实行人工干预的间隔年份，植被可以自由生长。经过仔细规划，选择在某些地方对游客开放可以缓解其他生态敏感地区的压力。比如在Vreugderijkerwaard，虽然设置了一个观鸟点，而且也有通道抵达，游客还是被严格限制的。

埃布罗河，萨拉戈萨，西班牙 ↗212
艾塞尔河，兹沃勒，荷兰 ↗228
基尔河，特里尔，德国 ↗230
瓦尔河，哈默伦，荷兰 ↗244
义乌江与武义江，金华，中国 ↗252
艾尔河，日内瓦，瑞士 ↗286
埃姆舍河，多特蒙得，德国 ↗290
+易北河，伦岑，德国：易北河谷大型自然保育项目 ↗315

C3.6
农业

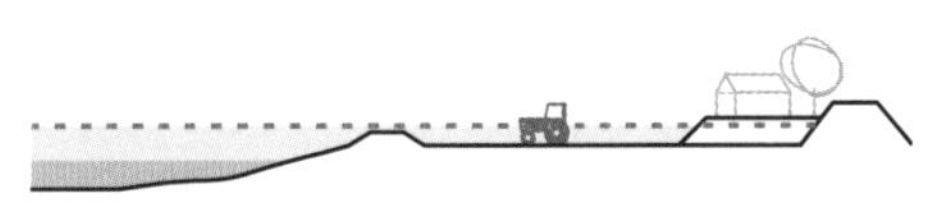

莱茵河，英格尔海姆，德国：英格尔海姆圩田
Rhine, Ingelheim, Polder Ingelheim

根据洪水频率，如今很多洪泛区都被用作农业用途，有自由放养牧场，也有耕地，就像莱茵河畔的英格尔海姆圩田区那样。当土地被用来泄洪时，农民会得到经济补偿。在荷兰的柏吉斯彻马斯河畔，农民主动将堤坝后移，使得圩田可以作为洪泛区使用。而农场建筑会被移至土丘顶。在靠近城镇的区域，农业用途会增强本地的娱乐土地面积，并免除市政当局的维修费用负担。

柏吉斯彻马斯河，瓦尔韦克至海特勒伊登贝赫段，荷兰 ↗206
莱茵河，布吕尔，德国 ↗238
+莱茵河，英格尔海姆，德国：‘英格尔海姆圩田’洪水滞留区 ↗317

C3.7
露营和房车营地

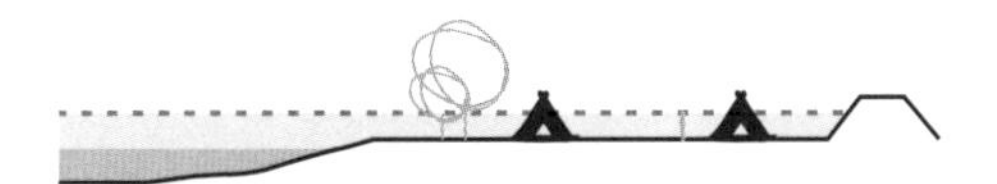

莱茵河，曼海姆，德国：雷斯岛上的房车营地
Rhine, Mannheim, caravan site on Reiß Island

在滨岸景观区进行露营是人气很高的活动，因为与水直接相邻的位置便于进行水上运动和开展其他娱乐。在曼海姆的雷斯岛上，滨岸营地最吸引人的是附近广阔的砾石海滩。这片区域主要用在洪水风险很低的夏季，但由于不能完全排除突发洪水的可能，因此进入该区域的游客都被告知洪水风险和撤离方法，以保障方便快速撤离。在马斯博默尔，露营区还租售建于桩基上的可以在洪水时居住的小木屋。

马斯河，马斯博默尔，荷兰 ↗ 232
莱茵河，曼海姆，德国 ↗ 240

C3.8
聚会场地

内卡河，拉登堡，德国：永久舞台
Neckar, Ladenburg, permanent stage

作为城市中的开阔空间，滨岸漫滩区可以提供露天音乐会或其他类似活动的场地。波恩一年一度的“莱茵文化节”音乐会由于需要较大的空间并产生噪声，就很难在其他地方举办。这些活动通常在夏季干旱的月份开展，并且只需要少量的固定设施，比如搭建舞台的基础。而临时设施，节日帐棚、卫生间设施、食物和饮料供应台可以方便地安置和拆除。在拉登堡，沿着内卡河堤岸，设置了一个用于每年节日活动的轻型结构永久性演艺舞台，因为舞台是水平的，因此对行洪没有影响。

美因河，米尔腾贝格，德国 ↗ 188
小吉伦特，柯莱尼斯，法国 ↗ 234
义乌江与武义江，金华，中国 ↗ 252
内卡河，拉登堡，德国 ↗ 272
+富尔达，卡塞尔，德国：泄洪渠地带分洪沟区域 ↗ 315
+莱茵河，波恩，德国：“莱茵文化节”音乐会 ↗ 317

C3.9
围堰湿地

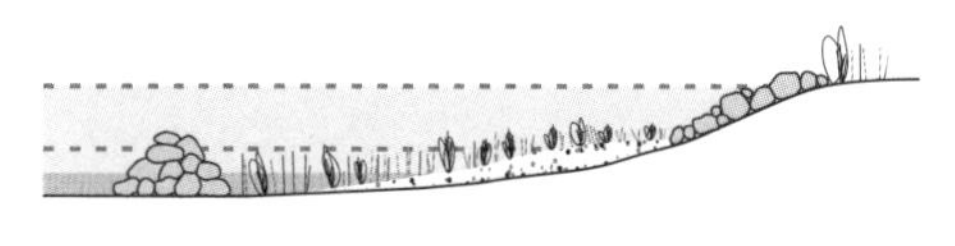

东河，纽约，美国
East River, New York

为了恢复以前用防水墙或其他方法加固过的河岸带的自然生态，通常将其改造为人工强化湿地。湿地沼泽区的边缘放置有稳定岸线的典型要素，如岩石坝槛，以防止发生侵蚀。这种类型的加固提供了一个平静的水域，在那里湿地植物可以栖息形成潮间带生境。为促进植物定植，在其生长初期，用土工布保护。人工强化湿地只能设置在水平漫滩或平缓的斜坡滩上，在近河口区的、有潮汐波动的、水量缓慢的河流中使用。采用这种方法还必须考虑特殊河流动力学，因为安装硬化围堰可能阻碍泥沙向下游迁移。浙江金华的燕尾州公园的可淹没湿地建在了多级阶地上，在洪水时湿地一级一级地逐渐被淹没并被淤泥覆盖。在纽约布鲁克林大桥公园和金华燕尾洲公园，湿地也被用来过滤在进入河流之前的流经硬化路面的雨水。

东河，纽约，美国 ↗ 152
义乌江与武义江，金华，中国 ↗ 252

C4 避险

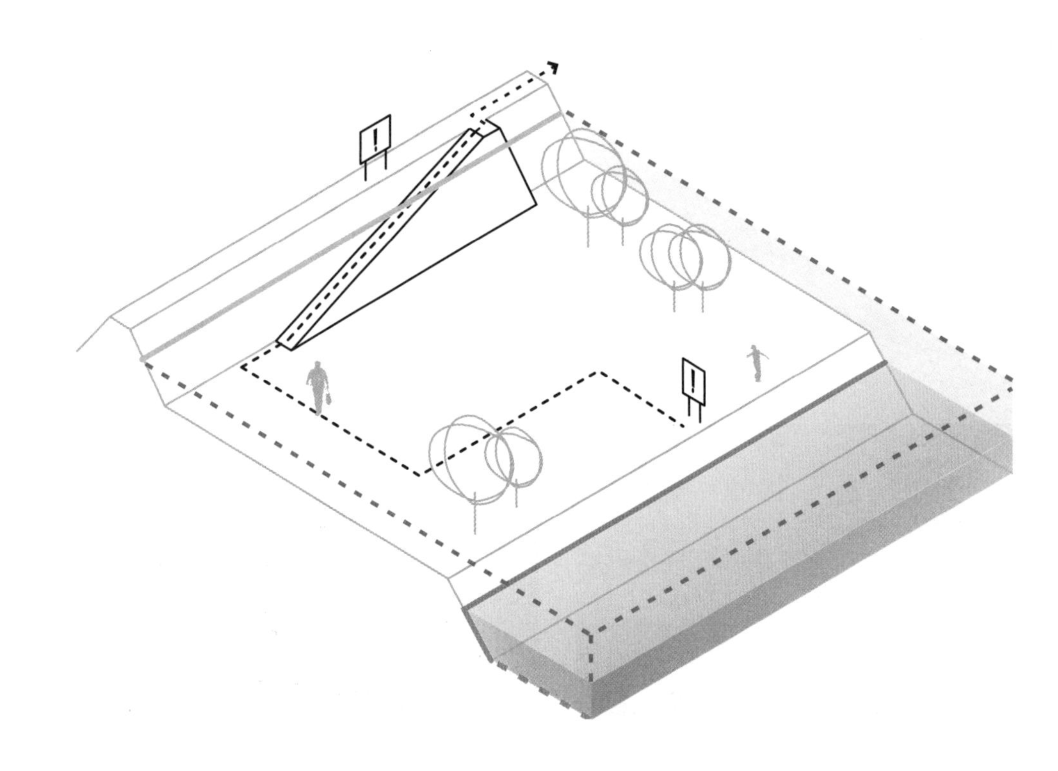

C4中所有设计手段可与以下联用：

C1.6 圩田系统
C1.7 滞留池
C3.1 洪泛区内的步道
C3.2 体育设施和运动场
C3.4 洪泛区内的公园
C3.5 延伸的自然区域
C3.6 农业
C3.7 露营与房车营地

决策洪泛区用途时，安全是重要因素。高水位预测装置、堤坝、警告标识和数字洪水预警系统使洪水多发地区的土地多功能化成为可能。安全问题的决定因素一方面是被淹没深度和淹没速度，另一方面是危险的可认知性。如果居民能意识到潜在的危险，他们就能在洪水来临时撤离到安全区域。因此对游客而言，获得洪水信息对保护他们的安全至关重要。另一个重要方面是洪水发生的频率，如果该区域经常被洪水侵袭，民众的洪水意识则很强。永久性的警报系统可以指示水位上升的潜在危险。

除此之外，还可以采用对居民的洪水通知和强调“你已进入洪水危险区”的警告标示作为补充方法。通过适当的预警系统，将洪水的危险性概率降到最低，前提是民众接受潜在的风险而不会从一开始就拒绝对洪泛区的利用。小吉伦特的滞留池和巴塞罗那的贝索斯河畔项目就说明了这一点。协调好双重利用方式，洪泛区既可以用来防护洪水，又可以为城市提供娱乐场所。

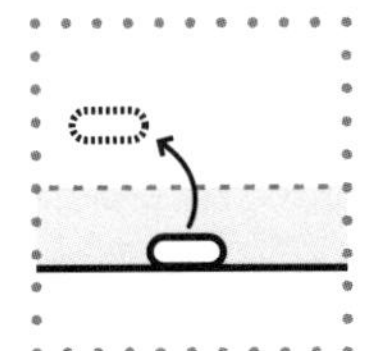

C4.1
警示标识和护栏

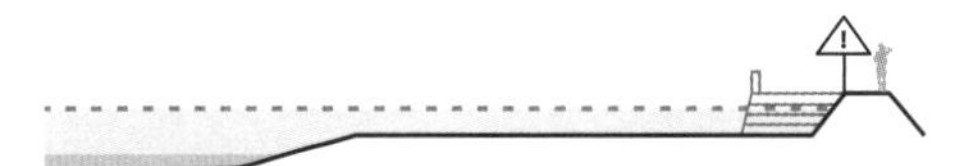

Schanzengraben运河，苏黎世，瑞士：漫步长廊
Schanzengraben, Zurich, Promenade

在很多情况下，当水位上升缓慢时是可以预见和看得见的，地方当局认为，这足以让公众意识到潜在的洪水风险，做出合适的反应并承担责任。这些信息可以通过在洪泛区入口设立简单的标识或信息告知牌来让民众了解洪水风险。另一种可能性是使用特殊设计方法来表达，例如设置艺术性的闸门、堤防或水位标示物。

伊赫姆河，汉诺威，德国：洪水时封闭自行车道
Ihme, Hanover, closed-off cycleway

在洪水到来时关闭洪泛区入口是最安全的手段，这完全是当地政府的责任，个人并不需要决策何时处在洪泛区会有危险。此外，这种办法要求地方当局不断监测水位并进行干预。对于难以监控的区域，要防患于未然，这种措施更是必需的。

+ Schanzengraben运河，苏黎世，瑞士：漫步长廊 ↗317

C4.2
电子预警系统

贝索斯河，巴塞罗那，西班牙
Besòs, Barcelona

电子预警系统可以监视并预测高水位，预警洪水危险。在巴塞罗那的贝索斯河畔，这种预警系统连接着电子警告牌和洪泛区入口的大门，发出允许进入和禁止进入的信号。该系统可对贝索斯河突发性的猛烈洪水进行快速响应，这也是保障该区域可用作公园的唯一途径。

贝索斯河，巴塞罗那，西班牙 ↗208
加冷河，新加坡 ↗266

C5 浮动

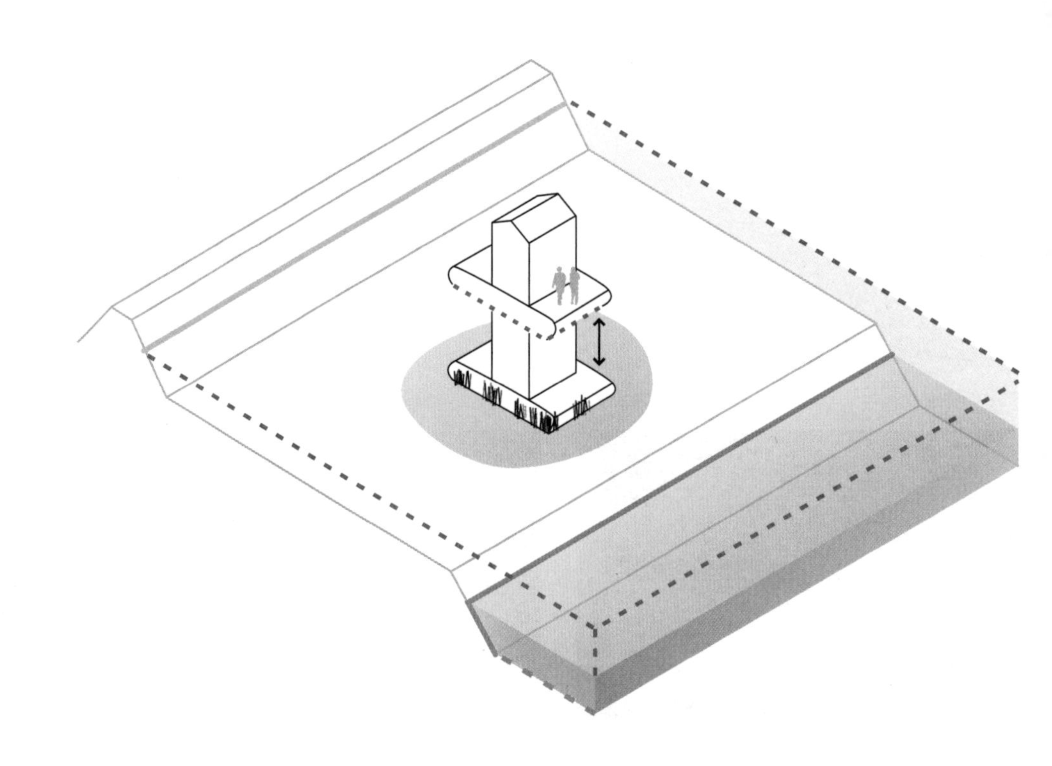

C5中所有设计手段可与以下联用：

C1.2 支流
C1.5 回水坑塘

《圣经》中描述的拯救人类和动物的诺亚方舟，可以看作是人们初次使用本节中描述的策略：浮动设施随着水位上涨而抬高。浮动建筑的建设逐渐兴起，特别对于洪泛区民用建筑发展来说正处于繁荣期，现在有很多为游艇和摩托艇提供停靠的浮动码头与之相似。当停靠在河边的牛轭湖或沙坑时，浮动设施可免于受到强大水流的冲击。如果通往岸边的道路在洪水期间是安全的，那么这些浮动设施全年都可以使用，在水位上涨时它们一直能够受到保护。浮动建筑对洪泛区的蓄洪功能影响最小，因此是整个防洪概念的重要组成部分。此外，它也起到了观测水位和提升滨岸景观效果的作用。

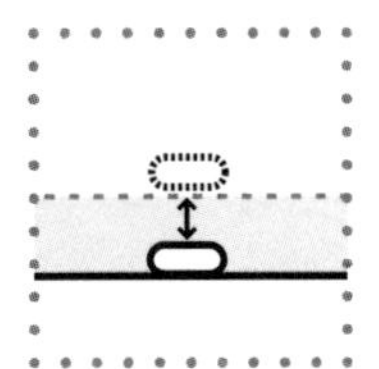

C5.1
漂浮式两栖房屋

马斯河，马斯博默尔，荷兰
Maas, Maasbommel

瓦尔河，阿弗登至德勒默尔段，荷兰
Waal, between Afferden and Dreumel

近年来浮动建筑的形式变得非常多样化。在荷兰瓦尔河的一条支流上，Beneden-Leeuwen市周边的小镇停泊着约20座漂浮房屋。它们由货运驳船改造而来，是一种带船锚和水上平台的豪华别墅，构造出多种形式的漂浮的家。与“过程空间A”堤防墙与滨水步道一章介绍的中心城区船埠（A6.3系泊船）不同，洪泛区的巨大水域为建造这个大型浮动定居点提供了机会。在荷兰有许多这样的漂浮住宅正在开发建设中。

在马斯博默尔的金汉姆（Gouden Ham）水上娱乐活动中心，有14个永久漂浮建筑和32个两栖建筑随着马斯河的水位上下浮动。勃兰登堡世界建筑展中，举办了一场为德国东部露天采矿地区新湖剪彩而设置的漂浮房屋和度假屋设计竞赛。以设计竞赛中获奖的两艘船作为原型的船屋已经开始建造。

瓦尔河，阿弗登至德勒默尔段，荷兰 ↗200
马斯河，马斯博默尔，荷兰 ↗232
+ Geierswalder湖和Gräbendorfer湖，Großräschen，德国：漂浮屋 ↗315
+ IJsselmeer，阿姆斯特丹，荷兰：IJburg ↗316

C5.2
游船码头

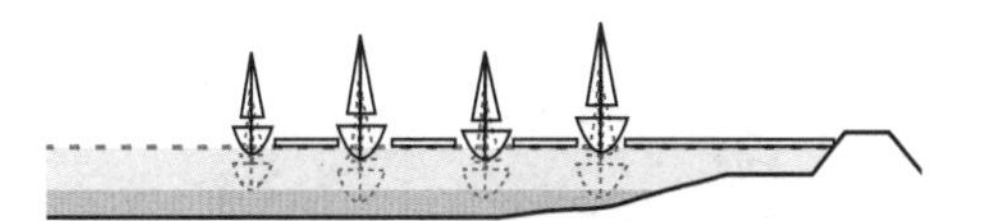

瓦提河，多德雷赫特，荷兰：现状码头
Wantij, Dordrecht, existing marina

建造滨水景区内的帆船和摩托艇浮动码头，为停车场、餐馆和咖啡馆提供空间，还有一些住宿、娱乐等服务。码头和停泊在内的船一起随水位浮动。通过与堤坝同高的道路与外界相连，保证了水位上涨期间人们也可以到达。即使在最高水位时无法进入浮动码头，娱乐功能受到的影响也不大。在瓦提河畔有一片这样的住宅区，建于洪泛区紧靠码头的桩基上，屋后就是浮动码头，直接连通住宅的阳台。

东河，纽约，美国 ↗152
易北河，汉堡，德国：Niederhafen漫步长廊 ↗180
马斯河，马斯博默尔，荷兰 ↗232
瓦提河，多德雷赫特，荷兰 ↗248

D

河床与水流

比尔斯河，巴塞尔

从完全受限到生机复活，新的设计将在河道渠化过程中受损的河流生态逐步恢复过来，变化多样的人工生态河床上出现旋涡、静水、急流和边缘浅滩区等多种水流形式。

D 河床与水流

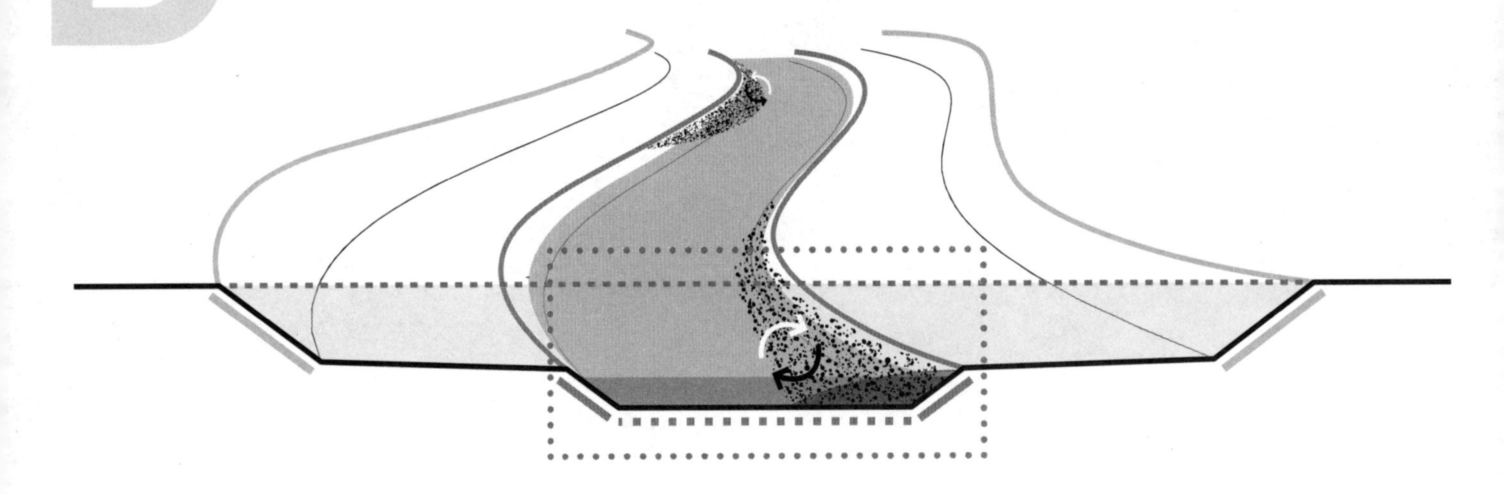

空间状况 过程空间D包括两岸之间的河床和河岸工事本身，它们形成了无法移动的边界，从而限制了河流自身动力引起的河道发展变化（红线标出）。本章不涉及洪泛界限（绿线标出）以及河岸与洪泛界限之间的洪泛区域（或称为河漫滩区，红线与绿线之间）。相反，这里讲的是如何在有限空间内重塑渠化过的、修直过的河道，以使河流地形动力过程重新出现。为此，不同于过程空间E，空间D不能利用洪泛区来发展河流自身动力，因为河边可用的开放空间极小或者因为那里埋了地下电缆或是管道，固定的河岸线也只允许轻微地改动。如果河流被束缚在渠道里，比如“三面光”，那根本就不会有河漫滩。然而，在许多城镇，将渠化后的、修直的河流恢复原状的目标依然存在，这就需要新的设计方式。

实施过程 就像在过程空间A、B和C中，让水位上升和水流横向扩张到河漫滩，这种暂时的水流波动是有意义的。除此之外，在过程空间D中，允许并促进河床的形态动力学沉积过程。水土流失和泥沙淤积导致河床不断改变，产生凹岸和冲击坡、冲刷坑、急流和岛屿，呈现出多样化、接近天然的河流风貌。然而，和过程空间E不同，过程空间D的河道并没有发生自身动力引起的改变，因为周边都是已建成区，被城镇基础设施和建筑占据后，没有剩余空间供河道自由发展。因此，河流更多地还是像以前一样流淌在完全受限的渠化河道中，泥沙也只能在固定的河岸线内沉积。

设计方式 在这个特定的区域内，可以创造出和自然河流相似的条件。这个问题主要关乎中小型河流，因为它们的河床和水流可能被人工干预过。在重塑河床时，在过去数十年渠化过程中已经毁掉的天然河道的典型特征和过程会被人工修复。过去人工干预的主要目标是尽可能地抑制水流侵蚀，形成稳定持续的水流，让河流像运河一样稳定。可以最大程度地引发河流动力的设计工具是能够产生差异化流动的水流干扰元素，以制造涡流、静水区和湍流区，同时可以定向地促进泥沙输移。用各种水流偏转元素重塑中小型河道，在固定岸线之间构造起具有不同水深的人造蜿蜒河道。设计措施下一步要解决的是塑造不同样式的河岸与河床加固设施。其终极目的是在给定的空间范围内，修复出一条尽可能多发生自然过程的河流。

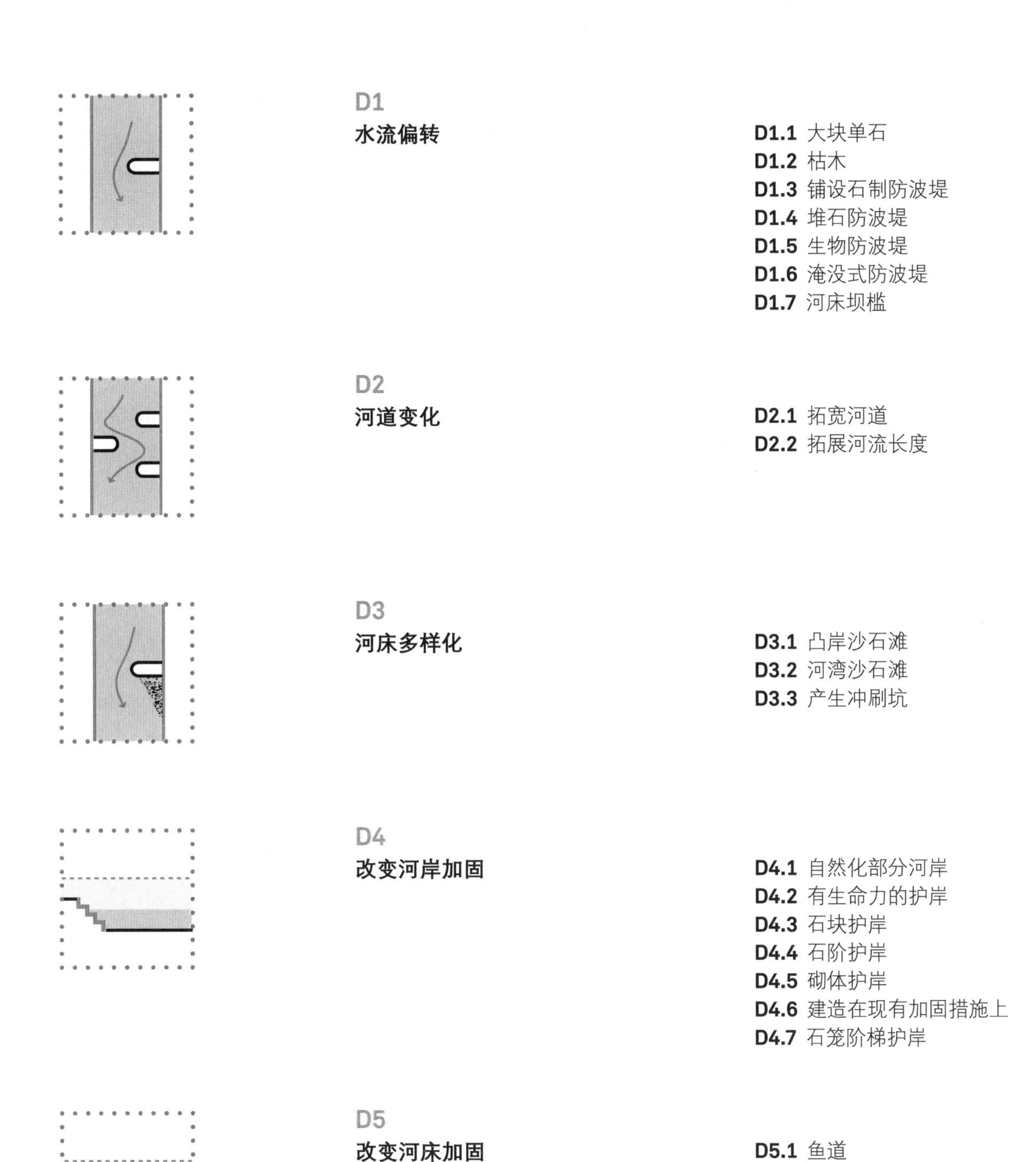

D1
水流偏转

D1.1 大块单石
D1.2 枯木
D1.3 铺设石制防波堤
D1.4 堆石防波堤
D1.5 生物防波堤
D1.6 淹没式防波堤
D1.7 河床坝槛

D2
河道变化

D2.1 拓宽河道
D2.2 拓展河流长度

D3
河床多样化

D3.1 凸岸沙石滩
D3.2 河湾沙石滩
D3.3 产生冲刷坑

D4
改变河岸加固

D4.1 自然化部分河岸
D4.2 有生命力的护岸
D4.3 石块护岸
D4.4 石阶护岸
D4.5 砌体护岸
D4.6 建造在现有加固措施上
D4.7 石笼阶梯护岸

D5
改变河床加固

D5.1 鱼道
D5.2 改变河床和横向结构
D5.3 斜坡和滑坡

河床与水流

设置像丁坝或岛屿这样的导流元素可以将水分流，改变水流方向，使流速差异更明显，因为湍流和涡流更容易被感知，当然河流也有静水区。水流的变化激活了自然沉积物的输移进程，由专门的导流设施引导入特定的沉积位置。根据流速的不同，不同粒径的沉积物或迁移或沉积，发育出不同的河床基质和深度。要实现这一目标，必须要改变现有的河床基础；尽管河床的加固设施是必要的，但形式越分化，有越多的透水结构，越能够帮助恢复河流对水生生物的通行能力，并促进沉积物的输移。

通常，泥沙运动是可逆的。在低水位，会有更多沉积物沉积在河岸；而在高水位，这些沉积物会被更强的水流带走，只有在基本不受冲击的地方才会产生永久沉积区。河岸和河床加固设施可以防止侵蚀过程改变河道形态。总的说来，在过程空间D内，有意允许某些地形动力学过程发生，可以发育出分化的河床：形成浅水区、急流区、冲刷坑和砾石滩等。对于城市居民来说，重塑人工河道只需要很小的空间，然而由于河道地处城市中心位置，交通便利，可以极大地丰富居住地的生活：充满生机的变化多样的河道，不仅使城镇风景焕然一新，还能提供优质的休闲空间。

城市美化　合理采用过程空间D中的干预手法可以使人口密集的城市里被渠化的河流呈现出多元化的空间结构。重塑河岸边缘，安装多功能的导流元素，可以在水边和水面上创造一个交通便利的多样化空间。在大块单石和防波堤上行走，可以让人们接触到河水，砂砾堆积区促使孩子们在水上或水中玩乐。在较大的河流的砾石或沙滩上建造热闹的游泳区——鲜活的河流空间和钢筋水泥的城市空间形成了鲜明对比，对城市居民来说，靠近城区的休闲空间是非常宝贵的。

防洪　河床改建时，河流断面会改变；设置分水设施、使水流偏转的元素以及植物的生长会导致流动阻力变大，流速也会降低。在高水位时期，这也会抬高该地区水位，意味着该河段的持水能力提升，从而缓解下游的压力。水位抬高的问题可以利用扩大河流截面的措施来解决，根据具体情况，可行的措施有：后移堤坝线或者深挖洪泛区（参见过程空间C）。

生态　水流形态的差异、河床底物的多样化和水深的变化使得河流也呈现出多种多样的形态，导致河岸边缘区和水生区发育出各种各样的生物栖息地。安装采用了新形式和新材料的人工设施，塑造了新的栖息地：堤防墙上松散石块之间的缝隙或者生物工程措施上，这些隐蔽的地方会生发出各种类型的植物和动物。

在本书过程空间D的案例中，进一步的生态目标是在河流里形成低水位河道，这样一来，即使是枯水期，河床的较低部分依然可以作为鱼类的栖息地。同时，也可以恢复水生生物的迁徙通道，比如用坡道代替潜坝，让鱼类和小生物自然迁移。从生态的角度来看，生态复兴的象征便是各种鱼类、两栖动物和蜻蜓（比如豆娘）重新回到城市。

在巴塞尔的比尔斯河，受限的河道空间（红线标出）被重新设计。由于河漫滩区（绿线标出）下面埋着管道，因此不包括在设计区域内。拆除潜坝，设置导流元素，河道的水流被偏转或分流。

D1 水流偏转

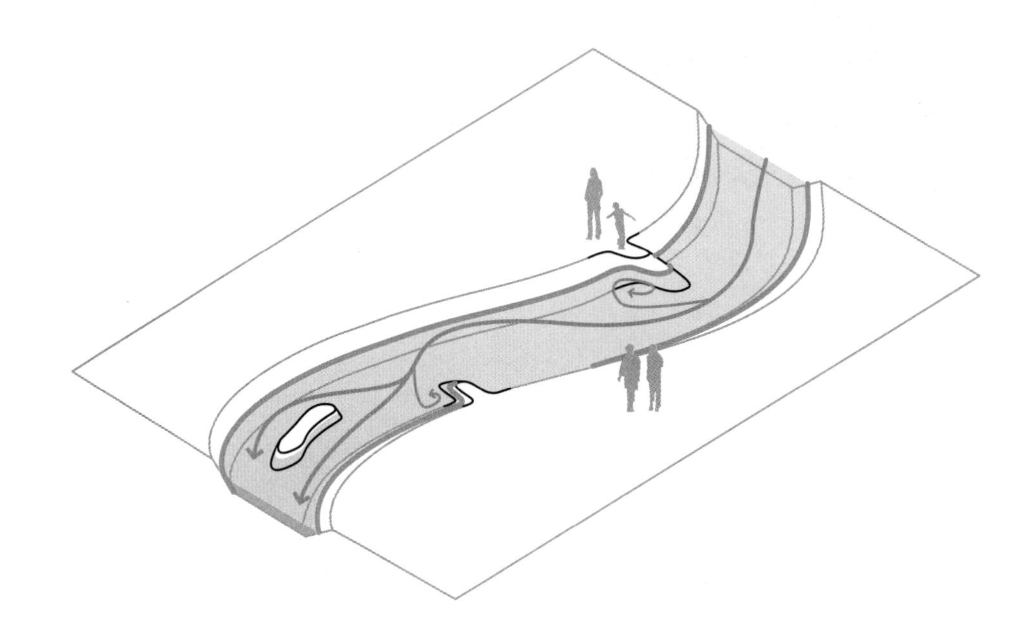

D1中所有设计手段可与以下联用：

D3.1 凸岸沙石滩
D3.2 河湾沙石滩
D3.3 产生冲刷坑
D4.1 自然化部分河岸
D4.2 有生命力的护岸
D4.3 石块护岸
D4.4 石阶护岸
D4.5 砌体护岸
D5.2 改变河床和横向结构
D5.3 斜坡和滑坡

作为一种设计方法，使水流偏转其实起源于河流通航工程。通过将防波堤延伸到河道中，水流会从河岸偏转向河流中心。这既保护了河岸，又使得中间的航道畅通。相比之下，过程空间D的案例中，这个原理被用于以动态过程为中心的河流复兴项目。在河流中放置干扰和偏转水流的人工元素可以促进沉积物的输移过程，让水流远离河岸，意味着某些位置上就没有必要采用石头砌筑等坚固的河岸加固措施了。引导水流的人工元素可以直接设置在岸上或者置于水中，合理的安放可以催生出不同的水流模式。将它们交错摆放就会出现蜿蜒的水流路径，而两个相对的防波堤则会将水流引向笔直、快速流动的中心水道。防波堤的角度指向上游或下游，是水流导向、泥沙沉积或冲刷坑发育的决定因素。防波堤是否高于常水位也非常重要：如果水位高过它们，水就会向垂直于堤的方向偏转，于是在它的背后挖出了一块洼地；如果水位低，水流从两边绕过防波堤产生旋涡区，后方的静水区会产生泥沙沉积。完全淹没式的防波堤在高水位时几乎不阻挡水流，所以建议洪水问题比较严重的地区考虑这种形式。

有很多种使水流偏转的元素，比如防波堤、大块单石和脚踏石，或者放置在河里的枯木，采用它们的方式关系到开放空间的设计和生态价值。通过选择不同的形式和材料，将元素融入环境，或者采用刻意与周围环境形成对比以强调干预的设计手法。这些元素也可以用于各种开放空间用途，比如在防波堤上散步或坐下休闲，在脚踏石上玩水。

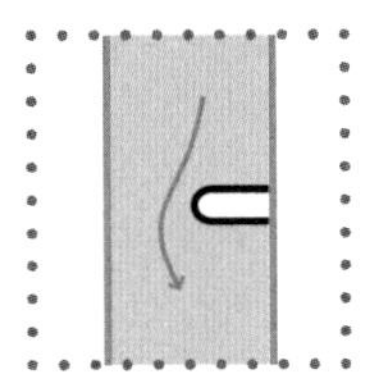

D1.1
大块单石

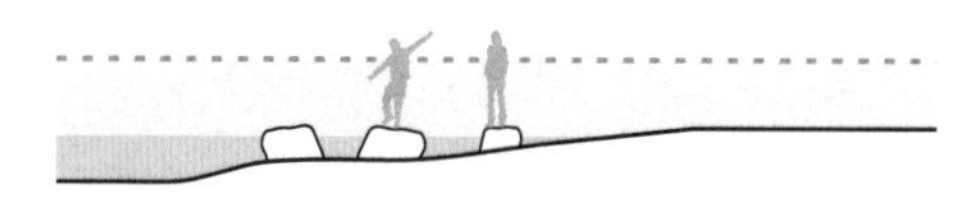

伍珀河，明斯顿，德国
Wupper, Müngsten

为了使水流偏转，将石头分散地放在河床上，或者独立地放置，或者分成小堆。如果选择本地的石头，它们的形状和材料可以非常容易融入河流及环境。或者采用人工材质的水流偏转元素，以增强与环境的对比。石头必须足够大，有足够的重量，以承受预期的冲刷而岿然不动。在明斯顿的伍珀河上，水流偏转元素是踏脚石，供游人亲水。大块单石周边的小规模水流变化和河流底质分化能促进小型水生生物的河岸栖息地发育。

雷根河，雷根斯堡，德国 ↗198
伍珀河，明斯顿，德国 ↗250
阿纳河，卡塞尔，德国 ↗260
阿尔布河，卡尔斯鲁厄，德国 ↗262
加冷河，新加坡 ↗266
内卡河，拉登堡，德国 ↗272
威泽河，巴塞尔，瑞士 ↗280
威泽河，罗拉赫，德国 ↗282
威乐溪，卡塞尔，德国 ↗302
韦尔瑟河，贝库姆，德国 ↗304

D1.2
枯木

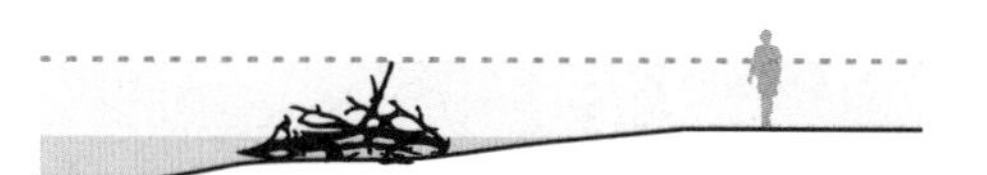

伊萨尔河，慕尼黑，德国
Isar, Munich

有分叉和没有分叉的树干都可以用作河道中的水流偏转元素。枯木要固定在特定的位置，嵌进河岸或者用钢缆和钉子将其锚定在河床上都可以。树干的摆放角度可以垂直于水流或者与水流成某个角度。特殊的情况下，也可以仅仅固定树干的一端，这样一来树干就可以在水流中自由摆动。一棵大树桩被固定在慕尼黑的伊萨尔河的河床上，成了一个又好看又可供儿童嬉戏的地方。

雷根河，雷根斯堡，德国 ↗198
伊萨尔河，慕尼黑，德国 ↗294
韦尔瑟河，贝库姆，德国 ↗304

D1.3
铺设石制防波堤

比尔斯河，巴塞尔，瑞士
Birs, Basle

如果想将防波堤设计成可坐的地方，就可以像巴塞尔的比尔斯河那样用石头来铺设。采用破损的或人工凿碎的石头，形成一个不错的颇为平缓的顶面。石头要足够大，有一定的水力学优点，以承受水流冲击。这样的构造明显要比堆石防波堤（D1.4）费时费力且更昂贵。在巴塞尔的威泽河，这种类型的防波堤被用以偏转水流。坐在大石头上，不仅河流及河岸尽在眼底，还可以感觉到水流的温差。

比尔斯河，巴塞尔，瑞士 ↗264
威泽河，巴塞尔，瑞士 ↗280

D1.4
堆石防波堤

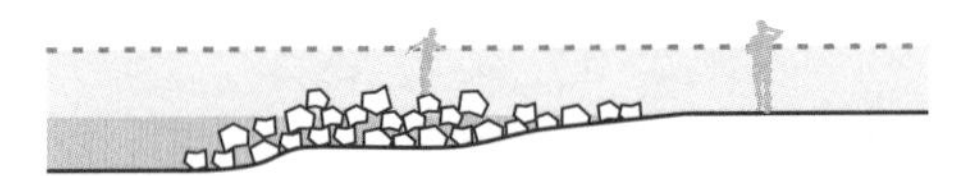

威泽河，罗拉赫，德国
Wiese, Lörrach

由不同大小的石头松散堆积成的防波堤相对容易建造，形式小到从难以伸展到水中的狭窄丁坝，大到带有沿河岸宽基线且可以伸到水里很长的三角形防波堤。堆石防波堤还可以和生物防波堤（D1.5）组合在一起。在罗拉赫的威泽河上，松散的堆石防波堤增强了河流的多样性，但不能在上面行走。

加冷河，新加坡 ↗266
威泽河，罗拉赫，德国 ↗282
威乐溪，卡塞尔，德国 ↗302

D1.5
生物防波堤

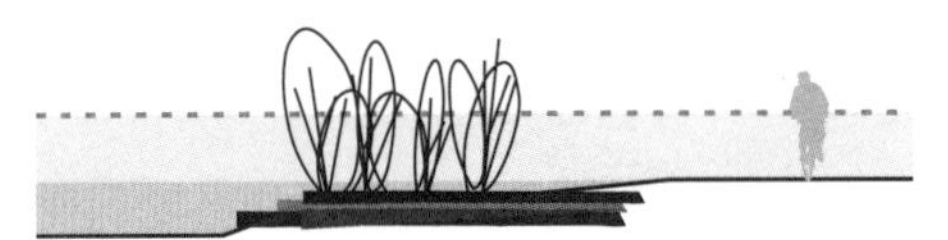

比尔斯河，巴塞尔，瑞士
Birs, Basle

防波堤可以用柳条堆或者柳枝捆构成，因为柳树会将它们的根扎在构筑物里并继续生长，这种天然的防波堤给各种有机体提供了生活场所。柳树还可以作为先驱物种，其他灌木也会跟着在这里生长，便会进一步稳定防波堤。这种防波堤在河岸边形成一抹绿色，很难被认出来是人工构造物，巴塞尔的比尔斯河提供了很好的案例。如果将石头或其他硬质材料和鲜活的植物组合在一起，又拓宽了设计思路。然而，对于较大型的防波堤而言，使用生物材料还是有限制，因为只有固体构筑物才能承受强大的水流。

瓜达卢佩河，圣何塞，美国 ↗222
比尔斯河，巴塞尔，瑞士 ↗264
加冷河，新加坡 ↗266

D1.6
淹没式防波堤

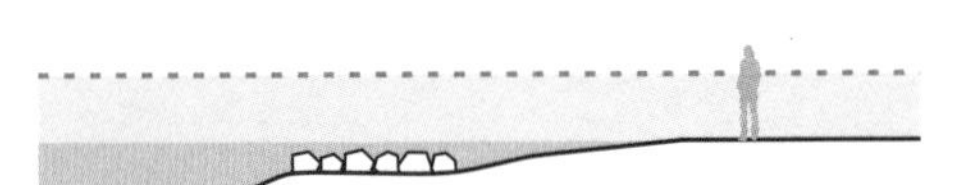

威泽河，罗拉赫，德国
Wiese, Lörrach

不与河岸结合在一起的、有水在其上流过的堆石淹没式防波堤可以很好地影响水流的形态，特别适用于中大型河流。防波堤相对于主要水流的角度决定了水流的模式和现象，比如旋涡流、沉积堆和冲刷坑。在罗拉赫的威泽河上，通过建造几个淹没式的漏斗形防波堤，成功地转移了主水流，出现了独特的河床和河道特征（如冲刷坑或沙洲），强化了河流的结构和视觉上的可感知性。

威泽河，罗拉赫，德国 ↗282

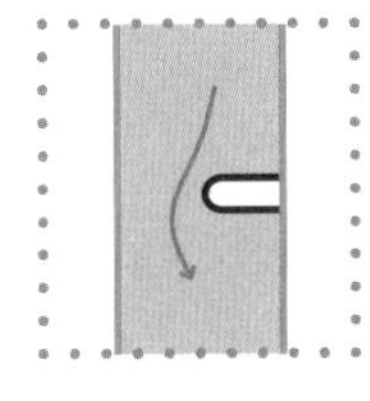

D1.7

河床坝槛

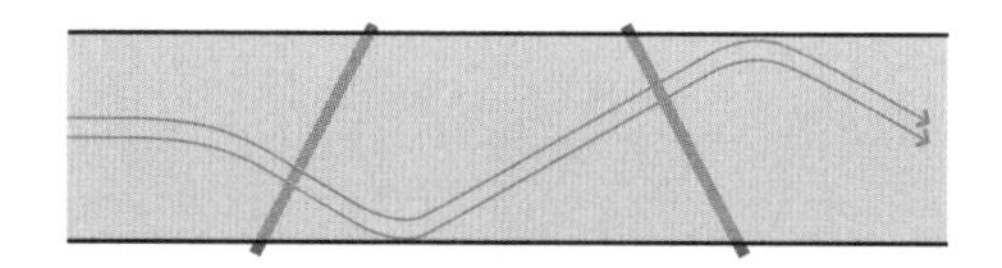

比尔斯河，巴塞尔，瑞士
Birs, Basel

穿越河床的坝槛通常由大石头构成，用于保护河床和防止河道下切入基质层，当设置成与水流成特定角度时可影响水流的方向并塑造水流形态，水流总是折向垂直于坝槛的方向。坝槛高度应该是变化的，这样可以产生水深而湍急和水浅而平静的区域。一系列沿着两岸交错摆放的坝槛，不断地偏转水流，可以将主水流从一侧岸边引向另一侧。在中低水位时，水流蜿蜒而下，流动距离会更长。和工程化的水平潜坝不同，这些新的河床坝槛由石头堆成，高高低低，水生生物可以照常通过。

比尔斯河，巴塞尔，瑞士 ↗264
威泽河，巴塞尔，瑞士 ↗280

D2

河道变化

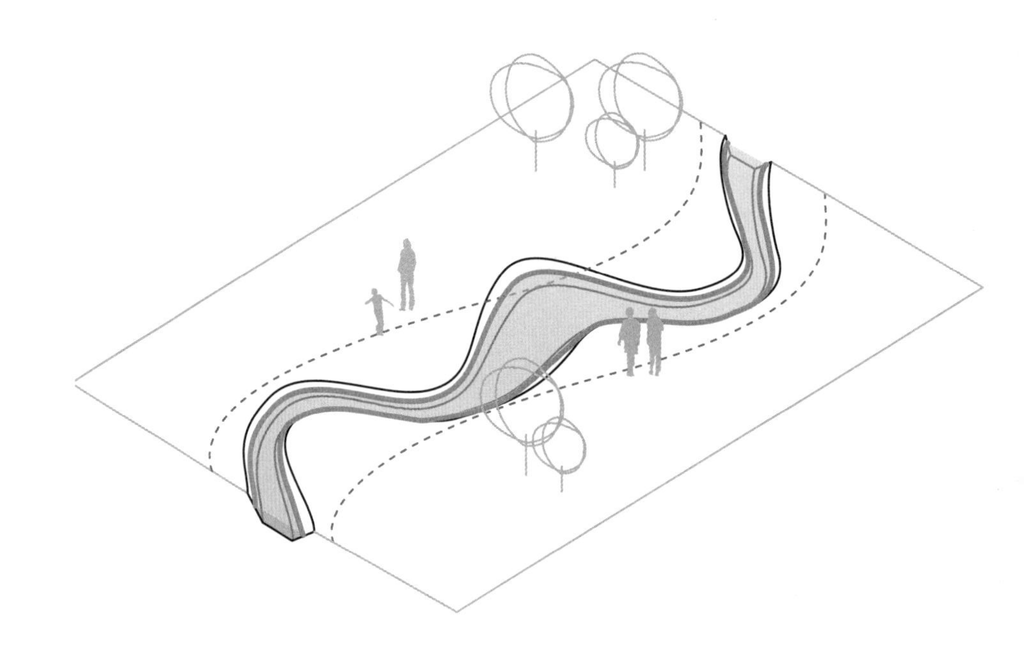

D2中所有设计手段可与以下联用：

D3.1 凸岸沙石滩
D3.2 河湾沙石滩
D5.2 改变河床和横向结构
D5.3 斜坡和滑坡

设置功能性元素来偏转水流以完整地重构中型河道很重要，但强化整个河道的变化性更重要。把河道修得更长、改变水深或者修正边岸，那么在工程完工后这段河流立刻就会变得不同。

泥沙输移过程始终在进行，也最终导致了水流强度、河床基质和河道截面的分化。扩大河流断面，水流减弱，可以在适当的区域发展出前滩。但是扩大截面的同时，必须保证即使在最低水位也要有足够的水深满足水生生物的迁徙要求。蜿蜒的河道构造促进水流分化和不同粒径物的沉积。平缓的河岸可以营造出游客亲水条件，在河边构造出生态友好型的水陆过渡区和平静的浅水区。在可以利用构筑物或设施使水流偏转向背离河岸的地方，其实可以不用采取强化河岸的措施。很多时候，主河道的冲击坡上也可以采用这种方式，使之最终成为不受侵蚀力影响的自然沉积区。于是，这样的分段变化结构便创造了一个带有缓坡前滩、砾石边岸和深水鱼区的形态丰富的河床。通过河道的分化，我们还可以有空间继续完善景观和设施，开放沙滩或者建造一些安静隐蔽的地方，以供游人尽情享受大自然的旖旎。

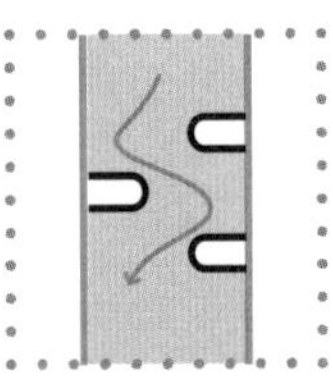

D2.1
拓宽河道

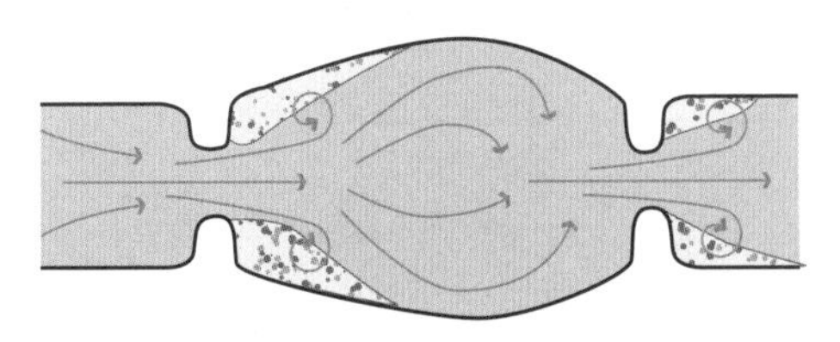

阿尔布河，卡尔斯鲁厄，德国
Alb, Karlsruhe

如果可以将河岸加固设施后撤到洪泛区，那么拓宽河道的中心河床是可行的。我们也可以选择只在某一点后撤或者拓宽水道，做一个小河湾。比如在卡尔斯鲁厄的阿尔布河上，只有一侧可以拓宽，另一侧没有多余的空间。在拓宽处水流速度下降，于是沙子和砾石就会堆积成滩；在静水区，河岸变平坦，小滩涂逐渐出现。也可以大幅度地拓宽中心河道，以分隔水流，催生岛屿。拓宽河道更进一步的好处是可以增强洪水期的过流能力。

阿尔布河，卡尔斯鲁厄，德国 ↗262
比尔斯河，巴塞尔，瑞士 ↗264
索斯特溪，索斯特，德国 ↗278
威泽河，巴塞尔，瑞士 ↗280
韦尔瑟河，贝库姆，德国 ↗304

D2.2
拓展河流长度

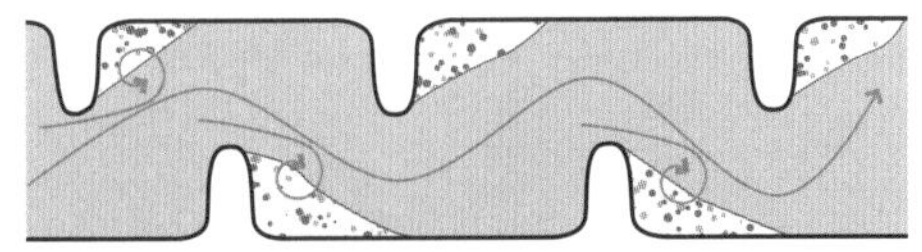

阿纳河，卡塞尔，德国
Ahna, Kassel

水流偏转元素和中心河道分段结构的组合将河水导流成一系列的弯曲形状。这导致了河道变化，凹岸、冲击坡发育，中低水位的河道延长。这些将河道分段的元素，比如石堆，必须加以保护，以免被侵蚀或冲走。就像河流自己发育的一样，河道也变得更加多样。在卡塞尔的阿纳河上，郁郁葱葱的河滨植被遍布在这片空间，使得整条河流看起来像城市中的绿洲。

阿纳河，卡塞尔，德国 ↗260
比尔斯河，巴塞尔，瑞士 ↗264
路易申溪，苏黎世，瑞士 ↗270
坎德溪，内卡河，拉登堡，德国 ↗272
索斯特溪，索斯特，德国 ↗278
威泽河，巴塞尔，瑞士 ↗280
艾尔河，日内瓦，瑞士 ↗286

D3 河床多样化

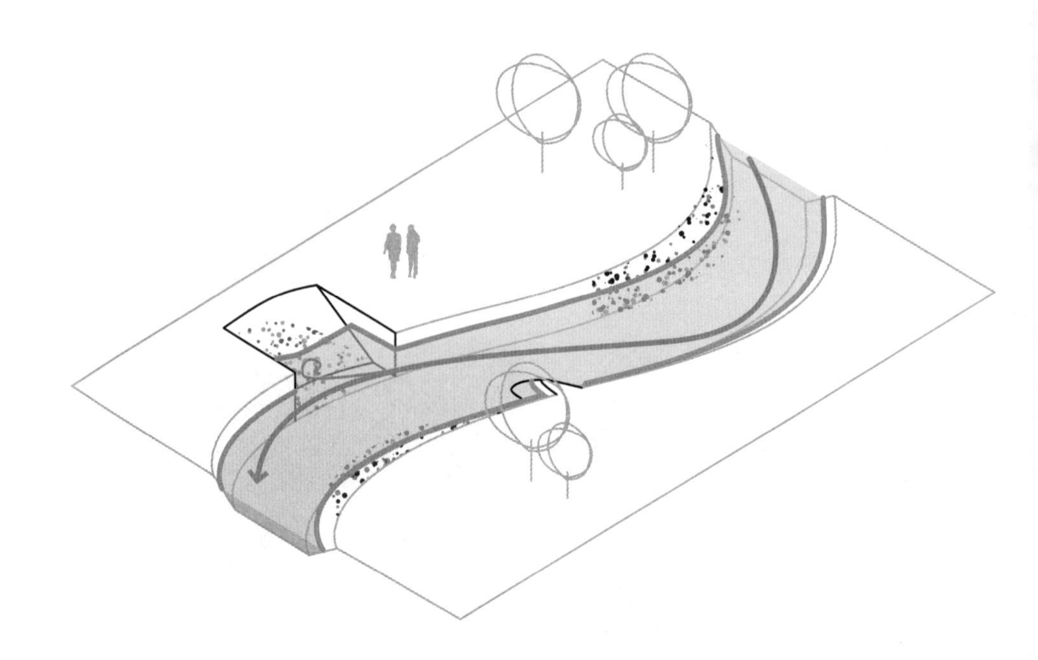

D3中所有设计手段可与以下联用:

D1.2 枯木
D1.3 铺设石制防波堤
D1.4 堆石防波堤
D1.5 生物防波堤
D2.1 拓宽河道
D2.2 拓展河流长度
D4.1 自然化部分河岸
D4.4 石阶护岸

已分化的河床有很多种河岸状况，河滩、岛屿和冲刷坑等，这和让河流重新自然化的概念是相符合的。然而，只有通过设置水流偏转元素，有目的地让沉积或者侵蚀等行为发生和构建河道分段结构等非直接作用才可以实现。为了加强沉积过程，促进岛屿和河滩的产生，在特定区域设置水流偏转元素或者采用河道拓宽方式是非常必要的。它们在特定位置扩散水流，并且因为产生了不同的流速，推移力也发生了变化，具有特定粒径的悬移质将会沉积下来。只有当水流很缓时，细沙这类粒径细小的颗粒才会沉降下来，因此通过影响水流可以决定是砾石还是沙质沉积。

相反的，利用水流偏转元素产生强侵蚀急流区可以形成冲坑。河滩、岛屿和冲刷坑是动态地貌进程的结果，也标志着在河床上水流可以自己建立起动态平衡。然而，这也意味着在高水位情况下，这些沉积物会在转换的水流作用下，统统变样或者消失。只有在避风港内或者防波堤后面才会产生永久的砂砾沉积区，而它们尤其适合装点夏天。试着对比一下，自然水流形成的砾石滩或者沙滩随处可见且无需太多维护，而不因地制宜的人工沙滩在每次洪水过后都要彻底整修一番。特别当河流水质大幅度提升后，在河上建造可以游泳的区域也变得越来越重要。

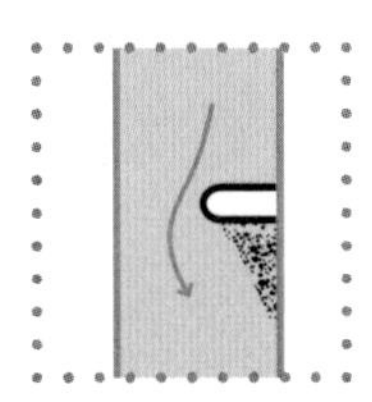

D3.1
凸岸沙石滩

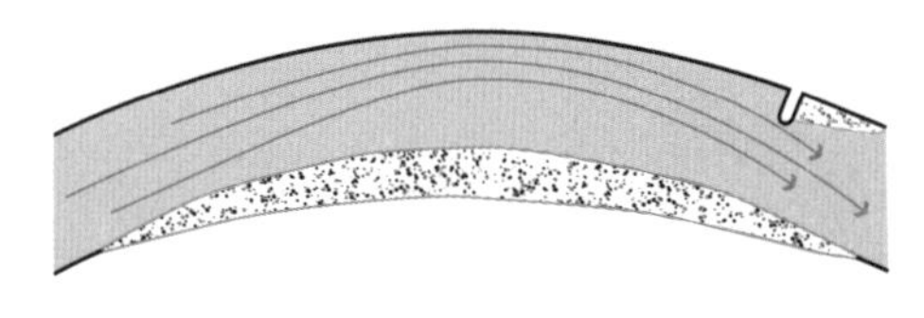

莱茵河，曼海姆，德国：在雷斯岛上的海滩
Rhine, Mannheim, beach on Reiß Island

沿着河流冲击坡的平静水域会发生沉积，根据流速不同而形成沙滩或砾石滩。这些自然形成的沙滩是娱乐和休闲的好去处，比如曼海姆莱茵河上的雷斯岛。通过在流动的水中设置水流偏转元素，能够形成人工沉积区域，即使在特别窄的河流中也会形成小的沙滩。在可航行的水域中沿着河岸构筑成排的防波堤，可以促进形成沙滩。

罗纳河，里昂，法国 ↗168
莱茵河，曼海姆，德国 ↗240
阿尔布河，卡尔斯鲁厄，德国 ↗262

D3.2
河湾沙石滩

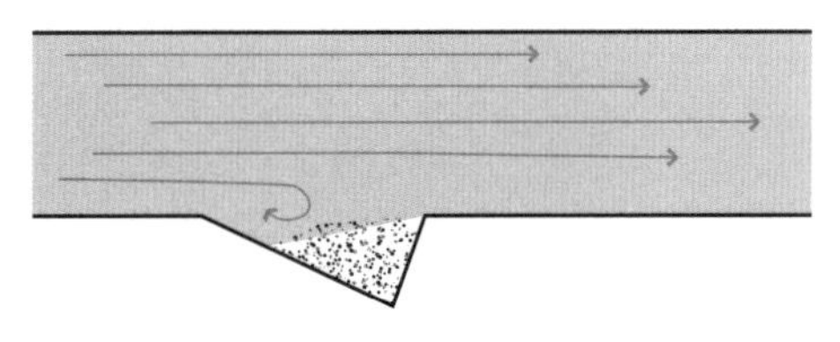

莱茵河，曼海姆，德国：莱茵河漫步长廊的河湾
Rhine, Mannheim, bay at Rhine promenade

被扩宽的河流的岸边和人造河湾中产生了平静的区域，使得泥沙沉积，这就会在便于出入的地方沉积出可游泳区和适合日光浴的沙滩。沉积位置由拓宽的堤岸的形式和尺寸所决定。在曼海姆的莱茵河上，处于凹岸的沙滩已经被开发利用，用加固物保护河湾的上游角落不受涡流的侵蚀是很重要的。

东河，纽约，美国 ↗152
雷根河，雷根斯堡，德国 ↗198
伍珀河，明斯顿，德国 ↗250
内卡河，拉登堡，德国 ↗272
威泽河，巴塞尔，瑞士 ↗280
威泽河，罗拉赫，德国 ↗282
+莱茵河，曼海姆，德国：莱茵河漫步长廊 ↗317

D3.3
产生冲刷坑

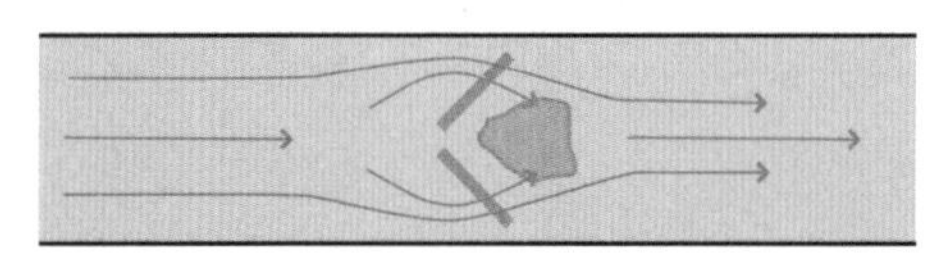

比尔斯河，巴塞尔，瑞士
Birs, Basle

在河道的某些位置，水流偏转元素可以被用来提高流速。如果河床没有固化，就像巴塞尔的比尔斯河，加速的水流把某一点的河床物质搬运走后就产生了冲刷孔洞。这些河道中的孔洞为鱼类提供了一个特殊的栖息地和庇护所。河流的水流相互作用随水位波动而变化；侵蚀和沉积过程导致冲刷坑的形式不断变化。

瓜达卢佩河，圣何塞，美国 ↗222
比尔斯河，巴塞尔，瑞士 ↗264
威泽河，罗拉赫，德国 ↗282

D4 改变河岸加固

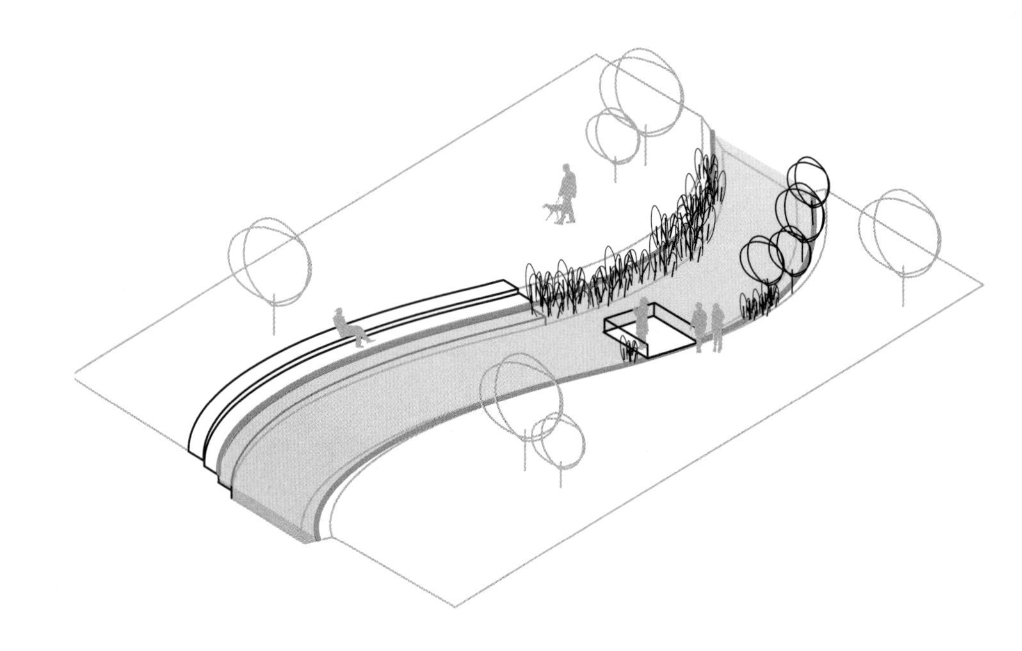

D4中所有设计手段可与以下联用：

D1.1 大块单石
D1.3 铺设石制防波堤
D1.4 堆石防波堤
D1.5 生物防波堤
D3.1 凸岸沙石滩
E4.1 “休眠的”河岸加固
E4.2 必要时才加固河岸
E4.3 加固局部河岸

在过程空间D中，河流的洪泛区不可利用，因此河岸加固措施（红线）必须保留以限制河道自我动态发展，然而，交替使用多种加固河岸的方法可以提供各种各样的设计可能。一个有缝隙和孔洞的开放性表面，例如沿着河岸松散堆积的石块，可以为水生和两栖生物提供各种生境。近乎于自然的生物工程河岸加固措施，比如用有生命力的柳树做的河岸，营造了一个具有生态价值的绿色的自然河岸的形象。将近乎自然的建造方法与设置多级平台或河堤台阶等人工元素的结合，在加固河岸和提供河边逗留场所的同时可以创造富有美感的对比。根据一段河岸的设计，可以诱发或加强各种水流过程：水流流过改造前光滑的河岸壁时很难被察觉；而用种植或堆石建造和加固的河岸是粗糙的，同时引起了流速差异和涡流，这会使水流的变化比较显著。

D4.1
自然化部分河岸

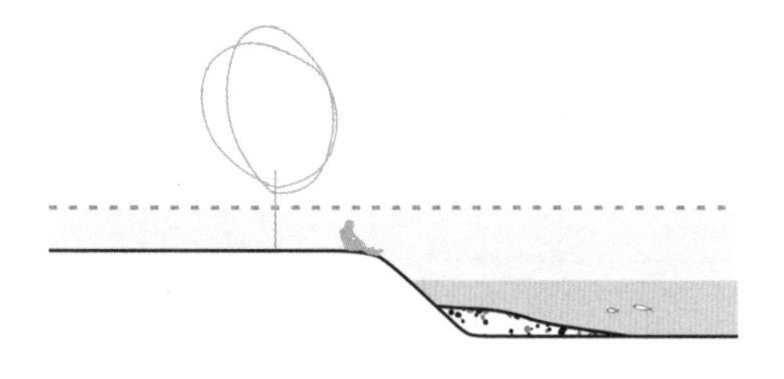

比尔斯河，巴塞尔，瑞士
Birs, Basle

只有在冲击坡岸或水流较弱、侵蚀力较弱的河湾，才有可能拆除河岸加固物，形成天然河岸。这些区域也可以利用水流偏转元素或者导流设施人工创建，即使在受限制的区域，河岸也可以部分天然化，就像在巴塞尔的比尔斯河一样。对于大型的河岸修复项目，特别是水流较强的地方，建议大面积使用防波堤，或者只在冲击坡岸处天然化。

瓦尔河，扎尔特博默尔，荷兰
Waal, Zaltbommel

为了提高航行性能，在扎尔特博默尔的瓦尔河边建造了防波堤。逐渐地，这些防波堤之间形成了小沙滩。使用这些措施需要对河道的流量和水流动态有精确的了解，并要为保护处于危险段的河岸作额外的工作准备。

瓦尔河，扎尔特博默尔，荷兰 ↗202
莱茵河，曼海姆，德国 ↗240
永宁河，台州，中国 ↗256
阿尔布河，卡尔斯鲁厄，德国 ↗262
比尔斯河，巴塞尔，瑞士 ↗264
加冷河，新加坡 ↗266
威泽河，巴塞尔，瑞士 ↗280

D4.2
有生命力的护岸

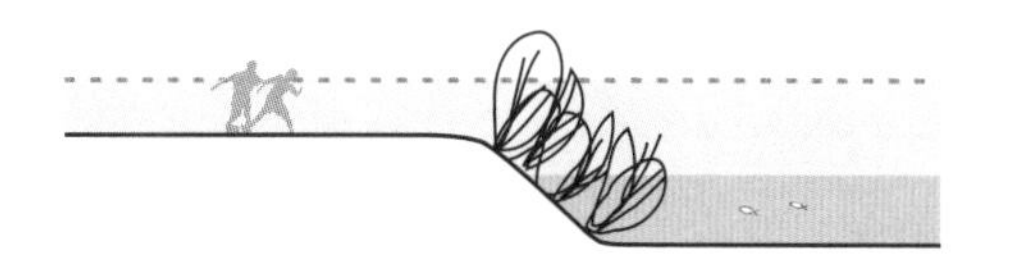

比尔斯河，巴塞尔，瑞士
Birs, Basle

使用有生命的植物来防止河堤侵蚀是近乎自然的解决方案，因此柳条与石材或木材结合的构筑形式被频繁地采用。例如，由编织的柳条覆盖或一根根的柳条插桩，或者直接种植柳树，在河岸线上形成一个特定的区域。这样的加固方式就提供了一个多样化的生态环境，并且绿色的河岸也使河流更好地融入景观。应注意的是，在这种河岸加固设施充分稳固之前，需要有一段养护和生长时期。在新加坡碧山公园，采用了一些生物工程技术，帮助植物在生长期间生根和发芽。护堤柴笼、土工织物包裹的土袋、棕榈垫子和芦苇卷就是这种护岸的例子。

雷根河，雷根斯堡，德国 ↗198
水牛河，休斯敦，美国 ↗210
瓜达卢佩河，圣何塞，美国 ↗222
义乌江和武义江，金华，中国 ↗252
永宁河，台州，中国 ↗256
比尔斯河，巴塞尔，瑞士 ↗264
加冷河，新加坡 ↗266

D4.3
石块护岸

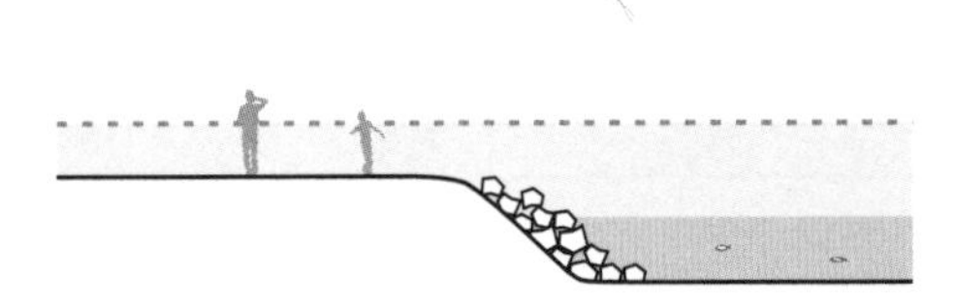

加列戈河，祖埃拉，西班牙
Gallego, Zuera

在西班牙祖拉的人造河道支流上，用一系列石头做新的护岸，非常具有吸引力。护岸的材料通常是大块石头，可以精心选择各种尺寸、形式和类型，具体取决于所需的设计效果和场地的细节。与较为经济的堆石防波堤一样，这些石块不是固定的，而是松散地堆放，这样的河岸相对难以进入，并且几乎没有生态位。如果它们具有比较好的吻合缝隙，石头可以尽可能地紧紧地铺设，像一堵墙一般，或者可以选择各种样式，留下可以种植的空间或缝隙，或者让植物自然地定植，从而增强河岸生态。

东河，纽约，美国 ↗152
加列戈河，祖埃拉，西班牙 ↗218
伍珀河，明斯顿，德国 ↗250

D4.4
石阶护岸

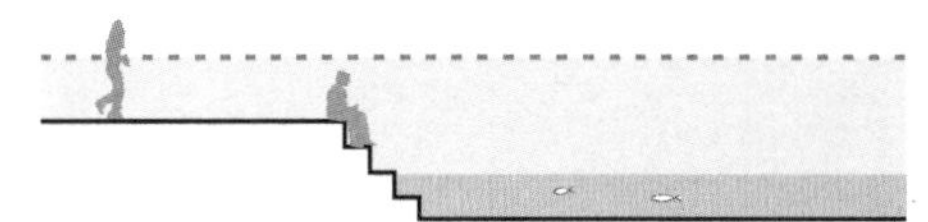

比尔斯河，巴塞尔，瑞士
Birs, Basle

在一些地区，可以用石阶护岸来保护易受侵蚀威胁的河岸，这些石头护岸也可以作为台阶踏步或者座椅。除了在抗水力冲击方面的重要性，这种护岸元素还可以创造一个让游客直接逗留在水边的地方，尽管与宽阶梯式驳岸（A1.3）看起来有点像，但是设计特点不同，它的主要功能是加固河岸。沿着这些台阶也可以进入水中，或者在这里停泊独木舟。特别是在河道切入山坡的地方，这是克服陡峭河岸障碍的一种方式。水边这些人造元素的材料选择和尺寸对河流外观的影响很大。在比尔斯河复兴项目中，一些容易被侵蚀的河岸断面，就是用天然石头台阶来进行加固的。

东河，纽约，美国 ↗152
阿纳河，卡塞尔，德国 ↗260
比尔斯河，巴塞尔，瑞士 ↗264

D4.5
砌体护岸

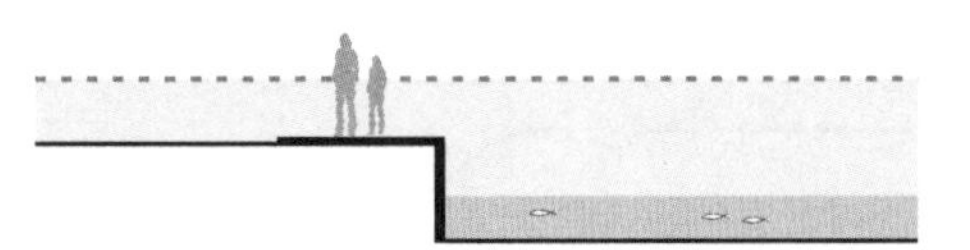

萨尔特河，勒芒，法国：木板岛
Sarthe, Le Mans, Île aux Planches

砌体河岸护岸创造出垂直的墙壁，为在紧邻水边修路留下足够的空间。它们构成了一个陡峭的河岸边缘，允许游客直接接触水。尽管这种解决方案的生态价值不高，但当它与一个设计复杂的公园相邻时也是有意义的，比如在勒芒萨尔特河木板岛上的一个公园。然而，在洪水之后，通常必须清理表面上的沉积物。设计成倾斜的顶部表面和避免设在河流中的平静区域能保证不会沉积太多的泥沙和杂物。

塞耶河，梅斯，法国 ↗276
威泽河，罗拉赫，德国 ↗282
+萨尔特河，勒芒，法国：木板岛 ↗317

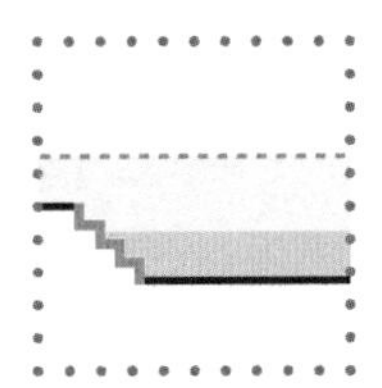

D4.6
建造在现有加固措施上

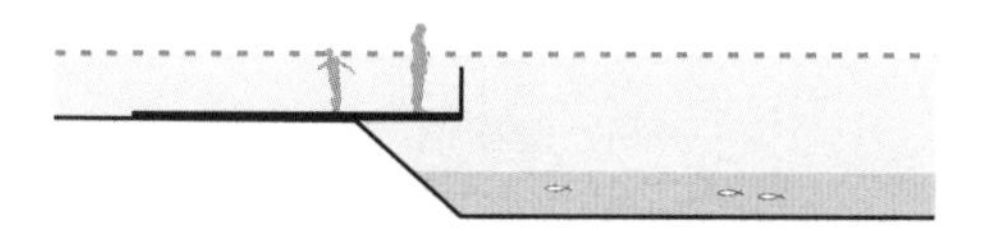

罗纳河，里昂，法国
Rhône, Lyon

许多河流的老河岸加固材质是护面块石或者混凝土，整体改造和移动这些加固系统是非常困难和昂贵的。当河流离岸边较远或者难以接近，在原有的加固河岸上面修建联系道路是合理的方式，其间用一些特殊元素伸入河道加强景观效果，人们可以在这些道路（局部是悬浮在水面上）上散步并且欣赏河流的风景，此外，在流连过程中，还可以在这些元素形成的小区域逗留而不受周边影响。在里昂，新设计的贝尔罗纳公园（Berges du Rhône）南端，木材制造的小露台上安装有长椅，从河边的道路经过几个台阶就可以很容易进入河流，与水亲密接触。

罗纳河，里昂，法国 ↗168
塞耶河，梅斯，法国 ↗276

D4.7
石笼阶梯护岸

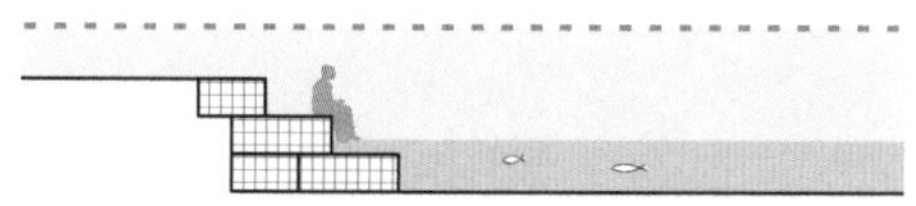

加冷河，新加坡
Kallang River, Singapore

石笼护岸和石阶护岸类似，可以保护易受侵蚀威胁的河岸。在可打开的石笼填满石块或者再生混凝土，码放在河岸边，可以做台阶踏步让游客走入水中，也可以提供沿河座位。与石阶护岸不同的是，石笼提供了更多孔的基础和表面，让树扎根，让河岸植被生长。与防水壁相比，有裂缝和微环境的石笼更利于河岸植被和底栖动物生长。这项技术和土工布结合使用效果更佳。

水牛河，休斯敦，美国 ↗210
瓜达卢佩河，圣何塞，美国 ↗222
加冷河，新加坡 ↗266

D5 改变河床加固

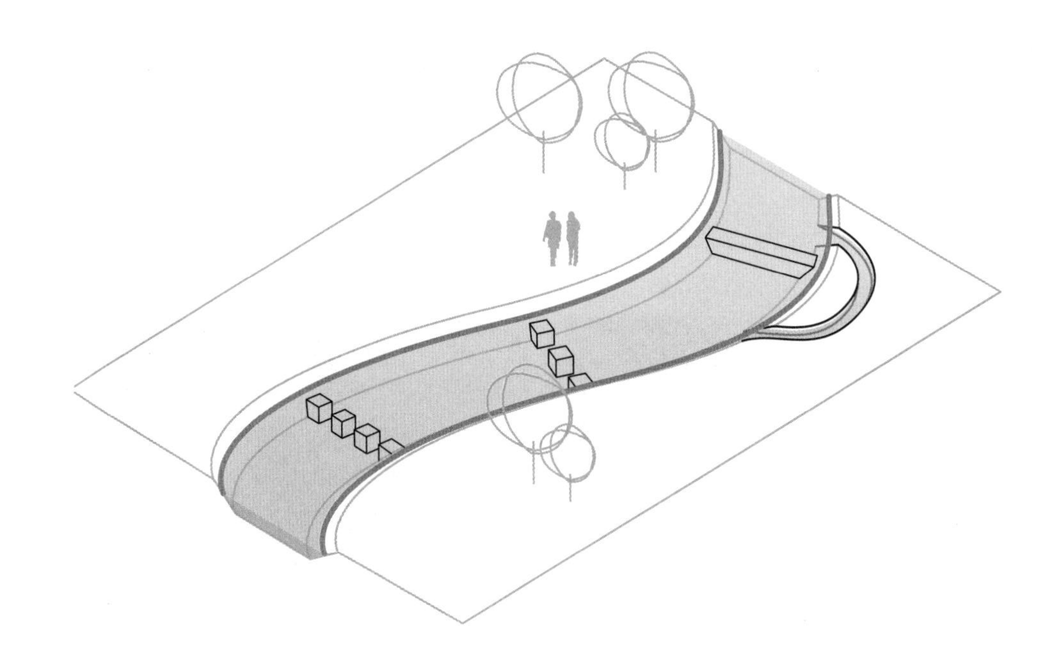

D5中所有设计手段可与以下联用：

D1.1 大块单石
D1.2 枯木
D1.3 铺设石制防波堤
D1.4 堆石防波堤
D1.5 生物防波堤
D1.6 淹没式防波堤
D1.7 河床坝槛
D2.1 拓宽河道
D2.2 拓展河流长度

在许多河流中，河道和水位被人造横向设置的结构设施控制，例如潜坝、堰坝或者鱼梁。它们能够减缓流速，这样可以保护河床和克服高度差，但是这些横向的障碍物阻碍了河流的基本流动过程，河道也因而丧失了天然的自我动态发展的可能。此外，河道的生态通过性被削弱，鱼群的迁移通道被阻挡，向支流和上游迁徙受到阻碍，而这些对于鲑鱼等洄游鱼类的繁殖是很关键的。

通过改变或者重塑河床的加固方式，河流再次变得通畅的同时自然水流过程也恢复了。许多横向的结构设施不能够完全拆除，但是可以重塑或者用坡道取代；这样可以使得水位有较大的变化，洪水位时流速也能提高，使自然的水流过程在一定程度上恢复，同时也使河道变得通畅。把横向的结构变成用半自然的坡道使得河流有更多变化；通过高度差和潺潺流过大石头，水流的这一切过程变得更加生动，吸引游人驻足观察。如果横向结构不能够拆除的话，可以通过建造迂回渠道或者鱼梯来改善这种阻断的状况。

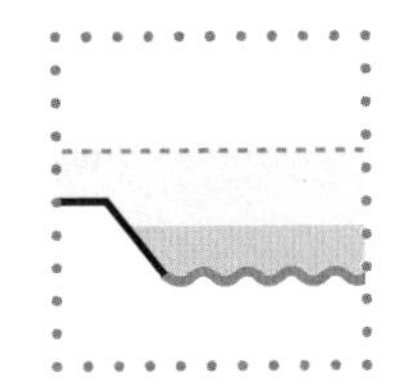

D5.1
鱼道

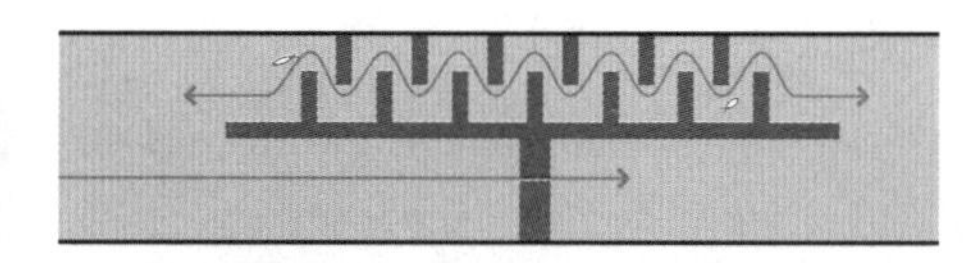

内卡河，拉登堡，德国：坎德溪的鱼梯
Neckar, Ladenburg, fish ladder in the Kandelbach

像堰坝和水闸这样与水流横向交叉的结构设施对于洄游鱼类构成了不可逾越的障碍；鱼梯也叫鱼路或鱼道，是工程设施，也可以是近自然的装置，可以确保河流的水生生物通过能力。最普通的近自然鱼道是粗糙的斜坡和用自然条石搭建的旁路通道。混凝土或者天然条石搭建出分格池子或者狭槽，或者鱼梯，是协助鱼群迁移的助手。一个设计良好的天然风格的旁路通道可以和景观融合在一起，同时，在城市中一个能够集合多种鱼类和水流的水槽会非常吸引游客的注意，例如在拉登堡。在冈布桑市（Gambsheim）的莱茵河上修建了一个鱼梯，透过窗格就可以看见鱼群的迁移。

阿尔布河，卡尔斯鲁厄，德国 ↗262
内卡河，拉登堡，德国 ↗272
威泽河，罗拉赫，德国 ↗282
伊萨尔河，慕尼黑，德国 ↗294
韦尔瑟河，贝库姆，德国 ↗304
+莱茵河，冈布桑，法国：鱼道 ↗316

D5.2
改变河床和横向结构

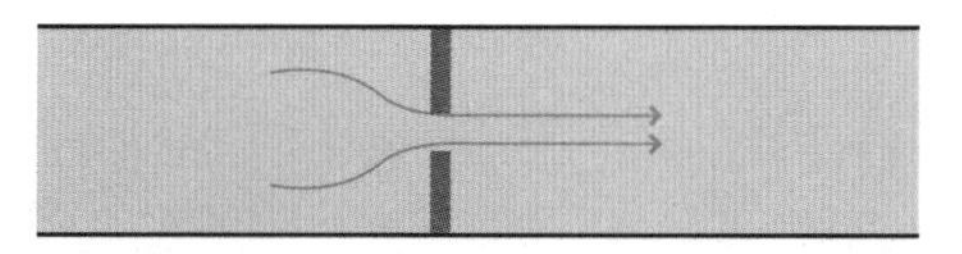

威泽河，巴塞尔，瑞士
Wiese, Basle

拆除部分现存的河床和横向结构，河道可以发育得更好一些。在巴塞尔的威泽河上，一个低堰的中间部分被拆除直到河床位置，保留对河床的加固功能的同时，创造了一个有变化的河流截面，形成较强的水流变化。值得注意的是，当重塑河床结构时，必须考虑河流相关位置的上下游，并对其进行改造。河流流态的变化也要求提高河岸和河床的安全系数。

阿纳河，卡塞尔，德国 ↗260
阿尔布河，卡尔斯鲁厄，德国 ↗262
比尔斯河，巴塞尔，瑞士 ↗264
威泽河，巴塞尔，瑞士 ↗280
威乐溪，卡塞尔，德国 ↗302

D5.3
斜坡和滑坡

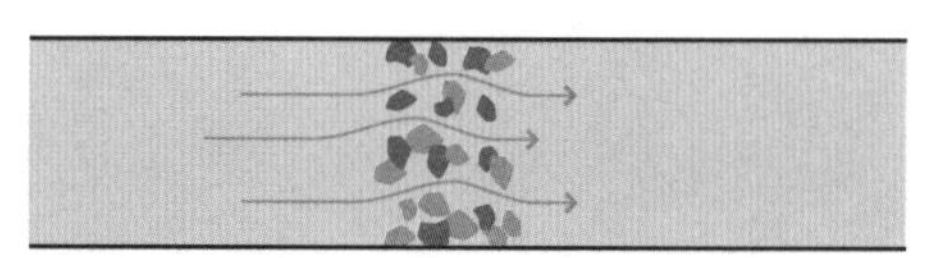

纳赫河，巴特克罗伊斯纳赫，德国
Nahe, Bad Kreuznach

斜坡和滑坡能够有效地保护被快速流动的水流侵蚀的河床层，并且可以代替对水流流态具有破坏性的横向结构。倾斜度在1：10到1：100的斜坡可以替代低堰，堆积斜坡仍然用不同尺寸的石头覆盖以保护河床。斜坡和滑坡给河流一个自然的外表，同时又能确保它的生物可通过性，石堆缝隙为在流水中茁壮成长的生命提供了栖居地。在巴特克罗伊斯纳赫的纳赫河，堆石斜坡上形成的水流漩涡和冲刷石头的潺潺流水声使它成为这条河上独具特色的一段。

纳赫河，巴特克罗伊斯纳赫，德国 ↗194
比尔斯河，巴塞尔，瑞士 ↗264
内卡河，拉登堡，德国 ↗272
威泽河，罗拉赫，德国 ↗282
韦尔瑟河，贝库姆，德国 ↗304

E 动态的河流景观

伊萨尔河，慕尼黑

移除或是改变常规的河岸加固措施，恢复河流原有的动态演变空间，从拘泥受限的河道发展到蜿蜒曲折的河流。当历时足够长的时期，河流空间中的河岸和整个河道的位置都会持续的变化。

动态的河流景观

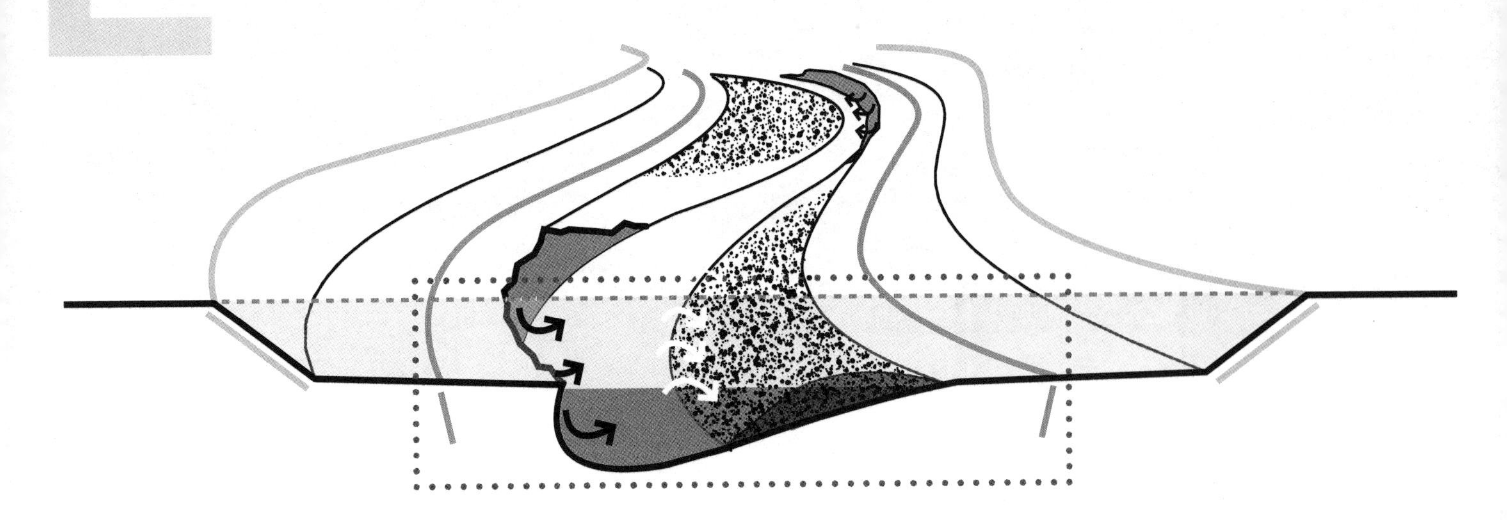

空间状况 很多河流现有的河岸加固措施（以红线标出）限制了河道的自我动态发展。在过程空间E中，它将被移除或后撤，以使整个河道依靠自动力来动态发展。和过程空间D不同，过程空间E中的洪泛区（红线和绿线之间的空间），即河漫滩，是可以利用的。这一方面意味着洪泛区必须存在，而另一方面也表明洪泛区不能被其他功能占用，因为会阻碍较强的河流水动力。在城市中心的河流一般不会有如此大的发展空间，通常在郊区和当地的娱乐区域能够找到充足的地方。

实施过程 对于要释放其活力，允许依靠自身动力发展的河流来说，设计的先决条件是移除原来直接设置在传统河道线（红线）上的河岸加固措施。这样，某些位置的河岸可以被冲蚀能量带走，尤其是在洪水期间。在其他位置，则出现沉积区。沉淀和冲蚀过程不再仅仅局限于河床，也可能延伸到洪泛区；历经较长的时间，整个河道的位置都可以改变。在河床上产生浅滩和冲刷坑洞，同时水流也发生剧烈的变化，比过程空间D更广阔更具活力，促使形成变化丰富的河流断面：有凹岸、冲积坡岸和各种河床基底。由于河流的类型和边界条件不同，这些河道的动态发展呈现了不同的速度；例如，高地溪流水流动态强，河道就比流速较慢的低地河流变化快，因此设计方法应按照各自河道的特点而因地制宜。

设计方式 这种空间设计方法是城市文化的一个例外的表达手法，因为允许河道的自我动态发展会产生一种城市居民不习惯的野性和自由生长模式。河流强烈分化后会产生坡度轻缓的河岸、沙洲、自然冲蚀河岸和新的支流，变幻多样的河岸风貌，它的活力与静态的城镇风景相衬托更具价值。改造后的河流允许居民与水密切接触，带来新的用途和体验，并且，每次洪水后景观都会再次变化。这些措施的特点是，一旦初步的建造工作完成，设计干预的结果不会立即显现，但其特征会随着时间的推移而演进，河流的动态风貌在不断发展，某些特征（包括过流能力、河岸状态、河道位置）经常变化。这就意味着设计者和地方责任者需要一定的勇气在未知明确的最终结果时仍然允许城镇河流在时间和空间上自由动态发展。对于河流动态的监测是非常必要的，在特定的环境下，有时可能还需要采取干预手段。当河水逼近绿线（即洪泛区界

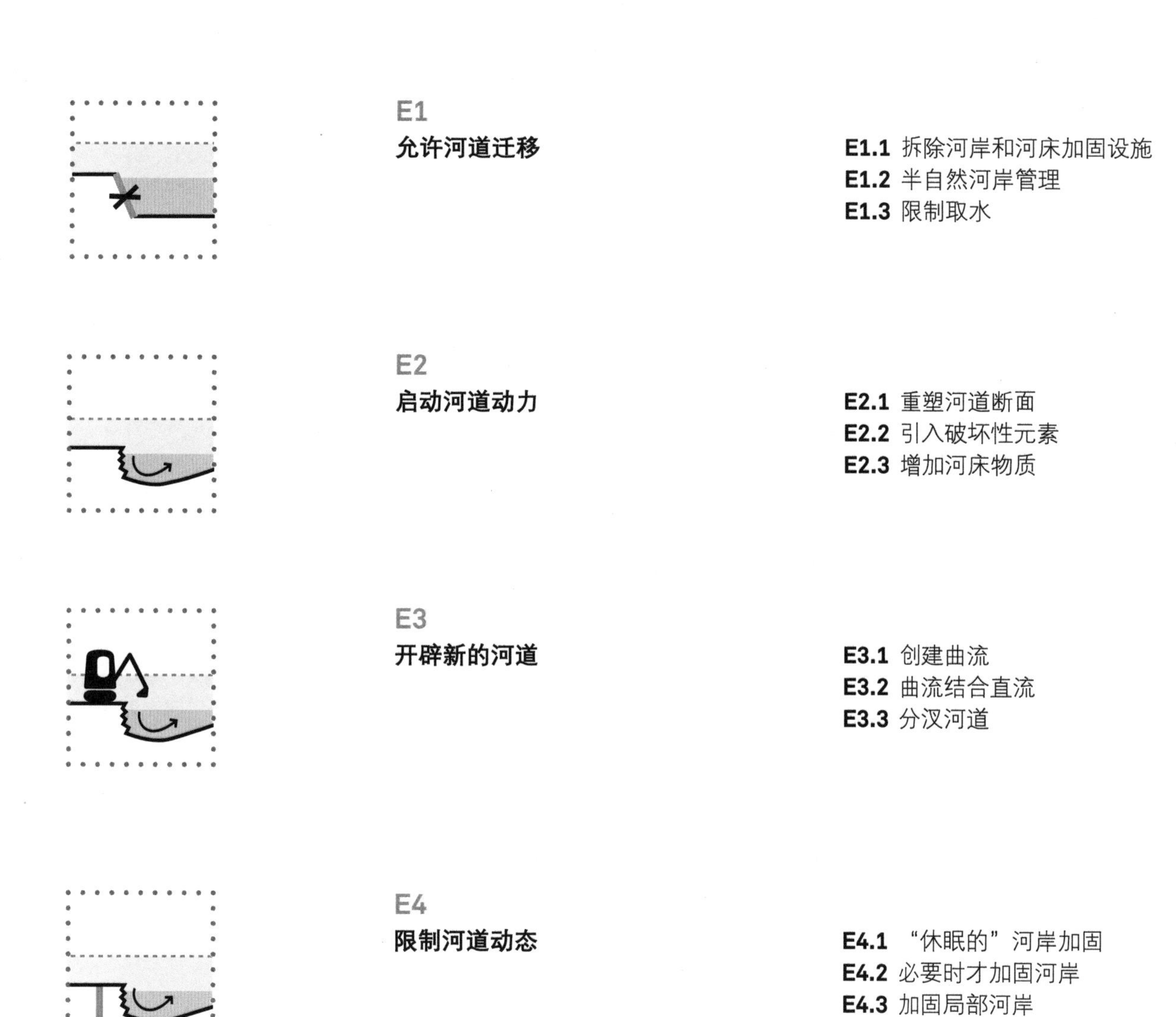

E1

允许河道迁移

E1.1 拆除河岸和河床加固设施
E1.2 半自然河岸管理
E1.3 限制取水

E2

启动河道动力

E2.1 重塑河道断面
E2.2 引入破坏性元素
E2.3 增加河床物质

E3

开辟新的河道

E3.1 创建曲流
E3.2 曲流结合直流
E3.3 分汊河道

E4

限制河道动态

E4.1 “休眠的”河岸加固
E4.2 必要时才加固河岸
E4.3 加固局部河岸

限）时，要采取干预手段以防其越线。这样一个开放式的设计过程在与标准的规划程序结合时通常伴随着困难。然而，如果可以保证对项目不间断的监管和对子项目的未来发展控制的话，开放设计的质量肯定比用固定目标的规划设计要好。

在河流复兴及修复措施中，经常刻意鼓励采用河道自我动力发展的方法。移植借鉴本章提出的设计策略和手段，使得在建成城市环境中实现动态河流开发成为可能。一般来说，河道越小，就越容易将这种办法付诸实施。然而，慕尼黑的伊萨尔河的例子表明，如果有强有力的远见，河流动力学的概念也可以应用于大城市中心的更大的河流。在任何情况下，这种河流开发模式的基本前提都是要有对自然水流过程的清楚了解。

这个过程空间的设计策略首先根据初始干预的类型来区分：是仅仅拆除旧的河岸加固，还是通过建设措施进一步促进或加速河流的自动力发展?在一个城镇环境中，让一条河流完全自由发展几乎是不可能。在设计策略E4中（限制河道动态）提出了一种替代性的概念，即划定一个清晰的边界，河道发展被限制在其内。我们发现在过程空间E的项目与措施中，尽管空间建造得非常有娱乐价值，但在最初其实都带有生态保护的目标。生态修复手段和防洪措施可以很好地结合，就像挖掘泛洪区而形成新的蓄水坑塘可供生物生长，生物栖息的河岸边缘区域也对滞留洪水有积极的作用。

城市美化　允许河流自我动态发展则可以在河道和它的边缘产生多样的空间情形。一个可变的、多功能的开放空间逐渐形成：游客在河湾直接亲水，沙滩吸引人们去烧烤、日光浴和游泳，砂石和砾石河岸和浅水地区是很受欢迎的天然运动场，让人们在城镇中心体验大自然。与自然保护目标潜在的冲突可以在规划阶段通过对河漫滩的合理分区来避免。沿着这样一个自由发展的河流边上散步、骑车和骑马，娱乐方式花样繁多，而对于狗和它们的主人来说，这也是一个锻炼的好地方。

年复一年的沉积和冲击侵蚀过程使得河流风景逐渐成形。在城市中，恒久不变的建筑元素和逐渐变化的自然元素之间的对比充满魅力。保留一部分先前的河岸加固物或者老工业遗迹，能够强调和体现出河道的重新设计，有助于提高城市景观的可识别性。

防洪　通过河流自身的动力推动，一个宽阔的、带有缓坡河岸的河床移动着，演变着。对于高水位情况来说，这会有很多的后果。如果泛洪区被开挖，则河岸和靠近河道的坡地将在很大程度上受到水的影响，等于扩大了河水流过的截面，这就使得洪水快速流动，进而改善了防洪能力。然而，曲流的出现也会增加流动阻力（粗糙度），从而降低过流能力。另一方面，滞留水量扩大了本段河道的截留空间，从而缓解了高水位时期对下游地区的压力，在规划过程中应考虑这些因素。在规划的早期就应该考虑干预手段和防洪概念的协调问题。河道动力的变化意味着泄洪的断面也在小规模的持续变化，例如当漂浮的木头暂时拥塞或者被冲走时。鉴于上述因素，当确定一个河流的泄洪能力时要考虑安全系数，同时流量也需要定期监测，特别是在易受洪水威胁的都市地区。

生态 水流的地貌动力过程引起了水生生物、两栖生物以及陆生生物的群落结构多样性增加。由于砾石和沙洲、海滩或下切河岸等受周期性洪水的影响，使栖息地不断恢复活力，这些过程为那些适应极端条件的动植物提供了生态区位。然而，在大多数工程化的河流中，这样的情形已变得极为罕见。在洪水撤退后，与主河道的分离后回水和淤积形成的蓄水坑塘在生态学上同样有趣。在重新恢复活力的溪流中，一些老的直线形的河床仍然可以使用。在城市空间中创造具有生态价值的区域，生态用途和娱乐用途可能有使用之间的冲突，因为娱乐对空间的需求很大。这些冲突可以通过引导游客来缓解——尽管将人们完全拒于这些新创建的生态区域之外，会使它们成为城市景观中只能看而不能深入其中的“飞地”，但这是提高居民对周围生态系统认识的一个好机会。另外，还可以按照国家环境影响评价条例的原则，将这种重返自然的改造作为对自然和景观造成影响的工程干预措施的补偿。

由于旧的河岸加固设施被拆除，伊萨尔河的河道已经能够迁移变化，形成岛屿和沙滩。作为安全措施，在泛洪区地下建设了“休眠的”加固设施（红色虚线），以使堤坝（由绿线表示的洪水界限）的稳定性不受危害。

E1 允许河道迁移

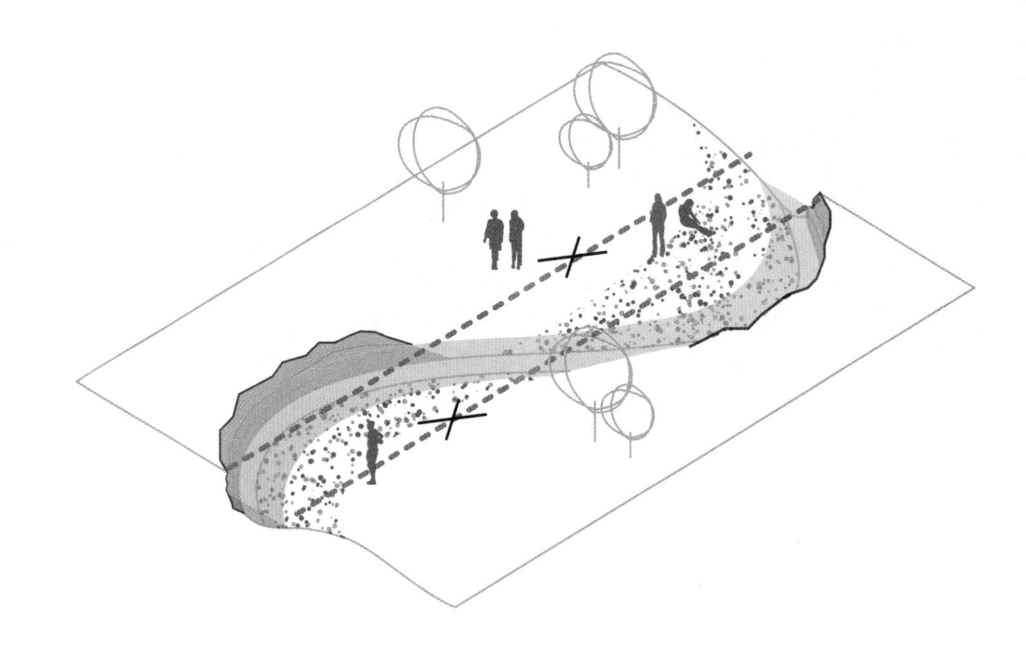

E1中所有设计手段可与以下联用：

C1.4 深挖洪泛区
C3.5 延伸自然区域
E2.1 重塑河道断面
E2.2 引入破坏性元素
E2.3 增加河床物质
E3.1 创建曲流
E3.3 分汊河道
E4.1 “休眠的”河岸加固
E4.2 必要时才加固河岸
E4.3 加固局部河岸

将河流恢复到其自然河流动力状态的最简单和最根本的方法是拆除现有的限制其自我动态发展的河岸加固措施。移除封闭河床和限定河道的河堤护岸和低堰。这个策略的目标是，河道可以达到一个没有额外人为干预的、只依赖自身动力过程、具有蜿蜒通道的准自然状态。如果一条河流能够在合理的时间内恢复其动态平衡，那么这种没有人为干预的方法从经济和生态的角度讲都是有利的。然而，如果一条河流被大幅地拉直，只是拆除河岸加固通常是不够的；当水道具有非常小的自身动力时，可能需要几十年来达到半自然形态；而如果流速快，具有相当高的驱动力，则在形成一种动态平衡的发展形式之前，存在着河道先会切入河床过深的危险。

当拆除河岸加固措施时，改变河道维护制度同样重要。传统的河道维护原则是保持过流截面无障碍，从而使水尽可能快地流向下游。河道维护的责任在于各自的所有者。在德国，小河道由当地的市政水务与市容局负责，主要河流由国家水道和航运管理局负责。它们的传统角色是仅限于将每条河流维护至符合规范的状态，工作包括河床定期清淤，清除沉积堆、冲刷坑，加固或支撑坍塌后的堤岸，定期刈割河岸植被。

在德国，根据2009年7月31日的新版水资源法（WHG），今天的河道维护目标旨在使其具有更强的自我动态以增强河流生态，鼓励引入“破坏性”元素（见E2，启动河道动力）。至关重要的是，必须认识到这种自我动态发展需要足够的空间。去除陡峭的河岸加固措施对河流的可达性有直接和积极的影响。允许自然植被生长和泥沙沉积过程增强了体验质量，但也给人一种荒芜和野蛮的印象。为了确保这些措施受到当地居民的欢迎和减轻他们的担忧，建议开展广泛的宣传，增加公民参与，促进了解。

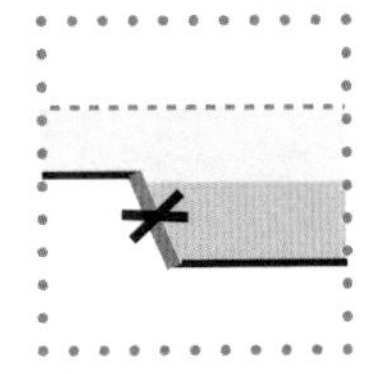

E1.1
拆除河岸和河床加固设施

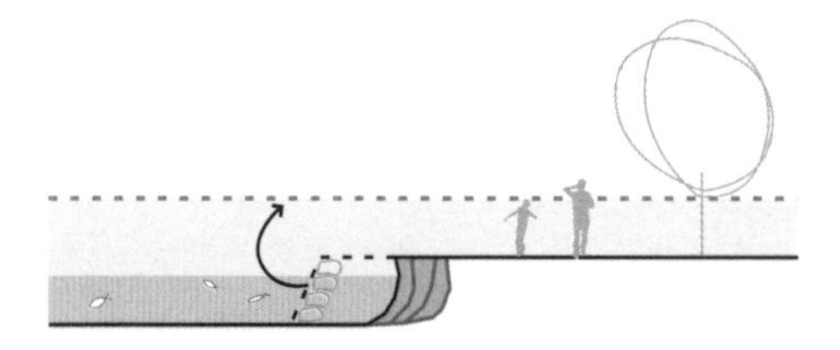

威乐溪，卡塞尔，德国
Wahlebach, Kassel

可以整体也可以局部拆除河岸和河床的加固设施，干预的类型和程度会影响河流的内在动力和河道发展。例如在慕尼黑的伊萨尔河，只拆除了一侧河岸；也可以拆除某一段河道的两侧护岸，比如卡塞尔的威乐溪。被移除的堤岸材料可以再利用，当作河床上的干扰元素，或者用于建造新的防洪线。

永宁河，台州，中国 ↗256
埃姆舍河，多特蒙得，德国 ↗290
伊萨尔河，慕尼黑，德国 ↗294
顺特河，布伦瑞克，德国 ↗300
威乐溪，卡塞尔，德国 ↗302
韦尔瑟河，贝库姆，德国 ↗304

E1.2
半自然河岸管理

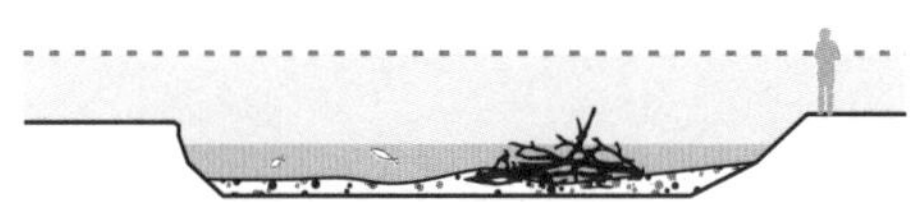

洛斯河，卡塞尔，德国
Losse, Kassel

允许水流的自然动力过程发生需要辅以更广泛和更具有适应性的河道维护措施。放弃诸如定期清理泥沙沉积物、冲刷孔和修复倒塌的河岸等措施，同时允许或有意引入一些破坏性元素，如枯木或水生植物，导致水流模式的差异化，并引发河床上的沉积和侵蚀过程。继而，伴随着切割河岸和冲积坡岸，一个河流自我动态发展进程开始，逐渐形成它的蜿蜒路线。在卡塞尔的洛斯河三角洲，工程完成后的实用设计工具就是“避免定期维护”，它允许河流自己动态地创建新的支流和植被区。只有当情况很严重时，例如当洪水倒灌时，或水土侵蚀过度时，才采用常规的河岸管理措施。

基尔河，特里尔，德国 ↗230
艾尔河，日内瓦，瑞士 ↗286
埃姆舍河，多特蒙得，德国 ↗290
洛斯河，卡塞尔，德国 ↗298
顺特河，布伦瑞克，德国 ↗300
韦尔瑟河，贝库姆，德国 ↗304

E1.3
限制取水

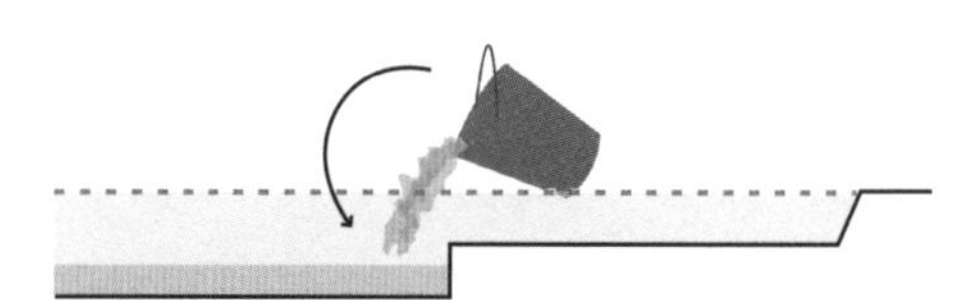

伊萨尔河，慕尼黑，德国
Isar, Munich

很多河流都被大量的取水，比如慕尼黑的伊萨尔河沿线，水通过支渠输送到水力发电站。在干旱地区从河流取水灌溉农田，特别是在干燥的夏季，河道中基流很少，甚至断流。一方面，这对河流的外观和生态有负面影响，另一方面不足以推动河道的自动态发展。通过调节河流取水量，使余水至少满足河流的生态和美学需要。如在慕尼黑，这可能意味着，在特别干旱的月份要限制甚至中断发电站的运行。

伊萨尔河，慕尼黑，德国 ↗294

E2 启动河道动力

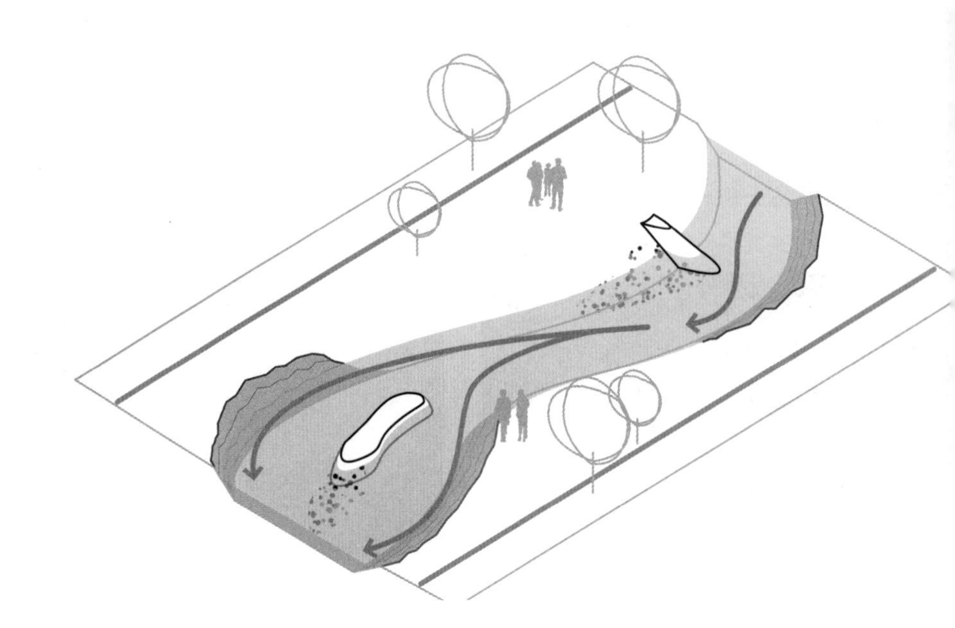

E2中所有设计手段可与以下联用：

C1.4 深挖洪泛区
C3.5 延伸自然区域
E1.1 拆除河岸和河床加固设施
E1.2 半自然河岸管理
E3.1 创建曲流
E3.2 曲流结合直流
E3.3 分汊河道
E4.1 “休眠的”河岸加固
E4.2 必要时才加固河岸
E4.3 加固局部河岸

选择合适的河流干预手段，促进泥沙沿着河岸或向河床特定位置移动的动态过程发生。采用这种策略的原因是，靠河流现有的内动力推动下，河道开发的预期效果在很长一段时间后才会显现。本节策略方法的目的是优化河道动力学架构条件以创造更加丰富的河道结构，这种重置只是为了激发一种强大的内在动力，在这种动力下，河流的初始状态将迅速消失。在短期内出现丰富多样的栖息地，促进动植物群的定植。同时，河道的外观也可以快速更新，虽然河道的实际路线并没有改变，但景观的变化能够使公众更好地理解干预手段，使与公众的沟通更容易进行。

很多引入地貌动力过程的设计工具对于河流的水流都有影响，通过特殊的变化使侵蚀和沉积过程持续发生。在某个位置拓宽河流，理论上可以减缓流速而产生沉积，同时置于河中的干扰元素使水流偏转向某侧河岸，开始侵蚀过程。作为设计的主旋律，我们可以力求半自然的外观，例如使用枯木；反之，通过使用明显的人工元素凸显当前的水流方向偏转亦可。引入破坏性元素还意味着扩大栖息地多样性，如脚踏石可以促进公众与水的直接接触。另一个选择是影响过流和输沙过程的基本条件，泥沙在河床上的直接机械堆积更容易形成沙砾滩或天然滩涂，而激发水流动力则增强了作用力，从而加速河道发展。

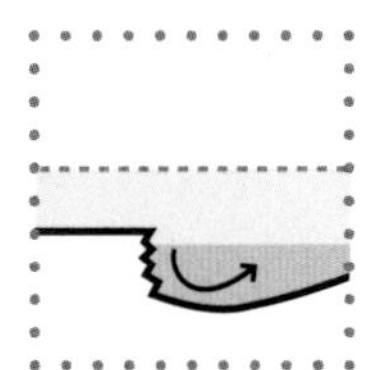

E2.1
重塑河道断面

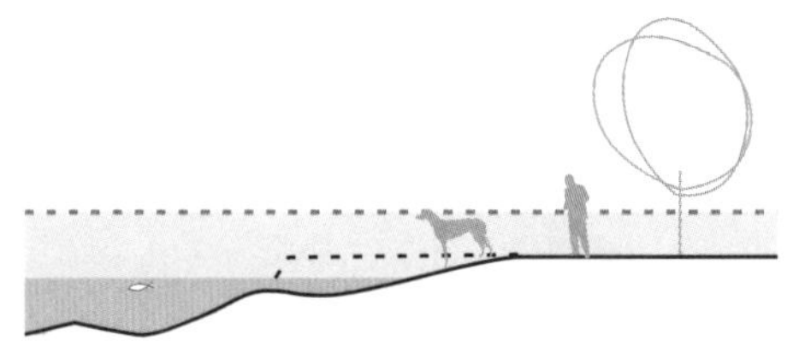

伊萨尔河，慕尼黑，德国
Isar, Munich

开挖洪泛区，平整河堤，使河流有可能在原河岸线以外发展。在河床内有选择地开挖或改变基底，造成下沉或浅水区；改变横截面增加了流量的变化，在湍急的地区形成了低水位通道，即使在极端干旱的情况下也能保持水流的连续性。依据水流的速度，各类沉积物按照颗粒大小逐级沉积下来，进一步强化河流的结构多样性。像慕尼黑的伊萨尔河，颗粒沉积顺序是：沙子、砾石、鹅卵石。在艾尔河自然修复的案例中，通过重塑河床断面，形成了辫状河型（也称网状河道）。沿着河床线挖掘洼地，形成菱形的岛屿或菱形沙滩。当水流通过它们时，河流形成了不同深度的辫状河，包括水深足够鱼类生存迁移的子河槽。

艾尔河，日内瓦，瑞士 ↗ 286
埃姆舍河，多特蒙得，德国 ↗ 290
伊萨尔河，慕尼黑，德国 ↗ 294
顺特河，布伦瑞克，德国 ↗ 300
威乐溪，卡塞尔，德国 ↗ 302
韦尔瑟河，贝库姆，德国 ↗ 304

E2.2
引入破坏性元素

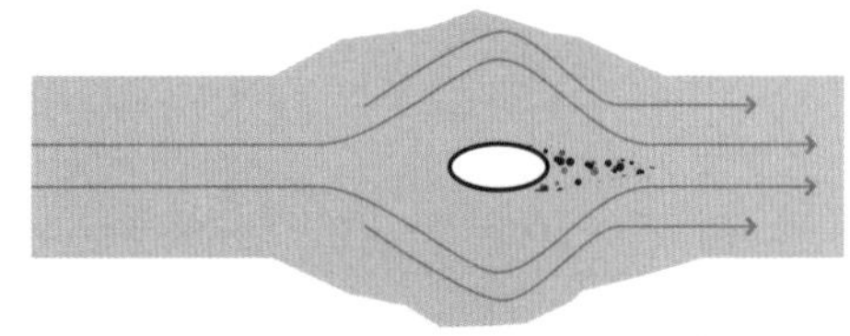

顺特河，布伦瑞克，德国
Schunter, Braunschweig

处于河床上特殊位置的干扰物（破坏原有水流的元素）可以改变河流现有的水流方向使其向岸边偏转，同时会加快侵蚀过程，或是引导泥沙在干扰物的下游沉积。干扰物可以固定在河岸上，也可以置于河流中间。在布伦瑞克的顺特河，将枯树固定以改变原有的水流方向，同时侵蚀另一侧的河岸，使之形成陡岸。干扰物的合理利用可以增加河床的多样性，同时提供了水边玩耍和逗留的场所。

艾尔河，日内瓦，瑞士 ↗ 286
伊萨尔河，慕尼黑，德国 ↗ 294
洛斯河，卡塞尔，德国 ↗ 298
顺特河，布伦瑞克，德国 ↗ 300
威乐溪，卡塞尔，德国 ↗ 302
韦尔瑟河，贝库姆，德国 ↗ 304

E2.3
增加河床物质

伊萨尔河，慕尼黑，德国
Isar, Munich

许多城市的河床缺少自然沉积的物质。堰或其他跨河水利结构阻碍了河床物质的运动，造成河流泥沙亏缺。刻意增加河床沉积物为加固河床提供了物质基础。在慕尼黑，人们向岸边倾倒砂石，让洪水来临时将它们冲到下游。如果堤坝或潜坝阻挡导致河床沉积不足，那么在结构上开口可以使河床沉积冲破障碍，为下游河段的发展做出贡献。

伊萨尔河，慕尼黑，德国 ↗ 294

E3

开辟新的河道

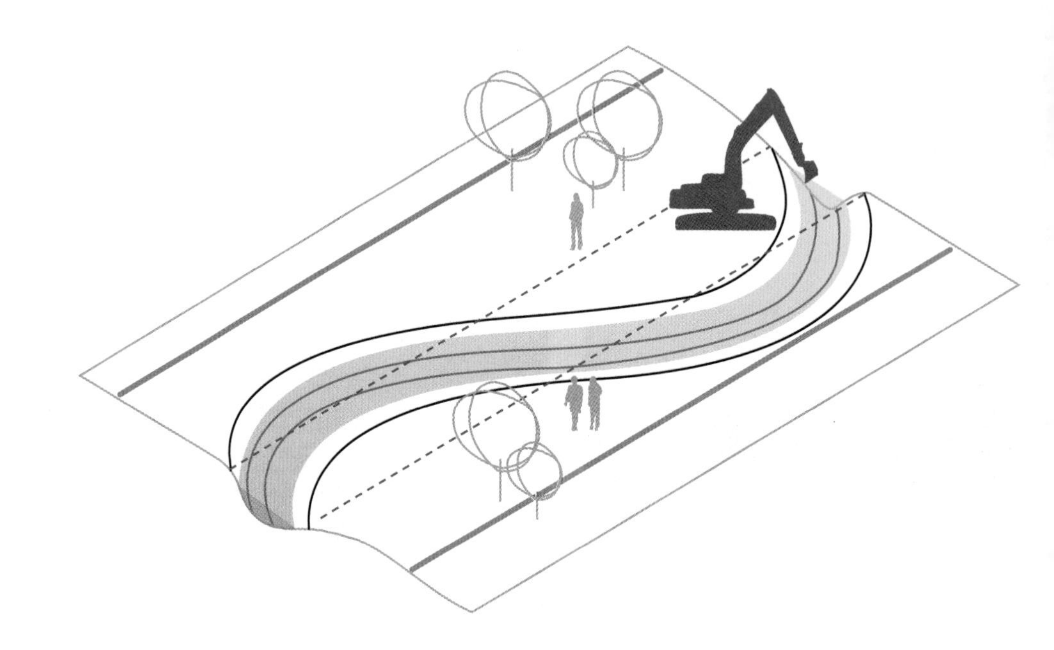

E3中所有设计手段可与以下联用：

C1.2 支流
C1.4 深挖洪泛区
C3.5 延伸自然区域
E1.1 拆除河岸和河床加固设施
E1.3 限制取水
E2.1 重塑河道断面
E2.2 引入破坏性元素
E2.3 增加河床物质

这一设计策略预计将渠化后的长河段人工重塑，目的是迅速恢复自然形态动力过程，如此可以取代从直道向曲流的漫长发展过程，为河流的进一步发展创造一个更加动态的初始状态。在笔直的河道旁边铺设一条蜿蜒的新河床，或者就替代原河道。对于作为航运路线的主要河流，往往意味着主河道不能受到干扰；在这种情况下，替代方案是在毗邻的河漫滩开挖新的支流，这样可以更自由地发展。土方工程需要使用挖掘机，有时还需要卡车。为了确定自然蜿蜒的河道路线，建议以同类地貌条件和景观环境中的自然河流为模型。如果需要，也可以根据旧地图或现存的历史景观特征重建原始路线，或至少可以确定自然蜿蜒的河谷宽度。一旦新河床的建设完成，随后的发展是由自然水流动力驱动。在不可航行的河道上，裁弯取直的旧河槽部分可以变成支流或者切断一部分建造成特殊的栖息地；而在可航行的河流上，只允许新支流以这种自由的方式发展。

E3.1

创建曲流

威乐溪，卡塞尔，德国
Wahlebach, Kassel

像卡塞尔的威乐溪一样，建造蜿蜒曲折的河道，创造出一种近乎自然的外观。这种河流结构建造费用比较高，并且是一种激进的干预手段，如果可以连接洪泛区现有的洼地或恢复原有的水道，将节省大量的土方工程和成本。由于河道占据很大的空间并且在景观中清晰可见，所以这样的设计措施适合大规模景观塑造或城市空间。

艾塞尔河，兹沃勒，荷兰 ↗ 228
加冷河，新加坡 ↗ 266
艾尔河，日内瓦，瑞士 ↗ 286
埃姆舍河，多特蒙得，德国 ↗ 290
洛斯河，卡塞尔，德国 ↗ 298
威乐溪，卡塞尔，德国 ↗ 302
韦尔瑟河，贝库姆，德国 ↗ 304

E3.2

曲流结合直流

韦尔瑟河，贝库姆，德国
Werse, Beckum

当建造新的河道时，取直的旧河道中的一部分可以作为回水坑塘或漫滩区生境；这些部分与新河道相连，使得它们经常性的或在洪水期间受到河流水量和水流波动的影响。这样，创造了有价值的两栖类动物、植物保护区；如在贝库姆的韦尔瑟河，形成了一个由小岛分开的、平行于流动水道的长条形静止回水区。如果在旧河床的上游设有只在高水位时流过的槛坝，那么它可以带走一部分的洪水流量，并增加流速。因此，旧河道可以补偿新河道的曲折形式造成的较高粗糙度。艾尔河的修复展示了另一种方法：旧河道作为一个已建成的人工文化艺术品被保留下来，提醒人们想起它的过去，旁边是新的、以生态修复为目标的辫状河段。部分旧河道被覆盖，变成了一个可以接触水的公园，分担毗邻河流的生态复活河段的游客量。

艾尔河，日内瓦，瑞士 ↗ 286
洛斯河，卡塞尔，德国 ↗ 298
威乐溪，卡塞尔，德国 ↗ 302
韦尔瑟河，贝库姆，德国 ↗ 304

E3.3

分汊河道

洛斯河，卡塞尔，德国
Losse, Kassel

建设平行的河道或将河道分叉可以显著提高其结构多样性和娱乐功能。这种设计可以解决生态和美学需求。然而，必须注意，将河道分叉不应导致低水位时断面明显拓宽，因为过低的水位会限制水生生物的通行能力。如在卡塞尔的洛斯河，河道分叉后形成了几个游客很难进入的岛屿，岛屿在作为鸟类和两栖动物避难所的同时也给景观增添了生气。

艾塞尔河，兹沃勒，荷兰 ↗ 228
伊萨尔河，慕尼黑，德国 ↗ 294
洛斯河，卡塞尔，德国 ↗ 298

E4 限制河道动态

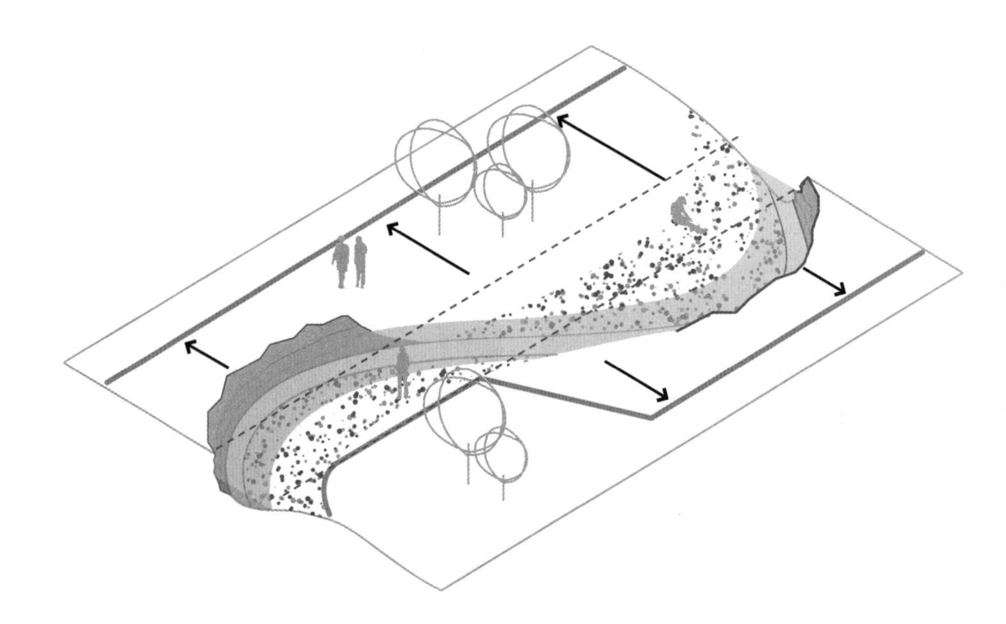

E4中所有设计手段可与以下联用：

D4.2 有生命力的护岸
D4.3 石块护岸
D4.4 石阶护岸
E1.1 拆除河岸和河床加固设施
E1.3 限制取水
E2.1 重塑河道断面
E2.2 引入破坏性元素
E2.3 增加河床物质

鉴于城市空间的密集度，可供河流依其自身动力开拓新河道的空间通常是有限的。在河流的自然摆动范围内，这里或者那里通常有建筑物、道路、地下电缆或管道，这些地方都不允许河水流过。“安全边界”概念定义了一个范围，河道可以在此范围内自由地发展其地貌动态过程而不危及周边。在这个限制框架下，“休眠的”河岸加固和“只在必要的时间和地点才进行河岸加固”是常用的设计措施，而这些设计措施通常视觉上不可见。在过程空间E中，项目的视觉效果通常是接近自然模式，大规模的技术构造设施是不可取的。例如以地下石材加固的方式建造的“休眠的”河岸加固措施限制河道自由发展到界限外的空间，当水流侵蚀到这个地方时，暂时不可见的保护措施就暴露出来，唤醒“休眠的”加固石材，起到固定河岸的作用。

“只在必要的时间和地点才进行河岸加固”的解决方案不会对河道的发展设定初始限制。基于对需要保护的结构（如堤坝、道路或建筑物）的评估，计算用于限制河流的自身动力发展的安全边界。在河岸管理的过程中，这些安全边界必须不断重新评估，尤其是对于洪水事件；如果洪水威胁到或河流自然发展侵蚀到安全边界，这时通过石堤或植被束护堤来加固河岸。这种实践需要对河流进行持续的监测和评估，这样可以收集重要的基础数据，以优化河流开发建设和管理措施。

这些措施使得将洪泛区系统分区成为可能，一部分为长期可能被河流开发淹没的区域，另一部分为应该受到保护的区域。两类空间相应地以不同的原则和方式进行设计。在河道狭窄的部分，河岸是没有可能自我动态发展的，可能就需要选择巧妙的河岸加固方式，并结合过程空间D的概念，如石阶护岸（D4.4）。

E4.1
“休眠的”河岸加固

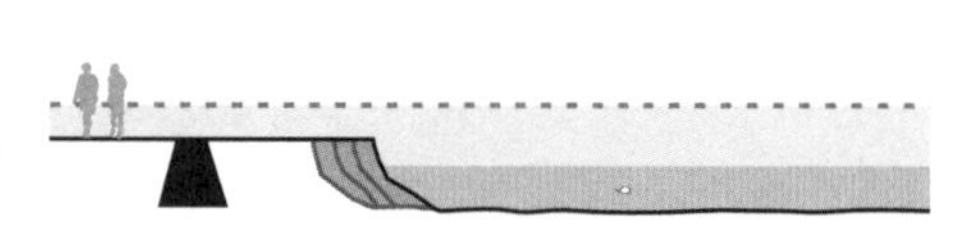

伊萨尔河，慕尼黑，德国
Isar, Munich

隐蔽的或“休眠”的河岸加固设施由埋于地下的石头屏障组成，当水流自身动力驱动河道移动到达此处时，它可以阻止洪泛区进一步向外拓展。在慕尼黑的伊萨尔河上，旧河岸的材料被重新用于这个“休眠的”隐形堤。沿着地下的加固堤岸的顶部可以修路，这种地下堤岸地上道路的组合很有趣，但是未加保护的裸土粗糙道路形式是不允许采用的，其上需要覆盖植被或者将道路硬化，避免在洪水期间冲刷侵蚀堤岸结构，导致功能弱化。

比尔斯河，巴塞尔，瑞士 ↗264
伊萨尔河，慕尼黑，德国 ↗294

E4.2
必要时才加固河岸

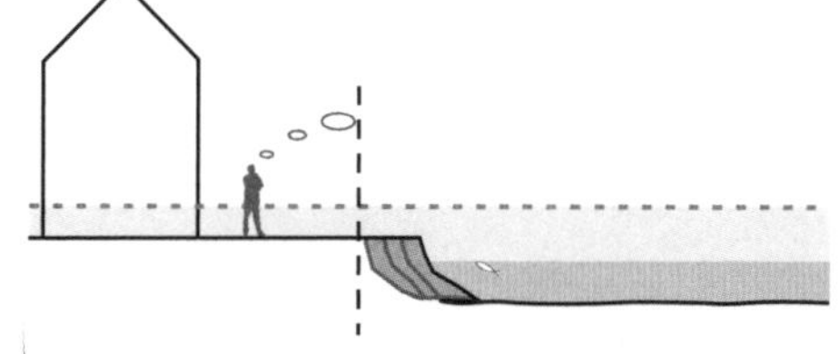

威乐溪，卡塞尔，德国
Wahlebach, Kassel

在这里，为河流的发展划定了一个界限，并规定了安全系数，使建筑物、道路或堤防脱离危险。然而，这个界限不是永久性的建筑结构，而只是通过持续监测，在必要的时间和必要的地方采用河岸加强措施。这意味着本地水务局要根据经验估计下一个洪水期河道能够侵蚀转移多远而不至于危及敏感区域；此外，他们还要定期记录河道的发展过程。如果河道有超过界限的危险，则在特定的地方要采用干预手段停止其进一步的侵蚀。例如，在卡塞尔的威乐溪，自由发展的河道有破坏一条小径的威胁，因此在那种植了柳树来限制它。该措施旨在尽量减少干预，避免在可能多余的预防性安全措施上的开支。

威乐溪，卡塞尔，德国 ↗302

E4.3
加固局部河岸

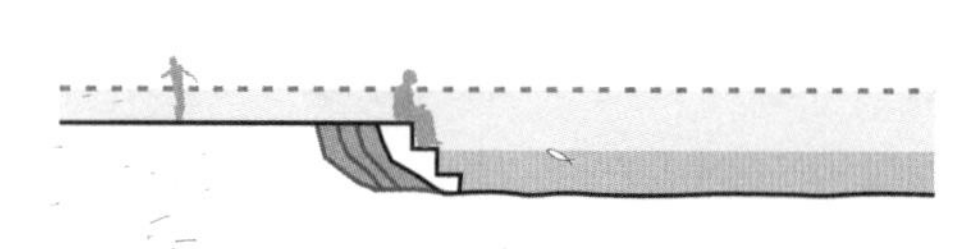

伊萨尔河，慕尼黑，德国
Isar, Munich

在河道自由发展的概念中，在狭窄或直接使用的河岸上，通常没有办法采用建筑结构加固河岸。这并不意味着对项目的整体质量把控束手无策，这样的地方可以用做水边休闲空间。使用灵活小巧的加固件，刚好足以偏转水流，将侵蚀力转移出河岸敏感区域。在慕尼黑的伊萨尔河，将桥梁支座的必要保护建成一系列的水岸台阶踏步，强调了河流紧邻桥梁的生动城市特征。

加冷河，新加坡 ↗266
艾尔河，日内瓦，瑞士 ↗286
伊萨尔河，慕尼黑，德国 ↗294
威乐溪，卡塞尔，德国 ↗302

案　例

简　介

C

过程空间C：洪泛区

D

过程空间D：河床与水流

E

过程空间E：动态的河流景观

案例选择标准 这本书呈现了57个各具特色的案例，这些案例通过创新方法突出河流自然动态。本书出版时，所有案例均已竣工或正在建设中。

基于个人推荐、对水管理和园林建筑领域的现有出版物研究，以及网络搜索和出席会议所获取的信息，经过比选，本书所选案例主要集中在瑞士、法国、西班牙、荷兰和德国。在这本第二版增补版中，又添加了北美和亚洲的项目。原则上，所有的项目都实地探访过，并且大多数项目均已在现场与规划人员、生态学家和相关责任机构进行了讨论。

最终选择的项目旨在尽可能多地展示不同的设计方法，这意味着，不仅有特别引人注目的项目被记录在案；另外，当一个项目展示出了其他案例中没有出现的方面，那么这也是它入选的一个标准。所选范围从小规模干预，比如通过悬浮的咖啡馆或临水台阶来优化滨河步道，到大型项目，比如修复那些有数千米河段被渠化的河流，或者构建几公顷的滞洪空间作为缓冲来帮助城市抵御洪水。所有项目的共同之处是采用了多功能的方法，它们至少都突出了本书第1部分所描述的三个主要目标——防洪、生态建设和美化——中的两个。

案例安排 案例是根据书中第2部分提出的过程空间安排的，因此具有类似空间情形下的项目被组织在一起，例如在过程空间A中的堤防墙与滨水步道和过程空间B中的堤坝与防洪墙。在每个过程空间中，这些项目按河流名称的字母顺序排列；由于欧洲河流通常穿越数个国家，因此同一条河流的不同项目，即使是位于不同的国家，在本书中的排序可能是相邻的。这些项目通常被分配到能明确表明它的主要方面并决定其设计方法的过程空间中去，在这个过程空间中的设计工具与项目相关性最高。在大型项目或那些具有一系列不同地形特征的项目中，读者可以发现来自不同过程空间的设计措施。例如，尽管包含了过程空间B、C、D的设计手段，如加固堤坝和构建阶梯，伊萨尔河项目仍然被安排在过程空间E动态的河流景观的章节中，因为该案例的主要关注点是允许和促进河流空间的天然动态过程。

案例编写 案例描述与设计目录之间最重要的联系通过本书页面左侧所列清单来呈现，清单列出了每个项目所应用到的所有设计工具和措施。通过对应的过程空间的字母和编号，可以快速找到这些案例描述，并引导读者发现适用于该过程空间的更多设计工具（和类似的空间情形）和其他应用了相同设计工具和（或）措施的项目。

每个项目都配有照片和剖面示意图，图片配色方案与第2部分相同：绿色表示洪泛界限，红色表示河道内动力发展过程界限。这些界限能被人为划定在任何城市空间或文化景观中，标记这些界限能促进对项目的水流过程有更加深入的理解，并评判它们该分配给哪个特定的过程空间。项目描述解释了项目背后的动机和目的，并特别强调了规划人员在他们的项目中是如何突出动态河流过程的。

为了将其放在地理环境中介绍，每个项目描述所在页面的左侧放置一张不同比例尺的小地图，来显示项目在城市空间中的位置，紧邻图片的是项目区域内河道的主要数据：流域面积、平均流量和百年一遇流量、河床的宽度以及对河道大小和特征产生传输影响的洪泛平原宽度。

德国案例中给出了河流类型，根据德国联邦水工作小组LAWA Länderarbeitsgemeinschaft Wasser[Bundesministerium für Umwelt，Naturschutz und Reaktorsicherheit，2008]的25种不同河流类型进行划分。对于位于荷兰的例子，用到了“自然水体调查”的分类原则[stowa Stichting toegepast onderzoek waterbeheheer，2005]。对于其他国家，由于没有类似的分类体系来明确项目分类，因此对应的文中没有显示河流类型。文中采用地理坐标表示项目的确切位置。根据我们所获得的信息，本书附录中列出了为项目做出贡献的个人、公司和机构。

参考文献

Bundesministerium für Umwelt, Naturschutz und Reaktorsicherheit – BMU (Federal Ministry for the Environment, Nature Conservation and Nuclear Safety), 2008: *Wasserblick: Bund-, Länder-, Informations- und Kommunikationsplattform. German Stream Types.* Berlin: http://www.wasserblick.net/servlet/is/24739/?lang=en, 31 March 2010

stowa (Stichting toegepast onderzoek waterbeheheer) 2005: Overzicht natuurlijke watertypen 2005-08, Utrecht: self-published. http://www.stowa.nl/uploads/themadownloads2/mID_4910_cID_3900_97529197_gids%20totaal.pdf

堤防墙与滨水步道

莱纳河，汉诺威

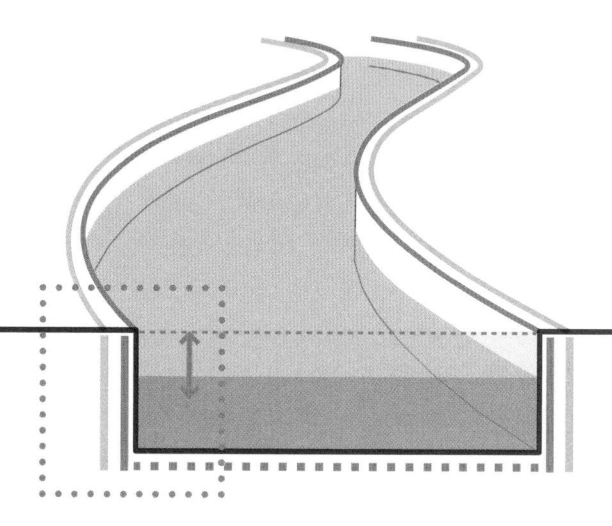

1

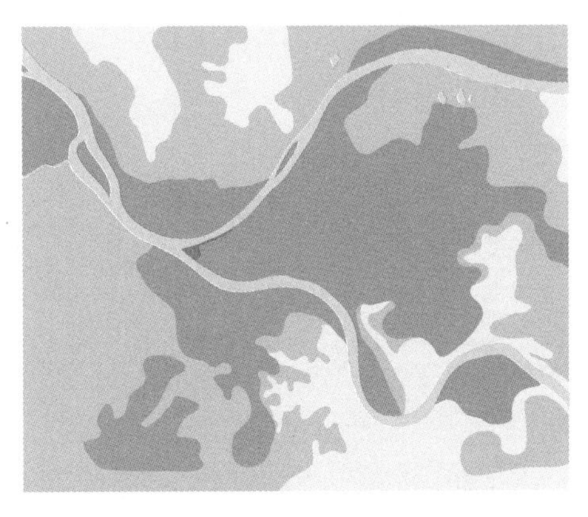

阿勒格尼河

阿勒格尼河滨水公园，1994-1998年

匹兹堡，美国

Allegheny River

Allegheny Riverfront Park, 1994–1998
Pittsburgh, USA

项目区域的河流数据
流域面积：30000km²
平均流量（MQ）：~550m³/s
河床宽度：220 m
地理位置：40° 26′ 41″ N – 80° 00′ 08″ W

设计手段

A1.1 亲水宽平台
A2.1 平行于河岸的通道
A5.4 可淹没的河滨步道
A5.5 可淹没的栈道
A5.7 可淹没的家具
A5.8 耐水淹植物
A5.9 新堤防墙

宾夕法尼亚州的匹兹堡市，因工业化而快速发展，尽管弗雷德里克・劳・奥姆斯特德（Frederick Law Olmsted Jr.）于1911年就提出了构建滨河公园系统的计划，但接下来的几年里，阿勒格尼河流岸边却建满了公路和密集的城市建筑。因此，除了在阿勒格尼河与莫农加西拉河（Monongahela River）交汇处的点子州立公园，中心城区通往河流的通道到处都是阻碍。1984年，匹兹堡文化信托基金得以创建，其任务是使通往阿勒格尼河南岸的14个被忽视的街区重新充满活力，并开发新的文化区域。该项目的总体成功体现在加强了阿勒格尼河的可达性和提高了城市质量。

双层公园　项目场地有很多挑战，例如两层空间之间有7m的高程差，狭窄的纵向形状，周期性的洪水，并且两层空间均被几条公路切分开来。因此，公园的设计被分成了两个部分——低层和高层，每个部分都有自己的功能和设计语言。较低的那层公园旨在提供与河流直接接触的空间；然而，这一层一边是公路一边是水，导致空间极其有限。为解决这一问题，设计师们提出要将滨水步道悬挑起来，使低层公园获得更多的空间。这些悬挑结构需要用混凝土板来平衡，混凝土板也作为座椅分布在滨水步道

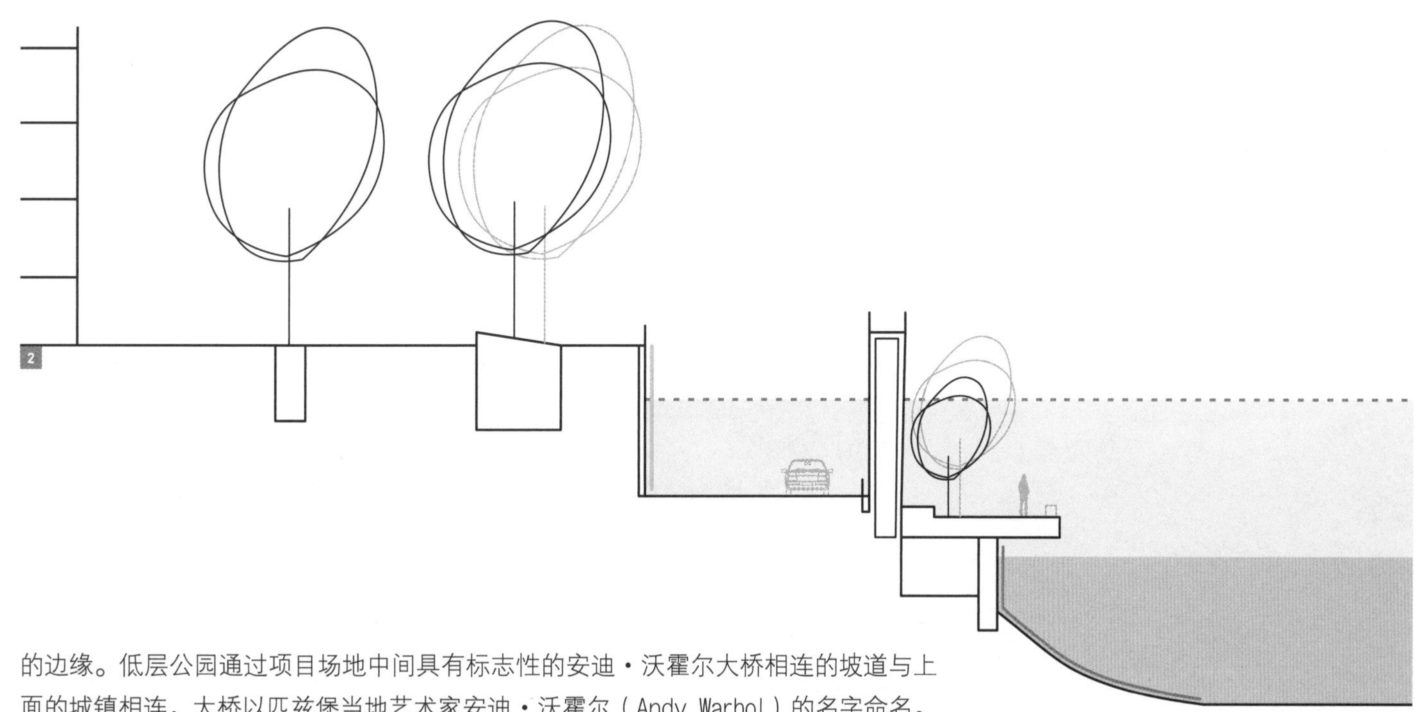

的边缘。低层公园通过项目场地中间具有标志性的安迪·沃霍尔大桥相连的坡道与上面的城镇相连，大桥以匹兹堡当地艺术家安迪·沃霍尔（Andy Warhol）的名字命名。坡道在不同的层次空间之间提供一个柔性过渡，并成为一个隔离公路噪声的有效屏障。五叶地锦（五叶爬山虎，*Parthenocissus quinquefolia*）的种植为场地提供了一个绿色的缓冲区。公园的上层部分与现有的防洪墙并行，防洪墙高达7米，以保护城市和上层公园免受洪水侵袭。邻近的公路路线被移到一边，以扩大上层公园的空间，上层公园被设计成一个城市广场，其内设有座位供游人饱览壮观的景色。

洪水弹性　在洪水事件中，低层公园和公路会被完全淹没。在每年的洪水中，水通常会上升1m，有时也会达到6m，比如2004年。相应地，低层公园种植了本地演替的洪泛平原物种，这些植被是阿勒格尼河岸上游的典型物种，如银枫（枫属）、河桦树（桦木属）、红枫（红枫属）、杨木（杨属）和美国紫荆（紫荆属）。同时还种植了小树苗，使其能够在成长时逐渐适应，从而提升应对洪水的弹性。选择在这里栽种桦树这样的物种，是因为它们在洪水中，即使树干被损坏了，还能够重新发芽。现场还布置了青石大卵石，来营造一种野生的、自然的氛围。在洪水状况下，它们能通过固定根垛来减缓洪水，减少水土流失并使淤泥沉积，进而来保护树木。

1　低层公园滨水步道位于水面上的悬挑或悬臂结构上

2　剖面示意图展示了可淹没的低层公园悬臂结构，公路和上层公园高于街道7m的墙体边缘

3　通过斜坡可以到达公园[A2.1]。一个由艺术家安·汉密尔顿（Ann Hamilton）专门设计的波浪形青铜扶手唤起了河流的触觉美学

4　与斜坡平行的公路在洪水期会被淹没

5　低层公园可促使人们接触河流并进行诸如钓鱼和划船等活动

1

设计手段

A1.2 多级平台
A2.2 垂直于河岸的通道
A4.1 码头和露台
A6.1 浮动码头
B6.2 艺术品与遗迹
C3.9 围堰湿地
C5.2 游船码头
D3.2 河湾沙石滩
D4.3 石块护岸
D4.4 石阶护岸

东河

布鲁克林大桥公园，自2004年开始建设

纽约，美国

East River

Brooklyn Bridge Park, since 2004
New York, USA

项目区域的河流数据
河流类型：咸水潮汐河口
流域范围：纽敦（Newtown）溪，法拉盛（Flushing）河，韦斯特切斯特Westchester溪，布朗克斯（Bronx）河，布朗克斯海峡，哈莱姆（Harlem）河
河床宽度：575m
地理位置：40° 42′ 07″ N – 73° 59′ 47″ W

布鲁克林大桥公园沿东河绵延2km，面对着曼哈顿最南端的天际线和自由女神像，布鲁克林和曼哈顿大桥横穿公园与东河。尽管有这些壮观的标志性景观，但从20世纪50年代到1983年，该区域一直对公众关闭，并被散装货物运输和储存设施占据。之后，布鲁克林的货船业务停止了，转移到了纽约和新泽西的其他地方，允许销售那些码头并对一些码头进行商业开发。邻近的居民和社区团体立即开始提倡其非商业用途，并指出与这个国家的任何一个大都会相比，布鲁克林拥有的公园面积最少。布鲁克林大桥公园位于繁华居民区附近，例如布鲁克林高地区和布鲁克林商业区等，并且遍布地铁站。然而直接进入这些站或邻近区域的通道受到了布鲁克林-皇后区高速公路的限制，这是一条具有6~8条车道的多层高速公路，高耸于公园上方，要减轻它所带来的噪声将是一大挑战。

多样化的岸线与通往河水的通道　一个多世纪以来，居民一直没有实现与东河的直接接触。因此本项目的主要目标之一就是使岸线多样化，并能够在河上或邻近区域开

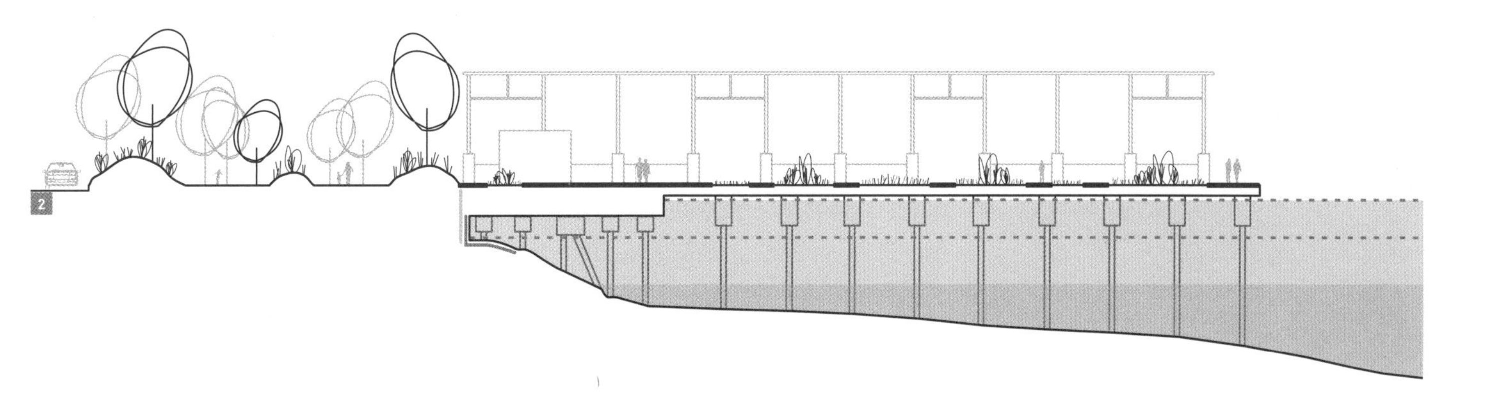

展活动。除了5个翻新的码头，每处还配备了2hm²的公园空间，提供沙滩、小河湾、钓鱼点、船舶停靠点、平静水域以及划皮划艇和独木舟的入口，此外，还结合了一些漂浮的元素，如游船码头。那些破败了的堤岸边缘被各种各样坚固的岸线固定技术取代，用以提高对波浪能量的抵抗力并消散其力量。具有缓坡的抛石护岸和自然岸线占大多数。抛石边缘和铺砌路面组合来构建如雕刻般的、螺旋形的皮划艇出发点，在那里潮汐能够缓慢爬升。这样的元素增强了水动态的可见性和直接体验。

码头公园　大多数海事工业设施，例如货船码头和废弃的仓储建筑被利用起来，并被重新用于公园内，作为运动场地、游乐场所、草地或静态休憩区。然而，5个码头下边仍存有13000根木桩以及其他水下混凝土和钢构件，它们需要进行大规模整修，以支持公园的新项目建设。为了延长木桩的结构稳定性，许多木材被混凝土封装起来，由此减少它们的易损性，以应对潮汐力量和腐蚀，并预防真菌的生长。一些木桩被留在水中，作为旧建筑结构的遗迹，同时具有丰富鸟类和水生生物栖息地的额外功能。

1　河岸以及到达通道各不相同，以适应项目的多样化，包括漂浮的元素，如码头、翻新堤岸、河湾、沙滩、泊船坡道、工程化的盐沼和其他元素

2　剖面示意图展示了6号码头和公园的覆盖方式。大型货船码头结构稳定性有限，因此直接覆盖于码头上的植被较薄。公园延伸向河岸，这里的载土量和植被面积有所提高[A4.1]

3　一条为独木舟和皮划艇铺设的靠岸点沿岸边蛇形蜿蜒向上。每天的潮汐和年季水流波动可通过这一螺旋形状观察到。图片背景中，具有老旧厂房结构的2号码头被重新利用起来作为运动公园，上边设置篮球场和溜冰场

4　6号码头公园

5　公园内设有便利的涉水通道，鼓励人们划皮划艇或进行其他水上活动[A2.2]

6　4号码头配备了多用途的娱乐场所和浮动码头[C5.2]

7

8

9

10

公园岸线的体验和规划多样性结合了环境目标，如建设盐沼，以及保留4号码头的退化状态作为一个项目内的栖息岛。

潮间带栖息地 1号码头设计了稳定型盐沼，在暴风雨和重大洪水期间作为缓冲保护区。它由浅湿地植被组成，例如东北海岸线上当地的护花米草，由此为水生生物和水禽提供了一个动态的潮汐环境。湿地前方设置了由大石堆积成的防波堤结构，以防止侵蚀并为植被固定创造一个静态水域。来自公园的部分雨水径流在入河之前进入湿地过滤和净化。而大部分雨水被现场收集，并保留于雨水存储罐中用于灌溉。各种栖息地，如沿海灌木林地、淡水湿地、沿海林地、野花草地和浅水栖息地，均被应用到该场地来改善它的生态效益。东河入海潮汐河口周边的植物需要选择耐盐和耐风性较强的类型，沙地上种植有马铃薯玫瑰（玫瑰属）、北美油松（刚松属）和杨木（杨属），以支持咸水的排放。

更高的地面 用人造山丘提升公园地面海拔，来抵御海水升高以及海浪和暴雨洪水的影响，同时还可以提供更多的土壤用于种植。1号码头的地形改变尤为明显，因为该码头具有一个高达9m的起伏丘陵景观，其高度达到了预测的百年一遇的洪水线之上。同时还建造了台坎来保护公园免受高速公路噪声的影响。部分充填材料和建筑元素由场地内再生的工业材料组成，也有来自纽约市内其他建筑场地的回收材料。回收的花岗岩和木材、其他坚固的材料、再生的工业构件与弹性的原生栖息地一起促使人们辨识和感知公园内的场地设计是为了适应严苛的环境条件。

11

12

13

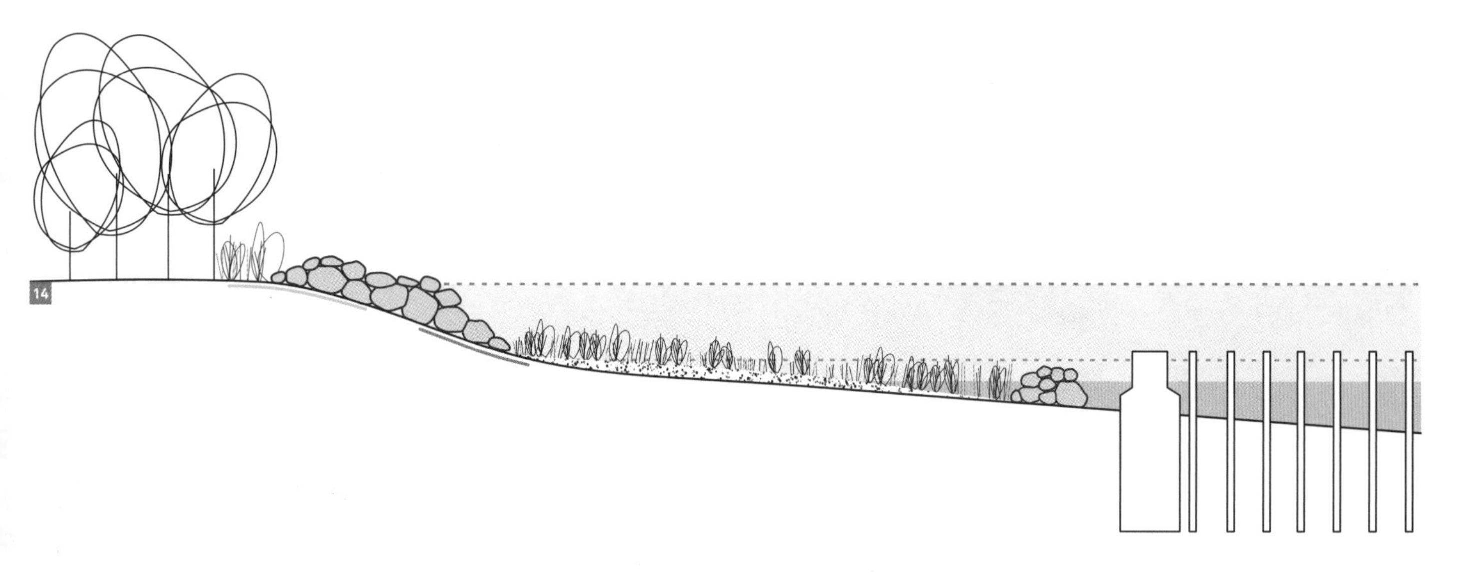

7 新建景观中用到坚固的公园元素和耐盐植被是为了抵挡洪水与强风

8 在公园的多处可享受与水接触的美妙感觉，这些场景形态多样，有阶梯、座椅、沙滩和砾石滩。布鲁克林大桥是标志性地标，在公园的每一处几乎都能看到它

9 此图为从公园看向2号码头的风景

10 硬质边界与松散材料相结合，以确保一个多样化的岸线

11 1号码头的木桩被部分拆除，其余留在场地内作为对其之前用途的提示。与静态的木材元素的高度相比，潮汐的动态变化变得显而易见[B6.2]

12 此图为2号码头与3号码头之间的沙滩

13 波浪般的地形、路径和各种各样有组织形态的岸线元素，例如旋涡池，是整体设计词汇中的一部分

14 剖面图展示了抛石砌筑的堤岸、具有盐沼植被的稳定湿地，和一个保留的码头结构作为防护型潮汐浅水栖息地 [C3.9]

15 沿岸铺有小路和步道的盐沼很好地融入了公园景观中。在远处可以看到翻新的2号码头及其上面的体育活动区域

16 退潮时的稳定型盐沼。其前方堆有石块，以防止侵蚀并削减波浪影响

1

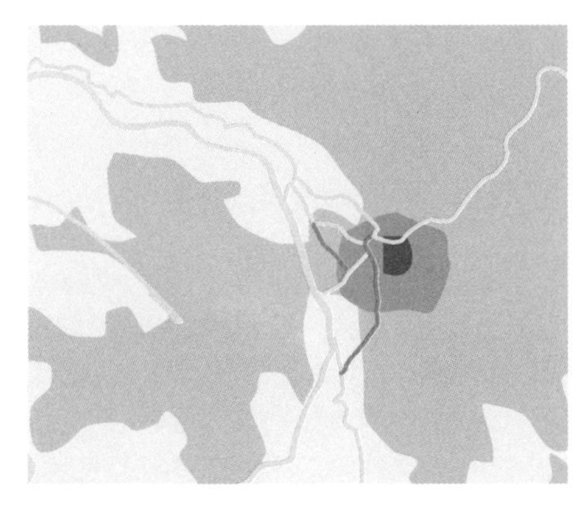

设计手段

A1.3 阶梯式驳岸
A4.2 悬挑空间
A4.3 悬浮廊道
A6.1 浮动码头

埃尔斯特河和普莱瑟河

新河岸，1996年
莱比锡，德国

Elster and Pleiße Millraces

New Riverbanks, since 1996
Leipzig, Germany

项目区域的河流数据
河流类型：人造河流
流域面积：<10km²
平均流量（MQ）：2.5m³/s
开发泄洪流量：15m³/s
河床宽度：10m；洪泛区宽度：0–10m
地理位置：51° 20′ 00″ N – 12° 22′ 15″ E

埃尔斯特河和普莱瑟河是典型的城市水道。早在10世纪，埃尔斯特河和普莱瑟河在莱比锡城范围内的河段就已经被改线和渠化了。河流水力被用于水磨坊和浇灌城市的花园。

河流景观被埋于地下 在1954年，普莱瑟河从城镇区域的视野中消失了。这条河流过去一直都是城镇风景的特色，之后便被修入了涵洞中，这是由于未经处理的废水持续排放污染了河流——这些废水大部分来自炭化学工业。大约10年后，埃尔斯特河也被埋藏在地下，导致莱比锡城从此失去了广场、步道、桥梁以及河畔住房等一系列城市河流空间。很早以前，大概在20世纪80年代末，一个艺术家和建筑学家的联合组织开始关注到这样的损失。一段时间以后，一个名为‘Neue Ufer’（新海岸）的倡议被发起，倡议复兴埃尔斯特河和普莱瑟河。从此，它便一直是这个项目背后的主要推动力量。1991年，对普莱瑟河覆盖物进行更新的需求愈加显著，这也证明此时正是一个思考城市总体概念的好时机。

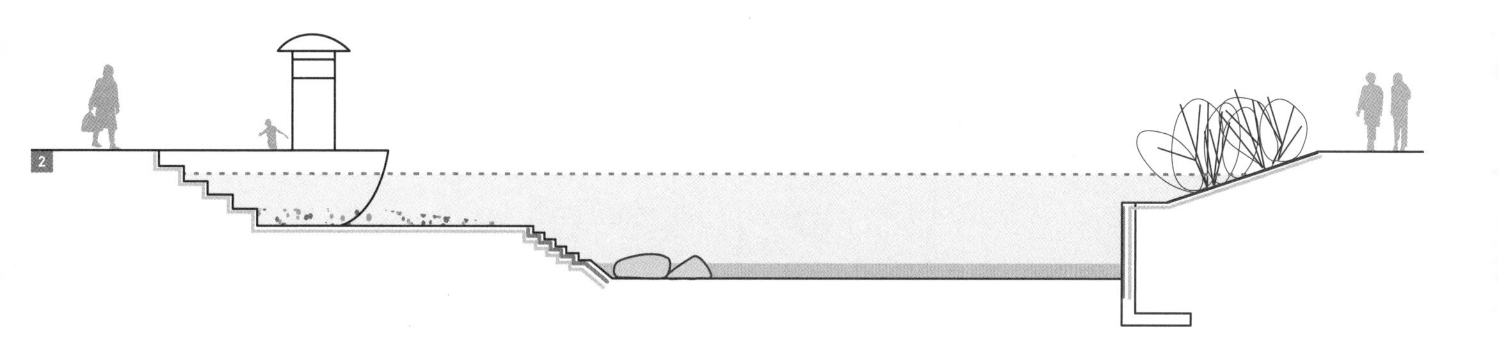

建设新河堤 采用类型学研究来识别设计方法和设计重点。其目标是在保持原味历史元素和新兴创造元素之间的对话的同时，实现整个项目进程的高度一致性。这次开挖，见光的不仅仅是河道，因为也有一些历史悠久的城镇建筑开始重新焕发光芒。规划者偏好将河床进行具有当代特色的演绎，而不仅仅是一个历史重建。

1996年，项目开始破土动工。自此，这个总长接近2.5km的河流逐段露出地面并被重建。项目进程中，河流的一些河段被完全重新设计，例如，在冯特街（Wundtstraße）附近，现今已经拥有滨水乐园以及一些通往水边的阶梯。在联邦行政法院前的区域，古老的河岸围墙经过了很大程度的改造，而那些失去了的元素，例如围栏，则被一种现代的方式所诠释。除了目前开凿过程中涉及的措施外，还构建了以水为中心定位的新型开放空间。例如，在今天的门德尔松大街（Mendelssohnufer），有宽阔的河堤阶梯通向普莱瑟河。在空间更加有限的其他地方，历史文化

1 门德尔松大街的阶梯 [A1.3]
2 冯特街滨水乐园附近的梯级河道剖面图
3 联邦行政法院前开凿后的普莱瑟河
4 冯特街的滨水乐园
5 海因茨-尤尔根·博奥梅设计的水鼓

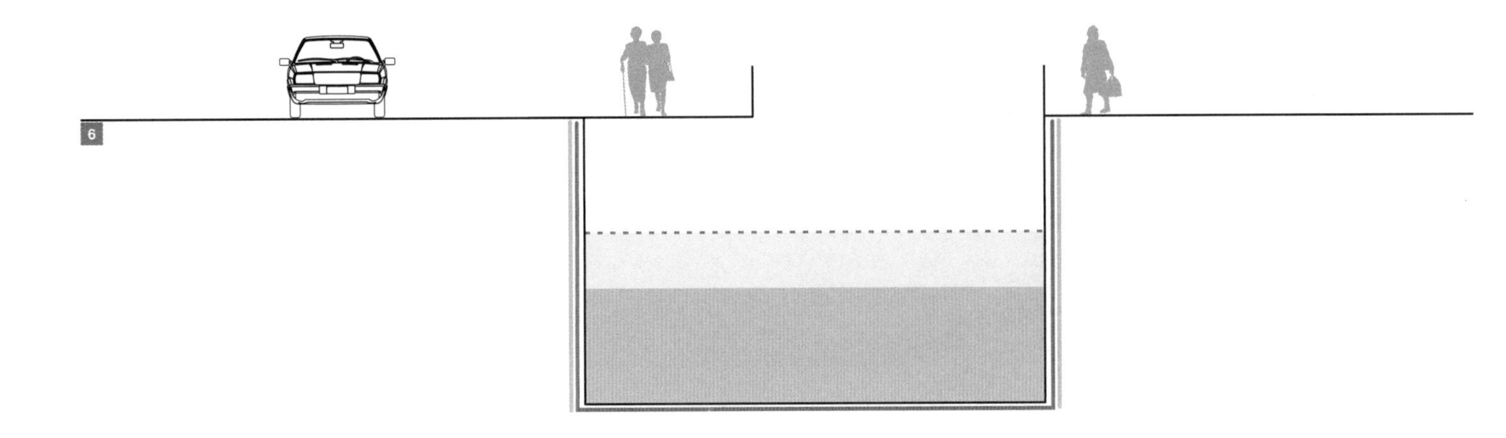

遗迹被开挖出来，或者为水道增添一些艺术设计。设计师海因茨-尤尔根·博奥梅（H.-J.Böhme）设计了运用水力推动的水鼓，来展现平缓水道的流速。

在艺术画廊附近的普莱瑟河上的‘Der schwimmende Garten’（漂浮的花园）展示出花园艺术、自然与溪流的关系。这个花园在最初创造时是表达艺术的一个临时设施，之后作为永久的特色被“新海岸”协会保留下来。河流开凿工程不是生态重建，而是一种城市空间振兴的方式。

埃尔斯特河流的设计更加困难。在这里，宽阔而繁忙的道路通向河道，有时与涵洞水道上拱桥相互交错。一些地方开挖了新的河床，而在其他地方，街道正延伸在河面上。由于原本的防洪墙已无法找到，不需要想象力的、简单直接的重建工作是不可行的，替代方案是参照古老的墙结构和围栏采用现代材料制作。在埃尔斯特河流上，建造了很多可到达河流的通道——以阶梯或是悬浮码头的形式，未来，将有可能使河流实现通航。

河道作为城市空间的一部分 河流开凿工程让道路、街景、纷繁的历史文化遗迹、城市开发与周遭环境之间的关系再次得以识别。河道的开凿工程可以当做是一种修复城市的方式，途径是将一些独特性的空间和文化特征重新分配到原本不起眼的地方。

利用河道开发多用途的特殊场所（休闲、艺术、生活、工作）来展现都市风貌，在莱比锡城尤为显著。河流复明工程可以作为一个城市开发的催化剂，这一事实被沿河新建与重修的建筑所见证。

6 兰斯塔特路（Ranstädter Steinweg）延伸至水面的步行道剖面图

7 在埃尔斯特河上的漂浮独木舟码头[A6.1]

8 通向普莱瑟河周边新建筑的通道

9 一项艺术设施，河里和河边的“漂浮花园”，与悬浮步道［A4.3］一起将普莱瑟河变作了一个充满生气的地方

10 在埃尔斯特河上，因为空间的局限性，步行道是沿着街道悬挑建设的［A4.2］

11 埃尔斯特河对防洪墙的重新诠释

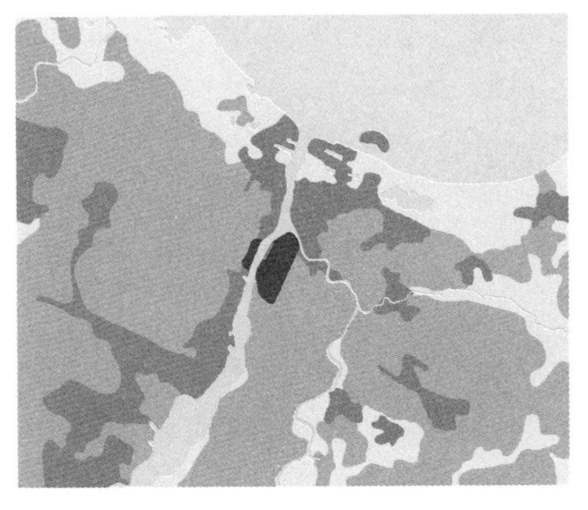

设计手段

- - - - - - - - -

A4.1 码头和露台
A5.5 可淹没的栈道
A5.7 可淹没的家具
A6.1 浮动码头
B2.1 多功能防洪墙

福克斯河

河流露台与“城市露台”步道，2012年
格林湾，美国

Fox River

River Decks and Promenade 'CityDeck', 2012
Green Bay, USA

项目区域的河流数据
流域面积：16650km²
平均流量：~120m³/s
河床宽度：~200m
地理位置：44° 31′ 01″ N – 88° 00′ 56″ W

在威斯康星州格林湾的福克斯河洪涝频发，因此，随着时间的推移，河堤被工程化并重新加固。与其他许多与其地理条件类似的城镇一样，中心格林湾区域已经背向河流而居，因为水边已不再具有吸引力，并且高高的隔板墙阻碍了涉水通道。城市露台（CityDeck）项目正是要挑战这一状况，使河畔获得新生，为聚集而来的人们创造可变空间，并增加社交活动的机会。重建河滨的举措也是提升市中心那些相邻却未充分利用起来的零散空间效益的发展策略之一。城市露台是这个多阶段重建项目的起点。项目场地由一条不到20m宽的沿河带状空间组成。

新建水滨栈道——城市露台　该项目包含一条沿河岸铺展开的木栈道，通过建设悬挑或悬浮于水面的木质平台来扩大滨水可用空间。露天平台也越过现有钢制隔板墙延伸开来。由于隔板墙的建设过程历时很长，一共有六个不同区段，每个建设时期都采用了不同的结构体系。木质平台将那些复杂的结构隐藏于下方。木台中“折叠”造型的部分也可以充当城市公共家具设施，形如座椅、长凳和沙发，木平台向着河流进一步延伸形成栈道，并经由浅台阶下行至水面。为娱乐船只加建的悬浮支墩和码头，在城市和曾经遗

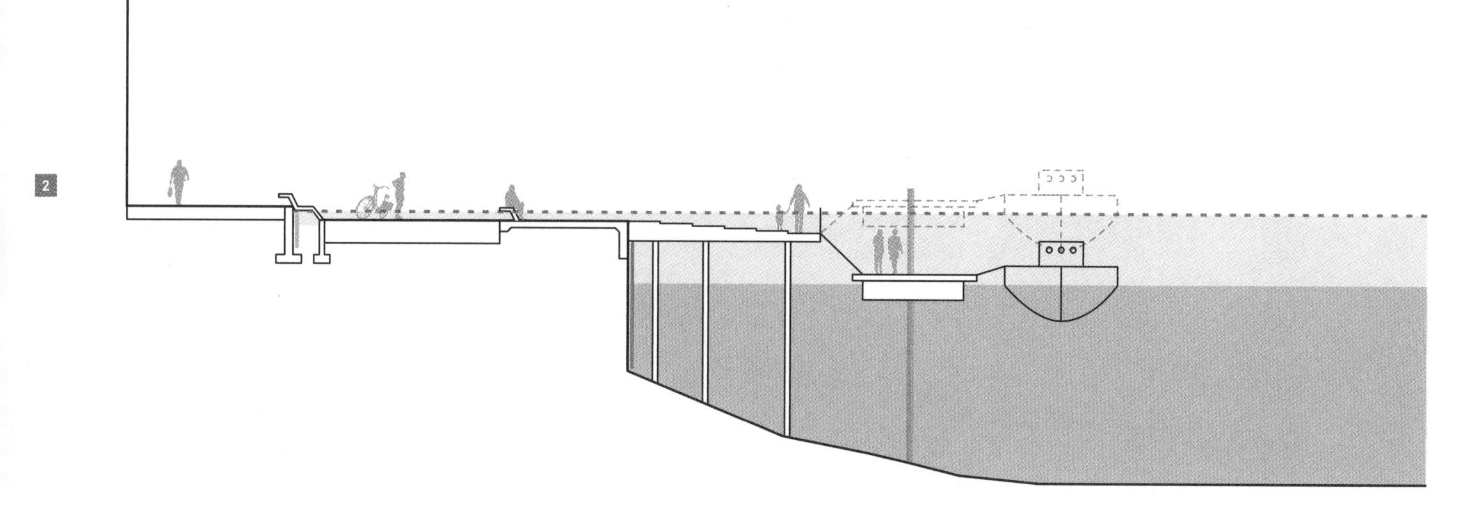

失的水滨生活之间构建了另一个联系。对城市而言，地面又“折叠”起来，进而保护邻近建筑免受洪涝影响。该区域的座位元素隐藏着雨水过滤带和一个低防洪保护墙。步行道用可渗透材料铺装，在洪水或暴雨过后能使雨水快速消退。加固建造的木质露台和木质家具设施能够承受一定的洪水淹没和冲击，并在干旱季节提供多样化的休闲空间。

1 城市露台扩展并激活了河流与城市建筑之间的公共空间

2 木质露台的典型剖面图，有浮动元素和户外家具设施[A4.1, A6.1]

3 沿河畔的浮动步道和固定步道系统[A5.5]

4 在洪水事件中，露台和户外家具设施会暂时淹没于水下[A5.7]

5 户外家具设施与步道融为一体，将雨水过滤带、防洪元素和钢板墙隐藏于其下[B2.1]

6 通往浮动元素的步道

1

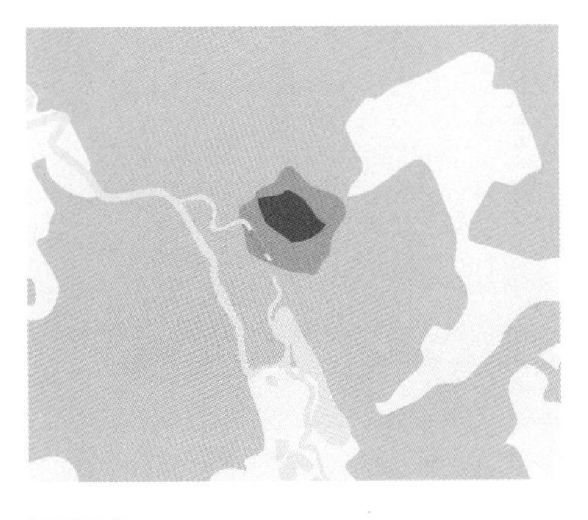

设计手段

A1.1 亲水宽平台
A2.1 平行于河岸的通道
A4.1 码头和露台
A6.2 浮动岛屿

莱纳河

莱纳河套房系列工程，2009年
汉诺威，德国

Leine

Leine Suite, 2009
Hanover, Germany

项目区域的河流数据
河流类型：中等规模、河床基质以沙子和壤土为主的低地河流
流域面积：＜10km²
平均流量（MQ）：10m³/s
百年一遇洪水流量（HQ100）：80m³/s
河床宽度：20m；洪泛区宽度：30m
地理位置：52° 22′ 21″ N– 09° 43′ 49″ E

被遗忘之地 多年以来，由于莱纳河处于汉诺威市中心城区的边缘，以致几乎被遗忘。这条小河或多或少地被认为是城市的末梢，它悄无声息地流淌在古老的城市防御工事与20世纪50年代建设的宽阔繁忙的绕城公路之间。在这里，莱纳河的河水比周围的地势高度要低几米，并且河岸非常陡峭。早在17世纪，莱纳河的主河道被改道，使其环绕城镇流淌，进而用来防御洪水。旧河道作为改造后的莱纳河主河道的支流，其流经城市中心的部分只有在大洪水的时候水面才会上升。

被称为HohesUfer（高地河岸）的地方是城市古老防御工事的一部分。此处的堤防墙有几米高，其中间有一个亲水宽平台。虽然这个位置赋予了这个城镇名字——在中古高地德语中汉诺威本意即HohesUfer（高地河岸），但是它似乎从公共意识中消失很久了。

一个私人项目 2007年，一个商人看好了视角朝向西南的河岸墙，想把这里修建成一个临时咖啡馆。2009年春天，“莱纳河套房”首次建成：酒吧、厨房和卫生间都具有货物集装箱的尺寸和可运输的特点，并用起重机吊装到中间层。木地板、甲板椅子和

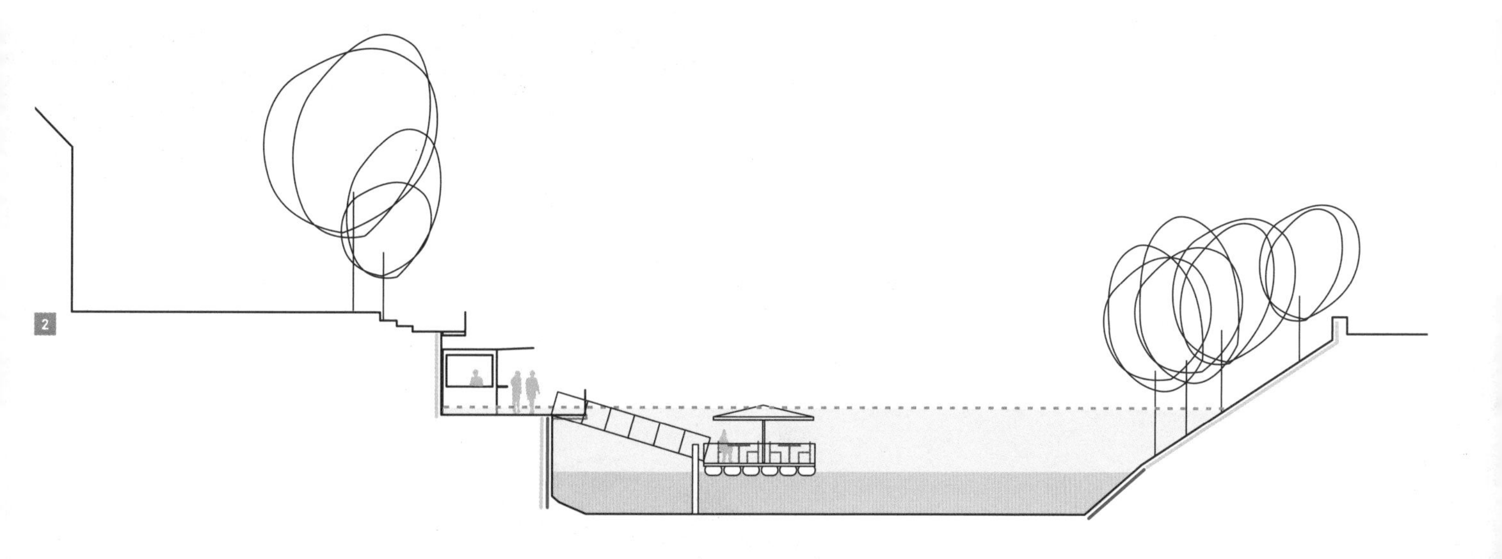

长沙发，与旧城墙形成鲜明对比。在一些地方拆除了栏杆，扩大了可用的空间，并建造了挑出在河面上的露台。

事实证明，这个创意非常成功，于是在2010年又加入了新的元素。在水中安装了浮船，这样就在河流中新增加80个座位，咖啡馆共有200个座位。浮船通过一个可移动的码头与堤防墙连接，这样就能随水位波动而调整。消夏季节结束后用吊车拆除这些设施，该项目的季节临时性特征意味着那些没被利用的空间也是可以想办法利用的。然而，前面已经提到，莱纳河套房项目只是商业性咖啡馆，而非城市的公共空间。

1　2009年以来，汉诺威的古老防御工事在夏季被用来作为一个临时咖啡馆的场所

2　剖面示意图：在宽敞的亲水平台建立了移动酒吧[A1.1]，浮船在水上提供了80个座位[A6.2]

3　在一些空间狭小的地方通过挑于水面之上的元素进行空间扩展[A4.1]

4　这些临时性设施与旧城墙形成明显对比，增加了吸引力

5　消夏季节结束后用吊车拆除这些设施

6　酒吧有着货物集装箱的外形尺寸，并在秋季拆除

1

设计手段

A1.2 分级平台
A2.1 平行于河岸的通道
B5.2 可连接式防洪设施

利马特河

水岸工厂，2006-2007年
苏黎世，瑞士

Limmat

Factory by the Water, 2006–2007
Zurich, Switzerland

项目区域的河流数据
流域面积：2176km²
平均流量（MQ）：96m³/s
百年一遇洪水流量（HQ100）：590m³/s
河床宽度：60m；洪泛区宽度：70m
地理位置：47° 23′ 43″ N – 08° 30′ 16″ E

利马特河是阿尔卑斯山河流，它有着卵石河床和河岸，河水的流速很高，有时还会发生猛烈的洪水。然而到了苏黎世地区，苏黎世湖使河水变得缓和，河水的输沙量也得以减少。

工业期记忆 在整个苏黎世城区，通过支渠利用利马特河水的水力。小型的河流空间项目（水岸工厂）建在利马特河的岸边，这里是Höngg丝织厂的旧址，该厂过去也使用利马特河的水力。一条与利马特河平行的渠道，在被填埋之前，承载着将利马特河水输送至工厂涡轮的职责。由苏黎世SchweingruberZulauf事务所的景观建筑设计师设计的户外空间，呈现出之前工厂水渠的场景。作为改造的一部分，该区域的地势被降低，提供了一个能够直接到达水边的新通道。在河岸墙之间的部分，依地势建成了波浪式的梯级平台。河边的地面变化多样：包含草地、铺满碎石的草坪和大鹅卵石，路缘是波浪形式，使人联想起这里曾有河水流淌。之前的部分河道岸墙也被暴露出来。所有这些构成元素都使人回想起河流空间曾经的工业用途。

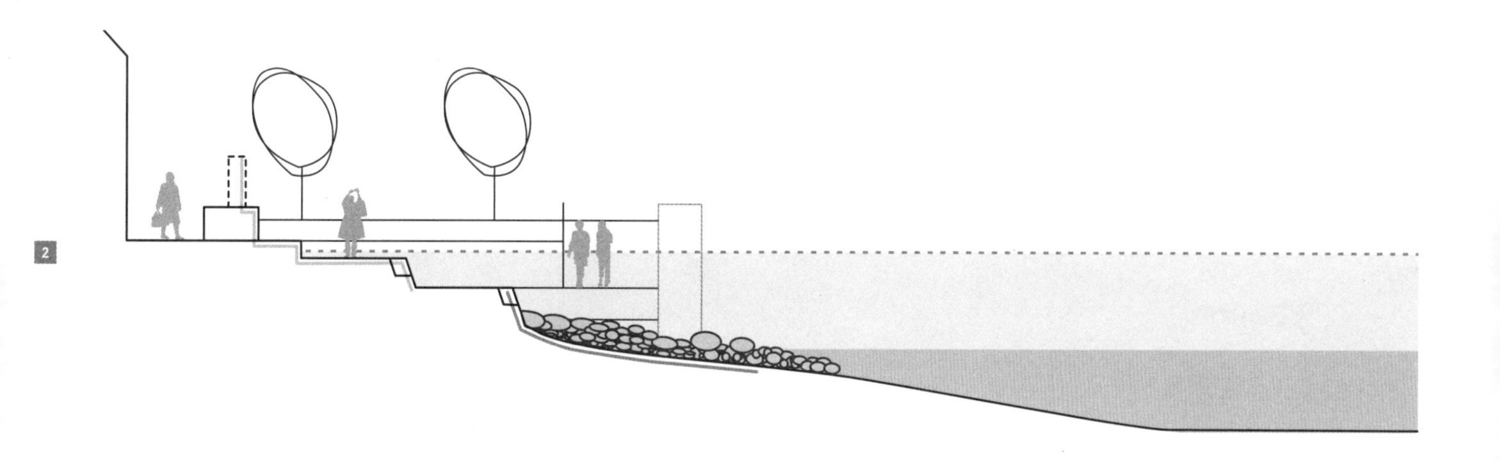

由于河边地势层级分化的增加，河堤道路可以降低，所以现在它可以畅通无阻地穿过邻近的Hardeggsteg桥。在道路的最低处，能够接触到利马特河水，这儿成了受欢迎的游泳区。现在，水面所有的波动在这开放的空间都瞬时显现。然而，这次改造最重要的成果是在河畔的休闲活动越来越有吸引力。

两条道路应对各类预估风险 洪水期间，之前河道的低洼区域将会充满河水不能通行。所以，在邻近的学校建筑建立临时的洪灾保护系统就很有必要。为此，在洪水来袭时，插在地里的标杆被拉起，并配备移动防护元素。水位低的时候，河水可自由接触。这是可移动式防洪系统在苏黎世市的首次尝试。沿利马特河岸的小道在洪水期间也被保护起来。除了紧邻河岸墙的较低道路，在建筑物设置了第二条道路，在洪水期间是安全的。

涡轮机房如今作为室内外餐厅，灌木篱墙刻画出之前水渠的印象，呼应了其建筑轮廓，还包含了一个狭长的公众游乐场所。整个邻近利马特河的城市公共空间都被设计成多功能的。这些开放的空间也供临近的学校使用，水岸工厂周围的区域也丰富了邻近居民区的景观与生活。

1 沿着老引水渠道建成了梯级平台[A1.2]，使得人们能够进一步接触河水[A2.1]

2 剖面示意图展示了在洪水期间，梯级平台的淹没程度。左边防洪墙高度由于连接着可移动防护设施而能够升高[B5.2].

3 不同种类的地面动态排列，混凝土的波浪形态代表着水渠曾经流淌的河水

4 低水位时期，原工厂周围沿着河畔的开放空间

5 即使在洪水期间，建筑旁边的道路仍可以使用

1

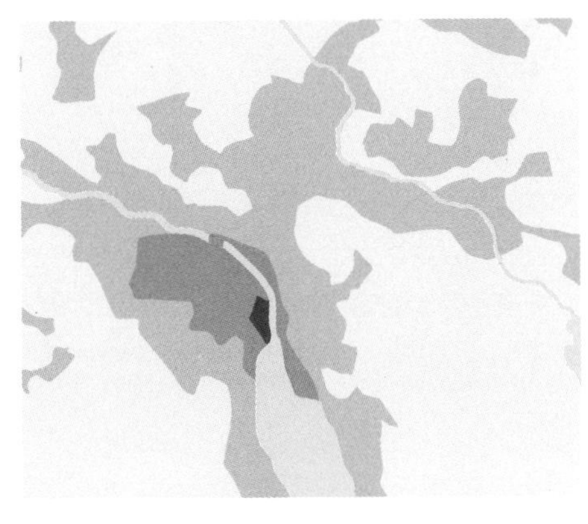

利马特河

Wipkinger公园，2003-2004年

苏黎世，瑞士

Limmat

Wipkingerpark, 2003–2004
Zurich, Switzerland

项目区域的河流数据
流域面积：2176km²
平均流量（MQ）：96m³/s
百年一遇洪水流量（HQ100）：590m³/s
河床宽度：60m；洪泛区宽度：70m
地理位置：47° 23′ 43″ N – 08° 30′ 16″ E

设计手段

A1.3 阶梯式驳岸
A5.1 水下台阶
A5.2 大石块与脚踏石

河边作为亲水区 一系列不同的干预措施已经将利马特河至今尚未开发利用的部分以及被遗弃的河岸转变成了公共公园。利马特河位于人口稠密区域，且河畔的一部分仍用于工业，建设这个新的水滨公共区域时，设计中较多地关注了水岸交界处。平整地面后，沿河岸铺设了180m长的有台阶的步行道，这个特殊的设计给了散步者亲水的机会。最后一级台阶在水面下，使得涉水通道直入河中。额外的措施还有用粗糙凿刻的花岗岩巨石将混凝土台阶向水面进一步延伸12m，石头的表面要么刚没过水，要么刚露出水面。为了达到以上目标，将堤防墙略微抬升了。

可见的河流动态 粗糙的岩石表面扰动了河水，作为视觉和触觉的体验生动地刻画了水流。通过脚踏石，河流本身变得可接触。岩石之间的微妙高差让细微的水流差别也清晰可见。当水位低时，行人能向河流中走得很远，但是当水位高时，即使那些平时处于水面之上的脚踏石也被淹没了。除了提供涉水通道外，这些石头扰动了河水，形成了不同的水流。这也在湍急的利马特河中创造了一块人工浅水区，它既可作为鱼类

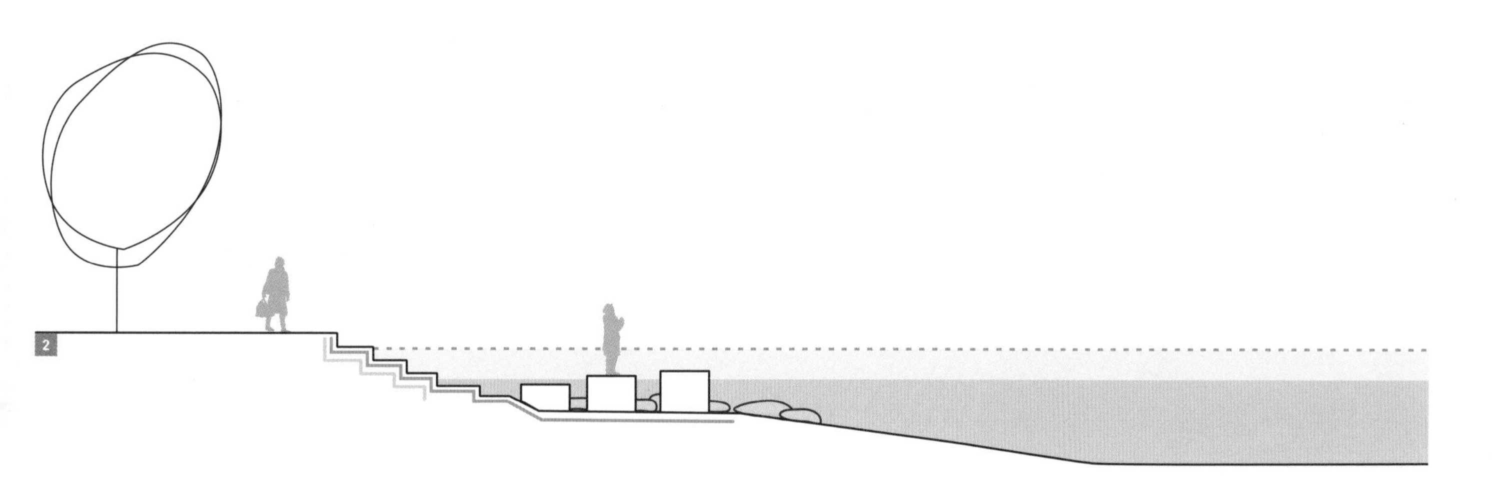

的休憩区，也可以作为一些动植物的领地和珍稀栖息地。这些台阶踏步还能加固河岸，如此一来，沉积和侵蚀过程均得到防护。

整齐排列的混凝土台阶塑造的笔直线条被其底部粗糙的花岗岩巨石和分散布置的脚踏石打乱。台阶的这种设计使得公园中的人造元素向河流天然元素的过渡显得生动起来。脚踏石和挡板看上去都像是破碎的或者被侵蚀的台阶片段，它们没有刻意模仿天然河道的形式，却突显了自然河流动力。

1 新的台阶[A1.3]远远地深入水中；不同水位高度清晰可见，并且影响着河岸的使用

2 剖面示意图：在台阶旁边，河堤是倾斜的，这样能够创造一片浅水区域，并能通过脚踏石达到浅水区

3 根据水位变化，台阶石要么露出水面，要么淹没

4 垂钓、日光浴、沿着水边散步——Wipkinger公园附近的台阶有多种不同的用途

5 脚踏石看起来像是阶梯的碎片

6 新公园及其步道、宽阔的多级台阶和其前面的小型脚踏石和挡板[A5.2]

1

设计手段

A1.1 亲水宽平台
A1.2 分级平台
A1.3 阶梯式驳岸
A4.1 码头和露台
A5.4 可淹没的河滨步道
A5.6 可跨越的堤防墙
A5.7 可淹没的家具
A5.8 耐水淹植物
A6.3 系泊船
D3.1 凸岸沙石滩
D4.6 建造在现有加固措施上

罗纳河

罗纳河畔，2004-2007年
里昂，法国

Rhône

Berges du Rhône, 2004–2007
Lyon, France

项目区域的河流数据
流域面积：～20300km²
平均流量（MQ）：～600m³/s
五十年一遇洪水流量（HQ50）：～4150m³/s
河床宽度：150m；洪泛区宽度：160–220m
地理位置：45° 45′ 26″ N – 04° 50′ 24″ E

罗纳河畔被一条繁忙的街道阻隔，使其几乎与里昂市的生活设施隔绝，汽车停在紧邻水边的码头上。In Situ Architectes-Paysagistes的景观设计项目经理戴维·舒尔茨（David Schulz）解释说，沿着里昂罗纳河岸的5km长的长廊设计旨在为城内创造一个新的开放空间，加强城市中自然属性的存在感，使得居民们能接触河流。

重塑景观的第一步是减少河边道路的空间，该道路连接北部的金头（Tête d′Or）公园和南部的格兰德（Gerland）公园，并将静态交通移到地下停车场，在其顶部的河流附近建造开放空间。在其余的区段中，先前的码头——称作低位码头，紧靠在水边，高耸的河岸墙脚下——被改造成一个带有游乐场所、运动区域、餐馆的连续的漫步长廊。低位码头的一些区域刚刚位于平均水位之上。由于罗纳河的洪水短暂而猛烈，漫步长廊有时可能被完全淹没。

河畔景观空间序列　河滨的宽度在一些地方只有7m宽，在其他地方达70m宽，景观设计主题则根据地理位置和与城市的关系而变化。从长廊的两端到城市中心段，景观设

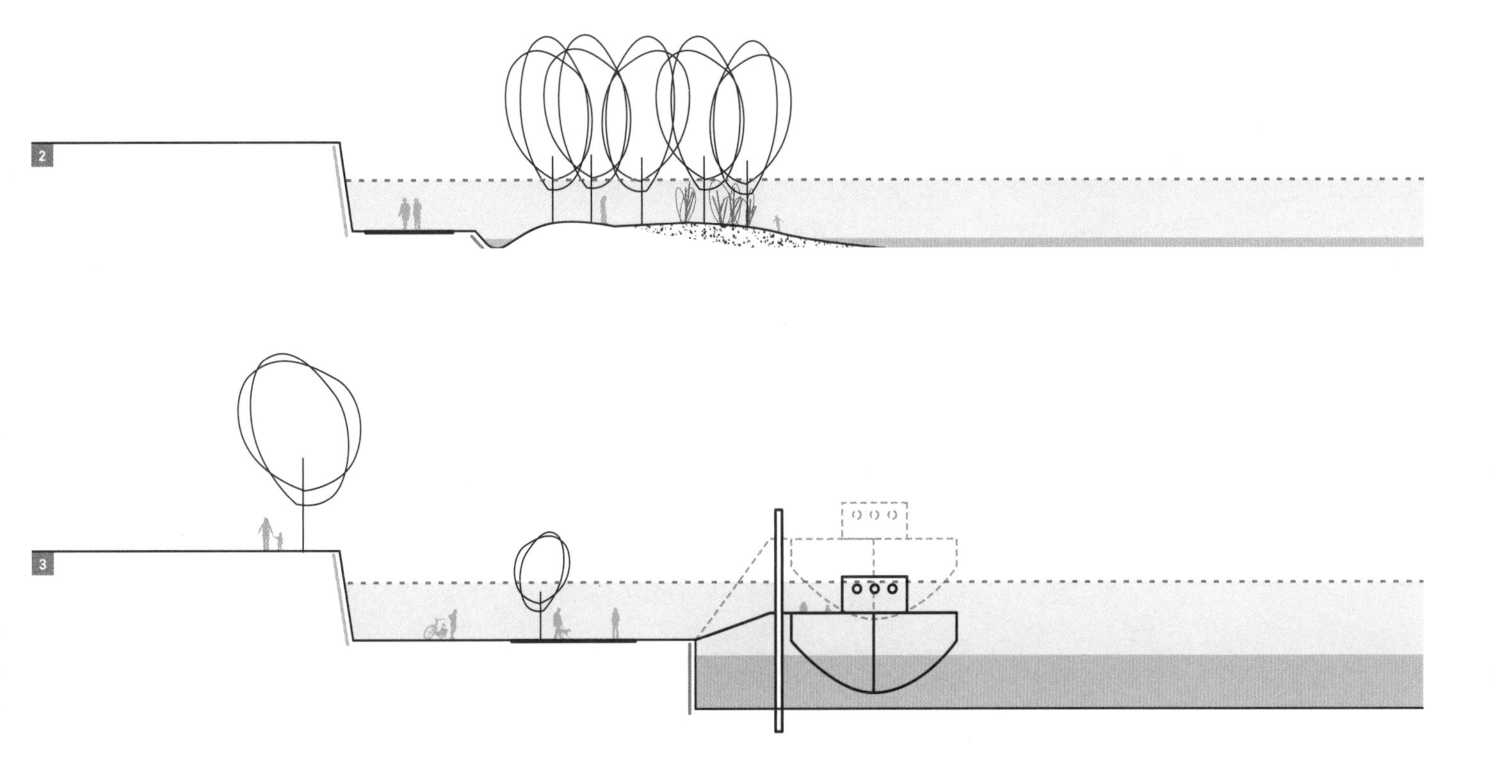

计风格逐步变得都市化，其用途的多样性也不断增加。以每一个穿过长廊的桥梁为设计主题风格变化的分界线，交替出现近自然的河滨空间、铺砌路面的多功能区域和河畔花园区。

在北边，在堤防墙前边开发了一道城市自然景观。在这里，浅滩和小岛应势而生，由于它们位于罗纳河水流减缓的冲积斜坡上，延伸到河流中但并不稳定。在这个紧邻城镇的地方，海狸已经定居。

在漫步长廊前的近自然河岸仍然可以走进，规划者在这里创建了微地形变化。填挖至不同水位的蜿蜒沟渠，穿过河岸林地。河边出现了滩地，但只要遇到小幅的水位波动，它们就会变成一系列的岛屿。沉积和侵蚀过程促使罗纳河上游形成了沙滩，这反过来又激发了在下一河段设置椭圆形花园岛的精巧设计。在这条长廊的尽头，在原

1 不同道路表面和条状绿化带[A5.8]在罗纳河的低位码头[A5.4]前构成新的步道

2 河畔最北部分的剖面示意图，堤防墙前面有沙滩

3 可停泊船屋的部分长廊的剖面示意图

4 游乐场所的设置利用了高度差[A5.6]。设施和长凳可防止洪水[A5.7]

5 近自然的沙滩位于堤防道前边罗纳河的冲积坡上[D3.1]

6 新建木质路面可作为餐厅船附加的平台[A6.3]

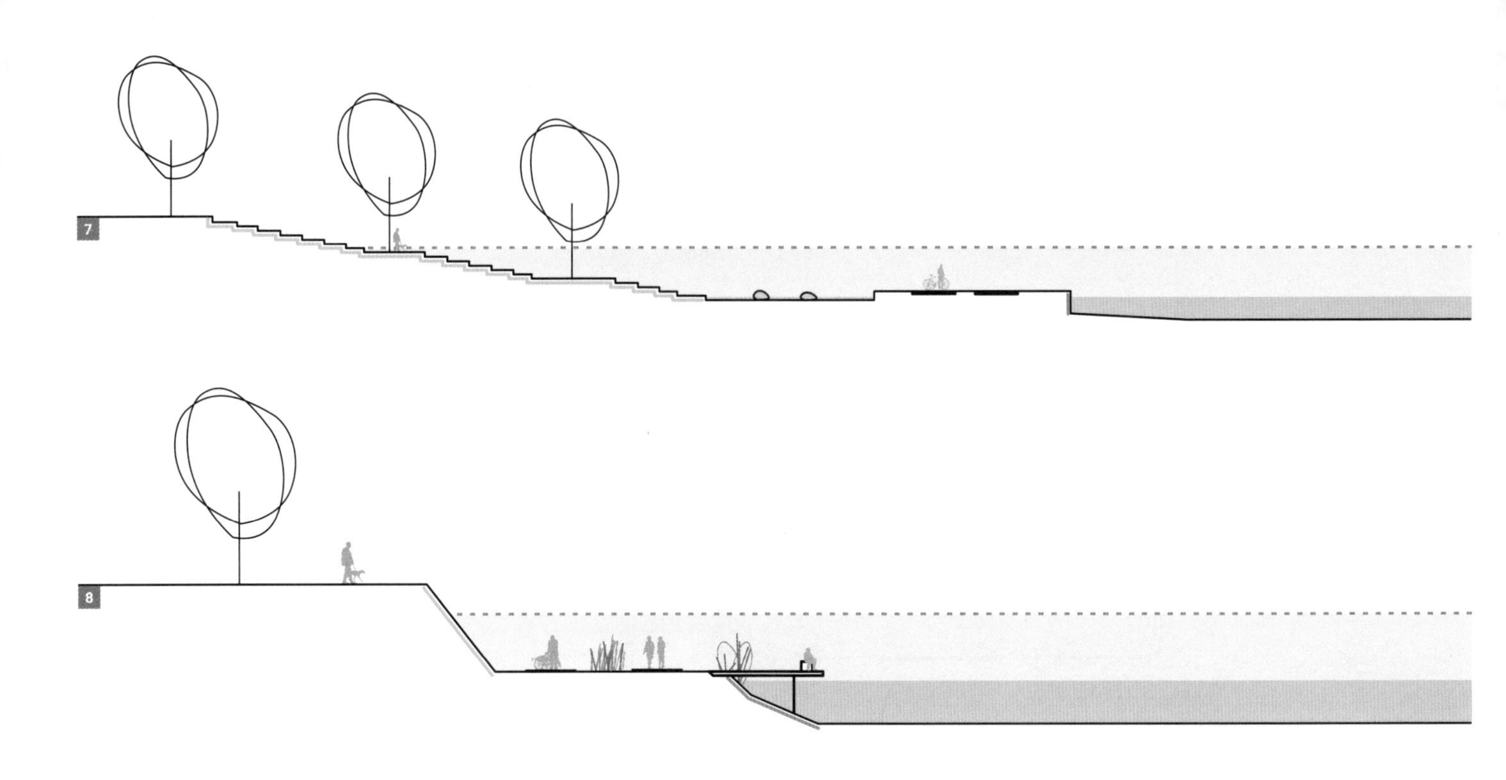

本以铺砌为主的低位码头，形成了观赏草遍布、如彩带装饰一般的美丽绿荫岛屿。

在漫步长廊的这一段，通过增设多级平台增加了通往停泊的船屋、餐厅船和酒吧船的通道，也增加了座位数量。向船只提供水、电、电话通讯等基础设施的供应管线已安装完毕，并达到防备百年一遇洪水的预期水平。

沿着漫步长廊进一步向前，植被岛屿变成黑灰色带状柏油碎石路面，天然石块铺砌的道路和非铺砌路面，以适用于不同类型的运动：骑自行车、滑冰、疾走和漫步。在罗纳河畔最中心的地方，旧码头不再与城镇分离，仅能通过迂回绕行路线连通。相反，现在一个新的城市广场连接起了罗纳河与市中心。在这里，整个河岸最宽的一段的设计是以石头为主要材料。宽阔的多级阶梯与分散布置的不同高度的分级宽平台，取代了限定建筑物室外地平标高的堤防墙。在分级平台上种植了一排排树木，还建造了小型围栏球场。在分级平台的最低处，即低位码头那里，建造了一个人工景观水道，此处有70米宽。从新的地下停车场空间抽出的地下水充满水池，然后流入罗纳河。喷雾机增加了自然河流的幻觉，浅水区招揽着人们去游玩。

接下来的一段，自1965年就曾提供河流游泳设施，没有足够的空间继续修建步道。在堤防墙旁边设置一个宽的木栈道向外伸向河流，并配备了座位，栈道可供人沿着水的边缘骑行或散步。

在漫步长廊的南端，就在格兰德公园之前，陡峭的堤防墙消失了，河堤再次变为绿色。虽然堤防仍然用老的加固防护石来固定，但它仍然覆盖着大量植被。木栈道中断了河滨植被，使游客可以坐在直接悬挑在水面上的露台上。

多样性中的统一　尽管路堤各段风格多样，但总体来说，长廊给人一种非常协调一致的感觉。线性带状的材料，及让人产生各种联想的冲积砂岸，使不同用途的河滨场地相互联系起来。尽管里昂的建筑物和这儿的公共广场具有较大的高差，人们并没有产生河流与城市隔绝的感觉。通过当前这个充满活力的低位码头，罗纳河畔的公共生活再次回归，在这儿，有充足的开放空间和不同高差间创造性的桥连。其中最显著的特点是整个长廊都是可淹没的。

7　河滨多级长阶梯和人工景观水道剖面示意图

8　悬置在堤防墙上方的露台剖面示意图[A4.1]

9　与建筑地面相邻的堤防墙被拆除，并以多级阶梯［A1.3］与散置的分级宽平台［A1.2］来替代

10　人工景观水道是由新建地下停车场的空间抽取地下水来补给

11　可淹没的家具[A5.7]

12　轮滑设施提供玩耍的机会

13　露天游泳池下方，水面上，宽敞的木栈道为滨河区域提供了水边道路

14　在最南端区域，现有的加固河堤前设置的悬挑木质露台可供人们坐下休息[D4.6]

1

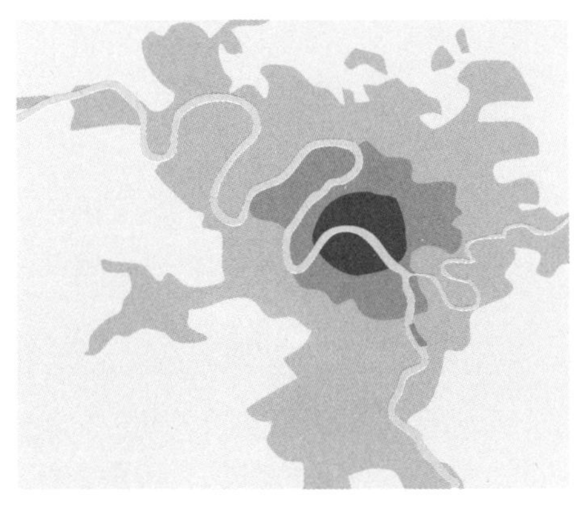

塞纳河

船码头，2009年

舒瓦西勒鲁瓦，法国

Seine

Quai des Gondoles, 2009

Choisy-le-Roi, France

设计手段

- - - - - - - - -

A3.1 可封闭的入口
A5.3 前滩
A5.5 可淹没的栈道
A5.7 可淹没的家具
A5.8 耐水淹植物
B6.1 高水位标识

项目区域的河流数据
流域面积：30800km²
平均流量（MQ）：215m³/s
50年一遇洪水流量（HQ50）：~1600³/s
河床宽度：160m; 洪泛区宽度：165m
地理位置：48° 45′ 48″ N – 02° 25′ 03″ E

1995年，巴黎大都会区的法国瓦尔-马恩（Val-de-Marne）河区发起了一个促进河边地区发展的计划。在过去几年中，这个计划部分得以实施。在舒瓦西勒鲁瓦河畔长廊的贡多拉码头是已实施的4个项目之一。景观设计公司SLG Paysage的设计旨在保护巴黎郊区抵御50年一遇的洪水事件，同时让居民能够接近塞纳河畔。在这个人口稠密的地区，仅有少数几个公共娱乐场所邻近塞纳河畔，几乎整个河边区域都被束缚在陡峭的墙壁下。

河滨新设开放空间　新的河滨地区分为两层。现有的漫步长廊位于较高的一层，并配备了一个1m高的防水堤防墙，既作为长廊的护栏，又在其中集成了照明系统。作为该项目的一部分，在该防洪区下方的水边建造了第二层较低的平台。

为此，在新的堤防墙的底部建造了一个人工河岸，其上设置一个宽阔的木栈道（长500m，宽4m），构成新建休闲区的核心。木栈道坐落于一个已经固定在地下的、坚固的防洪钢结构上。平台上形成了一个吸引游客的河滨步道，并在其南端配有一个

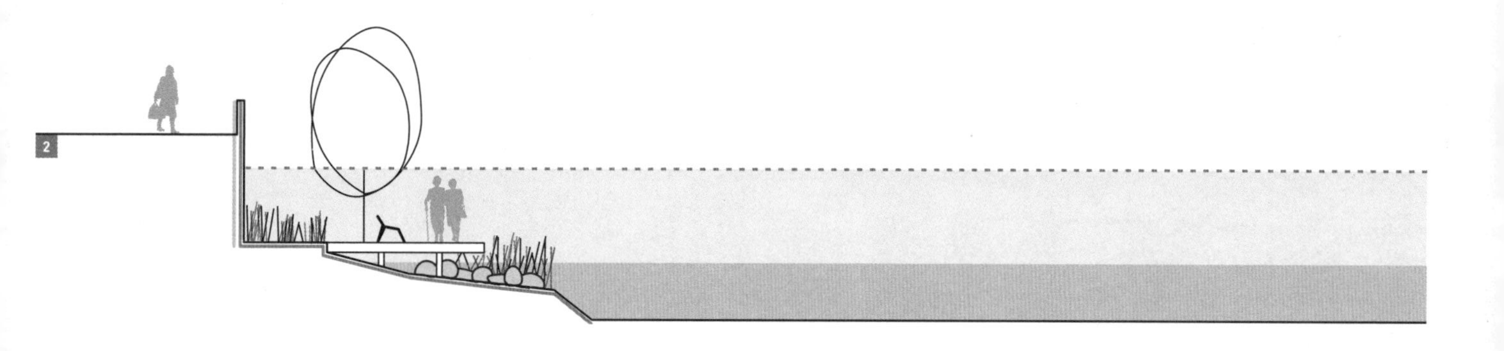

游船码头。在一些地方，平台与种有植物的河岸融为一体；而在其他地方，平台似乎悬浮在地面或水面之上，通过台阶可以到达较低的那一层。一旦发生洪水，防洪墙上必要的开口可以通过可移动防洪设施来封闭。

在码头的尽头，景观公园Parc Paysager的池塘水溢出进入塞纳河。之前，公园完全与塞纳河隔绝；现在，为公路下的通道所连接。今天，这条通道提供的木栈道和广阔河景更丰富了本来已经很完善的公园。洪泛平原上提供的休闲设施增强了游客对塞纳河的体验。坐在水边，游客们可以观察水流、观赏水禽和鱼。

河岸保护 新河岸的这种设计，使得在洪水期间，塞纳河的水流只受到轻微影响。由于采取了各种保护措施，洪水的破坏力不会造成任何损害。木栈道用坚实的钢梁固定。岸边已经种植了赤杨、柳树和各种典型的当地草类，通过密集的根系来保护自然河岸。在植物根系稳固之前，河岸通过土工布防止侵蚀。在木平台的下方，安装了一个板状桩墙，为防止下方剪切力和泥沙侵蚀提供了额外保护。此外，座椅和集成照明系统也以这种方式建造，以耐受水位的波动。

生态改善 新河岸的设计也从生态角度改善了河道。河岸的构建意味着出现了缓流区域，适于喜好干湿交替生境的植物和动物生存。除此之外，近岸岩石堆积构建出了具有不同流速的浅水区，供不同种类的鱼生存。尽管这些区域相当小，但是它们仍然可以用作已强化加固的塞纳河沿线迁移生物的栖息地。在舒瓦西勒鲁瓦人口密集的区域，在陡峭的河岸构建起了一个富有情调的水滨场所。大胆的干预措施催生出具有一种轻松自然格调的水滨步道，同时能够应对塞纳河洪水期的强大力量。

1 在500m长的木平台上，一个紧邻水面的路堤长廊正在建造[A5.5]

2 剖面示意图：由于构建了一个前滩，木栈道前出现了一个滨水植被的浅水区。前滩用大石头和麻草垫来稳定[A5.3]

3 耐洪水的赤杨立在木平台上，并在夏季提供遮荫[A5.8]

4 雕塑近些年用来指示洪水水位，并用来提示河流动态的变化[B6.1]

5 木平台安装在坚固的钢结构上[A5.5]

1

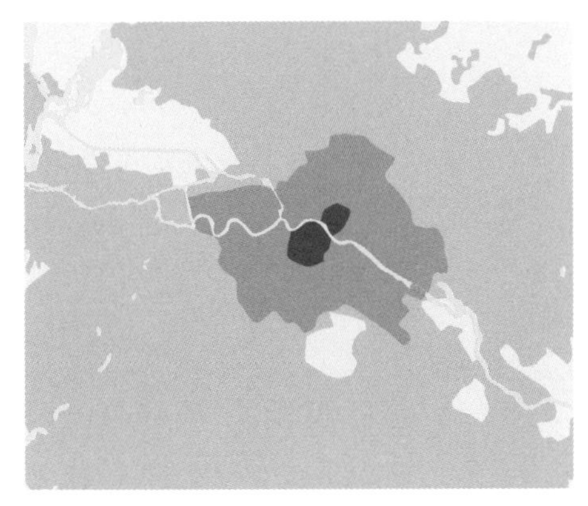

设计手段

A6.3 系泊船

施普雷河

泳池船，2004年

柏林，德国

Spree

Bathing Ship, 2004
Berlin, Germany

项目区域的河流数据
河流类型：河流基质以沙子和壤土为主的中型低地河流
流域面积：~9700km²
平均流量（MQ）：~30m³/s
历史洪水（1982年1月）：~118m³/s
河床宽度：200m；洪泛区宽度：200m
地理位置：52° 29′ 52″ N – 13° 27′ 13″ E

施普雷河是一条流速缓慢的平原河流，由于施普雷瓦尔德（Spreewald）森林可作为滞洪区，以及柏林以外有许多湖泊等原因，使得施普雷河有着最小的水位波动，一般不超过几十厘米。在城市地区，几乎所有的河岸都由垂直的路堤墙保护，仅有很少几个地方能接触到施普雷河，这是由于水质较差且该河流是一条联邦河道。沿岸土地的工业用途意味着其地面高度通常在水面之上几米。由于施普雷河用于船舶航行并受其较差的水质影响，很长一段时间以来，在施普雷河里游泳都不太可能。

从游艇到泳池船 在柏林，水质和沿岸的这些情况催生了一个全新的概念，来更广泛地利用这条河流。“一个水上阳台，河中间拥有干净的水，恢复柏林公民通往古老东部港口河流的通道”，正如建筑师（Gil Wilk）的描述[http://www. gil-wilk.de]。在2004年春天，一艘旧游艇在附近的造船厂被重新改装，拆除船体上层建筑，并被灵活地系泊，以便适应施普雷河的不同水位。一个漂浮在施普雷河上的游泳池，即“泳池

1 泳池船已成为施普雷河晚上一个极具吸引力的地方

2 剖面示意图显示了码头到泳池船的连接[A6.3]。泳池船能够适应±50cm的水位波动

3 夏季使用浮动泳池的情景

4 游泳池可以让人们在施普雷河中间游泳

5 在冬天，泳池船被转换成一个具有室外游泳池的桑拿浴室

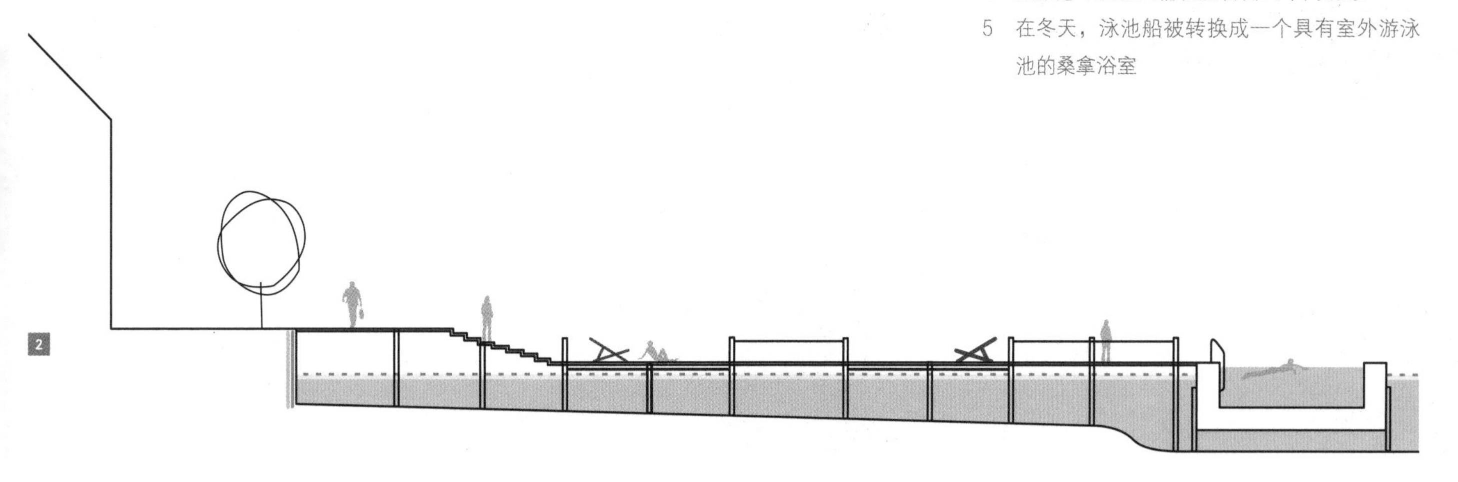

船”就这样诞生了，其水深约2m，长32m。游泳池仅仅高于施普雷河水面几厘米，泳池船的客人可以享受具有显著工业风的河流空间上广阔的景色。

沿着旧船体的周边安装了一个长凳，船体边缘做了新的修整。这容纳了所有技术装置，如池射灯、加热和水循环。泳池船的基本形状在两种交错的形式中得到呼应，可以用作梯级平台和阳光甲板的两个木制码头，提供了从岸上到泳池船的通道。在附近的河岸上建造了沙滩以及沙滩酒吧来完善整个设施。

从2005年起，泳池船每年10月到次年4月定期转换为冬季泳池船。根据Wilk-Salinas Architekten的设计，安装了桑拿浴和酒吧，码头和船体覆盖有具有隧道结构的耐压外壳。透过大型透明表面，可呈现冬季施普雷河的景色。

古老传统的复兴 泳池船的想法遵循了19世纪柏林的河滨浴场的传统。瑞士由于河湖水质良好，这一传统被保留。但在柏林，几十年来在施普雷河游泳都是不可能的。像过去的码头和浴池结构一样，在东港口的开放河岸上闪耀着蓝色的泳池船，有着严格的几何体构造，代表了城市建筑和河流空间之间的一个连接元素。与此同时，第二个泳池船已经安装于维也纳，另一个计划设置在汉堡的外阿斯特湖（Außenalster）上。

1

伍珀河

伍珀塔尔90°，2004-2007年

伍珀塔尔，德国

Wupper

Wuppertal 90°, 2004–2007

Wuppertal, Germany

项目区域的河流数据

河流类型：中型，河床以由细基质到粗基质主导的硅土高地河流

流域面积：~400km²

平均流量（MQ）：15.4m³/s

百年一遇洪水流量（HQ100）：230m³/s

河床宽度：25m；洪泛宽度：80m

地理位置：贝尔谢巴岸（Beer–Sheva–Ufer）51° 16′ 09″ N – 07° 11′ 41″ E

海伦娜–施托克岸（Helene–Stöcker–Ufer）51° 15′ 59″ N–07° 09′ 54″ E

设计手段

A2.2 垂直于河岸的通道

A4.1 码头和露台

A5.1 水下台阶

A5.2 大石块与脚踏石

A5.3 前滩

从工业河流到城市河流 在伍珀塔尔，伍珀河常常隐匿于视线之外。狭窄的山谷中城市的线性延伸和投影到河中的高悬铁路，加剧了这个问题。伍珀河的河槽很深，有岸的地方都被建造成护堤。直到20世纪80年代，伍珀河只是一条受污染的工业河流。后来，污水厂的建设和纺织工业的消亡使水质大大改善。即使在今天，这条河沿线也布满了工业建筑和办公楼。为了使伍珀河更好地融入城市，当地政府决定在该河沿岸建一条滨水步道，作为2006年Regionale展览的重点项目之一，并举办了一次设计竞赛。

由于种种原因，设计任务是相当困难的，紧邻伍珀河建立一个滨水步道可能性不大。此外，河床仍然受到废水产生的沉积物的污染，因此改造整个河道几乎是不可能的。除了大量的电缆、管道和岸边的街道，最后一个重要的干扰因素是悬浮铁路缩小了改造方案的空间。

90°——一种替代策略 参加竞赛的作品之一，景观建筑师Davids | Terfrüchte+

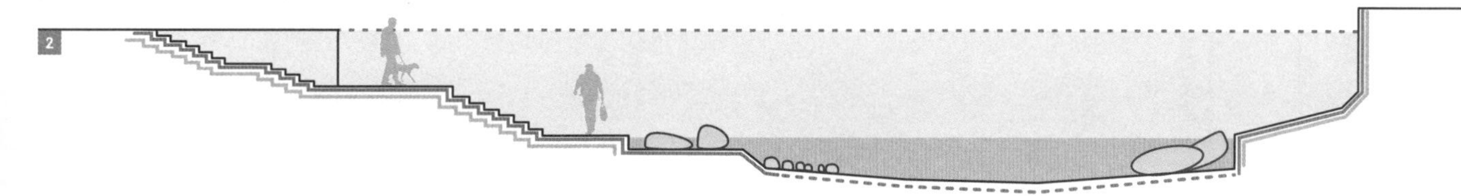

Partner设计的概念90°，作为滨水步道的一个替代方案将伍珀塔尔居民带回到他们的河流。该概念打破了线性路径与道路的平行关系，以便开拓伍珀河上的新视野。

通向河流的通道，露台和连接道路不是像原来计划的那样，沿着与河流平行的开放空间开发，而是从狭窄的城镇延伸到河流的空间。垂直连接强调了功能性和视觉效果，并且增强了现有场地的品质，而不是使河流与城镇隔离开来，单独对其进行更新改造。巴门市（Barmen）和埃尔伯费尔德市（Elberfeld）之间的伍珀河开发了三种类型的创新干预措施：

类型1：狭窄通道。“狭窄通道”是与伍珀河成直角建造的，连接着著名的广场与河流的步道。其中一个是“学校步道”，一个通往海伦娜-施托克岸的广场。

类型2：露台。它们明显区别于常常并行于河流的小路。在南泰恩赛德岸（South-Tyneside-Ufer）上建造了三个瞭望台，在一所学校附近设计了一个悬挑于伍珀河上方的露台作为伍珀河实验室，并在Justizinsel处有一个棱堡式的平台。

类型3：直接通向河流的通道。在可能的地方，河岸被降低或修建台阶伸向河水。一些踏脚石直接放置在紧邻水边的地方，例如，在就业中心附近的所谓“海滩”，采用裸露石的混凝土板构建而成，并且一些伸向水里，就像在贝尔谢巴岸上那样。

在规划者的眼中，在城市密集混杂的地方来寻找空间并使它们与河流形成90°直角这一概念，在伍珀塔尔将有更多发展潜力。伍珀塔尔的解决方案也可能成为一个开拓性方法，可能应用于其他过度开发和工业化的河流空间。

伍珀河岸的振兴措施　管理河流的伍珀河岸协会自2000年以来一直在修复河流，且主要从生态学的视角进行。伍珀河仍然是一条被包围的河，然而，替代性的河堤护岸和新的河床结构，例如独立的大石块，增加了栖息地的多样性。由于洪水流量的原因，这些措施只能零星地实行。而这些措施，和90°项目一起，将一步一步使伍珀河再次成为城镇和生态系统的一部分。

1　台阶打断了伍珀河非常整齐的截面通道[A2.2]。淹没的台阶[A5.1]和一些大的离岸石块[A5.2]提供了亲水机会

2　剖面示意图：在最后一步台阶前增加一个伸入水中的平台，使得进一步加固稳定不再必要

3　在就业中心附近的城市近滩。白色混凝土板延伸到水中，参照了浴巾的样子

4　Justizinsel上的棱堡式的平台

5　设置了缓和的过渡区，孩子们可以在浅水中溅水嬉戏[A5.3]

B

堤坝与防洪墙

美因河，美因河畔的沃尔特

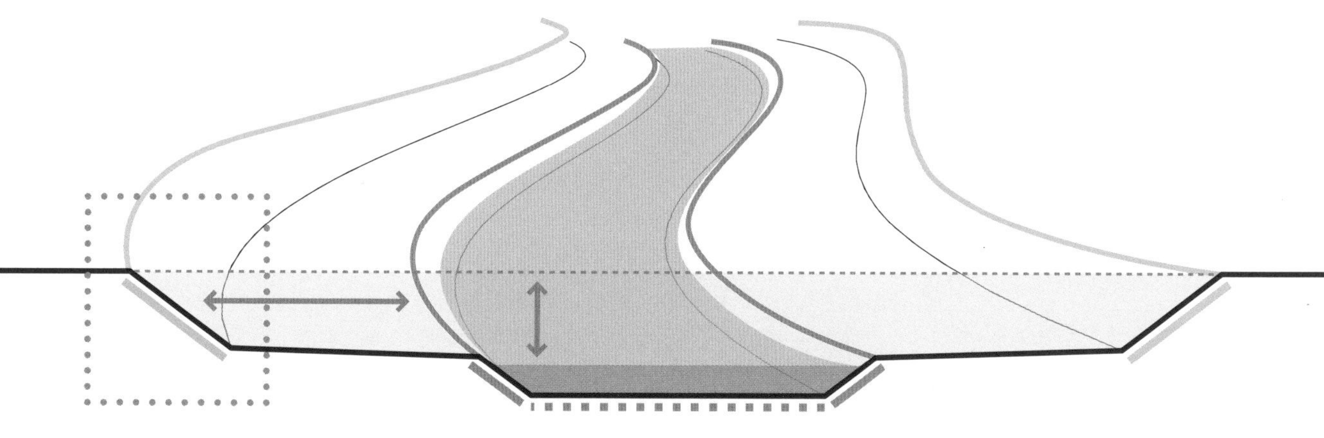

1

设计手段

A1.3 阶梯式驳岸
A6.1 浮动码头
A6.3 系泊船
B1.5 堤坝阶梯和长廊
B1.6 超级堤坝
C5.2 游船码头

易北河

Niederhafen长廊，2006-2015年
汉堡，德国

Elbe

Promenade Niederhafen, 2006–2015
Hamburg, Germany

项目区域的河流数据
河流类型：河床基质以沙为主的超大型河流
流域面积：140000km²（诺德易北和苏德易北）
平均流量（MQ）：~750m³/s（诺德易北和苏德易北）
百年一遇洪水流量（HQ100）：~4000m³/s
（洪水通常由强潮汐波动引起）
河床宽度：~400m
地理位置：53° 32′ 38″ N – 9° 58′ 36″ E

Niederhafen河滨长廊是汉堡市一项用以加固和更新洪水防护设施的全市范围的举措。它位于汉堡市旧港口北部的易北河岸，该港口最后一次装卸货是在20世纪30年代。如今，这里成为连接诸如圣保利（St. Pauli）和古老仓库城等名胜古迹的最受欢迎的旅游线路之一。20世纪中期的几次毁灭性的暴雨迫使汉堡市实施了体量庞大的洪水基础设施，因而切断了港口和易北河与城市其他区域的联系。该防洪建筑是20世纪60年代防洪工程的一部分，长廊就坐落于这里。它使得河岸向河床移近20m，同时高度抬升超过7m，因此在建筑结构下方增加了停车空间。

过去几十年，汉堡市的港口设施已经得到现代化改造，已不再需要在紧邻城市的位置设置港口区。当港口区域搬到更远的地方，一个充满活力的新区域，被称作港口新城的地方出现在曾经的港口区域。Niederhafen河滨长廊的战略位置提供了壮阔的河岸风光，还可以在此眺望远处的港口。研究显示防洪结构基础需要翻修，并需要增加高度以更有效地保护城镇来应对升高的水位。因此，2006年，一场设计新长廊的竞赛揭开帷幕。

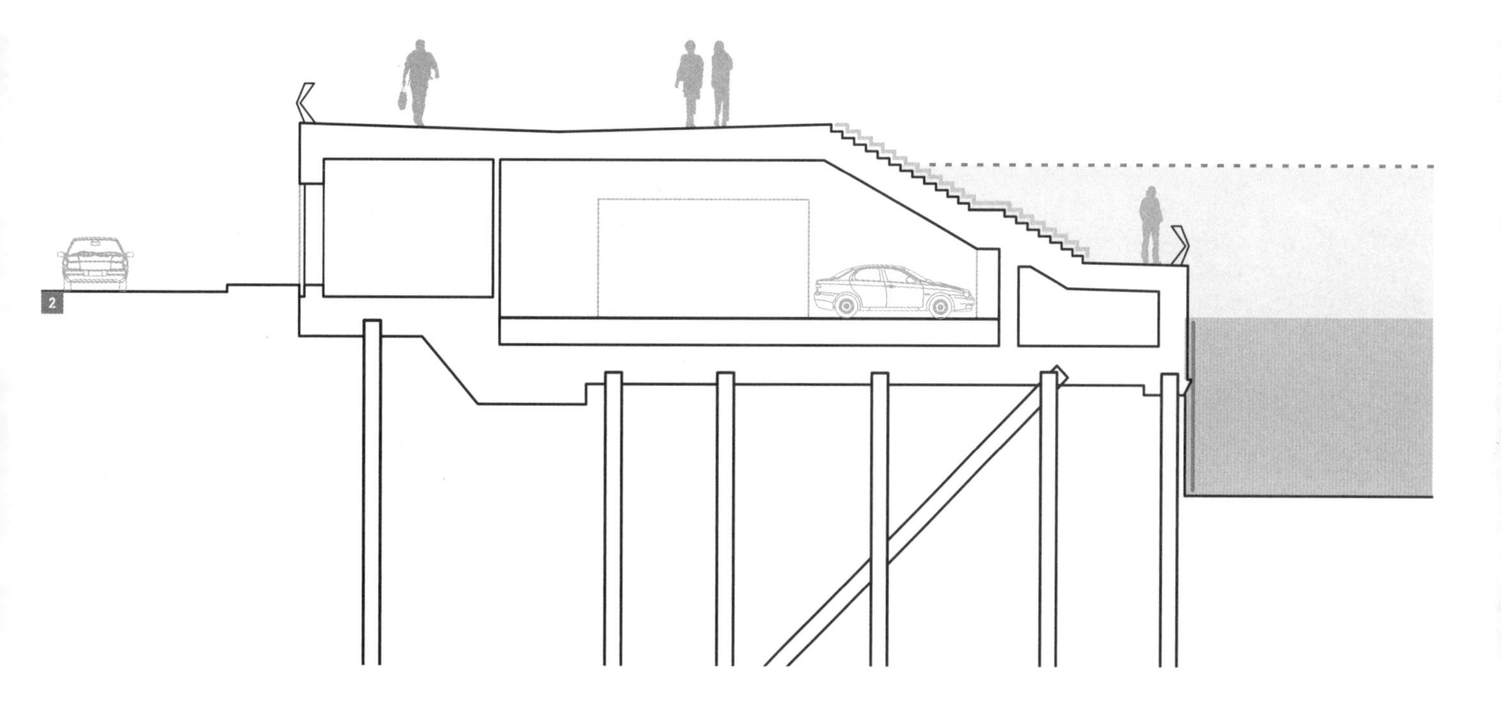

河岸上的圆形剧场 胜出的设计方案通过设置类似圆形剧场的阶梯来使长廊分别向着城市和水面开放，允许游客落座并能同时观赏到一边的城市生活和另一边的水上交通及港口活动。长廊两侧的圆形剧场阶梯相互呼应，沿着长廊造就出一条柔和波动的路线。由于需要建造一个新的更高更宽的加固堤坝，先前的堤坝结构被拆除，因此河床被削减了几米。在长廊下方是停车场、小型商店和临街的其他设施，形成一幅有吸引力的外观立面，并设置了人行道和自行车道。俯瞰街道的阶梯设在垂直街道轴线与长廊交汇的地方，这里还建设了新的街道口，方便人们通往长廊。平行于长廊的斜坡入口使得轮椅或推婴儿车的行人方便通行。俯瞰易北河的组合阶梯平台则设置在高于水位5.4m以上的地方，这样一来只有在秋冬最为猛烈的暴雨才能漫过这里。最大高度为常水位以上8.9m，以适应预测的百年一遇的洪水。在面向河流的长廊一侧，浮动元素，例如浮码头和浮桥设施，提供了通向驳船、轮船的通道，还有游艇停泊处。

1 俯瞰易北河与系泊船的长廊阶梯景观[A6.3]
2 结合停车场和商业区域的超级堤坝典型剖面示意图[B1.6]。堤坝已经重建并且坝基结构被显著加固，来承受河流的压力
3 规划图显示了长廊蜿蜒于分别朝向街道和河流开放的圆形剧场阶梯之间
4 通过桥梁也可以通向超级堤坝；一个小型浮动码头停靠在长廊附近[A6.1]
5 长廊和阶梯呈现出圆形剧场的特征[B1.5]
6 可以通过斜坡和阶梯从街道到达河滨长廊

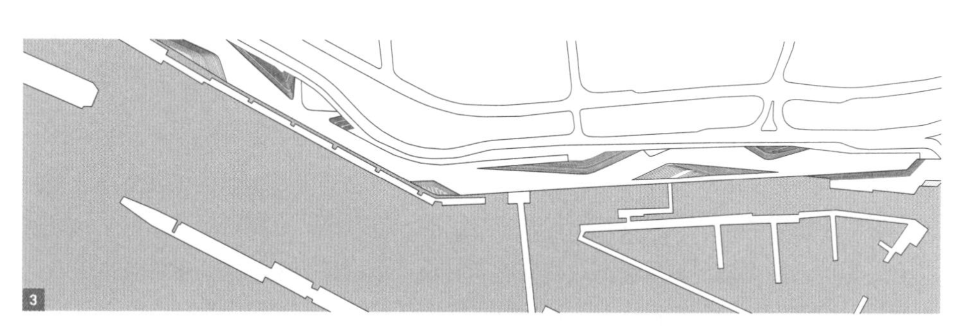

1

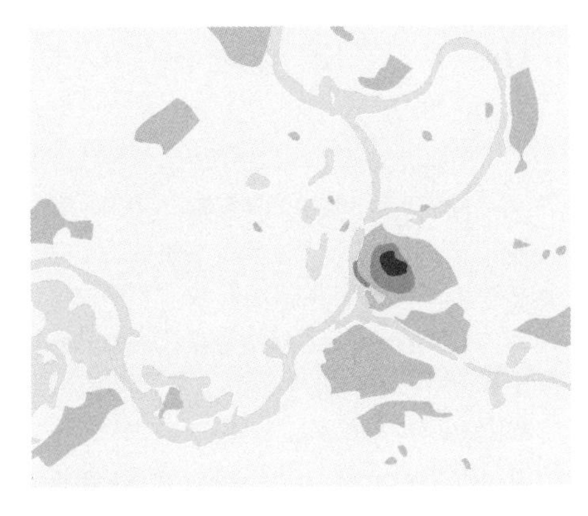

设计手段

A1.3 阶梯式驳岸
A5.4 可淹没的河滨步道
B1.5 堤坝阶梯和长廊
B1.6 超级堤坝
B6.1 高水位标识

艾塞尔河

艾塞尔码头住宅区，1997–2005年
杜斯堡，荷兰

IJssel

IJsselkade Residential Area, 1997–2005
Doesburg, the Netherlands

项目区域的河流数据
河流类型：缓慢流动，沙和黏土为主的平原河流，莱茵河三角洲的分支
莱茵河流域面积：160000km²
莱茵河平均流量（MQ）：2300m³/s，艾塞尔河占11%：230m³/s
莱茵河百年一遇洪水流量（HQ100）：12320m³/s，艾塞尔河占23%：2833m³/s
河床宽度：75m; 洪泛区宽度：100–600m
地理位置：52° 00′ 50″ N – 06° 07′ 43″ E

杜斯堡，一个由水定义的城镇 荷兰城市杜斯堡位于海尔德兰省（Gelderse）艾塞尔区域的被称为古艾瑟尔（Oude IJssel）的小河口岸，该河流是荷兰境内莱茵河大量的分支流域系统内的一个主要支流。河流所容纳的水量较大，在杜斯堡，水位波动可超过5m，因此，现在这个城镇被高高的堤坝所环绕。该城镇一直以来使用两个水道进行贸易和保护自身免受洪水侵扰。在17世纪，城市建造了径向的城防设施，以及一个宽的护城河。从那以后两条河在这个系统之外彼此平行相邻向前流淌。该防御系统也具有防洪功能，护城河的外边缘构建成堤坝。

项目区域是位于城镇中心和艾塞尔之间的这个从前的防御圈内。此处的护城河已经被填埋并在该场地建立了工业，因此使市中心和河流的关系被切断。工业活动从这个地方撤出以及在此建设住宅区的决定，为恢复和加强城镇与河流之间的联系提供了机会。之后很长一段时间，所有城镇扩张都发生于堤坝后面的低洼地区，参与该项目的规划者从该城镇过去的传统中获得灵感，由于这里的定居点起源于沼泽地带的一个

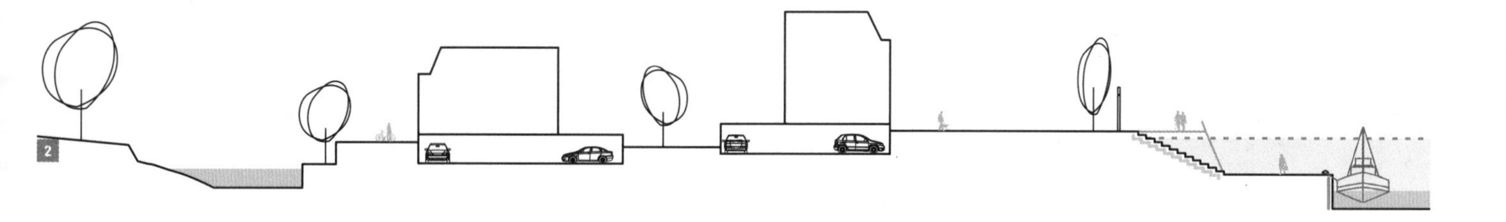

沙丘，因此决定使用高地作为住宅用地。之后，防御圈一带被评估为可抗击洪水的安全住房用地。它们靠近河流并具有壮丽的景色，使这些住宅区在今天颇具吸引力。

河畔的新活力和新住房　在1997年至2005年期间，在这个显眼的场地建造了大约150套房屋单元和一家酒店。进入房屋的入口高程与相邻堤坝的顶部相同，在水面以上6米处。高耸的河岸墙有一个很大的台阶延伸到水里，连接着两个高程。住宅区下方的构筑物和停车场与住宅建筑一体建造。在堤防顶部也建造了一个宽阔的人行步道。同时，在面对市中心的一侧，老护城河得以修复来贯通水系。在相对狭窄的项目区域里架桥连接具有较大垂直距离的不同平面呈现出较大的挑战。通过交错布置地下停车设施、住宅和开放空间的高度，则可能将具有公共开放空间的地层构建成无车区域。建筑群被朝向和通往中世纪城镇中心的教堂的视线和路径分割开来。位于大楼地基的地下停车场可从城镇一侧的地平面进入。新的“护城河”提供了一条水带，很明显地把城镇的新旧部分分割开来。尽管使用了巧妙的交错系统，但建设施工所需的土壤量和土方工程数量巨大。

广阔的堤坝长廊　两条水道交汇处的长廊提供了延伸到远处市郊乡村的广阔水域的壮观景色。长廊分为两层：一个地势低洼，洪水可淹没的码头也作为船的着陆设施；另一个在堤上，可以俯瞰艾塞尔河，该长廊不受洪水影响，是一个无车区域。因为上层长廊宽度超过20m，它构建出的滨水公共空间场地足够大，可以举办活动。略微倾斜的河岸墙脚下的码头使公众能够在水边漫步。朝向艾塞尔河，一个大型的面向西南的看台连接两层长廊。

在稍微倾斜的护岸墙上，黑色表面与其上的白色标记相互映衬，以突显艾塞尔河的河流动态变化。这些标记显示了1995年艾塞尔河不同的高水位，从而传达了河流动态变化的信息。河岸台阶旁的题字解释了这一设置。

堤坝和建筑物的整合促使了河岸环境用于多种用途的情形，并且其地上的设施提示着其以前作为商业港口的用途。通过向周围的景观开放，建设它的新步道长廊，杜斯堡获得了高品质的公共开放空间，并再次成为一个真正的水滨城市。

1　在“生活在堤坝上”的计划下，建起了住房和长廊，并扩展了河上的风景[B1.5]

2　剖面示意图：建筑物交错排列布局将防洪保护层和与重建的“护城河”连接起来

3　在黑色的河岸墙上，1995年经历的不同水位标记为白色[B6.1]

4　建筑物利用了不同的高度差：在后方，居民可以从地面进入房屋下方的停车场

5　从步行长廊到市中心看过去，建筑群被景观分割开来

1

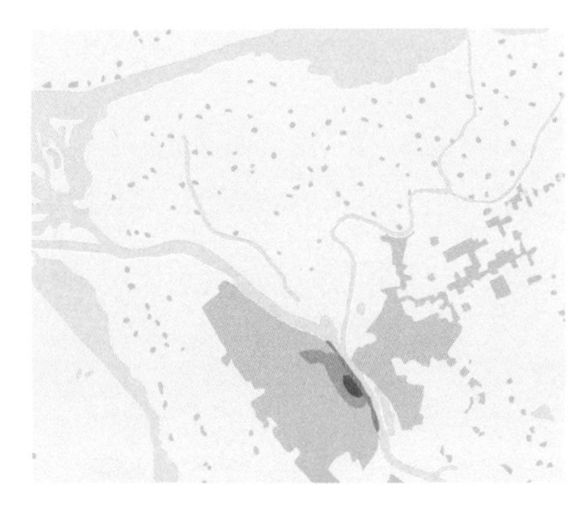

设计手段

- - - - - - - -

A3.1 可封闭的入口
A3.2 保留景观视线
A5.4 可淹没的河滨步道
A5.5 可淹没的栈道
B4.1 利用旧城墙
B4.2 防水外墙
B5.2 可连接式防洪设施
B5.3 折叠式防洪设施
C1.2 支流
C3.3 耐受洪水的建筑

艾塞尔河

坎彭中段防洪工程，1986–2001年规划，2001–2003年建设
坎彭，荷兰

IJssel

Flood Protection in Kampen-Midden, Planning 1986–2001, Construction 2001–2003
Kampen, the Netherlands

项目区域的河流数据
河流类型：缓慢流动，河床基质以沙子和黏土为主的平原河流，是莱茵河三角洲的支流
莱茵河流域面积：160000km²
莱茵河平均流量（MQ）：2300m³/s，艾塞尔占11%：230m³/s
莱茵河百年一遇洪水流量（HQ100）：12230m³/s；艾塞尔占23%：2833m³/s
河床宽度：160m；洪泛区宽度：200–600 m
地理位置：52° 33′ 32″ N–05° 55′ 02″ E

位于艾塞尔河口的城市 坎彭市位于艾塞尔河口位置，河流从这里汇入艾塞尔湖。艾塞尔河是莱茵河的一条支流，同时也是从德国下泄洪水的三条支流之一。坎彭市的洪灾可能发生于艾塞尔湖形成逆风时或洪波下泄时。如果两种情况同时发生，则河流水位可以在短短3小时内上涨3m，预警的时间非常短。作为防洪系统一部分的环堤同时保护着坎彭市及其后面大部分地势低洼的腹地。因此坎彭市的防洪线是非常重要的。在1986年，防洪线从+2.60m NAP（NormaalAmsterdamsPeil=Amsterdam Ordnance Datum，阿姆斯特丹法定基准线）提高到+3.80m，在某些地区甚至达到了+4.30m NAP。这对应了从两百年一遇到两千年一遇的洪水发生率的变化。面临的挑战是在增加堤坝高度120cm的情况下如何保持从城市看到河流的原有景观。

重新启用旧城墙 该困境的解决办法是仅将一部分新的防洪线直接布置到河流边缘，同时利用大部分旧城墙作为屏障。尽管旧城墙位于面对河流的第一排房屋之后，不怎

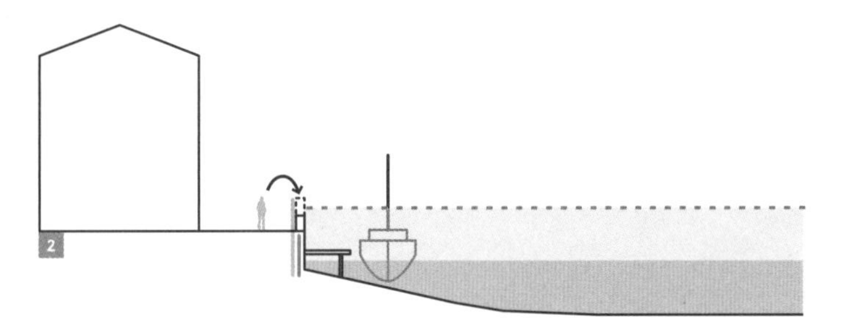

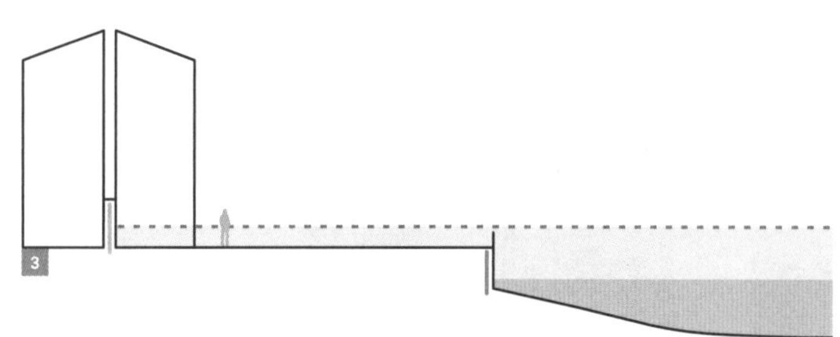

么起眼，但现存的城墙具有足够稳定、足够高的优势。这些房屋的建造者利用城墙做他们所建建筑的后墙，因此这些建筑在城墙的外面。所以，利用原有城墙来建造防洪线意味着必须要有一些创造性的解决办法。首先，对城墙外侧建筑要采取一些措施。有两种方案，都运用了建造一个非线性防洪线的决策。

建筑外墙被制造成防水的，所以它们也构成了防洪线的一部分，并且可完全保护这些建筑抵御洪水。防水的窗户、门和地下室窗户的可移动屏障与密封的墙共同保护着房屋内部。而用到旧城墙的其他地方，意味着建筑位于新防洪线以外，很容易受到洪水影响。居民接受了这样的现状，因为防护状况与之前没有改建前并无区别。另外，因为他们现在居住于官方的防洪线以外，所以他们不再需要向当地的水务局缴费了，当做接受了政府的补偿。那些公寓和商铺经常以这样的方式组织起来：洪水来临时能快速被疏散，洪水过后则重新被占据。城墙的地基被挖至地表以下1m以内，然后被加固和密封。对现有的一些住房进行建设施工耗费了一段时间。对一个鲜花商的报道引起了全国注意：在建造期间，该区域的商铺一年内无法营业。然而，作为回应，女王在这个花店重新开业时参加了庆典，与此同时，该地区的新防洪线正式投入使用。

防洪线沿线的许多地方都设立了临时防洪元素，这些元素仅在洪水来临时使用。在这些地方，屏障保持开启或低于防洪必要的高度，横穿城墙的街道依旧作为进入城市的通道。在沿河堤设置防洪线的地方，保留了观赏水景观的视线。在紧急情况时，这些缺口会随着铝制设施的移动而关闭，并且沿河堤的防护墙同样会被升高到必要的高度。这些临时元素被保存在城市边缘的一个巨大的仓库里，能够在3小时内由200个人组成的强大防洪小组（包括预备成员）安装到位。在河流沿岸与防洪线交叉的道路区域，设置额外的临时设施于地下：这种防洪门可以在洪水来临时迅速就位，从而保护街道。

城市步道也被重新设计，作为改建项目的一部分。这个直到现在被用来作为街道和停车场的岸线，再一次成为行人众多的河滨娱乐场所。沿着河水边缘的河堤墙建造

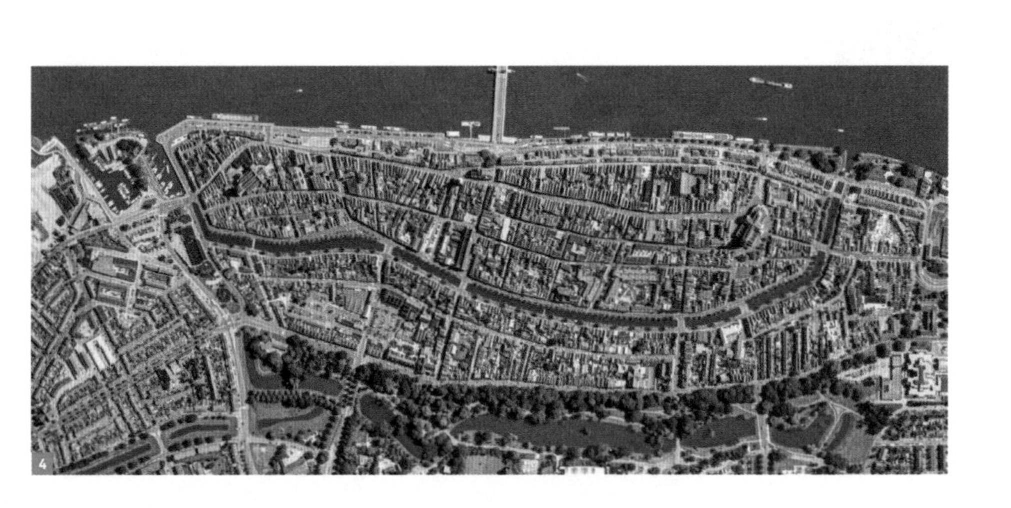

1 步道的可淹没部分景观图[A5.4]。左侧的建筑外墙是防水的，组成了防洪线的一部分。在它的前景中可以看到可折叠的防洪门

2 剖面示意图：防洪线沿着河堤而建。可移动防洪元素顾及了河流视野的连续性

3 剖面示意图：防洪线沿着建筑背后的古城墙建造

4 第一排建筑部分坐落于城墙以外，因此处于防洪线以外

了码头和第二层空间。第二层空间也作为一个非常繁忙的桥下通道使用。

在防洪墙前面，一个老旧的回填港池被重新挖掘，现在作为码头使用。该段防洪线沿着这个港池建造，它的独特形状让人联想起曾经的沿着港口边缘建设的古老防御工事。

在未来：一条新的支流 这个先进的防洪系统强化了原有城墙，并且在老式建筑之间创造了一些有趣的特点。防洪设施精巧而朴素的融合令这座城市古色古香的街区更有魅力。考虑到防洪线的重要性和预警时间的短暂性，坎彭观念里的勇气和团结一致值得我们尊敬。现在，有人正规划着在坎彭市的南边建立一条大型支流，可以在紧急情况下将洪水通过河流的另一条支流引入艾塞尔湖。在这个现今以农业为主的地区，一条新的河流支流会被开凿出来，然后沿线辅以堤坝。整个计划要求在2013年启动。届时将构建起具有沼泽和开放水域的大型自然区域，以及连接艾塞尔河和艾塞尔湖的新线路，服务于休闲游船和新的高质量的水上住宅区。这条支流不仅为坎彭人提供更多的安全保障，同时为城市发展提供新的机遇。这个项目的部分支出会由售卖这些新建的住宅楼来承担。在未来，国家的整个河流系统将会有更多的水经由艾塞尔河排出。在这条支流建设完毕之后，保护坎彭人的防洪线压力会明显减轻。通过他们创新的方式，两个项目都代表了全球探索综合洪水管理方式的典型解决方案。

5

6

7

8

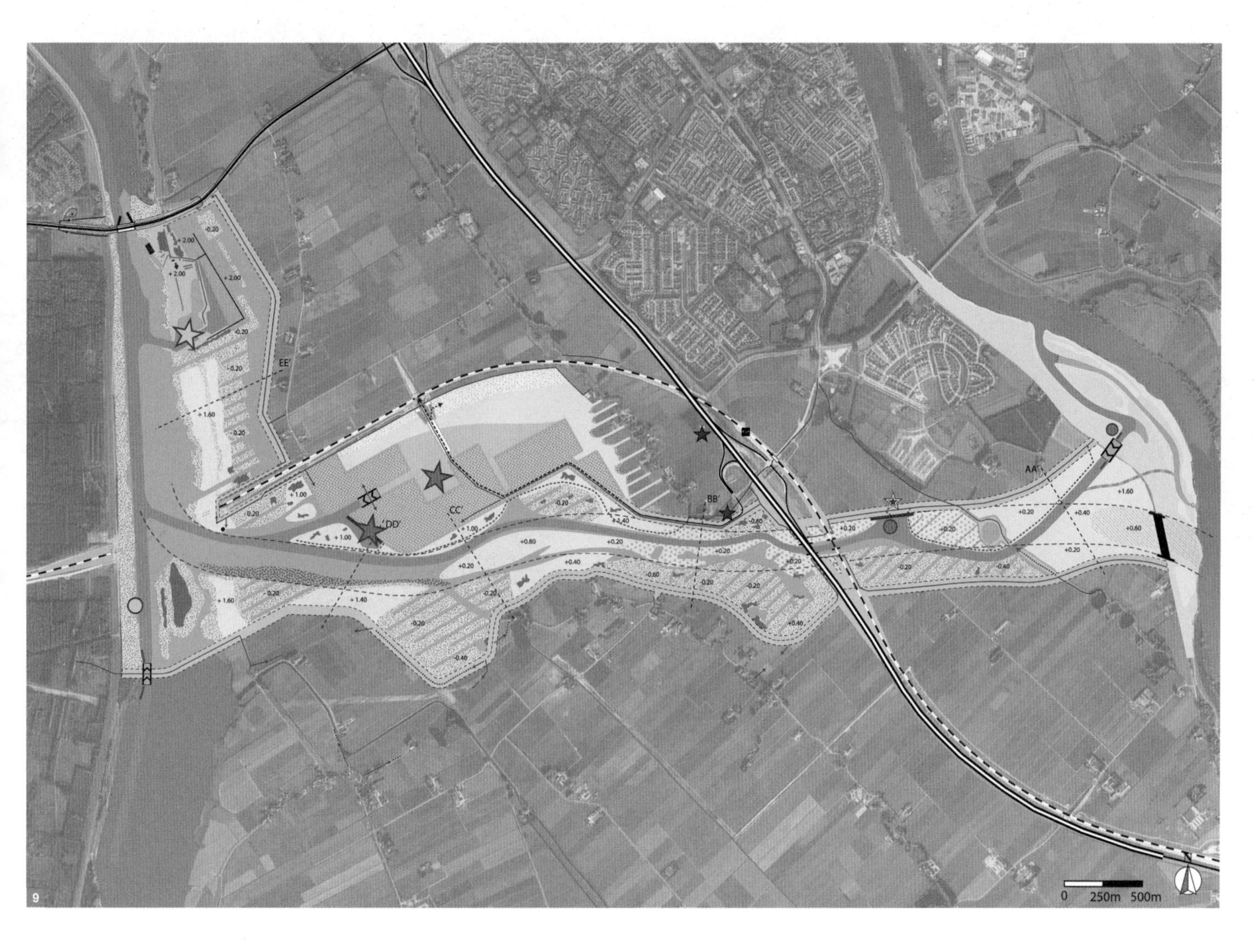

支路设施

- 开阔深水域（停船通道）
- 动态芦苇河床/湿地植被
- 牧场/洪泛平原
- 牧场/洪泛平原（人工抬升）
- 间歇干燥沙化区域
- 鱼行通道

水力学建筑

- 新建水坝支道
- 水闸门
- 维护码头水闸
- 防风暴潮的保护屏障

住宅及生活娱乐区域

- 娱乐区域
- 海滩
- 现有的自行车道
- 新建自行车道
- 新建步行道
- 现有/新建防波堤
- 现有/新建码头
- 野营区（现有/新增区域）

支路区域

城镇

城镇与支路的连接点

5　花商的店铺位于洪水保护线之外，当极端的洪水事件发生时，它会位于水下[C3.3]。古城墙现在作为洪水保护线，也充当店铺的后墙[B4.1]

6　在城市和散步长廊之间的通道可以通过可移动的保护设施来关闭[B5.2]

7　沿着新的港池的新防洪墙让人想起这个城市之前的防御工事

8　沿着河岸的矮墙高度可以通过铝坝梁暂时升高[A3.2]。在图片近景中，我们可以在看到街道上的大型防洪门，这个折叠门在发生紧急情况时可以被打开[B5.3]

9　未来，一条建设在坎彭南部的艾塞尔河的支流将会把水从城市转移出去[C1.2]。这将会构建出一个新的大型自然区域，并促进滨水宜居地的发展（规划现状2010年）

1

设计手段

B2.1 多功能防洪墙
B2.2 改变对墙高的感知
B5.2 可连接式防洪设施
C3.8 聚会场地

美因河

洪水管理理念，2009年
米尔腾贝格，德国

Main

Flood Management Concept, 2009
Miltenberg, Germany

项目区域的河流数据
河流类型：大型高地河流
流域面积：21490km²
平均流量（MQ）：109m³/s
百年一遇洪水流量（HQ100）：2400m³/s
河床宽度：110 m；洪泛区宽度：250m
地理位置：49° 42′ 12″ N–09° 15′ 26″ E

洪水管理和新的步行道 米尔腾贝格的老城区（法兰克尼亚的下城区）位于美因河一个弯道外侧（外曲）的山谷阶地上。在冬季，河水常常漫过河堤，1990年以前，这个小城经常受到水灾侵害。一个突出的问题是，即使是小的洪水也会淹没米尔腾贝格的繁华地段，从而阻断了到达河上方桥梁的通道。在这种情况下，去往位于河流北部的城镇的部分区域需要绕行25km。1999年启动建设了一条长达1.5km的新的防洪线。这个项目分三个阶段建设，于2009年彻底建设完成。这个项目的防护级别是在百年一遇的洪灾（洪峰流量在大概2400m³/s）的情况下保证洪水安全地从城镇排出。该理念的目的是将多种洪灾管理的元素融入现有的城市和景观结构中，并建造一个具有吸引力的滨河步道，而不是像现有的河岸那样毫无美感。

河畔设计为两层 设计者通过构建双层结构以及运用临时防护设施的方法解决了到达必要屏障高度的问题。防护系统将河流的前陆分成在挡土墙后的较高部分以及可能被

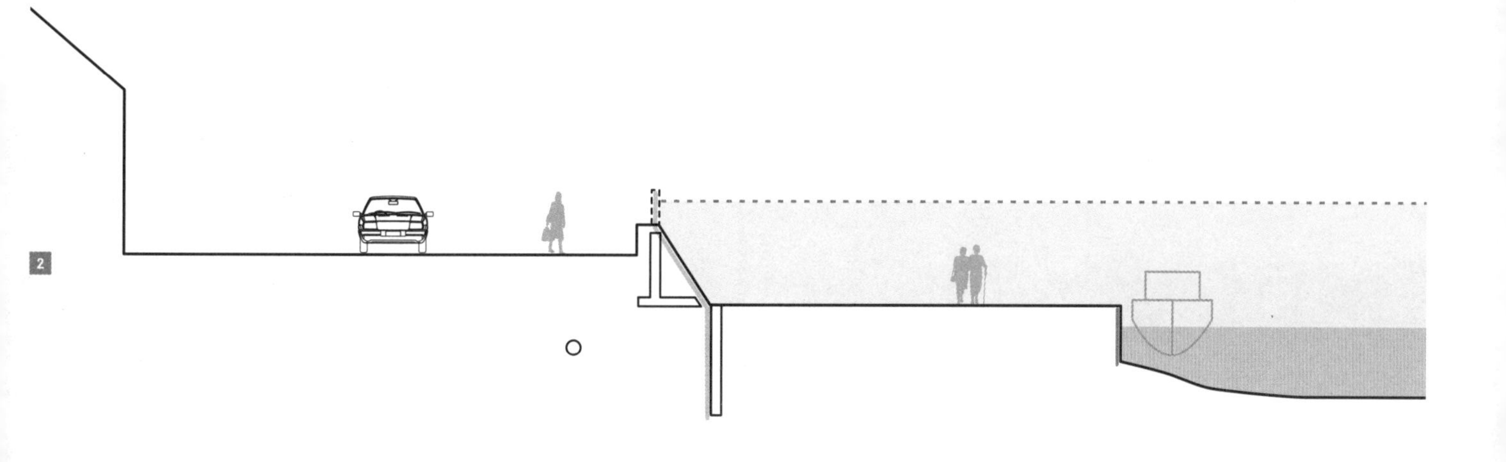
2

洪水淹没的较低平台两部分。可防止洪水侵扰的入口坡道建在较高一层，位于跨越河流的旧桥两侧。在该桥的南北两侧，建有一个大幅度抬高的多功能步行道。这个步行道为使用者提供了观赏下方河流的广阔视野。

通过阶梯和坡道可以到达较低一层，这是一个可以直通水边的具有步行道、自行车道、停车场以及绿色开放空间的区域。这个区域也被用作举办活动：每年八月和九月的一个叫“迈克尔斯弥撒”（Michaelismesse）的节日以及随之开展的大型展会在此举办，这是在设计理念之初就考虑到的。河岸的两层之间的高度差由2.2m高的钢筋混凝土墙来支撑，混凝土墙的表层由当地的砂岩覆盖。由于它多变的坡度以及不同的底部厚度（0.85~2.8m），这个墙成了一种雕刻般的艺术品。在夜晚，通过一种特别的照明设计，更强化了这种艺术效果。

除了洪水控制之外，这个混凝土墙同时也承担了挡土墙、防护栏和座位区的作用。在洪涝期间，仅仅通向低层区域的通道需要通过铝坝梁暂时封闭起来。针对25年一遇的洪水，基础防护就足够了。在严重的洪灾来临时，这个墙可以通过额外的坝梁来增加高度，因此百年一遇的水灾也难以造成损失。因为在美茵河的较低区域，洪水预警时间通常超过两天，所以米尔腾贝格的临时防护设施可以很轻松地放置就位。

米尔腾贝格的复合型水灾管理理念同时利用了固定型和可移动的防护设施，使老城和重要街道的别致景色得以保留。在这种设计下，防护墙已经成为主导设计元素。整个滨河区域已经发展为一个对居民和游客具有强大魅力的地方，特别是在夜晚，当防护墙被引人注目的灯光点亮时。

1 在夜晚，防护墙被灯点亮
2 剖面示意图：河堤被分为两层
3 城镇和河岸的鸟瞰图。低层区域是在洪泛区范围内，同时也用作一些活动的场地[C3.8]
4 步道位于防洪区域以内
5 重新设计后的美因河河岸
6 按规定安装可移动设施[B5.2]。图片背景可以看到一年一度的“迈克尔斯弥撒”节日现场

4

5

3

6

1

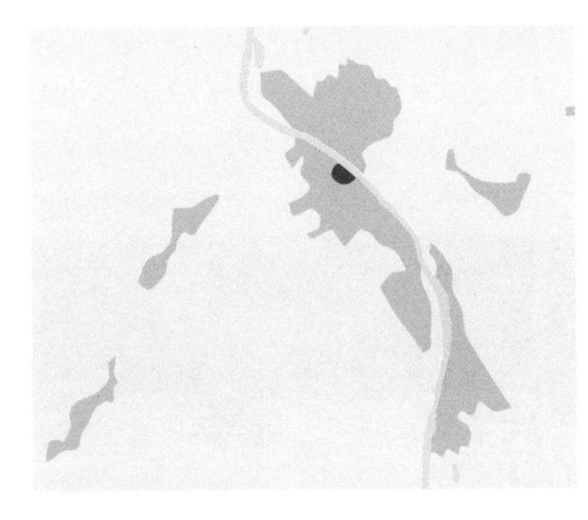

设计手段

B1.1 堤防公园
B1.2 在堤坝上植树
B1.3 重塑堤坝截面
B2.1 多功能防洪墙
B4.1 利用旧城墙
B4.2 防水外墙
B5.2 可连接式防洪设施
B5.3 折叠式防洪设施

美因河

古老城镇的洪水管理，2001年
美因河畔的沃尔特，德国

Main

Flood Management for the Old Town, 2001
Wörth am Main, Germany

项目区域的河流数据
河流类型：大型高地河流
流域面积：21600km²
平均流量（MQ）：110m³/s
百年一遇洪水流量（HQ100）：2410m³/s
河床宽度：110 m；洪泛区宽度：250 m
地理位置：49° 47′ 50″ N–09° 09′ 23″ E

美因河是莱茵河最大的支流之一。源自弗兰克侏罗山（Fränkische Schweiz）的红美因河和源出菲希特尔山（Fichtelgebirge）（巴伐利亚的两座矮山）的白美因河是该河流的共同源头，并在库尔姆巴赫（Kulmbach）汇流形成美因河。美因河以巨大蜿蜒的环线向西而流，在流经527km后倾泻进入美因茨附近的莱茵河。由于洪水造成的损失不断增加，在过去几年里，河流整个流域沿线实施了大量的防洪措施。在2020行动计划框架中，在美因河上游河段形成了大型滞留区域，同时，也建立了提高水灾防护能力的预警系统。在许多城镇，防洪墙和防洪堤坝作为水灾管理措施被建造起来。

美因河畔的沃尔特城，一套用于保护历史老城免受百年一遇洪水侵扰的完备洪水管理系统于2001年建设完成。这座城市坐落于美因河下游，一个被称为美茵河广场的地方，介于米尔腾贝格县和阿沙芬堡县（Aschaffenburg）之间。这个项目的主要挑战是去协调洪水管理的技术需求与中世纪城镇结构及周边历史城墙之间的关系。新的管理系统由以下组成：成为新防洪屏障的老城墙、多样化的可移动元素和一个被设计成

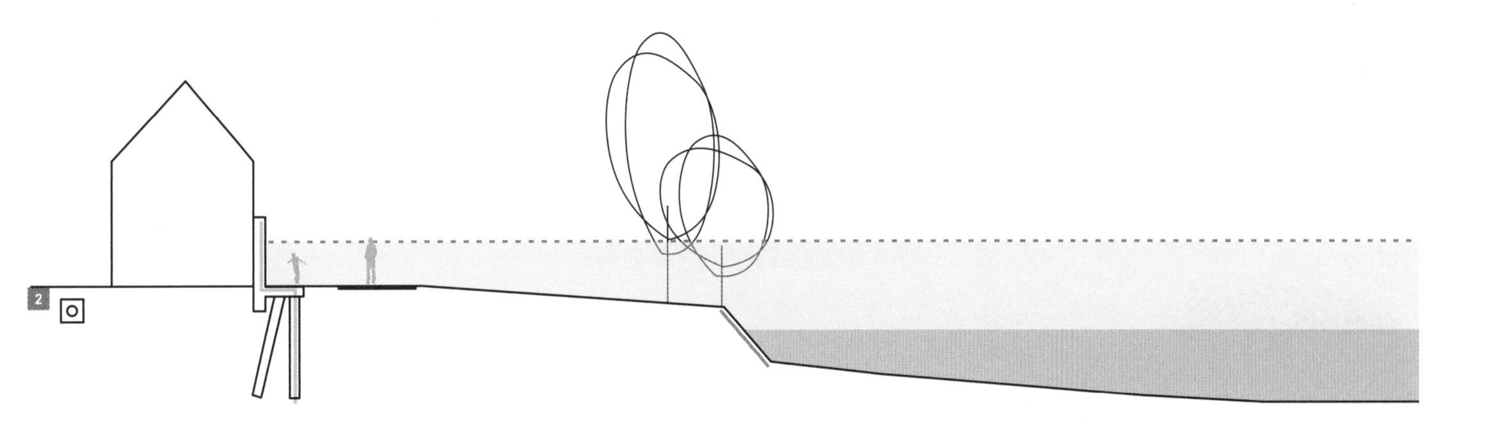

公园的堤坝。洪水管理概念中多样化的项目被证明是城镇进一步发展的重要动力。

美因河塑造了城镇发展 美因河畔的沃尔特城长期受水灾影响。然而，这个城市正坐落于河畔的一个低谷上，也具备很多优势。该城镇易于防守，同时也由于河流使得贸易持续了数个世纪的繁荣，所以这里的人们也就接受了洪灾时不时地降临。直到1882年的冬天一场十分严重的水灾来袭，人们才决定离开这座城市。作为应对，在不易受洪水影响的区域修建了这座城市的新建部分诺伊施塔特（Wörther Neustadt），老城中215个房屋中有116座被拆除。在1970年，另一个洪灾过后，该城市的第三部分建造起来，成为现有城镇边缘的大型定居点。老城作为一个被忽视的地区，人口持续减少，逐渐步入老龄化，城中许多建筑也都无人居住，同时也开始出现一些社会问题。

直到1985年，这座城市开始对老城中的建筑进行翻新。事实很快证明，只有当一个能提供长期保障的完备洪水管理系统被落实时，老城的这些改进才能成功。

洪水管理系统在2001年完成。Trojan，Trojan+Neu's的设计成功保持了城镇的原有特点，同时用现代设计诠释了沃尔特市的历史发展。正如与河漫滩形成联系一样，城市的边界和城墙之间的联系也因此被保留下来。在城墙和主要入口、私人入口区段之间的已建结构处增添了不同的防洪元素，这些元素也引入了它们自身的新设计词汇。

1 沃尔特城新防洪屏障，大型防洪门中的一个［B5.3］
2 剖面示意图：防洪墙[B4.1]和堤坝
3 连接河岸的视线轴和通道被保留-在紧急情况下，这个巨大的防洪钢门会关闭
4 老城的规划图：百年一遇的旧防洪线标注为灰色，重新设计的防洪线为蓝色，平均水位标记为红色
5 部分老城墙成为新防洪线的一部分。窗户和入口由可移动设施来关闭

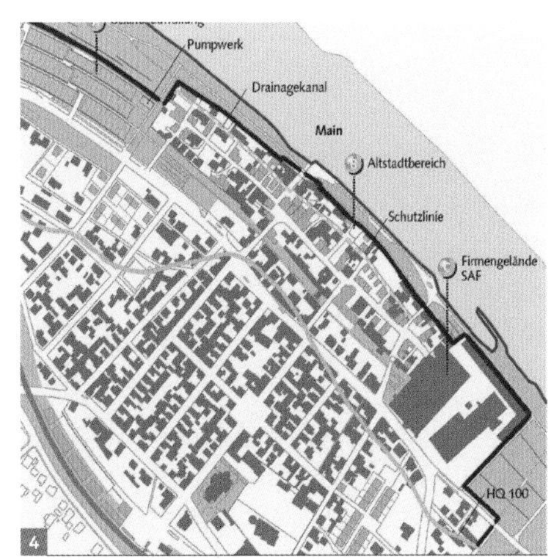

6

7

8

一个具有独特解决方案的防洪屏障　一座3m高，55m长的钢筋混凝土墙保护着老城。这个防洪线与老城墙顶部在同一海拔上，老城墙的一半作为房屋、谷仓和车间的墙壁。另一半则在沿着私人花园和河流之间单独伫立着。

根据城镇本身的情况、历史遗迹的保护所需，新防洪线的设计呈现了多样化，其表面或是由裸露混凝土构成或是覆盖来自老城区的石头。在5个区域，为了保护列入保护名单的建筑的历史风貌，防洪屏障实际上被建造在了城墙内部，也就是建造在了建筑内部。

像许多美因河沿岸的城镇一样，沃尔特城拥有相对较长的洪水预警期的优势。这个优势使得在特定区域把固定防洪屏障和临时可移动设施结合起来成为可能。因此可以实施独立的解决方案，同时重要的视线轴——老城与堤坝之间的小路和街道也得以保留。当洪水来临，两条街道能够通过可移动的铝坝梁闭合。在紧急情况下，通向城里的通道以及房屋的窗户可采用建在内部的不锈钢百叶窗密封。

棱堡是防洪屏障的新核心，同时形成了一个独特的城市风景。防洪墙设立在离建筑不远处，拥有一个抬高的观光台。棱堡的墙比别的区域的防洪墙低一些，仅仅可以防护25年一遇的洪灾。为了提供百年一遇洪灾的防护能力，可安装由铝坝梁组成的移动式封闭装置。一个5人组成的团队可以在5小时内关闭39个大门、小门或百叶窗，同时把必要的可移动坝梁放置就位。封闭进入城镇通道的巨大防洪钢门成了美茵河沃尔特水域的特色形象。

地下防护系统　地下设施比可见到的地面部分要大得多：防护屏障是用钢筋混凝土制成，地面下有巨大的混凝土地基，该混凝土地基延伸至老城的整个长度范围。为了保证墙体可以承受洪水来袭时的巨大冲击力，地基用16m长的钢杆固定在地下基岩。一个附加的4m深的防水混凝土墙保护着整个城市不受渗透影响，同时保护地面结构免受冲刷。

堤坝公园　防洪线是一个200m长，大约100m宽的堤坝，一直延伸到老城的北部，堤坝建造于曾是私人花园的区域。平坦的地势以及独特的设计让这个堤坝成为城市公园系统的一部分，因此这个防洪要素依靠的是地势增高，而不仅仅是一个屏障。这个新的堤坝足够稳固，可用于多样的休闲活动。在远离河水的一侧，建立了阶梯式平台，可以用来做私人花园。而面临河水的一侧被设计为具有一个可以进行日光浴的大型草坪的公园。装满石块的金属筐用来过渡各种分层之间的高差，并稳定斜坡。同时，这些装满石头的金属筐也用来将草坪分为不同区域，也与稀疏的树木、树篱一起，创造出既受保护又开阔的空间。堤坝顶端的小路提供了良好的视野，可以同时看到公园、老城和美茵河。在水坝前的一个位置，河岸变得平缓，沿河的墙在此处开了一个缺口，运来一些砂子，创造了一个小小的沙滩，使得直接接触河水成为可能。

通过这个项目中为建造新的防洪线提出的两个各不相同且具创造性的策略，不仅让沃尔特城更加安全，同时创造了高质量的滨水开放空间。这个防护系统开创了一个令老城发展更加可持续的潮流。这个引人入胜的地方再次证明了靠近美茵河是一个巨大优势。在今天，沃尔特的老城是一个理想的社区，吸引越来越多的人定居于此。

6 剖面示意图：堤坝公园[B1.1]

7 对比图：部分钢筋混凝土防洪屏障是可见的，部分是隐藏在邻近的建筑内部

8 棱堡的临时防洪设施[B5.2]

9 老城墙北部新水坝被设计成为一个公园：在面对城镇的一面建有私人花园。沿水坝顶部的小路和草坪拥有河流的良好视野[B1.3]

10 水坝顶部的步行道可以看到美因河

11 防护屏障与水坝公园的过渡处有可关闭的大门[B5.2]

12 水坝公园旁的小沙滩

9

10

11

12

1

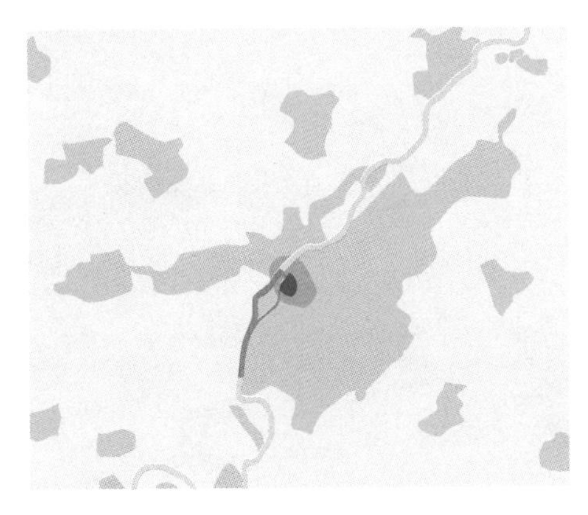

设计手段

A1.1 亲水宽平台
A1.2 多级平台
A1.3 阶梯式驳岸
A3.1 可封闭的入口
A5.9 新堤防墙
B1.1 堤防公园
B1.2 在堤坝上植树
B2.1 多功能防洪墙
B2.2 改变对墙高的感知
B3.1 隐形加固墙
B5.2 可连接式防洪设施
D5.3 斜坡和滑坡

纳赫河

洪水管理理念，2004年
巴特克罗伊斯纳赫，德国

Nahe

Flood Management Concept, 2004
Bad Kreuznach, Germany

项目区域的河流数据
流型：大型高地河流
流域面积：~4000km²
平均流量（MQ）：~30m³/s
百年一遇洪水流量（HQ100）：~1100m³/s
河床宽度：30 m；洪泛区宽度：45m
地理位置：49° 50′ 44″ N－07° 51′ 27″ E

尽管纳赫河是一个相当小的河流，但是它也是一条很有活力的高原河流，其水位可以在短时间内上升6m。巴特克罗伊斯纳赫地区常常发生水灾，而人们自20世纪30年代就开始一次次寻找解决问题的方法。河流在巴特克罗伊斯纳赫分流：部分水流通过一条运河（即所谓的磨坊池塘，Mühlenteich or Mill Pond）穿过城镇，在这里，水力被用来驱动磨坊等。一座拱桥和历史悠久的桥屋同时横跨运河和河流，这里是这个温泉小镇中印在邮票上的著名风景。实施洪水管理理念是很困难的，因为这些手段要么成本太高，要么就是建设高墙会令小镇风景受到破坏。然而，在遭遇20世纪90年代几个连续不断的洪灾侵袭之后，寻找一个合理的解决方案的需求变得更加紧迫。

日常管理作为洪水控制的一个理念　增加防洪线高度的方法显然不适合巴特克罗伊斯纳赫。最后采用了一个非常规方案打破这个窘境：通过充分优化城市内的河流流态，令它的水流容量提升到可以将平均水位降低50cm的程度。方案还包括：河流中的一

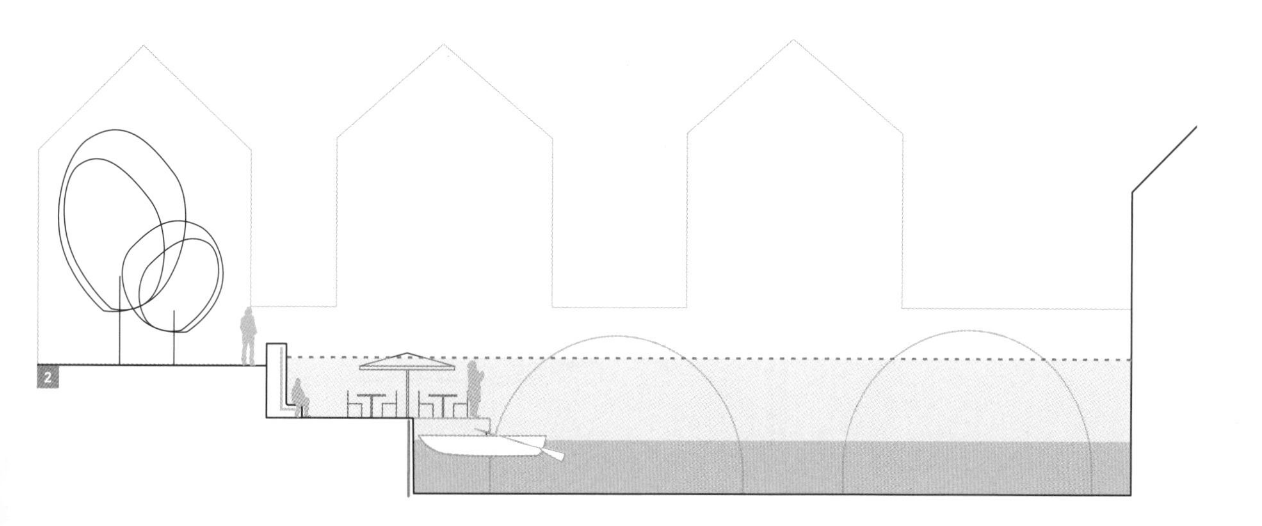

个弯道被重新设计为流线型，同时通过一个圆型导流结构使流入磨坊水池的入水口变窄。为此，卡尔斯鲁厄大学专门做了关于这个入水口的研究。因为各种复杂的水力学关系，整个计算的有效性通过一个几米长的模型中测试。这也有助于向公众和政府官员传达措施有效性的相关信息。这个方案意味着这座城市中心的防洪墙可以保持在一个相对低的高度，同时建造防洪墙的成本和规划工作会显著的削减。为了达到降低防洪墙高度的目标，就洪水发生频率各方达成的共识是采用八十年一遇。

温泉小镇的新防洪线 对于一个温泉小镇来说，将洪水管理手段融入现有的小镇风景是一个特别敏感的问题。这个5km长的防洪线沿着温泉、温泉公园、磨坊水槽著名桥屋以及玫瑰岛公园而建。人们曾担心新的防洪屏障是否会给城镇的空间布局带来消极影响。但通过创新性地考虑了现有海拔，谨慎处理当前情况，同时拥有对现有城镇结构做一些改变的勇气，景观设计师沿着纳赫河创造了一个令人舒心的氛围，同时用新的设计把温泉小镇展现在了人们眼前。

第一个措施是在磨坊水槽入口附近的河岸处建造一个大型的阶梯。所需的防洪高度通过对周围区域平缓的分级来实现，最终结果比所需高度还稍微高一些。在地势最高的地方种植了樱桃树。必要的陡峭斜坡以宽阔的阶梯形式建造，在越靠近水面的地方，阶梯变得更加密集。第一个措施的成功为进行额外的人工干预赢得了广泛的好评。

温泉浴场和温泉公园 温泉浴场和温泉公园坐落于陡峭的河岸顶部，正对着河水对岸的红色砂岩峭壁。温泉浴场的河岸线需要向后退。温泉浴场房屋的外立面不是单一的弧线，而是重复的三个弧线，并用自然岩石覆盖。

1 作为防洪管理理念的一部分，构建了一个具有室外餐厅和船坞的平台［A1.2］

2 剖面示意图：沿着新防洪墙分为两层，一层紧邻水面，另一层在墙体后方的较高区域[A1.1]。前部平台的通道处可以关闭和密封[B5.2]

3 圆型导流构筑物可以同时作为观景台和珍稀骰子蛇的栖息地

4 第一个洪水管理措施包括建造一个配有大型阶梯的墙体[A1.3]，为其他干预措施的实施赢得了广泛的公众认可

5 在温泉浴场附近的防洪墙是一系列由岩石覆盖表面的弧形结构[A5.9]

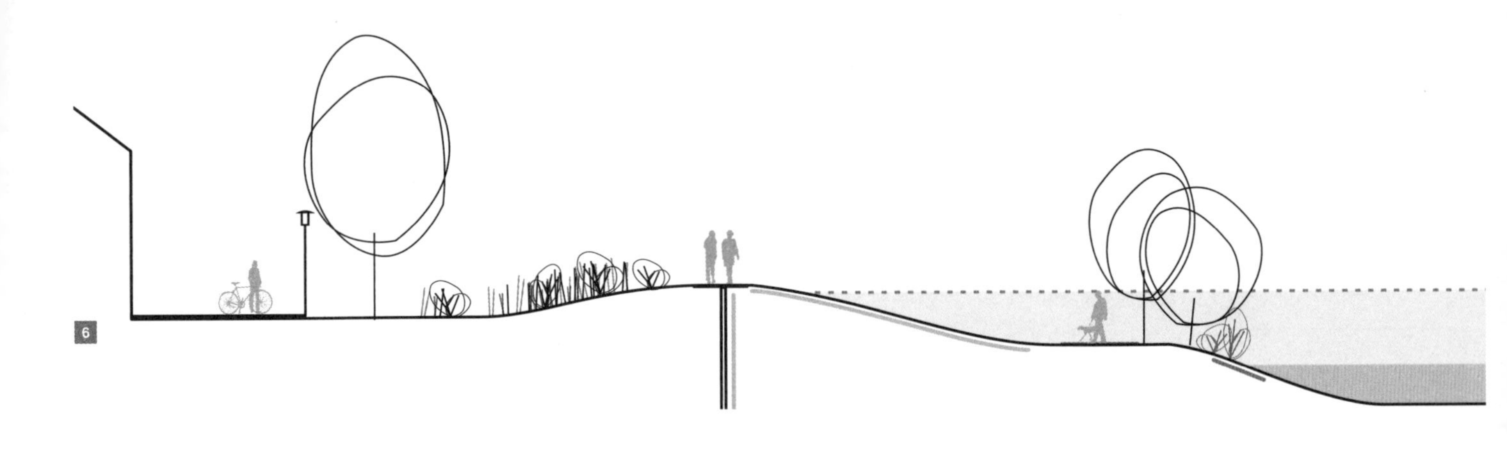

沿着温泉公园的防洪线的必要高度约6m，已有的河岸墙需要提高大约2.5m。在河岸墙上方加设透明的栏杆，在严重洪水来临时可以用坝梁将其封闭起来。沿着河岸建设了一条新的步道长廊，这条步道比防洪高度低1.2m，保留朝向河流的视野。

大型的树木得到保留，并被精心地融入步道景观。一座用来吸收含盐空气并使盐水溶液滴入一簇灌木丛的墙，正好位于步行道背面，通过一系列阶梯和平台，几乎融入了这个高处的步道。

在河流与磨坊水池的连接处建造了一个新的导流结构，这个构筑物可以在洪水来临时将运河中的水位降低。同时，这个构筑物也作为一个观景平台并因骰子蛇酒店而广为人知。因为当地的骰子蛇栖息地无法得到保护，该构筑物被设计了一个适宜这个物种生存的内部空间。磨坊水池被加宽了，因此水流在流经运河时会从拱桥三个孔中的两个流过。通过这个措施，使这个历史上重要区域的水流变得更加清晰可见。曾经比水位高出许多的邻近区域，在重新设计时建设了平台，以便建造船坞和饭店。通向最低水位的通道会在洪水期间由铝坝梁封闭。

玫瑰岛　玫瑰岛最早源自河流的一个砾石浅滩，自1900年的花园展览后被重新设计为一个公园。公园里防洪线的设计考虑了防护墙与场地坡度的相互关系。墙将公园与一条种满梧桐树的街道以及住宅区分隔开。沿着公园而建的墙体形式多样，有些地方沿着步道建造小型的户外小屋，用于连接阴凉的步道和洒满阳光的公园。防护墙同时也突显了进入公园的入口。只有在洪水期间才启用临时设施封堵入口，因此，良好的视野得以保留。地形的坡度设计十分精妙，整体看起来一点儿不像一个堤坝。这个堤坝因为有地下板桩墙来调控地下水，所以相当稳定，即使在堤坝上种植植被都没有问题。另一条位于坡地顶部高处的小道，到处种满了藤蔓植物，进一步提高了公园的空间品质。

这个项目是工程师、景观设计师和生物学家之间成功地跨学科合作得到的一个非比寻常的案例。这是一个综合且多层面的设计，得到了公众的广泛认可。新步道旁的河道内一个大型岩石坡道修复了纳赫河的生态相容性，另外一些补偿措施，例如修复洪泛平原甚至更远处的下游区域，作为干预措施完善了整个项目，给巴特克罗伊斯纳赫的持续发展提供了积极的激励。

6　剖面示意图：地下板桩墙安装在新建堤坝和防洪墙下方，加固了堤坝，同时有助于导流地下水[B3.1]

7　新堤坝建立在现存的玫瑰岛公园内。在精心的地形坡度设计和种植新植被的共同作用下，使堤坝成为公园的一部分[B1.1]

8　沿着河堤修建了新的步道。栏杆可以用可移动设施封闭[B5.2]

9　分级墙和步行道之间的高度差由一些平坦的阶梯来解决[B2.2]

10　新堤坝的一些地方建有玫瑰环绕的绿廊，在其末端有一个小型广场

11　防洪墙凸显了公园的入口和界限。在水灾来临时，利用可移动设施来封闭入口[A3.1]

12　一个河边的大型岩石斜坡为水生物质提供了生存可能，城中水流也同时变得可听可赏

1

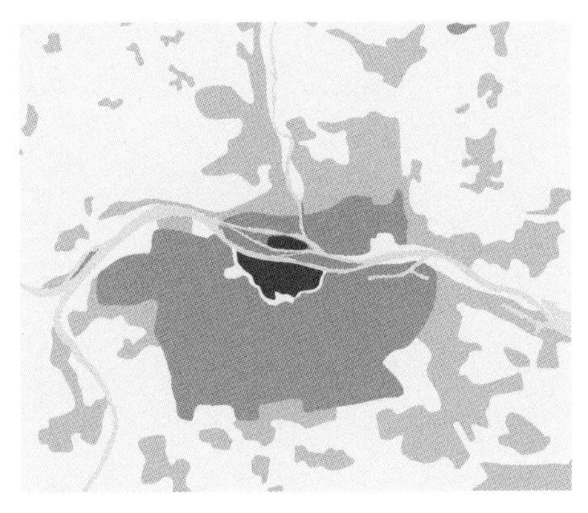

设计手段

- **A2.1** 平行于河岸的通道
- **A3.1** 可封闭的入口
- **A3.2** 保留景观视线
- **A5.4** 可淹没的河滨步道
- **A5.8** 耐水淹植物
- **A5.9** 新堤防墙
- **B2.1** 多功能防洪墙
- **B3.1** 隐形加固墙
- **B5.2** 可连接式防洪设施
- **D1.1** 大块单石
- **D1.2** 枯木
- **D3.2** 河湾沙石滩
- **D4.2** 有生命力的护岸

雷根河

防洪墙与河岸改建，2009-2015年
雷根斯堡，德国

Regen

Flood Wall and Riverbank Renovation, 2009–2015
Regensburg, Germany

项目区域的河流数据
流域面积：2700km²
平均流量（MQ）：40m³/s
百年一遇洪水流量（HQ100）：750m³/s
河床宽度：70m
地理位置：49° 01′ 45″ N – 12° 06′ 11″ E

雷根斯堡位于多瑙河的两条支流即雷根河和纳布河汇入的地方。因此，当三条河流涨满水的时候，该城镇经常遭遇被洪水淹没的危险。自1990年，巴伐利亚自由州联合水务机构和雷根斯堡市开始一起致力于推行全市范围的综合防洪概念。这催生了重新设计雷根河和多瑙河37km河岸的计划，该计划分为18个施工段和项目，于2008年至2025年期间实施（Hochwasserschutz Regensburg，雷根斯堡防洪政策）。该计划的一个重要目标是将河岸现有的美学、生态和娱乐特色融入防洪基础设施中，并为进入沿河开放空间提供通道。所采用的措施各不相同，这取决于它们所应用的环境背景和可用空间。在密集的城市地段，防洪堤和防护结构占主导地位，在城镇向农村过渡区域，提出了更多以自然为基础的解决方案。

防洪墙前的新休闲空间　其中几个项目已经建成并向公众开放。其中包括位于雷根河东岸Reinhausen的D施工段，那里已竖起了580m长的防洪墙。这堵墙旨在保护附近地区免受75年一遇的洪水侵袭。防洪墙的开口提供通往河岸的通道，在高水位的洪水事

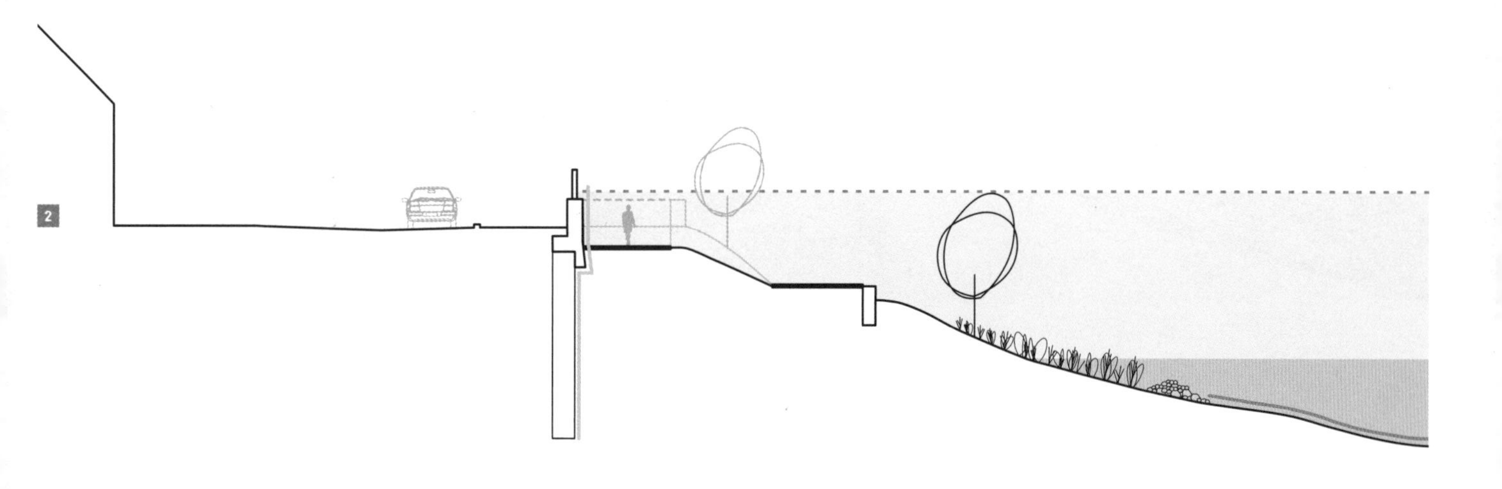

件中，开口将通过可拆卸元素或防洪墙门封闭。此外，对于100年一遇的洪水防护目标，移动元件可以安装在墙的顶部。采用这个设计是为了避免建立更高的墙体结构而永久地阻碍河流和城市之间的视线。防洪墙前面的河岸逐渐下降至水面，那里有可供游泳和划船的砾石滩。固定在岸边的大石块和树干等木头元素可以作为城市家具设施，让人们在河边消磨时光，它们足够稳固并可抵御洪流。为了使水流偏离砾石滩，这种元素被放置在砾石滩两端垂直于河岸的地方。河岸和河床上的卵石为鱼儿提供了产卵环境。砾石滩之间的河岸经过生态修复，并种植了岸栖植被和芦苇丛，以吸引鸟类和昆虫。这种加固的防洪墙和自然元素的结合是一种折衷，在非常有限的空间内提供了抵御洪水的防护，同时仍然保留了对水和沿河绿色休闲廊道的视觉观感和人行通道。

1 尽管有防护设施存在，仍然可以通过挡土墙前的道路系统和绿色廊道直接去往水边

2 典型剖面图展示了新的挡土墙和通向河水的斜坡系统[A2.1]

3 位于Reinhausen的D施工段的干预措施规划图

4 砾石滩上的木头作为非正式家具设施，让人们在水边徘徊逗留

5 沿河岸的改造构建，为与河流接触并进行休闲活动提供了新机会

6 挡土墙具有开口，在常水位时提供通往河流的通道，洪水期间则通过可拆卸防洪门关闭[A3.1]

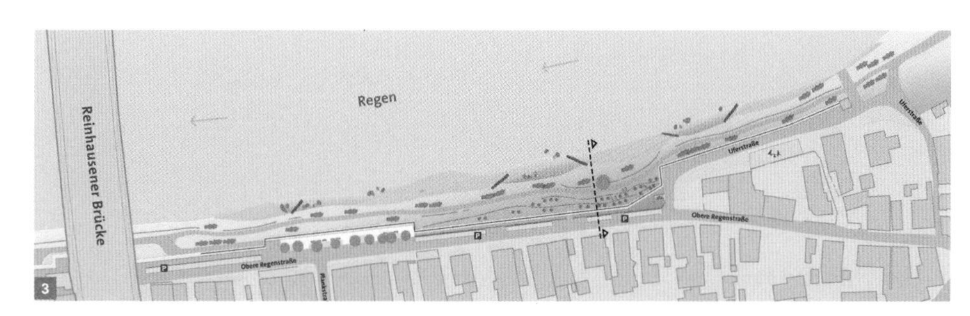

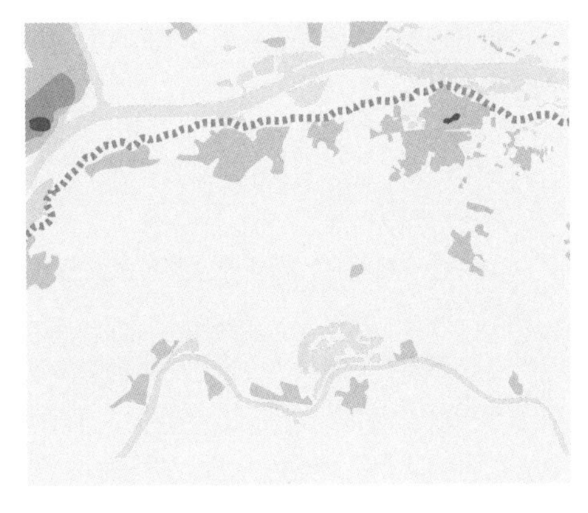

设计手段

- - - - - - - -

B1.3 重塑堤坝截面
B1.4 将堤坝融入路网
C5.1 漂浮式两栖房屋

瓦尔河

锥形堤坝，1996年
阿弗登至德勒默尔段，荷兰

Waal

Tapered Dike, 1996
Between Afferden and Dreumel, the Netherlands

项目区域的河流数据
河流类型：缓慢流动，砂子和黏土为主的低地河流，莱茵三角洲的支流
莱茵河流域面积：160000km²
莱茵河平均流量（MQ）：2300m³/s，瓦尔河占67%：1541m³/s
莱茵河百年一遇洪水流量（HQ100）：12230m³/s，瓦尔河占66%：8131m³/s
河床宽度：300 m；洪泛区宽度：800–2000m
地理位置：阿弗登51° 53′ 09″ N – 05° 38′ 09″ E
德勒默尔51° 51′ 05″ N – 05° 25′ 47″ E

瓦尔河的水流来自莱茵河 莱茵河穿过德国与荷兰之间在洛比特（Lobith）附近的边境，而后在莱茵河三角洲分为多个支流：艾塞尔河，下莱茵河（Nederrijn）和瓦尔河。大部分来自德国和瑞士的水流由瓦尔河承载着流向北海。河水的分配由下莱茵河郎镇（Lent）附近的水坝控制。瓦尔河是一条繁忙的水路，连接着鹿特丹的国际商港与欧洲内陆市场。

为堤坝"瘦身"的良方 瓦尔河阿弗登至德勒默尔段沿线堤坝的高度于1996年被抬升。官方要求的高度是为1250年一遇的高水量来设计。相比德国，几乎荷兰所有大型河流沿线的安全等级都相对较高。其原因是堤坝背后的区域往往低于河流自身海拔，如果堤坝被洪水漫过，整个国家的大部分区域会被淹没。

在荷兰，水坝是风景必不可缺的一部分。在狭窄的旧堤坝上骑车和散步时所获得的广阔视野会让人们感觉到仿佛漂浮在整幅美景之上。增加堤坝高度也就意味着为确

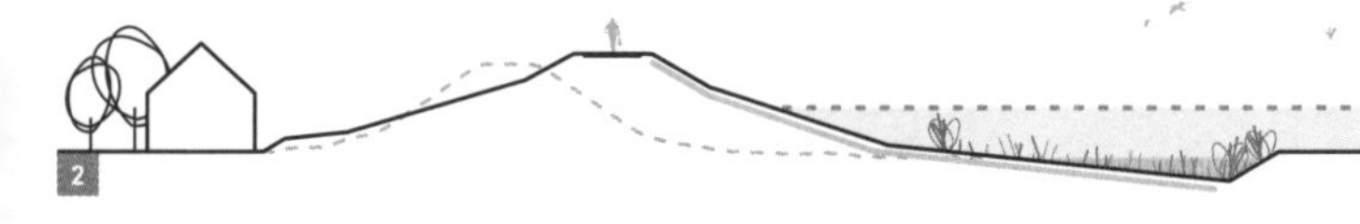

保稳定性而必须大幅增加宽度。因此，新的更安全的堤坝与周围建筑比起来，往往显得笨重且过于庞大。

在提升改造堤坝时，致力于该项目的景观设计师（H+N+S Landschapsarchitecten）以将这个巨大堤坝完美融入现有景色作为他们的任务。其目的是为了创造一道风景，使人们从中仍然能感受到像旧式堤坝那样的体验。为了达到这个目的，水坝的实际宽度被缩减至最小：在堤坝面向河水的一面的地基中增加了黏土密封层，防止水渗透到堤坝内部危及其稳定性。通过采取该措施，河堤可以用一个更精简的形式来建造。黏土层还可用来在堤坝底部构建群落生境。水被滞留于黏土空隙，为湿地的开发提供了条件，同时也作为向洪泛区过渡的区域。在河堤背面，底部有一条隆起的维护道路，标志着无涝区的边界。

堤坝上部剖面是锥形的。因为这个凹型剖面，从河堤顶部看不到堤坝斜坡上部。因此该堤坝从视觉上显得更窄，人们再一次感受到他们仿佛在漂浮于风景上的狭窄山脊上移动。

设计师们特别强调要实现长达20km的堤坝剖面的统一设计。由于旧堤坝旁的房屋直接坐落于其内侧附近，因此所有必要的拓宽措施均在洪泛区实施。现有的建筑则尽可能灵活地融入了新堤坝。通过维持堤坝的蜿蜒布局，展现出变幻多姿的迷人景色——同样的布局在历史悠久的英国景观公园中也能找到。

在水上居住　本尼登-莱文（Beneden-Leeuwen）的船屋停泊在瓦尔河支流的堤坝沿岸。此处堤坝的第二层空间区域种植着一排胡桃树，一条长长的木质坡道从这里一直延伸到船屋。洪水期间，这些船只会随着水位升高。尽管船屋离城镇仅有几百米的距离，但由于紧邻河边林地，它们看起来像是远离尘嚣。利用船屋背后停泊着的船只，船屋主人可以从此处出发沿河旅行。有些船屋是由驳船改造的，但也已经有许多专门为水上居住建造的漂浮式房屋。

1　因为水坝的凹形剖面和其弯曲的布局，水坝看起来轻巧且优雅[B1.3]

2　剖面示意图：堤坝的地基中增加了一层黏土，以稳定堤坝，同时有利于新生态学区域的开发

3　在本尼登-莱文附近，漂浮式船屋坐落于河流支流的堤坝沿岸

4　游客喜欢将堤坝作为徒步或骑行的路线

5　在堤坝沿途，人们感觉像是飘在风景上方[B1.4]

6　为了保留堤坝周围现有的建筑群，堤坝的大部分强化措施是在面向河流一侧完成的

1

设计手段

A3.1 可封闭的入口
B1.5 堤坝阶梯和长廊
B2.2 改变对墙高的感知
B4.1 利用旧城墙
B5.2 可连接式防洪设施
B6.1 高水位标识
B6.2 艺术品与遗址
D4.1 自然化部分河岸

瓦尔河

瓦尔码头长廊，1998年
扎尔特博默尔，荷兰

Waal

Waalkade Promenade, 1998
Zaltbommel, the Netherlands

项目区域的河流数据
河流类型：缓慢流动，河床基质以砂子和黏土为主的低地河流，莱茵三角洲的支流
莱茵河流域面积：160000km²
莱茵河平均流量（MQ）：2300m³/s，瓦尔河占67%：1541m³/s
莱茵河百年一遇洪水流量（HQ100）：12230m³/s，瓦尔河占66%：8131m³/s
河床宽度：340m；洪泛区宽度：750–1100m
地理位置：51° 48′ 53″ N – 05° 14′ 46″ E

环堤的薄弱环节　扎尔特博默尔镇位于瓦尔河流域，瓦尔河流向Boven Merwede以及更远的下游区域。由于瓦尔河接收了莱茵河三分之二的水量，因此扎尔特博默尔区域的水位主要由莱茵河的流量决定。

环堤是扎尔特博默尔防洪系统的一部分，堤坝的稳定性非常关键，若对位于堤岸相对较高位置的小镇本身不是如此的话，但对于其周围的地势低洼地区来说就至关重要了（译者注：荷兰有三分之二的国土低于海平面，很多地区高程低于河流水位）。如果堤坝决堤，这些低洼地区将被淹没在几米深的水下。因此该项目的目的就是要更新扎尔特博默尔的洪水防护设施，消除环堤的薄弱环节。

找寻旧城城防设施的踪迹　多年以来，扎尔特博默尔失去了与流经此处的河流之间的联系。堤坝遮挡了瓦尔河的视野，并截断了通往河流的通道。当加强历史古城中心沿线近1km长防洪线的计划被采纳时，人们发现这将是个重建扎尔特博默尔镇与瓦尔河

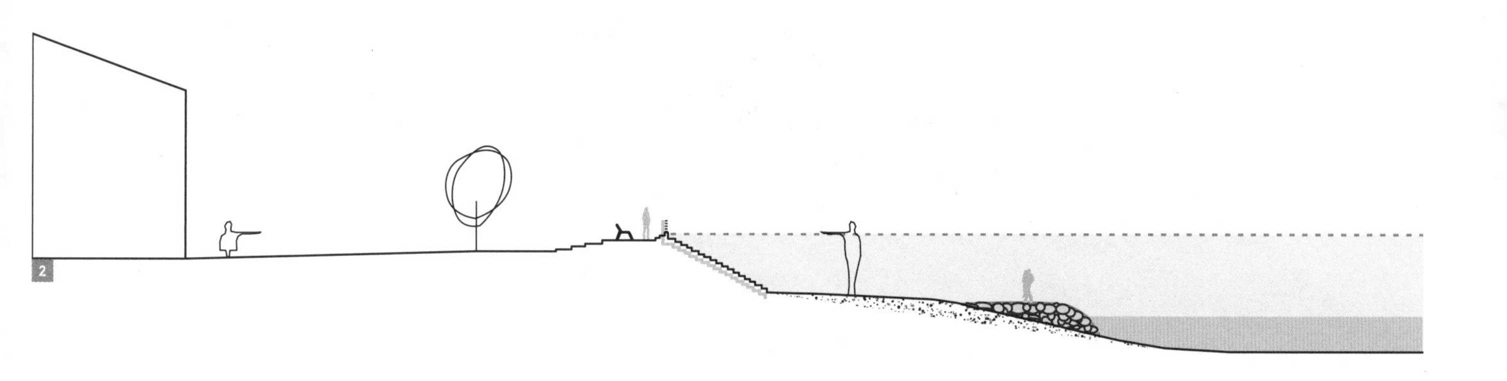

之间联系的好机会。另外，历史古城沿河岸线的部分城防设施被再次利用起来，用作防洪系统的一部分。部分旧城墙被修缮，融入新建码头和河堤设施的设计当中。因此防洪线被重新定位于港口周围，并环绕在防御设施的旧棱堡周围。新防洪墙的设计主题为：一个能够令人联想起古城防的防护墙。新防洪系统的布局也意味着Molenwall街道不会再被洪水淹没。该区域的防洪墙由港口盆地处直接抬升。墙体的高度被确定为能够从邻近房屋门口看到河流的高度。在严重洪水来临时，此处的墙体高度可以通过可移动元素提高50cm，这几乎是所有沿线屏障都要做的保险措施。墙体上安装有用于固定这些移动设施的桩锚。一支防洪队伍可以在5小时内将必要的设施安装到位。

一条新的步道长廊　沿棱堡的Molenwall街道和平行于河流延伸至东边的瓦尔码头，如今通过一个新建广场彼此相连。从广场这里，游客可以去到港口，以及位于防洪系统以外的泊船区域。这些通道口截断了防洪墙，但可以通过一些灵活的设施关闭。广场在靠近河边的地方微微加高。在广场的尽头，经由4级台阶通向一个较高的步道长廊，长廊沿着历史小镇中心继续向东延伸。这条步道长廊取代了旧堤坝。沿步道边缘所保留的防洪墙仅仅高出路面60cm，可以供人们坐在上面休息。这些墙体同样可以通过可移动设施提高50cm。这一解决方案促使构建出一片迷人的滨河区域不失仍为一套防护系统。在远离墙体的一侧，洪泛区微微倾斜通向河流，在防波堤之间形成了一小片沙滩。另外还修建了几组阶梯通向河边。

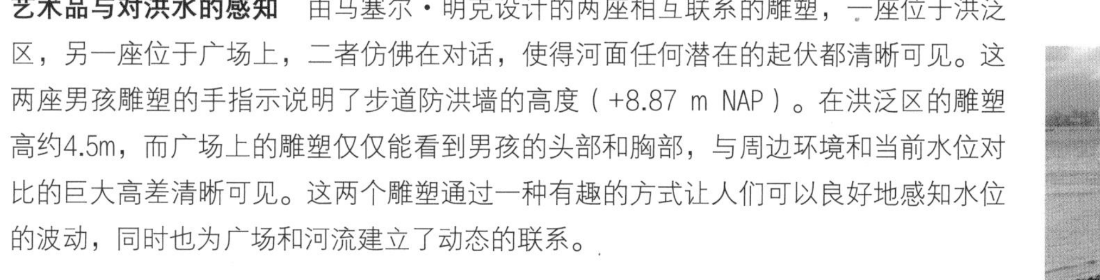

艺术品与对洪水的感知　由马塞尔・明克设计的两座相互联系的雕塑，一座位于洪泛区，另一座位于广场上，二者仿佛在对话，使得河面任何潜在的起伏都清晰可见。这两座男孩雕塑的手指示说明了步道防洪墙的高度（+8.87 m NAP）。在洪泛区的雕塑高约4.5m，而广场上的雕塑仅仅能看到男孩的头部和胸部，与周边环境和当前水位对比的巨大高差清晰可见。这两个雕塑通过一种有趣的方式让人们可以良好地感知水位的波动，同时也为广场和河流建立了动态的联系。

1　由于广场有些微微倾斜，同时步行道有些微微抬高[B2.2]，防洪墙看起来并不像一个单纯的屏障

2　剖面示意图：防洪系统由堤坝、墙体和临时设施构成[B5.2]。两个相互联系的雕塑为路人指示瓦尔河潜在的洪水动态[B6.1]

3　新的步道长廊代替了原有堤坝[B1.5]

4　旧城墙融入了防洪线并被保留下来[B4.1]

5　在河岸间形成了小型沙滩。在图片的左边是两个雕塑中的一个，指示着防洪墙的高度[B6.2]

6　防洪线后的另一个雕塑

洪泛区

埃布罗河，萨拉戈萨

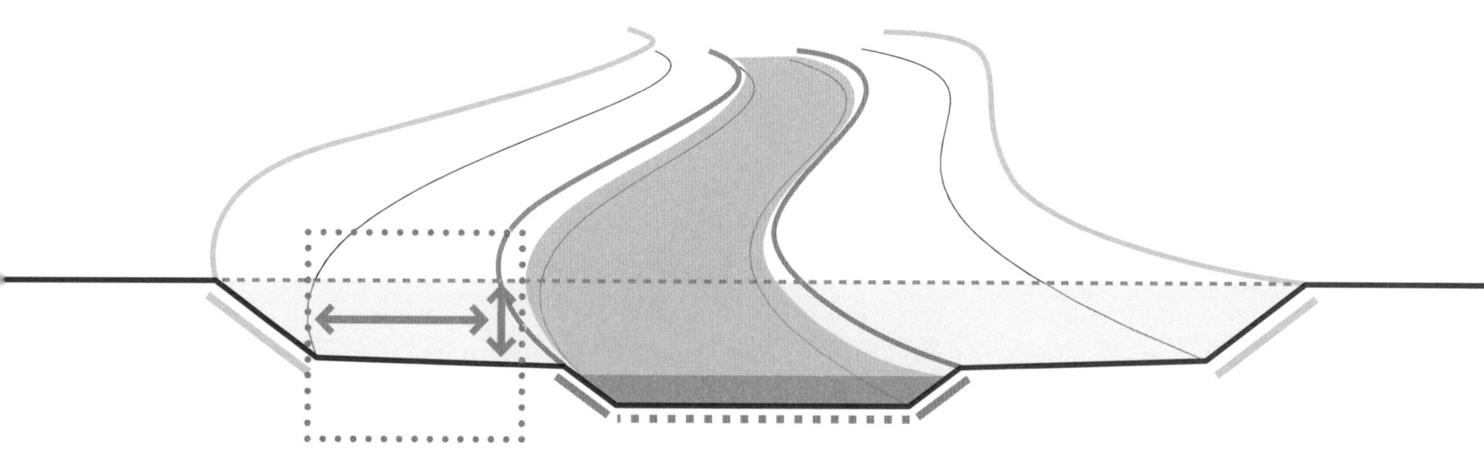

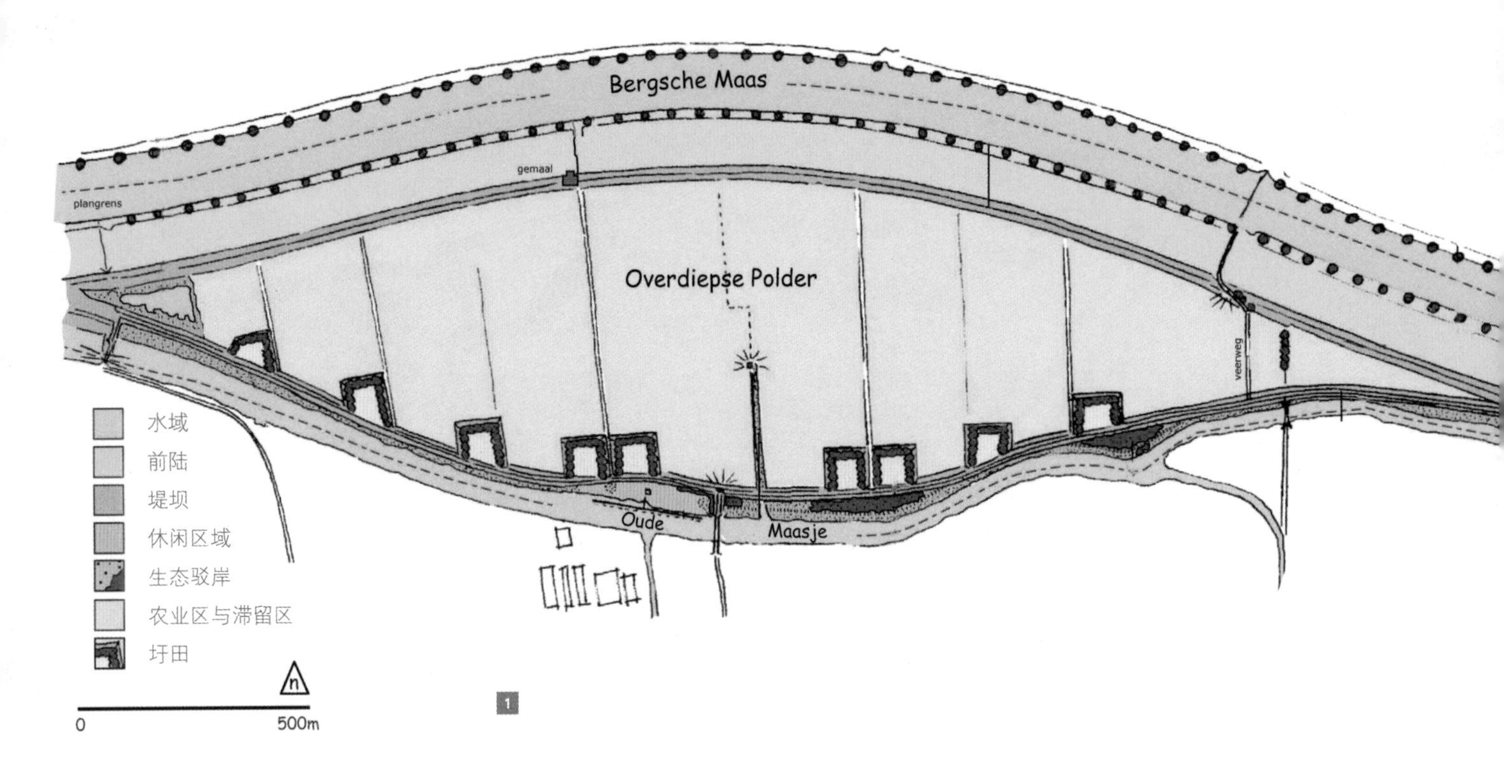

1

设计手段

C1.1 堤坝后移
C2.1 土丘
C3.6 农业

柏吉斯彻马斯河

Overdiepse圩田，2000–2005年

瓦尔韦克至海特勒伊登贝赫段，荷兰

Bergsche Maas

Overdiepse Polder, 2000–2005

Between Waalwijk and Geertruidenberg, the Netherlands

项目区域的河流数据
河流类型：缓慢流动，河床基质以泥沙为主的低地河流
流域面积：36000km^2
平均流量（MQ）：230m^3/s
百年一遇洪水流量（HQ100）：2800m^3/s
河床宽度：200m；洪泛区宽度：700–2300m
地理位置：51° 42′ 51″ N – 04° 57′ 08″ E

具有前瞻性的方法 Overdiepse圩田位于荷兰的布拉班特省（Brabant），柏吉斯彻马斯河的南部，瓦尔韦克至海特勒伊登贝赫段。马斯河起源于这个国家的南部，流经项目区域，向北海方向流动。该河平行于瓦尔河和莱茵河，河水大部分源于莱茵河。在河流的末端，流入贝内登梅尔韦德河（Beneden Merwede）前，根据国家政府提出的‘Ruimtevoor de Rivier’（开阔河流空间）的洪水控制政策，预计在几个位置重新设置堤坝或挖掘前滩，其中一个就位于Overdiepse圩田内。从地图即可看出为什么这个圩田如此适合这个项目：流线型的形式，马斯河与古马斯河（Oude Maasje）之间界限分明，这为新建水坝提供了良好的空间，可另外构建出一片550hm^2的土地用于安全行洪。该计划共覆盖730hm^2的区域。

Overdiepse圩田的一个独特之处在于圩堤区域的居民、农业和商业群体都从项目一开始就积极地投入了计划并提出了方案。“当我们注意到国家洪水控制部门关注到我们区域时，我们马上就和他们聚在了一起开始讨论”[交通和水管理部，2004，p.10]。最初仅仅是为了征集意见和想法，很快却形成了一个切实可行的项目提案。

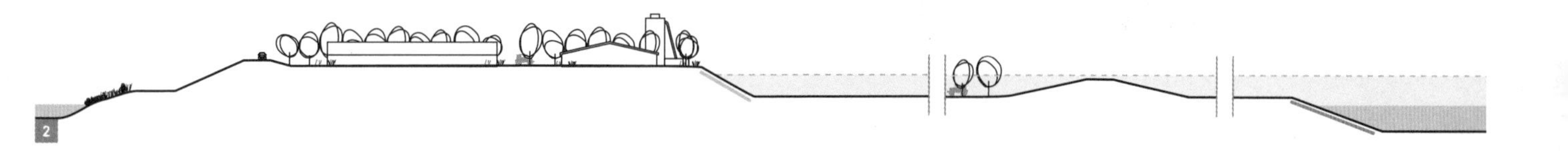

在多个部门的联合下，居民们制订了“沃夫特计划”（Warftenplan），该计划的名字来源于人造的居住土丘，是经过一系列初步调研后得出的最佳方案。上艾瑟尔省（Overijssel）与Overdiepse圩田居民的代表团积极讨论，一起优化了这个提案。在2010年，国家政府委任成立了区域水委员会——布拉班特三角洲水委员会，来实施这个彻底改造圩田的计划。

洪泛区的可持续农业 这片区域将来会被继续用于农业，尤其是粗放农业。降低旧堤坝高度，如此一来圩田将会被25年一遇的洪水淹没。圩田中的所有农场都将被拆除，而其中9个将会在新堤坝边缘的抬升居住土丘上面重建。一些农民会获得圩田外的土地和建筑，并在那儿开展新的农业生产。洪水发生时，水流可以快速地从新修的出口排出，此外还会建造一个耐洪的泵站。

洪水来临后的大约4、5周时间内，土地将不能够用于耕种。洪水带来的土地价值下降以及损失由国家给予补偿。圩田的改造也会致使其中土地的分割方式需要重新布局。虽然圩田中的农场数目减少了，但是它们的面积扩大了，因此从长远来看供给能力将会提升。

这些措施将使这一段河流的洪水水位降低27cm，其降低水位的效果可向上游延伸45km。在环绕着圩田的旧堤坝上面将建造骑行路线和远足小径。

为了确保构造出迷人的景观，居住土丘遵循严格的指南而建。各个土丘将间隔一定的距离，并且遵循统一的建设原则。居住房屋直接坐落于堤坝之上，并在土丘的后部修建谷仓和牲畜棚等建筑。一圈树木屏障围绕着这些建筑，为房屋遮挡风沙。当洪水来临的时候，居民可以通过新修的堤坝抵达这些房屋。农场中建筑的设计工作通过开展一场建筑设计大赛完成。

作为堤坝修筑的补偿措施，在总体规划下将设计和构建自然保护区。在新堤坝和小古马斯河之间的区域将划为自然保护区。为了该目的，会在圩田中开发一条名为Dyssensche Ganzel的人工河道，并在区域西边开挖一个池塘，挖掘的沙子用于修建居住土丘和堤坝。Overdiepse圩田的堤坝重建是最为重要的工程，其目的是提高柏吉斯彻马斯河沿线的洪水控制能力。自2015年，圩田将会被用作马斯河的洪水溢流区域。该项目投资预计达9000万欧元。

1　Overdiepse圩田的总体规划，图为2010年1月

2　剖面示意图：主堤旁的居住土丘上会新开垦9片农场。紧邻河流的堤坝高度将降低至25年一遇洪水水位高度

3　旧堤坝（虚线）和新堤坝（实线）[C1.1]

4　统一的设计使这里的景致别有一番特色。树木组成的屏障保护房屋不受风沙的侵袭。中间层的设置使堤坝和居住土丘分隔开，成为两个独立的元素

5　规划方案中处于常水位、中等规模洪水以及25年一遇洪水条件下的圩田状况

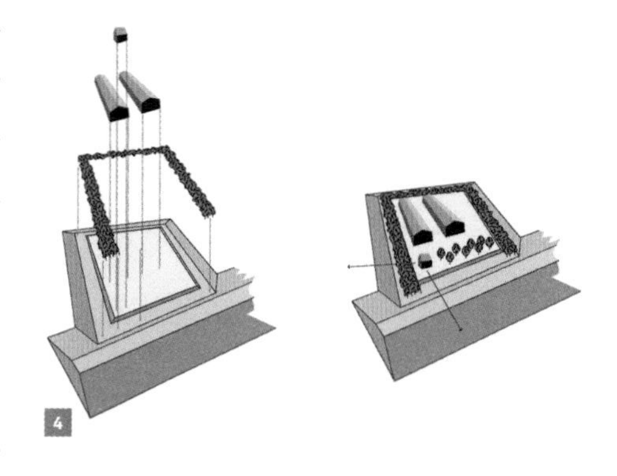

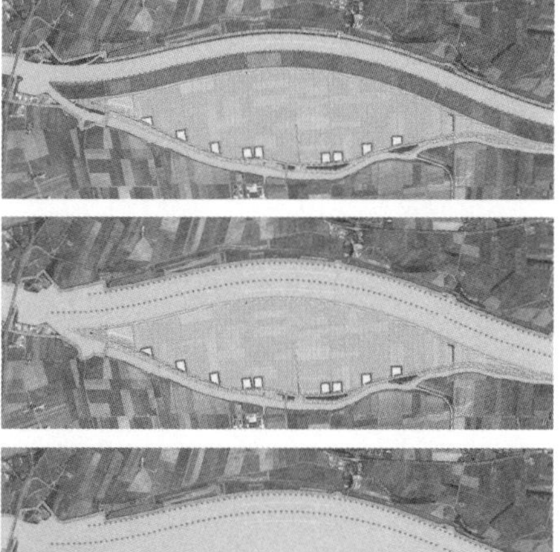

1

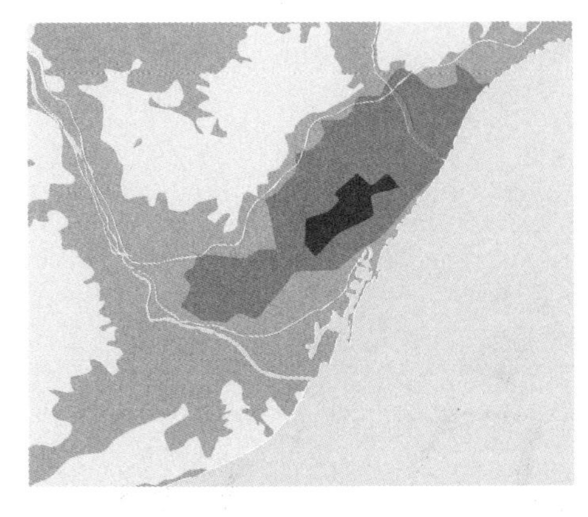

贝索斯河

生态修复，2004年

巴塞罗那，西班牙

Besòs

Ecological Restoration, 2004
Barcelona, Spain

项目区域的河流数据
流域面积：1030km²
平均流量（MQ）：～5m³/s
历史洪水流量（1962年9月）：～3000m³/s
河床宽度：40m；洪泛区宽度：120m
地理位置：41° 25′ 37″ N – 02° 13′ 04″ E

设计手段

C3.4 洪泛区内的公园
C4.2 电子预警系统

贝索斯河是巴塞罗那的两条主要城市河流之一，河流特征由地中海气候决定。虽然几乎全年无雨且河流水量十分匮乏，但是极端的降雨仍可以使枯竭的河床即刻变为猛烈的急流。在1962年的洪水灾害之后，为了抵御今后的洪水，人们在下游河段通过修筑4m高混凝土墙来加固了河堤。这样做的结果是形成了一个不便通行的总宽130m的河渠，其加固后的常水位河道宽约50m，沿河还设置了警示牌。事实证明这种做法在抵御洪水的过程中卓有成效，但是河道以及难以接近的河漫滩却不再适宜作为城市休闲便利设施使用。直到1996年，一个欧盟项目开始实施时才制定了，开发河流汇入地中海前最后5km的河岸空间的计划，确保该区域可以安全使用，该项目还包含了一些改善河流生态的措施。

洪水预警系统　巴塞罗那地区负责城市开发和基础设施的机构，开发了一套智能通行控制系统，以确保居民可以在贝索斯河的宽阔河漫滩上安全停留。洪水预警系统利用位于河流上游控制中心的一个计算机模型来确定在暴雨事件后河流水位上涨的预期数

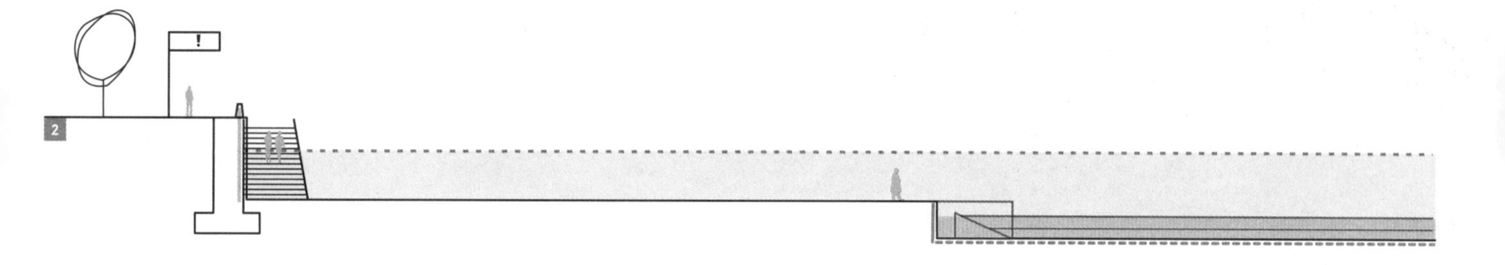

值。如果形势有危险，就会通过电子显示屏、警报器和扬声器发出洪水即将来临的警告。此外，公园的4位工作人员会负责保障河漫滩上游客的安全。该系统使得这条变化无常的河流的滨河区域得以重新对公众开放，同时也加强了对水位周期性变化所带来的潜在风险的认识。

充气橡胶坝 在贝索斯河的下游河段共安装有11个充气坝。这些空气填充的橡胶坝非常灵活，它们可以通过远程控制系统来调整自身，从而适应河流不同情形。当水位较低时，这些“气袋”完全充满，其高度可达1.34m。通过这种方式，充气坝上游可形成水池，即使是长期无降雨时，河床也不至于干涸。这样做的主要目的是使河流在夏季也可以保持迷人的景致。当洪水来临的时候，这个气垫可以在数分钟内排出气体。从而保证洪水可以毫无阻拦地顺利排出。

净化污水的湿地 在运河上游河段的湿地中，有60种生物群落保证了经处理的污水在排入河流之前得到最后净化。每一个水塘都位于洪泛区内，它们平均宽50m，长20m。该措施在降雨量稀少的夏季尤其有效，因为此时的河道几乎完全充斥着污水厂尾水，若不使用这种方法，这些污水曾经使河流附近区域散发出难闻的气味。大量的湿地提高了贝索斯河的水质，并且为这里的动植物创造了生存空间。

通过优化河流的可达性，贝索斯河的供水、河流水质及其滨河开放空间质量均得到提升。今天，这条绿化带已经是巴塞罗那居民的一个重要休闲娱乐场所。

1 电子屏显示洪水预警[C4.2]

2 临近渠化河流部分的洪泛区宽度可达80 m

3 鸟瞰图显示了每隔一段距离就设置充气橡胶坝来滞留河水

4 从2004年起，贝索斯河的洪泛区可用于休闲活动[C3.4]

5 河流处于高水位时的充气坝

6 河流附近的开放空间

1

设计手段

C1.4 深挖洪泛区
C3.4 洪泛区内的公园
D4.2 有生命力的护岸
D4.7 石笼阶梯护岸

水牛河

水牛河漫步长廊，2006–2010年
休斯敦，美国

Buffalo Bayou

Buffalo Bayou Promenade, 2006–2010
Houston, USA

项目区域的河流数据
流域面积：270km²
平均流量（MQ）：48m³/s
百年一遇洪水流量（HQ100）：493m³/s
河床宽度：27m
地理位置：29° 45′ 40″ N – 95° 22′ 25″ W

水牛河水流缓慢，蜿蜒穿过得克萨斯州休斯敦市平坦的海岸平原。它的大部分流域位于休斯敦的城区，因此，该河流受城市化的影响很大。水牛河的水质恶化状况及其隐藏在公路基础设施下方的裸露河岸，使得休斯敦市中心的这一区域显得缺乏吸引力且荒凉。河岸很陡，缺乏植被覆盖，遭受季节性暴雨和洪水的侵蚀，并且受到邻近区域硬化地表所汇集而来的径流污染影响，同时河岸还被河流上方公路设施遮挡住。

规划建设公园 在水牛河合作伙伴组织的监管下，规划人员提出通过建立一个河流公园来解决这一问题，该公园将使河流重新融入城市生活，并提高其作为适宜其他物种生存的生态系统功能。水牛河位于休斯敦市中心的长1.6km的一段，如今被称为水牛河漫步长廊的地方作为改造工程的起点。从河岸挖掘23000m³的土壤，显著地扩大了行洪空间。河流的侧剖面被重新塑造并形成缓坡，克服了原来河流与其上面的城区之间9m的高差。扩大的洪泛区为构建一个生机勃勃、便于通行的公园奠定了基础。公园引入了可淹没的坡道、阶梯和小径、户外家具、照明和植被系统，以促进休闲活动。

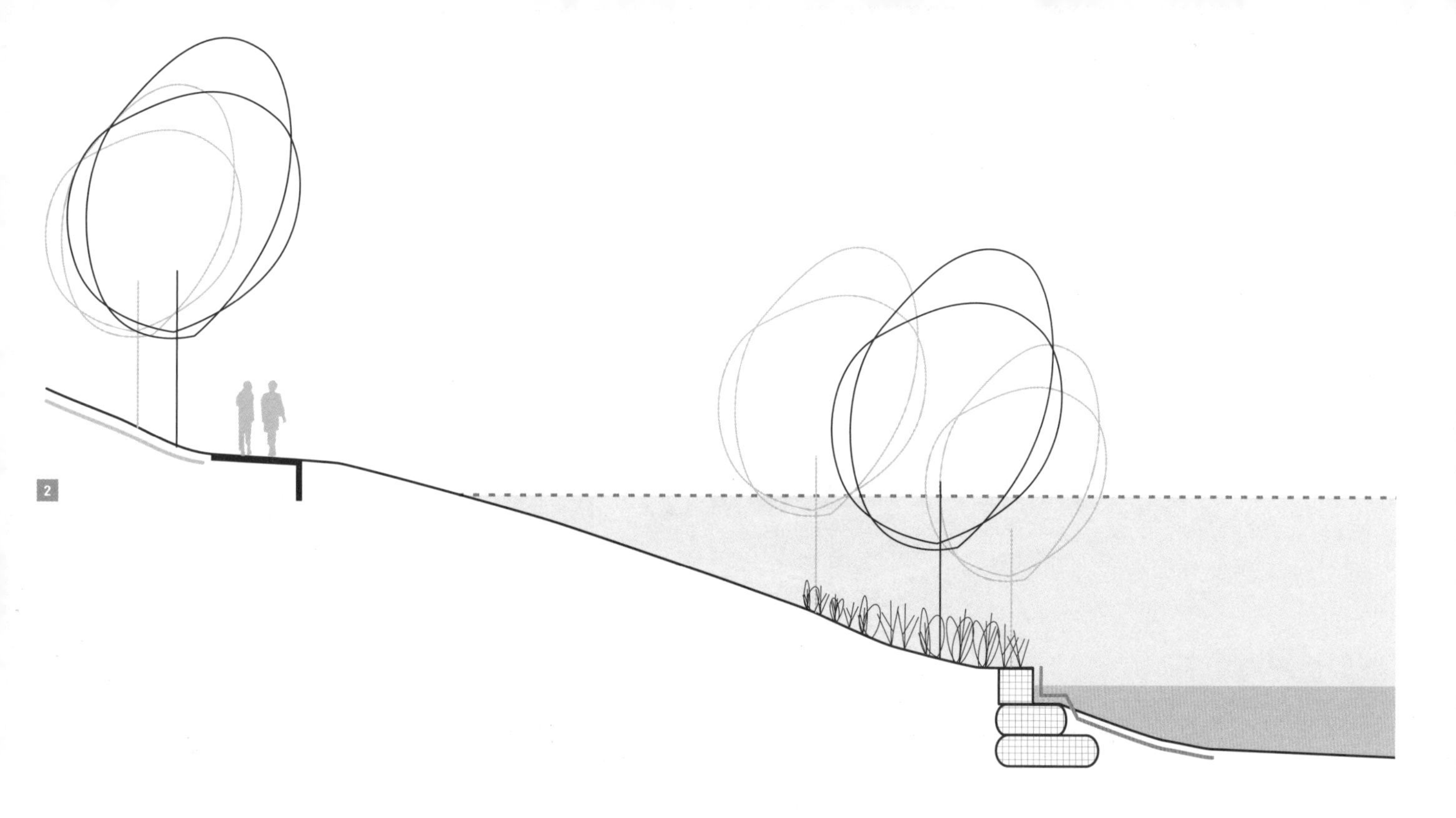

有大面积的草坪可供玩耍。高速公路建筑结构下的空间种植了林下物种和蕨类植物，因为它们能够在阴暗的桥下生存。水牛河的南岸和北岸曾经相互分离且无法通行，现在由一座人行天桥连接起来，并与新修复河岸沿线的30多km长路网连接起来。

侵蚀控制与栖息地构建　通过安装石笼来加固河岸的边缘以确保河岸稳定并防止侵蚀。这种在河岸开放型石笼网箱中锚固岩石和再生混凝土材料的技术为树木根部、河岸植被以及河岸和底栖动物的栖息地提供了多孔基质。该系统除了生态价值，还可以作为一种有效防止侵蚀的措施，它有助于保持水文流量，并允许暴风雨所携带的漂浮碎片通过。石笼网箱周围包裹着土工织物，以作为防止其与植物直接接触的缓冲。此外，河岸上种植了具有长纤维状根茎的本地水岸植物物种，如墨西哥矮牵牛花（翠芦莉）和路易斯安那鸢尾（*Iris ser. hexagonae*），它们的根茎能穿透深达1m的土壤。河岸上大量种植树木，以提供阴凉并降低水温。因此，利用高度控制和工程化的技术解决办法，恢复河岸生态，从而为蓝鹭、赤蠵龟、鹰、候鸟和水禽等物种构建了栖息地。

1　主要公路下方的大型水牛河漫步长廊

2　典型剖面图显示了经改造的河岸公园，改造后能适应更大规模的洪水，并提供缓坡方便游人去往河边。河岸采用装有再生材料的石笼加固，并形成生态位，供水滨动植物栖身[D4.7]

3　洪水期间，道路、植被和基础设施均被淹没[C3.4]。在水牛河漫步长廊河段，通过改造洪泛区，洪水容纳能力扩大到7.5hm²[C1.4]

4　河岸的一些位置设置了可供水上运动和休闲娱乐的通道

5　沿着河岸，可淹没道路将公园与休斯敦的步行及骑行系统连接起来

1

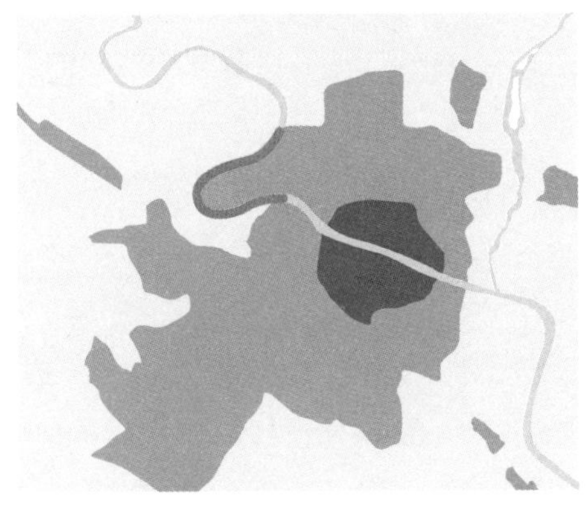

设计手段

B1.4 将堤坝融入路网
C1.5 回水坑塘
C3.1 洪泛区内的步道
C3.4 洪泛区内的公园
C3.5 延伸自然区域

埃布罗河

水岸公园，2008年
萨拉戈萨，西班牙

Ebro

Parque del Agua, 2008
Zaragoza, Spain

项目区域的河流数据
流域面积：40400km²
平均流量（MQ）：267m³/s
百年一遇洪水流量（HQ100）：4300m³/s
河床宽度：90–120m；洪泛区宽度：150m
地理位置：41° 40′ 07″ N – 00° 54′ 45″ W

2008世博会的水岸公园　在萨拉戈萨举办的2008年世界博览会的主题是负责任地利用水资源。埃布罗河是西班牙境内流量最大的河流，它流经西班牙北部以灌溉结构为特征的农业区域。就城市的发展目标而言，世博园区的场地设定是为了加强城市中心与以农业用途为主的约2km沿河环状地带，以及萨拉戈拉城市周边与城市中心之间的联系。而这一目的主要通过一些新建桥梁来实现，其中包括亭桥（Bridge Pavilion），它由扎哈·哈迪德Zaha Hadid设计，桥体结构由一个“鲨鱼外壳”形态来包裹，这座桥迅速成了世博会的标志。

规划区域，即河流蜿蜒区域青蛙湾（Meandro de Ranillas）频繁受到洪水的侵袭，因此该地几乎未经开发。在展区场地边缘的埃布罗河环状河曲内构建了“水岸公园”，面积达125hm²。公园内最密集改造的部分由周围的堤坝保护，堤防区域为一个河岸自然公园，其上种植了河岸植被，可经受住频繁的洪水侵袭。公园的两个部分都着力突出“水”这个主题，无论从形式上还是概念上，都展示出对水和河流的不同寻常的运用方式，这也代表着过程和控制的巧妙融合。

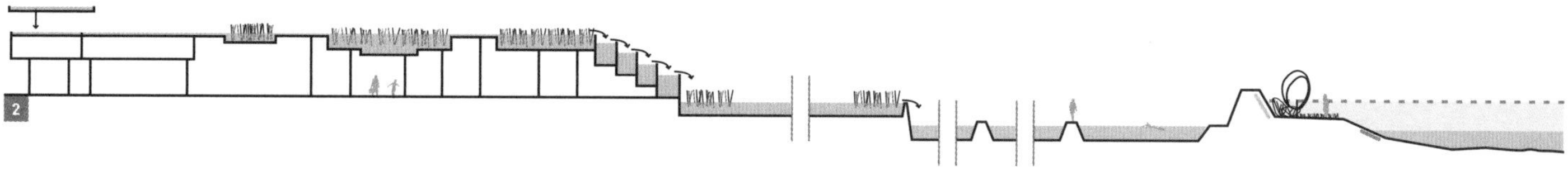

公园作为滤池　受堤坝保护的内部公园是一个受到控制但同时也对外开放的系统。河流中的水可以在受控制的情况下流经这片公园，但如果发生洪水并且水流回灌，这个系统便会关闭以防止受污染的河水进入这片公园。水池的地基也被封闭，防止地下水渗透进来。公园的这一部分充当着净化系统。公园的水来自埃布罗河，确切地说来自公园附近的Rabal灌溉渠，部分来自地下水补给。这些水通过引水渠流经整个公园，在流动的过程中经过多级的自然净化，而后流经大型的植物滤池，水流最终被收集进大型的封闭水池中，可用于泊船甚至洗浴，之后这些水会回到埃布罗河。水流的输送和处理系统造就了公园中超过2.5km长的各种活动的主干脉络，该系统也起着分割、连接和定义不同功能区域的作用。

埃布罗河曲处原有的天然洪泛区现在已经通过堤坝从河流系统中分隔出来，但在公园内经人工净化设施进行的水处理过程，就像在自然洪泛区一样。堤坝背后的水沟、水域以及道路，有些道路盘踞在堤坝上，它们组成的复杂系统，是由曾经用于农业的沟渠、防护墙、场地结构演化而来。几何形状的种植区中可以找到埃布罗河不同植被类型的代表——从湿生植物群落到适应极度干旱区域的植物群落，这也凸显了公园中的人工自然景观。当小型洪水（比如一年一遇）来临时，顶部有一条小路的河堤便会保护内部公园。该堤坝可以保护公园免受50年一遇的洪水灾害。当水位更高的时候，除了一些处于高处的重要建筑，整个公园都会受到洪水的侵袭。

河岸林地及其微地形　公园的部分天然景观坐落于河堤之外，一直与河流有着联系。通过设计来凸显洪水淹没时河流动态景致的明确层次感，即不同位置处于不同的状态。由于河岸公园坐落于环状河道之内，因此这里会发生沉积过程。河岸的状况可以反映出明显的河流自然动态变化。建筑师们刻意开发了便于公众接近的砾石滩。

1　2008年的洪水凸显了公园的双重作用：在堤坝后方，是以水池和人工河道为主体的被保护部分；在堤坝前边，被淹没的部分是植被覆盖的洪泛区[C3.5]

2　公园的剖面示意图展示了各种各样的水池以及净化系统

3　人造水道和道路在不同高度上穿梭于内部公园。这里的植被按照几何形状来布局

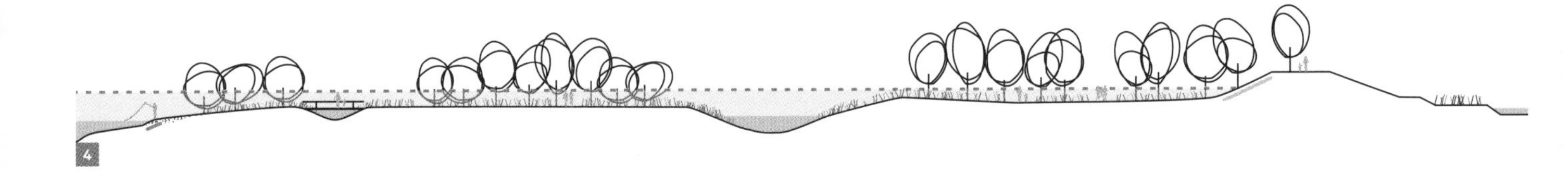

4

在此处，种着柽柳和杨树的前河岸林地的其余区域作为场地改造工作的基础。规划者在整齐的网格系统中种植柳树、杨树以及柽柳来构建一个新的河岸林地。新种下的树木很容易和原有的树木区分开来。通过这种方式，由人类塑造的“自然”系统会逐步并可见地发展演变为一个受河流影响的河滨林地。青蛙湾河滨景观的重建也受到了人造微地形的启发。在过去，砾石从埃布罗河的岸边开采出来，随后砾石坑塘被建筑垃圾所填满。该项目中，这些建筑垃圾被清除，取而代之的是湿地植被。如今，这些植被作为群落生境发挥着重要的生态作用，并为河岸增添了引人注目的美景。从公园中流出的净化水也会渗透进这些坑塘，并最终反补给埃布罗河。就这样，在河堤前方构建出一片极为多样化的水景风光，尽管会受到周期性洪水的影响，但它还是通过道路、桥梁以及户外基础设施的辅助得以对公众开放。克里斯多夫·吉罗德（Christophe Girot）将改造后的景观描述为拥有“自由放任”的美感，即“尽管整个河岸地带的布景经过了很大程度地改造，并且保留了世博会期间大规模的城市化布置，但此处的景色仍然拥有一种自然冲积的感觉。”［Girot， 2010， p.32］

项目同时设置了两种水系统，即用于休闲活动的宽阔水面人工河道和拥有河岸树林的动态水景河道，二者在埃布罗河的农业以及河流景观的考量中拥有它们各自完全不同的设计出发点。但在水上公园里，设计师们将两个区域各自的美融合在一起，形成了复杂而丰富的景致。

5

6

4　堤坝前方的自然公园的剖面图显示了洪泛区的河岸生物群落以及河滨砾石浅滩

5　种有水生植物的净水池；可以从其背景看到一个斜坡延伸至引水渠

6　桥梁提供了通向堤坝前方洪泛区的通道 [C3.4]

7　蜿蜒堤坝上的道路将公园分割成两部分 [B1.4]。岸边新的河岸林地依照严格的网格形式进行种植

8　洪泛区中的回水坑塘 [C1.5] 清除了建筑垃圾，并重新种植了湿地植被

9　在区域南边有一处拥有沙滩的巨大室外浴场，净化后的水流入这片浴场

10　现存的杨树林是埃布罗河河岸规划的起始点

11　河岸的天然卵石滩区可以进入，并且成为公园的一部分

1

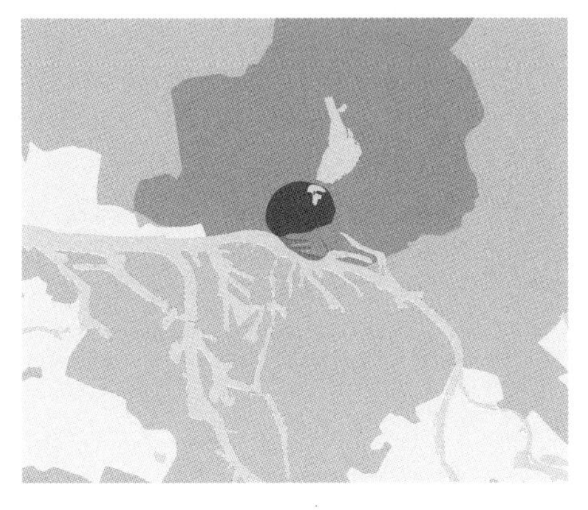

设计手段

A1.1 亲水宽平台
A1.3 阶梯式驳岸
A6.2 浮动岛屿
B5.3 折叠式防洪设施
C2.2 土丘上的建筑
C2.4 疏散通道

易北河

海港城，始于2003年
汉堡，德国

Elbe

HafenCity, since 2003
Hamburg, Germany

项目区域的河流数据
河流类型：河床基质以沙子为主的大型河流
流域面积：140000km²（诺德易北和苏德易北）
平均流量（MQ）：~750m³/s（诺德易北至苏德易北）
百年一遇洪水流量（HQ100）：~4000m³/s
（洪水通常由潮汐波动引起）
河床宽度：~400m；洪泛区宽度：~600m（河流以及可淹没的海港区）
地理位置：53° 32′ 30″ N – 09° 59′ 36″ E

海港城是汉堡市的首个建在城市护堤环线以外的市辖区，因此该市的防洪线建设在位于一列货仓区和市中心南部的原免税港口区的155公顷的场地上。该区域及其规划的5800间新建公寓，坐落于易北河的潮汐影响区域，并完全暴露于周期性的风暴潮水中。如果在该区域筑堤坝，将会阻挡朝向码头和易北河的视野，从而有损这些场地的质量和价值，因此筑堤并不是合适的选择。于是发展形成了一个新的理念，即居住式土丘解决方案：一套特别的可供建造建筑的综合防洪系统。

居住式土丘解决方案　海港城的所有建筑都被人为地抬升了。地面高度比海平面高出8m，因此即使在非常严重的洪水来临时也不会被淹没。海平面以上7.5m处为汉堡市现行的洪水防护系统官方条例规定的高度，在此高度以上的桥梁和通往建筑的入口均不会受到洪水的影响，并且这些建筑都建在远离水面的一侧。历史上的最高水位发生于1976年1月3日的风暴潮期间，其高度达到了海平面以上6.45m。

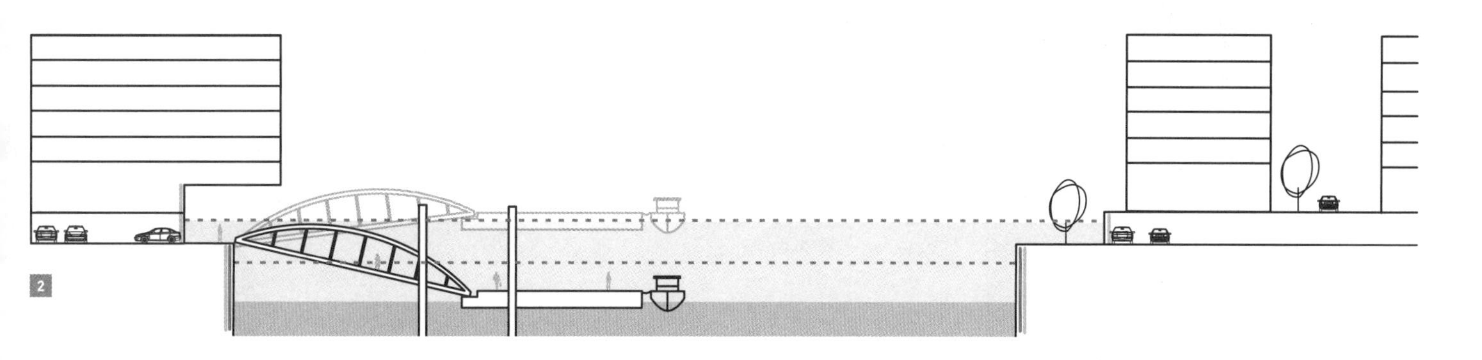

通过将建筑建在联合地下室上来提高建筑物所处高度。采用这种方式，易受影响的区域建在一种居住式土丘上来防止洪水侵袭。尽管地下室会受到洪水影响，但它不会受到常规潮汐波动的影响。地下室的主要作用是充当地下停车场，这样就可以使得城市中的一些闲置车辆远离人们的视野。在面对河水的一面，地下室中修建了小型咖啡馆，从这里可以望见易北河和旧码头，人们也可以通过位于下方的滨水步道通往这两个地方。

当洪水来临时，地下室将被封锁并且通过临时防洪元素达到防水效果。一个经由突堤和桥梁的逃生系统可通向仓库区，并将连通海港城和处于主堤之后的汉堡市中心安全地带。为了阻止灾难的发生，这些悬浮路网将保证海港城与其他区域的联系不会被切断。此外，一整年中，这个独特的撤离通道都将作为一条吸引人的无车人行步道，并且拥有观赏仓库区和运河的良好视野。

三层开放空间　公众开放区域的设计理念包含三个处于不同高度的空间层。浮动平台安装于水上码头并随着日常潮汐的波动上下起伏。该平台可充当古老船只以及游船停靠的浮动码头并可容纳一些小凉亭。

在海岸线以上4.5m高的洪水冲刷区修建了一条宽阔的堤岸步道。步道围绕着整个码头周边，上面有咖啡店、可以坐的台阶，并且可以观赏水景以及种满树木的平台。当海港城建设完成时，这条堤岸步道的总长度将接近10km。这片区域处于地下室低处边缘附近，一年平均遭遇两三次洪水淹没。在道路和桥梁这一层，建筑群中的城市广场、运动场以及游乐场都将提供广阔的水域视野。

在汉堡市的海港城中，居住高地解决方案提供了让人们可以安全地居住在水边的机会，这也赋予了这片区域独特的魅力。在持续数世纪的战略规划中，汉堡市创造出了一个全新的城市地貌。

1　海港城新修建筑坐落在堤坝线以外。可封闭的底层可以保护建筑免受洪水侵袭[C2.2]

2　剖面示意图：海港城的住宅建筑修筑在可密封的防水底层上边。这个底层同时用作地下停车场。码头上安装了一个浮动平台，作为船舶临时停靠的突堤

3　浮动平台[A6.2]可随着潮汐波动上下移动

4　撤离通道［C2.4］将海港城与免受洪水波及的市中心相连

5　路堤步道[A1.1]和附近的咖啡店所处区域会遭受洪水侵袭，而位于地下室一层的商店和咖啡店可以通过可移动防洪门密封起来，从而免受洪水影响［B5.3］

1

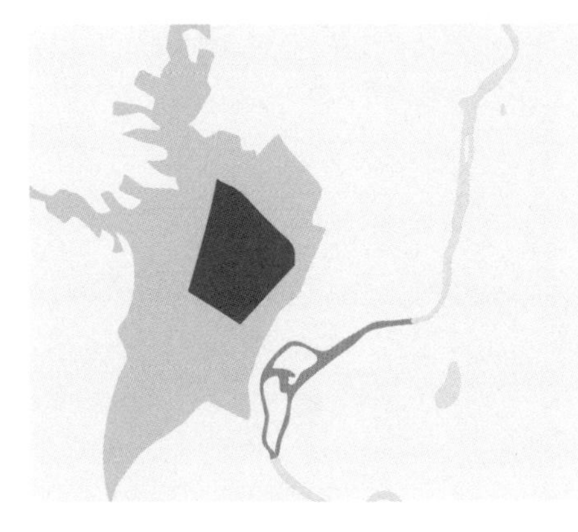

加列戈河

河流公园，2000–2001年
祖埃拉，西班牙

Gallego

Parque Fluvial, 2000–2001
Zuera, Spain

项目区域的河流数据
流域面积：3276km²
平均流量（MQ）：～30m³/s
百年一遇洪水流量：～650m³/s
河床宽度：30m；洪泛区宽度：300m
地理位置：41° 51′ 59″ N – 00° 47′ 07″ E

设计手段

C1.2 支流
C3.1 洪泛区内的步道
C3.2 体育设施和运动场
C3.4 洪泛区内的公园
D4.3 石块护岸

全新的河滨前沿 长久以来，祖埃拉城都是背对着加列戈河。一个处于河道和老城区之间，并坐落于超出水面15m高的河堤上的空间，多年来成为建筑垃圾的倾倒场所，并经不断积累使土堤看起来像起伏的丘陵。在河流和城市之间的这片区域并未作为城市空间而存在。因此，城市规划者的主要任务则是使城市风光与河流重新建立联系，并且设计出衔接老城区和加列戈河之间巨大高差的途径，从而使得人们能再次接近河流。除此之外，河流南岸遭到严重侵蚀，需要进行修复更新，同时也包括河岸的复原。另外，被杂物和碎石堵塞的运河河道也需要清理。然而，推动这一系列改善工程的动力却是该城市居民为一年一度的盛大节日而建设他们自己的斗牛竞技场的强烈渴望。

三层公园 为了重新建立城市和河流之间的联系，规划者开发了一个包含三层空间的公园。这三层平台设有台阶通向河流，并发挥着不同的作用。第一层是河岸。通过挖掘工作使得这一层周期性地频繁遭受洪水侵袭。该区域现在拥有一个海拔很低的河岸一直延伸到河流盆地，并且只比加列戈河的平均水位高出少许，所以只要水面稍微超出常水位，洪泛区都会被淹没。公园的轮廓在不断变化，即使水位波动很小都会引起

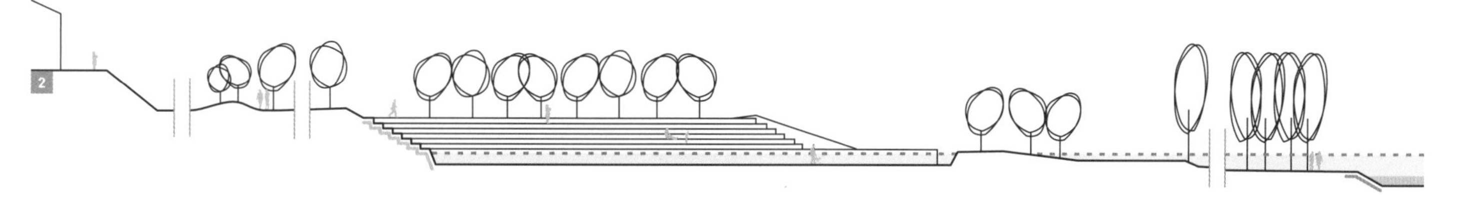

变化：水首先填满专门开挖的沟渠，然后淹没较高处的树木和灌木。水流的交替影响塑造了一个富有生态多样性的河岸。

第二层是一个中间平台。这里也是公园所处的地带，公园里的小山上面种植着不同的树木和灌木，这里也显示出了原河堤的碎片结构。这一层布置了座椅和滚球游戏场地。第三层处于老城区所在的高度，这一层场地边缘有一条人行步道，并且从这里可以越过公园望向河流。

斗牛竞技场 新建的斗牛竞技场成了公园和河岸两层之间的连接元素。由于斗牛竞技场的建设是为了衔接两层间的垂直高差，因此它并未成为河流和城市之间的障碍。会场被设计融入公园景观中，这样就可以使观众很方便地从公园那层进入看台。斗牛士或者表演者则从河流这一层进入竞技场。竞技场拥有6000个座位，如此的建设布局使其在洪水来临时会被淹没至首层座位高度。当洪水退去的时候，便会在竞技场中留下一个巨大的圆形水洼。竞技场的建设不只起到连接公园和河流之间垂直距离的桥梁作用，还成了将洪水事件转化为戏剧化奇观的舞台，同时也使城市居民可以观察到洪水过程。

新的岛屿和河岸 在河流公园前方的原运河被清理出来并分离出一个小岛，通过一座小桥可以从公园处到达岛上。在此处河流与城市的距离也被拉得很近。河岸可以通车，很受垂钓者们的欢迎。运河岸边采用巨大的花岗岩石板进行了加固，石板间隙种满了植物。桥梁的这种建设方式可以使其在暴雨来临时成为河流上的表面排水设施，就像滴水槽一样。特大洪水会淹没小岛，现在此处成了保护区。在位于最低一层的河岸上，一片河岸林地已生长起来，这里被设计融入公园景观中，并且游人可进入林地中。在较低处的区域，建筑师设计了很重的可耐水淹的混凝土长凳。在整个公园都可以看到这种长凳，它们有的带靠背，有的不带靠背，一个家具制造商已经将其列入产品目录。由斗牛竞技场为起始点的整个改造工程为这个城市的整体结构带来了根本性的影响：新建公园与城市通过洪泛区联系在一起，而曾经作为城市“背面”的区域已经成为迷人的河滨场所。

1　斗牛场横跨在中间层和河岸层之间[C3.2]

2　三层公园的剖面示意图

3　斜视鸟瞰图：公园以及重获生机的河道和由此产生的岛屿［C1.2］

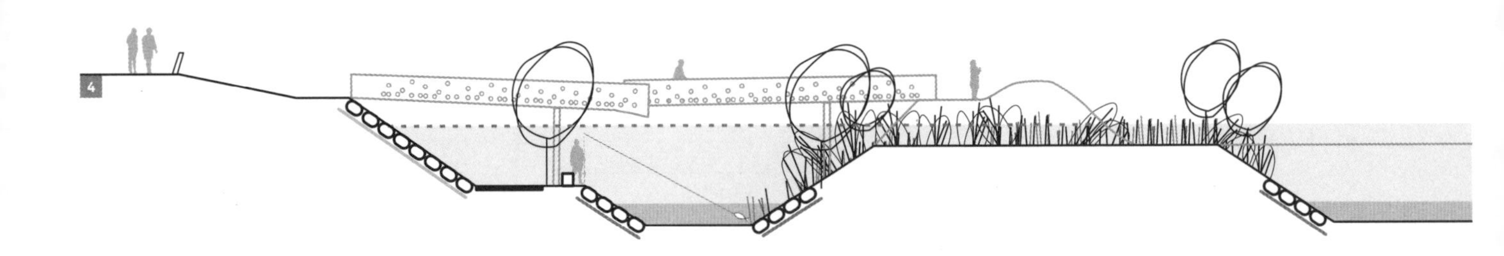
4

5

6

7

4 新运河和小岛的剖面示意图。支流河道岸边采用一种迷人的天然石材护岸来加固[D4.3]。该道路很受垂钓者的欢迎。

5 高水位时的桥梁

6 洪水期间被淹没的低层河岸

7 被称为“祖埃拉”的防洪长凳

8 公园的中层河岸

9 公园建造之前（上排图）和之后（下排图）的不同淹没范围：常水位、中等洪水、严重洪水

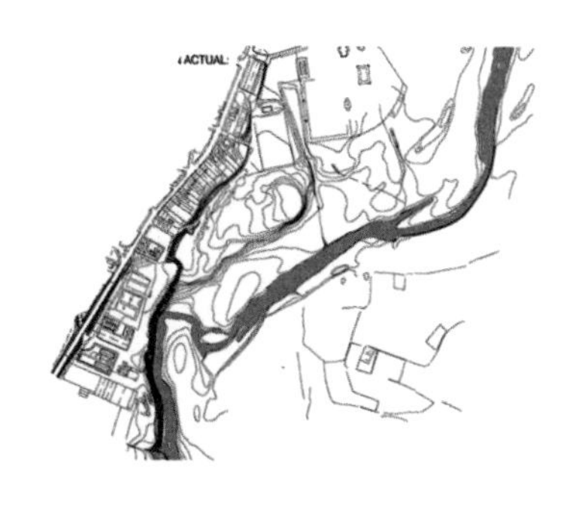

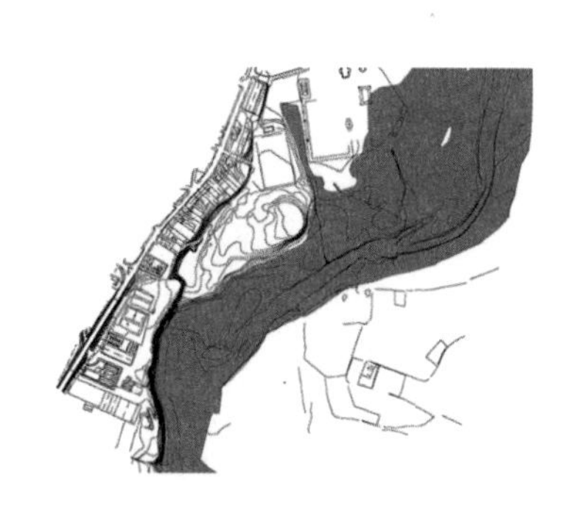

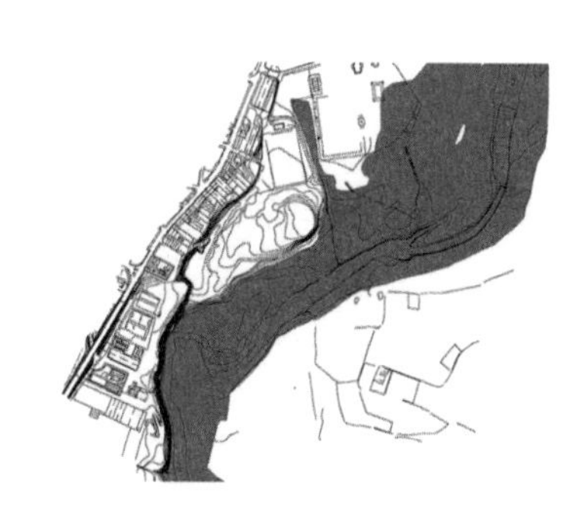

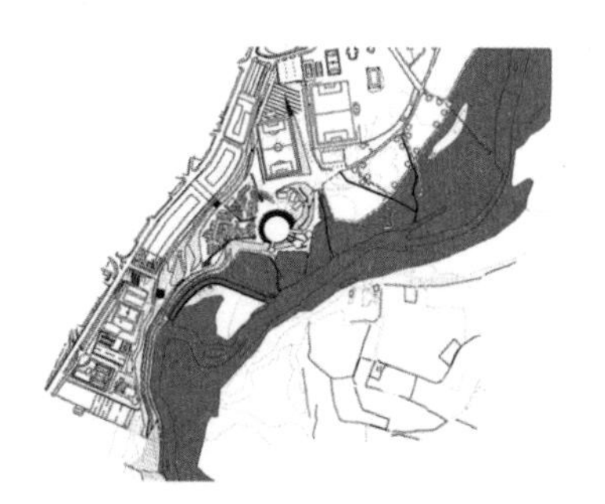

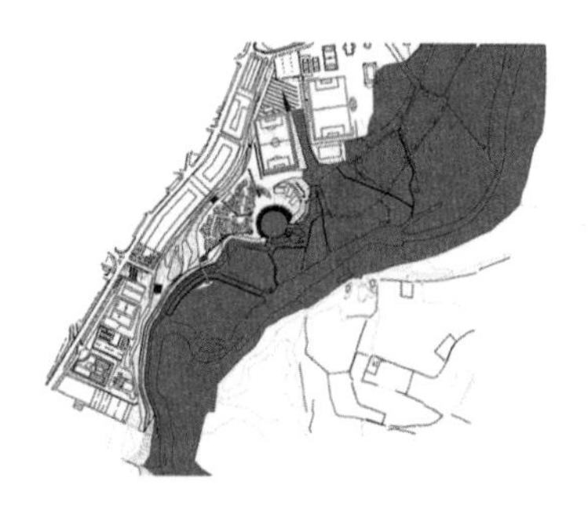

1

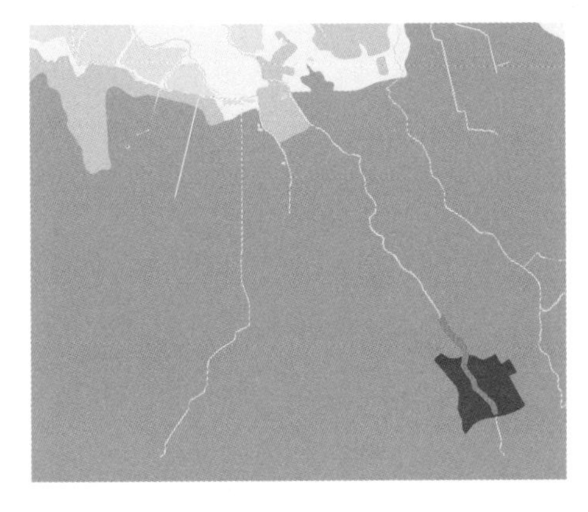

设计手段

A1.2 多级平台
A2.1 平行于河岸的通道
A5.3 前滩
A5.4 可淹没的河滨步道
A5.7 可淹没的家具
A5.8 耐水淹植物
B3.1 隐形加固墙
C1.4 深挖洪泛区
C1.8 旁路涵洞
D1.5 生物防波堤
D3.3 产生冲刷坑
D4.2 有生命力的护岸
D4.7 石笼阶梯护岸

瓜达卢佩河

瓜达卢佩河滨公园，1992-2004年
圣何塞，美国

Guadalupe River

Guadalupe River Park, 1992–2004
San Jose, USA

项目区域的河流数据
流域面积：**440km²**
平均流量：**152m³/s**
泄洪流量：**260m³/s**
河床宽度：**5m**；洪泛区宽度：**45m**
地理位置：**37° 20′ 36″ N–121° 54′ 13″ W**

几个世纪以来，位于加利福尼亚瓜达卢佩河附近的社区与这条河一直保持着紧密的联系，其结果是城市结构逐渐侵占了整个23km河段的河岸以及洪泛区。瓜达卢佩位于地中海气候地区，夏季炎热干燥，冬季温和，雨量适中。然而，冬季暴雨和由此产生的洪水周期性发生，造成了圣何塞中部和瓜达卢佩泛滥区成千上万的财产损失。自20世纪40年代以来，该地区发生了14起重大洪水事件，促使联邦和地方政府于1986年拨出资金用于防洪基础设施建设。后来，由于大力提倡改善环境和休闲娱乐空间，在流经圣何塞市中心的4km长的河流上建立一个防洪公园的想法就此诞生。

分流多余的河水　为了充分发挥河流的美学、娱乐和生态价值，似乎应保留现有的河床范围和河流植被。然而，政府决定大幅扩展河床的面积，以应付偶尔出现的高水位，泄洪流量最高可达260m³/s。在拟定扩大和加固河床的防洪措施时，一些环保组织担心这些措施会对该地区用于鲑鱼洄游的荫蔽的水生生境造成破坏。通过将多余的洪水引入两个地下旁路涵洞，使得该方案尽可能多地保留了水生栖息地。这些构筑物的

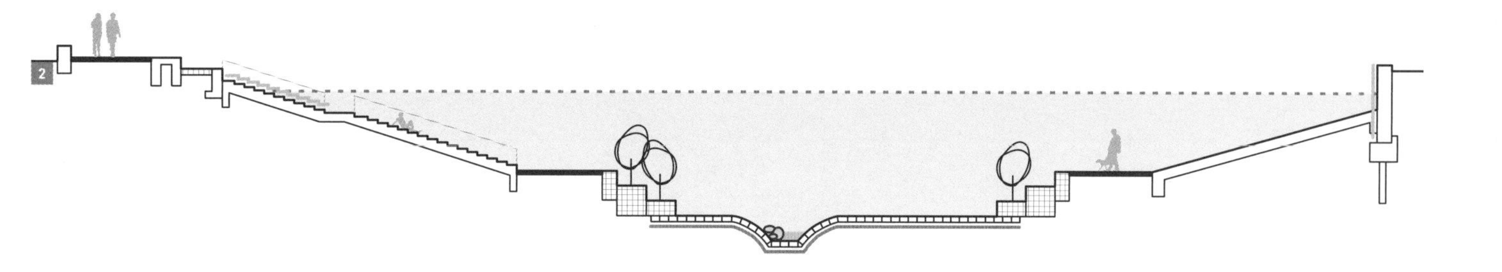

设定是为了保护邻近的城市地区免受高水位的影响，过量河水被重新导向绕过现有栖息地，以保护这一河段宝贵的生态系统。

生态区域 瓜达卢佩河滨公园分为三个不同的部分，一个是以野生生物为主的封闭区域，第二个区域向公众开放并具有硬质地面，可供游人坐下来小憩或进行休闲活动，第三个区域具有起伏的地势和供娱乐休闲用的大型公园景观。三个部分每一处都采用了不同的防洪措施，而且河床的宽度和材料也各不相同，确保了多种用途以及野生动物栖息地的多样性。河岸林地沿着公园里的大部分河段形成了一条30－60m宽的走廊。在这条滨水走廊和河流之间，一层由树冠和河流内植被形成的覆盖层提供了宝贵的荫蔽河流水生栖息地和落叶的来源。在夏季，当河水蜿蜒流过时，这些植被具有降低水温的重要功能。它增加了栖息地的复杂性，为鱼类提供了躲避捕食者以及产卵的场所，并便于鱼类赖以为生的昆虫寄生。河床上覆盖着淹没在水中的木头碎片，如树根、树枝、树干，以及砾石或鹅卵石层，并开凿出河岸以提供庇护场所。在瓜达卢佩的这些河段，由于植被茂密和自然坡度较陡，接近河水的途径受到限制。因此，瓜达卢佩河公园的花园、广场、操场和道路都保持在城市地面高度，不会干扰野生生物和河流的生态功能。游客可以从桥上或是河岸顶部道路观察野生生物。

1 该公园位于瓜达卢佩河的洪泛区，具有多种特征，从生态修复的河床到坚固的人工建造元素，如防汛墙和由多孔混凝土基质铺设的河床段，耐水淹植被可以在其上自然生长

2 剖面示意图显示了河床上的防洪元素例如防洪墙和石笼阶梯护岸。

3 人工河床长满了植被，岛上碎石掩盖了其人工建设的痕迹。坚固的石笼阶梯护岸可作为座位和休闲区，洪水来临时会将其淹没[D4.7]。

4 通过河岸植被来强化河岸

5 河床包含了许多元素，如横向结构、木屑和独立石块，这些元素可扰动水流

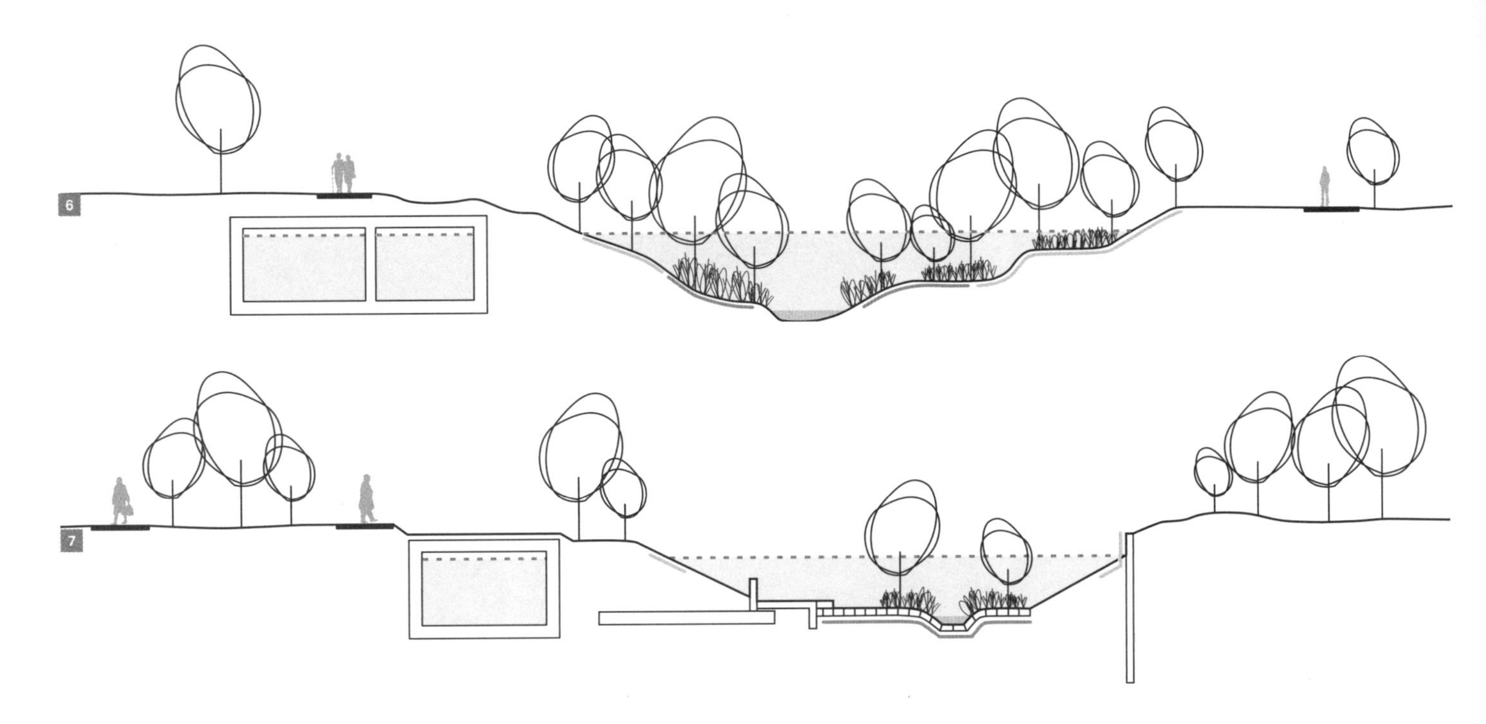

拓宽并加固的河道以及通向河流的通道　两个旁路涵洞将洪水重新排入公园区域下游的主要河道。这里的河道被加宽以容纳额外的水流，并用挡土墙加固。建筑设施如混凝土台阶、石笼阶梯和道路等使游客能够直接与河流接触，但在遇到高水位时可能会被淹没。道路被分成两层，下层让行人更接近河流，并保留上层的道路以便在水位高的时候通行。这种设计规则造就了波动起伏的阶梯状驳岸，缓缓地偎依着河流。在这个区域，采用混凝土多孔基质加固河床，植物可以在上面自然生长。此处的水流被巨石和鹅卵石阻断，为迁徙的鱼类提供了休息、进食和躲藏的地方。在这些加固的河段中设置了低流速沟渠，以确保在低水位期间有足够的水流。这一点再加上荫蔽河水的覆盖层，确保了鲑鱼、鳟鱼和鳗鱼等保护物种在海洋中发育成熟后，每年都能回到圣何塞市中心瓜达卢佩河段进行产卵。鱼卵在河床的砾石中孵化，幼鱼会在河流中停留一段时间而后迁徙到海洋。为适应区域内受保护的鱼类和鸟类的生存需要，公园的设计融入了生态干预措施，但这些措施设计巧妙，难以察觉。

二级河道　本案例所设计的具有防洪弹性河段的第三个特征是缓坡的、非常宽阔的、具有更强渗透能力的近自然区域。一条二级河道与这里的主河道平行，将水汇集在小溪流中，防止水被太阳烤热。当水位较低时，该河段上游的石坝将大部分水流引向主河道，而只有当水量充足时，二级河道才会被河水填充。近年来，由于波及整个加利福尼亚的严重旱情的影响，水位一直处于极低水平，因此二级河道目前的作用有限。隐藏式和开放式洪水基础设施、人工和自然河床以及光滑和粗糙的表面纹理的结合，设计师利用这些因素来影响河水的运动和速度。公园的洪泛区拥有松软、波动起伏的地形，以及一个蜿蜒穿过洼地的道路系统。如此多样化的景观为旱季的河流环境提供了丰富的审美体验，并有助于河水过滤、减速以及分散洪水。瓜达卢佩河和公园沿线的长达4km的路网从桥下通过，避免与其在同一水平面相交。该路网连接着瓜达卢佩河道路走廊的区域性系统，同时是圣何塞重要的骑行干线。

6 无人工元素的天然河床剖面示意图。流经圣何塞中心的这段河流相对较窄，没有多少空间可以扩展，因此在较大洪水期间，多余的水会溢流到地下的旁路涵洞中［C1.8］

7 河床的人工段剖面图。通过加固元素和防洪墙来强化堤岸［B3.1］

8 河床的主要部分是不可走进的，因此创造了不受干扰的栖息地

9 阶梯空间被整合到高水位保护结构中，并提供座位，且具有观赏河流和城市中心的视野[A1.2]

10 公园的市区部分的旁通涵洞入口

11 道路系统连接瓜达卢佩河公园和附近的其他绿地，并在桥下穿过，不受交通的干扰

12 河岸上的排水点，可使河水流入旁路涵洞

13 河岸上的茂密植物

14 涵洞和瓜达卢佩河床相连的河段。此处的河床相对较宽，干旱季节该空间可用于休闲用途。具有石笼和小径的可淹没平台位于河岸较低的部分

10

11

12

14

13

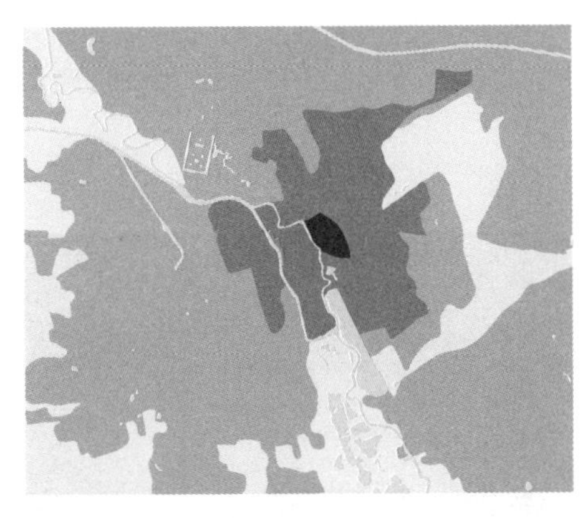

设计手段

A5.7 可淹没的家具
B2.1 多功能防洪墙
C1.4 深挖洪泛区
C3.4 洪泛区内的公园
D4.2 有生命力的护岸

伊赫姆河

伊赫姆公园，2014年
汉诺威，德国

Ihme

Ihme Park, 2014
Hanover, Germany

项目区域的河流数据
流域面积：111km²
百年一遇洪水流量（HQ100）：833m³/s
河床宽度：30m
地理位置：52° 22′ 15″ N–9° 43′ 11″ E

伊赫姆河是莱茵河流经汉诺威的一条16km长的支流。由于周期性洪水频发，2006年汉诺威市政府决定在全市范围内改善其洪水防护水平。这些措施主要包括三个方面：增加上游的蓄水能力，修建新的堤坝和防洪墙，及拓宽河道。上述提到的大部分改善措施改变了伊赫姆河，它作为莱茵河的一条支流，在洪水期间可容纳90%的多余水量。伊赫姆河通往市中心以西的两座桥Leinertbrücke与Legionsbrücke之间的河段，由于过流断面较小、输水能力有限，因此成为防洪的瓶颈。这就意味着对周边的Calenberger Neustadt、Linden和Ricklingen等社区构成了威胁，因此将伊赫姆河其中900m长河段东岸划为洪泛区。水力学模型显示，通过在该河段挖掘出一个滞洪区，可使水位降低39cm，显著降低了百年一遇洪水淹没城市结构的威胁。水位的下降减小了对地下水的压力，地下水在洪水期间也会上升，造成财产损失。为了将瓶颈效应降到最低，除了将河岸改造成洪泛区，中间的一座桥梁Benno-Ohnesorg-Brücke也必须拓宽和重建。

多重用途 新的河堤高度比原来降低了1.5～4m，形成了宽达86m的洪泛区。根据新的设

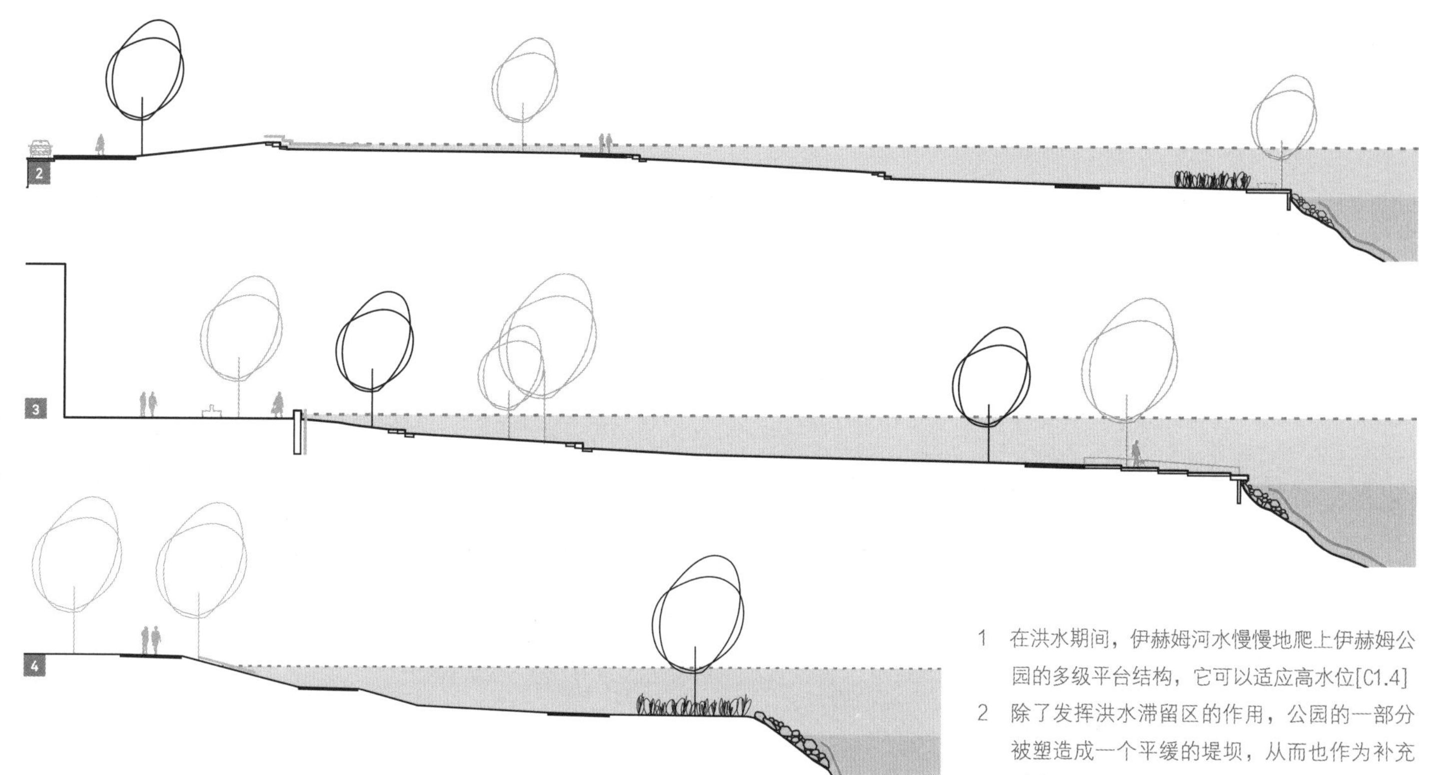

计，规划人员开发了一个公园，并构建了多级宽平台向下延伸至河面。这些宽平台区域覆盖了30cm厚的冲积壤土或黏土层，以防止洪水区的地下水上升，并在公园遭遇淹没时防止被侵蚀。公园的多级平台铺设草皮来提供多种娱乐和休闲的选择。各级宽平台的边缘用低矮的石头和混凝土台阶加固，这些台阶可以作为多种形式的座位补充其他户外家具设施的功能。在河岸上几个有吸引力的地方建造混凝土平台，为人们提供了紧邻河边的休闲场所。在它们之间，种植河岸植被来加固伊赫姆河的河岸。在公园阶地上分散种植着高直的树，这样当公园作为洪泛区时，就不会阻碍水流。为确保对百年一遇洪水的防护，建造了防洪墙并抬高了低层的堤坝。它们自然地融入了公园景观，作为从公园到城镇的过渡。低防洪墙也是洪水防护的一部分，遭遇洪水时可以临时关闭其入口。靠近河流的道路会被洪水淹没，而处于较高位置的道路仍能确保通行。

1　在洪水期间，伊赫姆河水慢慢地爬上伊赫姆公园的多级平台结构，它可以适应高水位[C1.4]

2　除了发挥洪水滞留区的作用，公园的一部分被塑造成一个平缓的堤坝，从而也作为补充措施来保护邻近的建筑免受极端洪水事件的侵袭

3　横断面示意图显示了不同位置的洪泛区边坡和结构，以及融入伊赫姆河防洪系统中的建筑和户外家具元素[B2.1]

4　空间越小的地方，其坡度越陡

5　道路网连接着公园的不同部分，其中一些道路在洪水泛滥期间无法通行

6　图5的空间在洪水期间的状况，淹没的道路和河岸植被

7　坚固的户外家具可以抵挡洪水侵袭

8　被淹没的户外家具设施

9　公园向伊赫姆河开放，并在靠近水边的重要位置提供座位。多级平台结构的形状就像一个圆形剧场，并具有观赏河流的良好视野[C3.4]

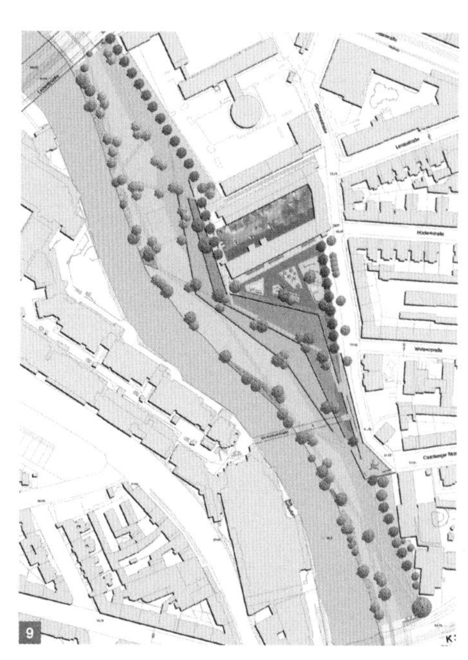

设计手段

- - - - - - - -

C1.1 堤坝后移
C1.2 支流
C1.4 深挖洪泛区
C3.1 洪泛区内的步道
C3.5 延伸自然区域
E3.1 创建曲流
E3.3 分汊河道

艾塞尔河

Vreugderijkerwaard地区，2000-2001年
兹沃勒，荷兰

IJssel

Vreugderijkerwaard, 1999
Zwolle, the Netherlands

项目区域的河流数据
河流类型：慢流速，河床基质以泥沙为主的低地河流，莱茵河支流
莱茵河流域面积：160000km²
莱茵河平均流量(MQ)：2300m³/s，艾塞尔河占11%：230m³/s
莱茵河百年一遇洪水流量（HQ100）：12320m³/s，艾塞尔河占23%：2833m³/s
河床宽度：160 m；洪泛区宽度：500–1200 m
地理位置：52° 30′ 59″ N–06° 01′ 22″ E

自然发展及洪水控制　几头毛茸茸的牛在满是鸟的沙洲边缘吃草，一小群野马增强了游客对野生自然景观的想象。在艾瑟尔河的支流或者说旁路修筑完成之前，这个距离小城镇兹沃勒郊区仅800m的Vreugderijkerwaard地区主要是用作农耕。由于这个区域包含有一座沉积形成的古老河流沙丘，所以自1962年以来，区域近三分之一的面积由自然纪念碑协会（Vereniging Natuurmonumenten，荷兰的一家自然保护协会）维护。在洪泛区，这种贫瘠的沙土经常会为一些珍稀植物提供栖息场所。一所房屋依然伫立在这片沙丘之上，并且由于它所处位置较高，可以基本不受洪水侵袭。非常难得的是，负责自然保护和负责洪水控制的两个部门联合起来构建这片保护区域。他们两者都希望通过共同开发这片区域来获利，于是在1999年，他们修建了一片面积为120hm²的自然保护及洪水控制区。

荷兰的第一个人工支流　建设人工支流的目的是增加艾塞尔河的流量，并且沿这条大河重新建立一个自然洪泛区景观。这条支流建在洪泛区内，微微弯曲，环小岛而流，且河岸非常平坦。为了达到这一目标，许多前陆地带被挖掘，从而为河水留出更多空间。对于构建一段连续流动的河流分支来说，最重要的是防止过多的水流回流主渠道，并且要防止难以控制的沉积以及侵蚀过程。因此，建立了一个封闭的水流出口来限制回流的水量。这个入口结构也可以作为横跨支流的桥梁。在新的支流中，水流速度非常缓慢并且很浅。这里为那些从斯堪的纳维亚半岛飞往非洲的候鸟提供了很好的栖息与捕食地，也为鱼类提供了产卵和庇护场所。艾塞尔河这一新增区域经常发生地貌动力过程，河沙沉积以每年几毫米的速度增长，时至今日已经发展出了新的河岸。通过在地形中构建非常平滑的过渡区，使该区域有着较广的潮湿范围。由于必须保持排水能力，所以这片区域必须保持开放。因此，大概30头加洛韦（Galloway）奶牛和由5只柯尼克（Konik）野马组成的小马群整年都生活在这片区域。它们在这片土地吃草，以防止河岸植物过渡生长，动物可以在该场地内自由行动。目前允许在Vreugderijkerwaard生活的动物数量为每公顷0.5个牲畜单位。这个数量每年会进行审核，必要时会被修改，这是因为如果动物太多的话，珍稀植物就会受到影响。野牛和野马为游客展现了一种古色古香的风光，这也使得到这里来观光更为值得。这片区域的导游由自然纪念碑协会管辖，该协会有着非常严格的规章制度。和哈默伦（Gamerense）或者DuurcheWaard截然相反，游客们不允许进入该区域。他们只能在河堤以及通往房屋的道路上参观，也可以在抗洪涝的小型鸟类观察间观望。只有经过组织的旅行团才可进入该场地的自然区域，并且该场地没有可穿越的道路。

堤坝迁移 作为河流预留空间计划（Ruimte voor de Rivier）的一部分，这片区域将会被扩大。在Dijkverlegging Westenholte项目中现存的堤坝将向后迁移300m且支流会被延长。河道支流只与主河道的一端相连接，并且只有发生洪水时才会有水流过。该做法将减少维护频率并降低技术难度。该项目的实施将导致3座房屋和2座农场的搬迁。第二座观察小屋以及一些公共道路的修建将会使公众能够更容易到达这片区域，并获得更好的观光体验。这个项目体现的主要价值在于，在洪泛区内，河流的地形动力过程以一种可控的方式发生。在荷兰其他地方正在规划和建设的河道新支流中，有的只与主河道的一端相连并且没有水流流经。Vreugderujkerwaard作为第一个此类项目，在荷兰大范围发展新自然区域方面扮演着先驱角色。

1 艾瑟尔河沿岸的古朴风光
2 剖面示意图：在主河道旁的洪泛区挖掘了一条平坦的支流，这里时不时会发生小规模的地形动力过程[C1.2]
3 为了给艾瑟尔河留出更多的空间，堤坝的南部（虚线部分）将被迁移，从而扩大了自然保护区的面积[C1.1]
4 一条通向抗洪涝的鸟类观察室的道路[C3.1]
5 沙滩是水生鸟类理想的栖息场所
6 强壮的柯尼克马使这片区域免受灌木与树木的侵占[C3.5]

3

4

5

6

1

设计手段

- - - - - - - -

C1.3 分洪渠
C1.4 深挖洪泛区
C1.5 回水坑塘
C3.5 延伸自然区域
E1.2 半自然河岸管理

基尔河

基尔河口的复兴，2008年
特里尔，德国

Kyll

Renaturation of the Kyll Mouth, 2008
Trier, Germany

项目区域的河流数据
河流类型：河床基质从细沙到粗砂硅土为主的中等规模高地河流
流域面积：840km²
平均流量（MQ）：~10m³/s
百年一遇洪水流量（HQ100）：~220m³/s
河床宽度：15–20m；洪泛区宽度：200m
地理位置：49° 48′ 16″ N–06° 42′ 08″ E

基尔河发源于埃菲尔山，经过140km的奔腾后在特里尔郊区的Ehrang附近汇入摩泽尔河。摩泽尔山谷非常的陡峭和狭窄，这条繁忙河流的沿岸空间完全被交通、居住区和农田所占用。在20世纪50年代，人们对基尔河口的河道进行了修整与拉直。一些被裁掉的弯曲河段被填充，它们之间产生的空间用于农业。

分洪渠的自动力河道发展　基尔河口附近区域保留了未开发状态，与其说是设计，不如说是偶然。由于洪水频发，导致了曾在20世纪70年代制定的利用这一地区建造新的工业用地的计划被搁置。1993年，在经历了特大洪水之后，重新考虑过这些计划，但最终还是被放弃了。相反，这片区域被指定作为自然复原补偿措施的一部分。此处河口面积大约为35hm²，未来这里的河岸林地将有机会重新生长起来。这样做的目的是为该区域能够保持河流的自动力发展创造必要条件。被切断的曲流通过分洪渠重新与基尔河及摩泽尔河（Mosel）连接在一起。设计者构建了处于水陆之间的浅水区域

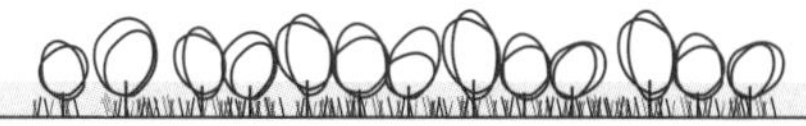

及过渡区域，并设计了陡峭的河岸来为灰沙燕提供栖息场所。为此挖掘了3.5m厚的沙土，并移走了共计45000m³的泥土。设计者们希望该区域在洪水期间进一步分化并更趋向于自驱动河道发展过程。主河道的人工加固设施没有被拆除。摩泽尔河的河岸被加固和重新修筑来创造一个延伸至河口区域的浅水过渡区。这里曾经主要作为农业用地，现在该区域大概20%的面积种植了一簇簇河岸树木。其中一处场地被保留为一大片草地，保留区域的植被不受干扰，自然生长。这都多亏了强力游说，才使该项目达到了如此高的接受程度。

欢迎参观 虽然此处一般是欢迎游客参观的，但拆除了一些乡村道路还是以降低该地的参观量。2010年，年轻人参与建设了一座额外设施——观景平台。同时，生长在此处的一簇高达3m的令人印象深刻并且色彩缤纷的草本植物，使该区域更加难以到达。然而，一些偶然踩出的足迹证明了此处有人到来。2009年，该项目在萨尔州（Saarland）和莱茵兰-普法尔茨州（Rhineland-Palatinate）因其景观建设被授予Gottfried Kuhn奖，获奖理由为：“这个项目显示了对自然力量的信任。简单的行洪通道以及盆地确保了自驱动河道发展过程。”［AKS，2009］

1 基尔河河口的分洪渠及其陡峭的河岸和滞水的浅水域[C1.5]形成了这片区域自驱动发展的起始点
2 剖面示意图：通过开凿河岸，构建形成了一片没有加固的宽阔洪泛区。而旧河道的加固措施未经改变保留了下来
3 在河口区域，一些洪水通道[C1.3]与基尔河及其回水以及摩泽尔河连接
4 覆盖植被的旧河道沿线的加固措施很难被察觉
5 摩泽尔河的部分河岸是开放的，以使浅水过渡区域得以出现[C1.4]
6 浅水分洪渠由于植被不同，很容易辨认
7 一丛丛河岸树木

1

设计手段

- - - - - - - -

C2.3 河桩建筑
C3.7 露营和房车营地
C5.1 漂浮式两栖房屋
C5.2 游船码头

马斯河

金汉姆漂浮房屋，2007年
马斯博默尔，荷兰

Maas

Floating Homes in Gouden Ham, 2007
Maasbommel, the Netherlands

项目区域的河流数据
河流类型：河床基质以泥沙为主的慢流速低地河流
流域面积：21000km²
平均流量（MQ）：230m³/s
百年一遇洪水流量（HQ100）：2955m³/s
河床宽度：160 m；洪泛区宽度：800–1600 m
地理位置：51° 49′ 49″ N – 05° 32′ 18″ E

试验：洪泛区中的建筑　在马斯博默尔附近的娱乐场所及水上运动中心金汉姆占地2.2hm²，是West Mass en Waal社区的一部分，同时也是该地区最重要的开发区域之一。该水域曾经是一个砾石坑，如今通向马斯河开放，因此可以通过游艇或客船到达。金汉姆是马斯河一个巨大的分支，同时也是荷兰大河航船运动中一个非常受船主欢迎的船只出发点和中途停靠点。几个露营地和游船船坞也是这个水上运动中心的一部分。然而，这个区域也经常受到洪水的影响，并且在马斯河防洪系统中扮演着洪水滞留区这一重要角色。由于这个原因，政府的防洪机构为了保留可用土地作为洪泛区，拒绝了由不同社区于1997年提交的所有区域开发计划。2005年，该社区申请加入EMAB（Experimenten Met Aangepasst Bouwen——尝试构建适应性建筑）计划，该计划支持在洪泛区中开发居住区。EMBA的试验场地由住房、空间规划与环境部，交通运输、市政工程与水资源管理部门联合当地省政府挑选出来，作为解除禁止在洪泛区进行建设的禁令的试点区域，从而带动经济和空间的发展。负责金汉姆区域的West Maas en Waals社区为整片区域提出了一个完整的方案，包含超过十份独立项目建议

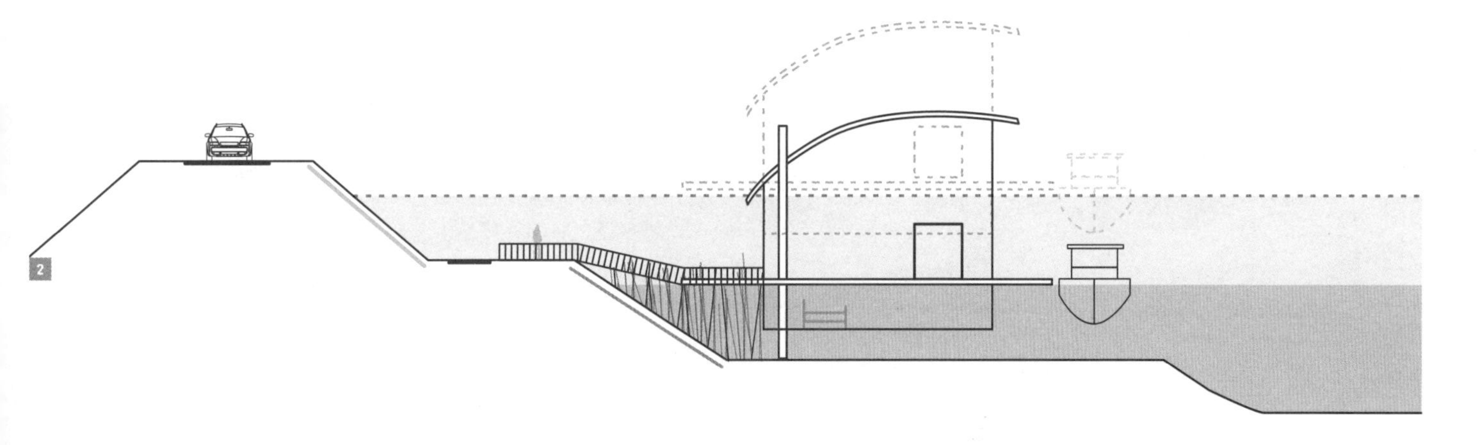

书，内容涵盖从住房设施及停泊点到自然区域的发展措施，并最终被EMAB计划所选中。

漂浮或两栖房屋 作为一个试验性的项目，2007年，在河岸边以半独立的形式建造了14座漂浮度假房及32座两栖度假房。作为第一批完成的浮动形式的住宅项目，该居住区同时吸引了规划师和来自世界各国对建筑感兴趣的人们。这两种类型的房屋在建造上是相同的。每一座房屋都有它们各自的停泊处以及120m²建筑面积，且都超过三层。一个特制的防水混凝土箱容纳着卧室，并使房屋可以漂浮。建筑被系泊在钢制筑桥塔上。房屋可以漂浮在比潮汐零点高5.5m的水位处。虽然处于这个高度时房屋将无法通行，但是作为度假住房，它们的主要使用时间是在洪水不容易发生的时候。两栖房屋只在发生洪水的时候漂浮起来，因此在理论上它们能够挺立在远离岸边和远离水域的地方。在常水位的时候，可以直接通过陆地进入两栖房屋。相比之下，漂浮房屋则只能通过船只到达。

金汉姆 2009年总体规划 该试验项目的成功激励了其他一些项目。在金汉姆 2009年总体规划中，提出了许多具有创造性的洪水适应项目。仅针对汉则兰岛(Hanzeland)的规划就包括130个漂浮度假屋、两栖卫浴建筑和航运码头，以及一个建在高脚桩上的水上运动中心。在露营地点，现有的104座小木屋或者永久露营点都被提升建在桩基上，从而使小木屋和居住篷车下部空间可被用作贮藏区域。被提升的居住篷车和小木屋对游客有很大的吸引力。水边呈现出一个有趣的娱乐景观。所有项目的实施都以不影响洪泛区为前提。针对洪水问题的创造性解决方案是这片区域吸引游客的关键，金汉姆项目是一个创造性的防洪措施同时在经济上也可行的良好典范。

1 两栖式度假房仅在洪水期间漂浮起来[C5.1]

2 剖面示意图：漂浮式房屋以及两栖式房屋通过大型桥塔固定在各自的场地上

3 金汉姆的休闲景观将开发新的桩上住宅以及漂浮房屋，且不影响马斯河的洪泛区

4 房屋的露台可以提供欣赏砾石池塘以及对岸的露营地的广阔视野

5 漂浮式房屋和两栖式房屋非常相似，唯一的不同是漂浮式房屋仅能通过船只到达

1

设计手段

B6.2 艺术品和遗址
C1.7 滞留池
C3.4 洪泛区内的公园
C3.8 聚会场地

小吉伦特河

吉伦特公园，1988-1989年
柯莱尼斯，法国

Petite Gironde

Parc de la Gironde, 1988–1989
Coulaines, France

项目区域的河流数据
流域面积：<5km²
平均流量（MQ）：<0.01m³/s
百年一遇洪水流量（HQ 100）：<5m³/s
河床宽度：0.4 m；洪泛区宽度：90m
地理位置：48° 01′ 35″ N – 00° 12′ 55″ E

小溪流，大破坏　小吉伦特河流域包含了柯莱尼斯、萨尔格（Sargé）和勒芒（Le Mans）等社区以及处于它们市郊的日渐增多的工业用地。这片区域的大部分为硬化地面，暴雨期间会导致大量径流快速流过小吉伦特河，从而导致河水泛滥并反复遭到严重破坏，因此建造一个洪水滞留池尤为必要。景观建筑设计师Hannetel和Debarre在溪流周围设计了一处洼地滞留池，它在平时无水状态作为一个公园使用，当暴雨来临的时候，这片洼地将呈现一片被淹没的景象。

滞留池包括四格池子，其地势沿着斜坡梯级下降，并很好地融入了周围的环境，没有明显的高差。洼地总体长600m，宽100m。内置四格池子一共可容纳35000m³的水。小吉伦特河在洼地中呈现的实际河道如下：一条细小的具有矩形截面的混凝土线性通道，串联起四格池子，很容易辨认出该河道为人工建造。堤坝将各格池子相互分开，这些堤坝为混凝土河渠开设了小的涵洞并设有溢流口。溢流口进行了额外加固，以抵御来自洪水的强大冲击力。

在滞留池中，地面具有明显的人工痕迹，它们可以同时顺应或抵挡水流，但并不

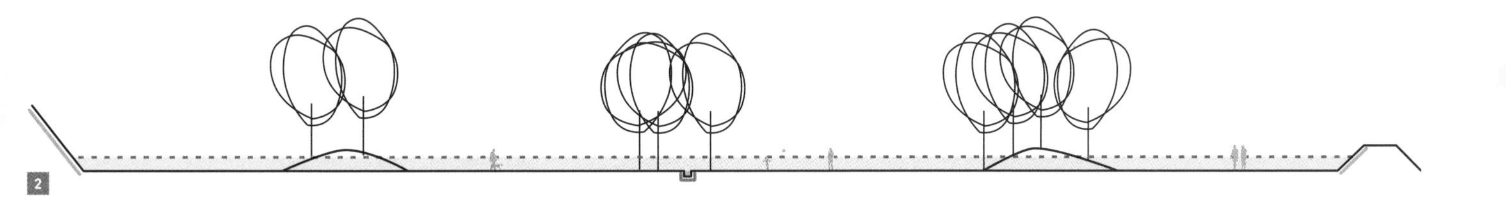

会对排水造成影响。在一些地方堤坝被修筑得像一个海岬或者防波堤，它们从周围的堤坝上延伸向滞留池的中心以抵御水流，在其他地方，它们则像土丘一样，沿着水流方向而建。一个与河道垂直的地下排水管网可以排空公园内的水。

由于洪水期间每一格池子填充水量不同，因此每一格池子都有其独特的设计。位于东边的这一格池子是顺着水流方向的第一格滞留池，它将第一个被水填满且淹没最为频繁。横跨水流方向修筑的大坝可减缓湍急的水流速度。一些池底还铺上了混凝土板，上面的地衣和苔藓形成了有趣的结构。经统计学分析，第四格池子每隔十年才能被水全部填满一次。当洪水来临时，第一格池子将会受到最大的冲击，这里的地形由一些未经修饰的草坡组成，在抬高的池子边缘种有一些灌木和树木。第二和第三个池子设计得像一个公园，里边有长椅、健身小道以及各种各样的耐涝的灌木和树木。一些树木种植在仅偶尔受到洪水波及的小土丘上，这是一项提高树木种类多样性的措施。最后一格池子经过最为精心的布置，它更像是一个花园，这格池子几乎不会被淹没，并且水流速度缓慢。

公园式滞留池 梧桐树、落羽杉和角树——或成片种植或单独种植——都强调了这个滞留池的城市公园属性。尽管这里的地形为人造，成群的柳树以及地面的起伏都令此处呈现一幅河漫滩的景象。在秋天，落羽松以及它们火红的叶子独具风情。

滞留池不仅用作公园绿化，还充当着当地居民举行特殊活动的会场。每年在新年的前夕，这里都有大型的烟火表演及庆祝活动。滞留池的使用与人们对洪水的感知意识密切相关：因为这里并没有一个预警系统，只有地形、大坝以及泄洪道能够引起人们对这种潜在危机的注意。长椅的设计也遵循了这种方式，其靠椅的顶部与滞留池填满的最高水位线高度一致，这使得洪水更容易被发觉。

人造洪泛区景观 滞留池的土块状多边形设计效仿了邻近的农耕景观，而不是复制自然河道的柔和轮廓。溪流缓缓地流过滞留池的人造地形，但当暴雨来临时，洪水滞留公园就变成了洪泛区景观，而人造高地则成了真正的小岛，使得自然洪泛区的抽象轮廓得以显现。在洪水期间，景观发生明显变化，这使得每次洪水都变成了一次视觉享受。

1 通过进水管，具有较大冲击力的水流进入公园的第一格池子

2 剖面示意图：水池中心的狭窄水道进行了加固。堤坝划定公园的界限。小土丘上种植了一些树

3 景观建筑设计师Pascal Hannetel和Anouk Debarre展示了4个池塘的不同设计[C1.7]

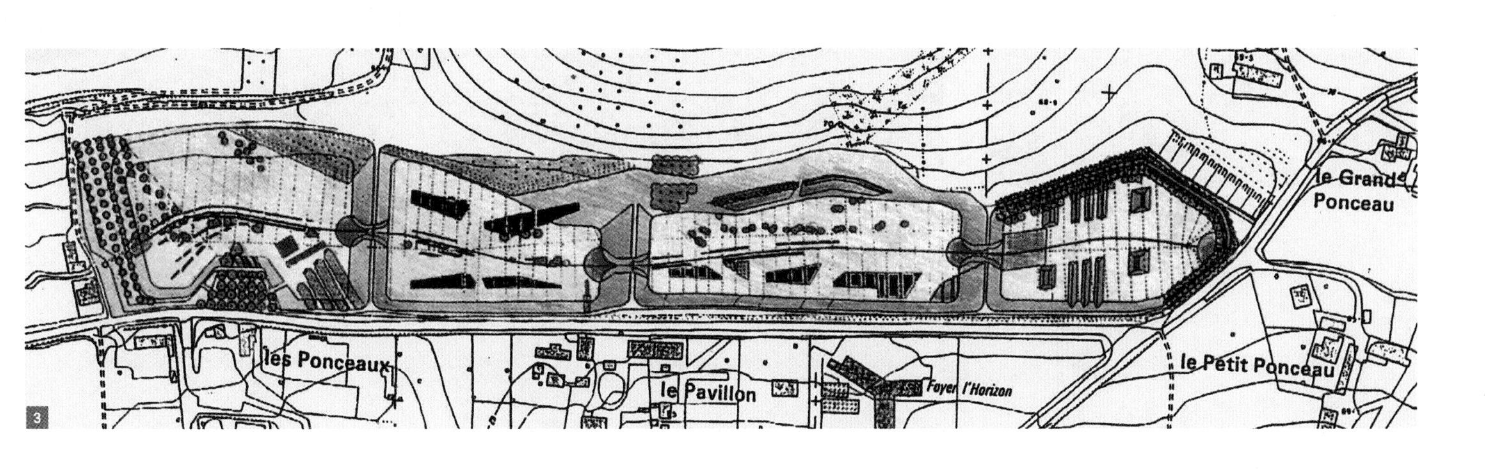

4

5

6

7

4 两池之间加固的溢流口塑造了公园特征

5 落羽松将在秋天变红，成为一处迷人的景色

6 当滞留池子中充满水的时候仅能看见石凳的顶部

7 一片片树林和一排排耐涝的灌木构成了这个公园[C3.4]

8 小吉伦特河经一个混凝土水道流过这个像公园一样的滞留池

9 一排树木凸显出小吉伦特河的水道

10 公园中的各个滞留池被小型堤坝分隔开来[C1.7]

11 在最后一个很少被淹没的池子中，建造了一条健身小道

1

设计手段

C1.6 圩田系统
C2.1 土丘
C3.6 农业

莱茵河

科勒岛圩田，始于2004年
布吕尔，德国

Rhine

Koller Island Polder, since 2004
Brühl, Germany

项目区域的河流数据
河流类型：河床基质以砾石为主的超大型河流
流域面积：~54000km²
平均流量（MQ）：~1300m³/s
百年一遇洪水流量（HQ100）：~5450m³/s
河床宽度：210m；洪泛区宽度：4000m
地理位置：49° 23′ 15″ N–08° 29′ 00″ E

利用圩田高效防洪 科勒岛构建于19世纪的莱茵河整改河段上，由德国工程师Johann Gottfried Tulla设计。在河流整改之前，莱茵河在这个小岛周围有许多蜿蜒的支流。作为整改方案的一部分，这个已经存在莱茵河右岸很久的半岛，通过打通陆地形成一座小岛，并且围绕其周围的水源曲流也被切断，这使得这一区域淤积十分严重，并且部分河段已被填充。科勒岛被一个封闭的环状堤坝围绕，因此这里非常适合建造防洪圩田来蓄洪。防洪圩田是人口密集的莱茵河沿岸非常典型而常见的特征构筑物。在过去的几年间，许多圩田作为防洪计划的一部分，得以规划和建造。在防洪问题上，曾经一直强调技术性规划，而现在已经转变为整体概念设计。科勒岛圩田的面积共计232hm²，可以容纳610万m³的水。当水位突破临界值的时候，该区域将不再被堤坝封闭，此时圩田会被淹没。通过这种方式，危险的洪峰得以削减。这种高效的措施可帮助内卡河汇入莱茵河，也有助于更远处的城市区域有效地控制洪水。从统计学上讲，预计圩田每100年将被洪水淹没5次，且主要集中在从11月初到次年三月中旬的冬季时节。

2

利用科勒岛的新方式 要使这片曾经主要用于集中耕种的小岛成为一片圩田需要大量的配套措施。新建的进水和出水结构以及高达3m的鱼腹式扁平大门令人印象深刻。处于巨石建造的防洪门后的加固圆形消力池减缓了湍急的水流速度并防止了冲刷。这个曾经的“施鲁登系统”（Schlutensystem），即由曾经被切断的蜿蜒河曲组成的沟渠系统，被重新启用来促进多余河水的排放，并且可承受生态泛洪。有规律的生态泛洪可以保证圩田内耐涝动植物的生长。作为附加措施，重新铺设了补给线，并做了防洪处理。构想了一个新的概念并且重新构建整个圩田。这个区域所有的农舍均被拆除，取而代之的是处于圩田北部，可免受洪水波及的居住土丘上建着农舍，土丘上还包括能够容纳60匹马的马厩。一个拥有啤酒花园的公共餐厅使得居住土丘变成了一个一日游的绝佳目的地。在重建路网时，还将特别关注马术运动的特殊要求。

未来所有包括露营地、日光浴草坪以及水上运动码头在内的娱乐设施都将会在圩田的南部集中修建。在与OtterstädterAltrhein上砾石水塘相连的地方，正在建设一个全新的更有吸引力的河堤。

使淤塞的回水区重获生机 圩田的高地仍在精心耕作，然而大片的农田地区将会开发为草地和牧场。但是，发展的主要目标应该是创造一个全新的自然河岸景观。圩田周围被阻断的曲流以及河岸林地现已成为超越区域意义的重要自然保护区。尤其是，莱茵河中被淤塞阻断的曲流重新被激活后，其通过主干支流或者几条小支流将圩田内处于最低点的场地相互连通，意味着圩田内又获得了额外20hm²的非常有价值的湿地栖息地。这个可通行的系统使得那些游入回水区的鱼儿可以重新回到莱茵河中。一个新建的大门可以辅助排放生态洪水。科勒岛圩田以其平淡无奇的方式，突显了莱茵河洪泛区内娱乐景观的一些特征，同时，也可以使现有的自然保护区相互联系，并且更加生机勃勃。

1 科勒岛上的所有农场都已被撤出，除了一处马场被转移到了居住土丘上[C2.1]

2 剖面示意图：堤坝的进水构筑物可以一直保持关闭，直到需要削减水位的时候才被打开。居住高地和堤坝处于同一水平线上

3 在土地利用规划图中，可清晰辨别出被阻断的河曲，在遭遇洪水时，该河曲会被激活。居住土丘和进水构筑物坐落在东部边缘（棕色：娱乐用途；黄色：集中农耕[C3.6]；亮绿色：多用途场地；深绿色：自然区域）

4 位于马厩的啤酒花园以及周边的莱茵河风景

5 位于圩田东北部边缘的巨大进水构筑物[C1.6]

3

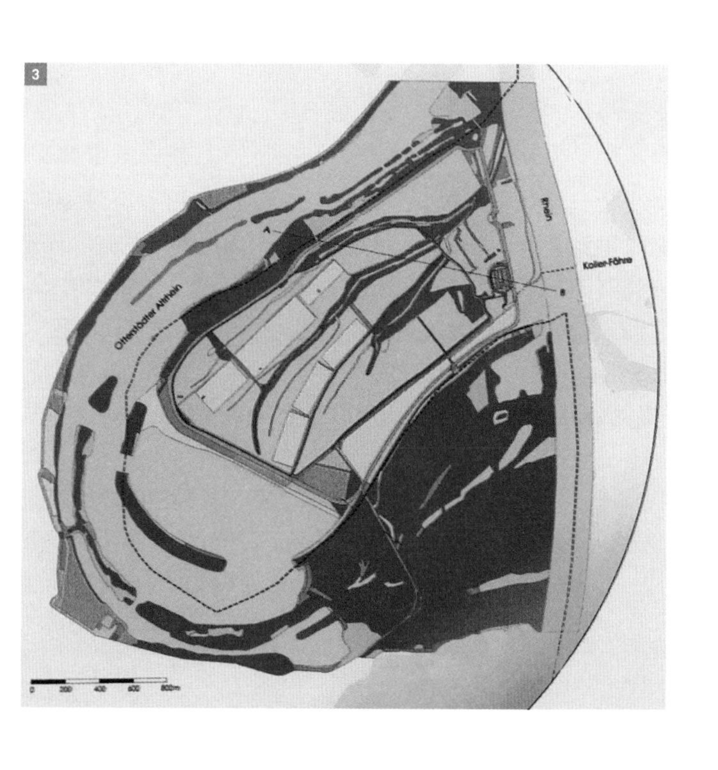

4

5

1

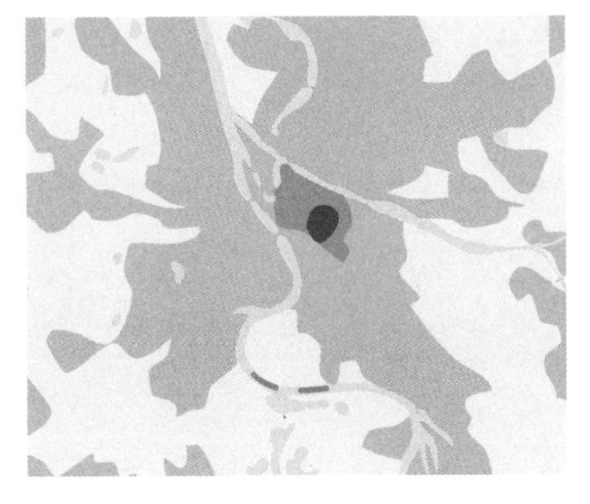

设计手段

C2.3 河桩建筑
C3.7 露营和房车营地
D3.1 凸岸沙石滩
D4.1 自然化部分河岸

莱茵河

河岸生态恢复和雷斯岛上的丽都饭店，2005年和2010年

曼海姆，德国

Rhine

Riverbank Renaturation and Lido Restaurant on Reiß Island, 2005 and 2010

Mannheim, Germany

项目区域的河流数据

河流类型：河床基质以砾石为主的超大型河流
流域面积：~54000km²
平均流量（MQ）：~1300m³/s
百年一遇洪水流量（HQ100）：~5450m³/s
河床宽度：230m；洪泛区宽度：600m
地理位置：49° 26′ 48″ N – 08° 26′ 58″ E

莱茵河上的自然沙滩 雷斯岛是一片位于市中心的绿地，它坐落于曼海姆南部莱茵河的一段大型环状河道河湾处的洪泛区上。由于其坐落在一个河流内曲的斜坡上，因而河岸处形成了一片沙滩。在1881年，Consul Carl Reiß买下了这座半岛，而在他1911年去世后又将这座岛遗赠给了城市，前提是这座小岛必须保持为一片绿色区域。在1914年的5月6日，雷斯岛首次面向公众开放。

20世纪20年代，位于Mannheim-Neckerau的历史悠久的丽都创立之后，这里也很快成了一片水滨浴场。小岛和公共丽都浴场都特别受欢迎，每年的游客数接近40万。由于危险的水流，现在莱茵河不再允许人们下水游泳洗浴，但是河岸的沙石滩和饭店仍然吸引了许多人慕名前来享受日光浴，以及在平坦的河岸上漫步并欣赏莱茵河的全景。候鸟与玩耍的孩童和成人共同分享着这片沙滩，并且成为一个特殊的、自然的度假胜地。

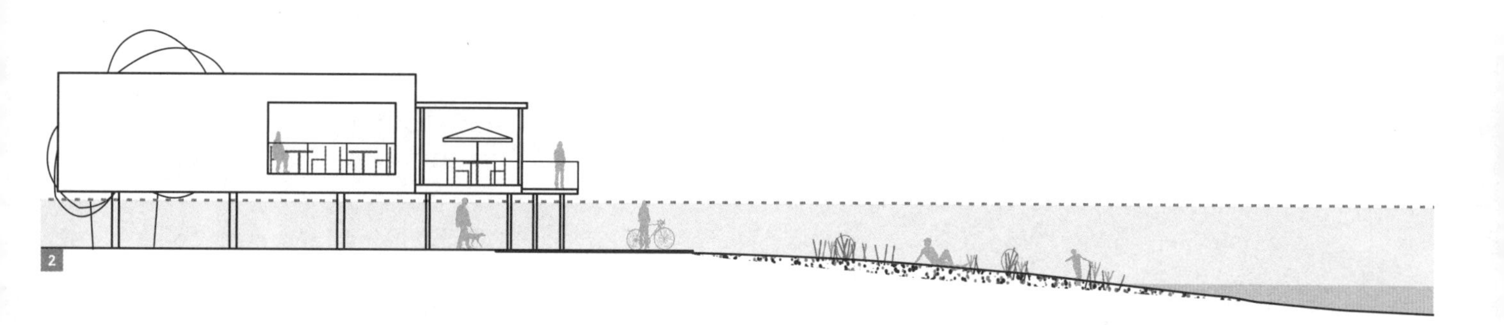

自然保护和休闲娱乐之间的矛盾　在雷斯岛上，自然保护区和娱乐区之间离得很近。拥有河岸林地、曲流以及稀有鸟类的自然保护区Silberpappel紧邻着沙滩和露营地。露营地坐落于莱茵河洪泛区内，仅在夏季开放。在三月至六月底的繁殖季，禁止人们进入自然保护区。然而，许多自然保护协会在这段时间还会提供导游服务。

修建现代化饭店的计划造成了与市民以及自然保护组织之间的冲突，他们担心沙滩会被私有化或被污损，以及在岛上增加交通设施。在经过很长的讨论之后，最终决定举办一次设计竞赛。一项提出结合可持续的水、能源及材料处理与应用的桩上建筑的提案获得了胜利。建筑物获取热量的方式仅有太阳能及木屑这两种方式，拒绝了一切化石燃料，并且因为其建材为轻质木料，所以很好地与周围的环境融合在了一起。这些优雅的建筑都修筑在了混凝土的高脚桩上面，从而可以保护这些建筑免受洪水的侵袭。轮椅和婴儿车可以通过长斜坡到达这一高架平台，从平台可观赏美丽的莱茵河全景，这也使得饭店成为除洪水期外全年开放的游客中心。

新沙滩　在雷斯岛上丽都饭店的南边，建造了新的沙滩作为自然保护项目“活力莱茵河”的一部分。在德国自然保护协会NABU e.V. 的倡议下，现存的河岸加固设施被拆除，以促进天然沙滩的形成。作为“活力莱茵河”项目的一部分，实施了一些示范性措施以显示在繁忙的莱茵河上中下游河段上仍然有空间来开发近天然的河床和堤岸。在15个示范工程中，人们正探索着自然保护、航道以及防洪之间新的结合方式。在数次洪水之后，一个平坦的沙滩出现在了雷斯岛的南部，沙滩的范围将会受到自然驱动力的主导。

1　每年，曼海姆附近的天然沙滩 [D3.1] 都吸引了无数的游客前来休闲观光。自然保护和休闲娱乐在雷斯岛上并不矛盾

2　剖面图：位于曼海姆丽都上新修的饭店看起来像桩上居住区[C2.3]，并且是符合生态标准的。其露台上可以望见莱茵河的美景，这也正是它吸引游客的原因

3　灰雁和日光浴游客共享沙滩

4　厕所也修筑在了高脚桩上

5　露营地坐落在洪泛区上，从这里可以望见莱茵河[C3.7]

1

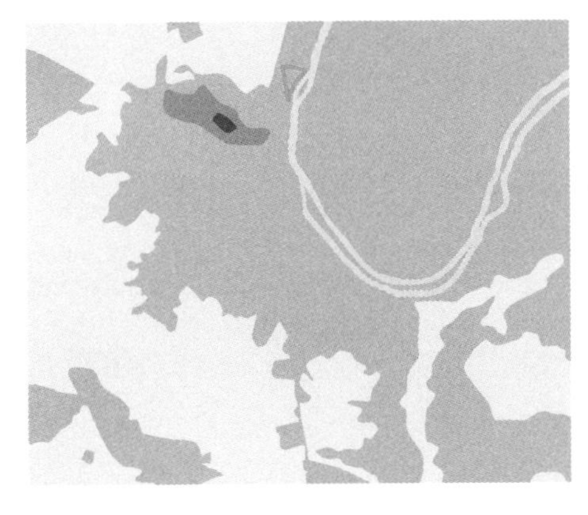

设计手段

C2.1 土丘
C3.1 洪泛区内的步道
C3.4 洪泛区内的公园

塞纳河

科比尔公园，1996年
勒佩克，法国

Seine

Park Corbière, 1996
Le Pecq, France

项目区域的河流数据
流域面积：44000km²
平均流量（MQ）：~310m³/s
百年一遇洪水流量（HQ100）：~2200m³/s
河床宽度：150m；洪泛区宽度：350m
地理位置：48° 54′ 18″ N – 02° 06′ 35″ E

在巴黎的西北部，塞纳河蜿蜒流过丘陵地带，形成几个河曲。位于文艺复兴时期的城堡圣日耳曼莱昂下方的小型社区勒佩克，坐落在巴黎城外大约20km的地方。在该区域的边缘，紧邻老高架桥的位置修建着科比尔洪水公园，它的名字和位置来源于曾经的塞纳河小岛科比尔。

洪泛区内的公园　河道水位的暂时变化决定了公园的设计理念。公园采取的建造方式是在洪水时期大片区域都会被淹没。采用该方法使现有的滞留容量得以保留。起伏的造型是为了能确保塞纳河在高水位时排水过程受到的影响尽可能小。

公园的设计考虑了无洪水影响和受洪水影响的地区。公园后方的区域主要被一条抬升的道路占据，而其周围被地势低洼的区域所包围着。穿过道路土墙的巨型管道保证了面向陆地的区域的进水和排水。除此之外，在公园的入口区域建造了一个高于公园其他区域的抬升平台，看上去更像居住土丘。公园的入口甚至在洪水时期都对游客开放，从这里可以远眺河对岸的广阔风景以及公园的大部分区域。除了这些独立的区

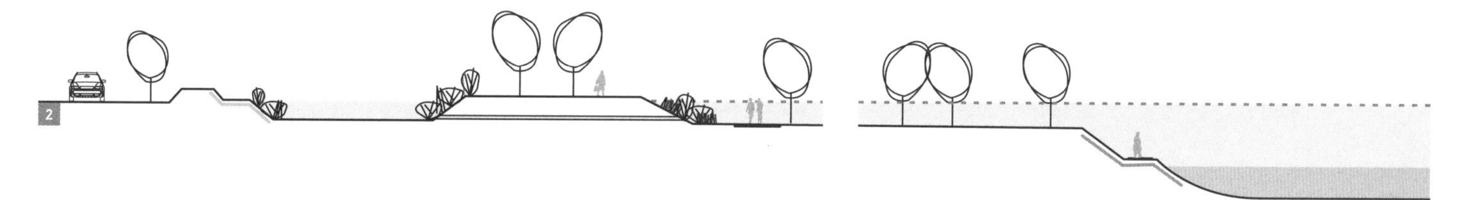

域外，整个公园都会遭受洪水的侵袭。公园包含了大片的草坪、一簇簇古枫树，以及新种植的喜湿树种，比如柳树、山茱萸和灰树，它们共同形成了一个多样化的景观。儿童游乐场、动物园以及河边巨大的沙滩提升了这片场地的娱乐质量。动物园位于一处地势稍高的地区，从而可避免受到中等洪水的冲击。经由柔和弯曲的砂石小径可以通往公园，这些小径沿着河流的方向延伸，与步道长廊的线性设计形成鲜明对比。

未经改造的河岸 遗憾的是，洪水变化的动态景观和娱乐功能并没有包含在河岸设计中。陡峭的斜坡在公园和塞纳河之间形成一条清晰的界限。河岸本身没有被重新美化，因此错过了在开放空间和河道之间建立一个更为紧密联系的机会。斜坡上一些老旧的混凝土道路是唯一到达河岸的通道。竣工于1996年的科比尔公园使勒佩克小镇和河流之间的距离再一次拉近了，同时在随后的几年里，它为其他易受洪水侵袭的公园树立了榜样。

1 一条道路从地势较高的入口平台向下延伸，通往公园的受洪区[C3.4]。在其左边，是一条地势较高的大道

2 剖面示意图：平台和大道地面被加高，使公园在洪水期间也可以开放

3 不受洪水影响的平台提供了望向公园的视野[C2.1]

4 简洁的大道和平台设计与公园的其他部分形成了鲜明的对比

5 略微提高了动物区的地势，使其在中等洪水期间可以保持安全

6 公园内拥有不同的地势，使其更加迷人。大道提供了望向公园的广阔视野

7 陡峭的河岸起着隔断河流和公园的作用。游客可以沿着一条老旧的河边道路行走[C3.1]

1

设计手段

C1.2 支流
C1.4 深挖洪泛区
C1.5 回水坑塘
C2.1 土丘
C3.5 延伸自然区域

瓦尔河

哈默伦瓦德洪泛区生态恢复，1999年（哈默伦瓦德支流），
2009年（哈默伦瓦德砾石坑湖被部分填充）
瓦尔财富项目，始于2010年
哈默伦，荷兰

Waal

Gamerense Waard Flood Plain Renaturation, 1999 (Gamerense Waard Distributaries), 2009(Partial Filling of Gamerense Waard Gravel Pit Lake)
WaalWeelde Programme, since 2010
Gameren, the Netherlands

项目区域的河流数据
河流类型：河床基质以泥沙为主的慢速低地河流，莱茵河三角洲的支流
莱茵河流域面积：160000km²
莱茵河平均流量（MQ）：2300m³/s，瓦尔河占67%：1541m³/s
莱茵河百年一遇洪水流量（HQ100）：12320m³/s，瓦尔河占66%：8131m³/s
河床宽度：300–400m；洪泛区宽度：800–1400m
地理位置：51° 48′ 23″ N – 05° 12′ 18″ E

哈默伦瓦德洪泛区占地78hm²，坐落于瓦尔河南岸。一直至1980年，这片区域被用来生产砖块，随后又在这里采砂和挖掘黏土。从1995年到1999年，该洪泛区渐渐成为“Deltaplan Grote Rivieren”（大型河流三角洲计划）洪水控制计划的中心区域。由于老旧堤坝不够稳固，1995年，横跨瓦德洪泛区修建了一座新的堤坝。为了降低洪水期的水位并获取修筑堤坝用的材料，一些区域需要进行挖掘，并且拆除了制砖厂。在1993年和1995年发生了严重洪灾之后，启动了“大型河流三角洲计划”来加速落实防洪措施。对于1997年提出的著名项目“Ruimtevoor de Rivier”（开阔河流空间），该项目发挥了先行者的作用，“开阔河流空间”项目在经历两次修订后于2006年开始实施。运用洪水控制措施来提升河流空间质量是所有这些以三角洲为基础的第一次大规模付诸实践的项目的核心。哈默伦瓦德项目的设计目标是为日渐稀少的洪泛区动植物创造生存空间。于是人们挖掘了一些浅水支流并将其并入已经存在的水域中。在该项目的推动下，过度开发的牧场改造成了广阔的自然区域。与采砂企业紧密协作对该项目的实现十分必要。

河道支流——生态试验基地　新支流的生态目标是使沿岸地区重新回归自然状态。尤其是在那些已经拥有强力加固的河岸和整治后的河流的地区，地形动力过程几乎已经不再发生。同时，还应该允许野生植物重新在这片土地生长。河道支流类似于一个实验区，这里可以人工生成溪流地形动力过程，并且可以将其限制于一个较小的可控范围内，从而发展形成一些稀有生境类型。这项受到科学监控的、过程定向的自然保护措施被广泛认为是最前沿的。

建造人工支流的目的是创造一个低流速的浅水河道以及低矮河岸，这与可以通航的主河道形成了鲜明的对比。进水流量通过堰或者一些其他类似的调控设施来限定，因为流速过高或者过低都会影响河流的通航能力，另外由于严重沉积作用也会加速新支流的淤积。沉淀作用主要发生在常规洪水事件中。另一个挑战是要限制由弯曲支流带给河堤以及通行航道加固设施的威胁。支流的常规流量为0.3m³/s。通常仅有很少一部分主河道的水流会改变方向流入支流。这些流量调控设施可以构建在支流的任何位置。支流的水深和流量有较大的变化，从而为大量不同种类的动植物提供了生存空间。

在哈默伦瓦德洪泛区采取的措施　在这片区域，建造了一条大支流和两条小支流，它们都与现存的砾石坑湖融合在一起。两条小支流仅会在高水位时被洪水淹没，其中西边的支流一年中有265天通水，而东边的这条支流一年中有100天通水。它们都被修筑在紧邻防波堤背后的地方，并且常常处于干涸状态。最初，较大那条支流仅在下游末端与瓦尔河相连，然而在1999年，支流的另一端也与瓦尔河相连了，因此现在该支流可全年通水。流量调控设施位于支流的中段附近，它同时也起着桥梁的作用。哈默伦瓦德的发展受到广泛监测以及记录。监测报告一年发布一次，以审查必要的干预措施和发展目标。

从形态学的观点来看，哈默伦瓦德洪泛区的支流在持续发展。从生态学的观点来看，哈默伦瓦德项目是非常成功的。同时，提出了进一步改善计划：在2009年开始回填砾石坑湖，使其深度由原来的17m减少到2～3m，该深度与流经这片区域的支流深度相一致。由于流速提高、沉降运动以及沉积作用增强，这一举措将导致这片区域的地貌变化愈加显著。

2

1　哈默伦瓦德上新支流的沙岸形成是此处地形动力过程的结果。设得兰（Shetland）矮种马可防止河岸林地的生长［C3.5］

2　瓦尔河南部的洪泛区开凿了两条小支流和一条大支流[C1.2]。一个流量调控设施使支流变窄，限制了入流量

3　新支流的流量调控设施同时也充当了横跨支流的桥梁

4　一个规范人与动物之间接触的告示牌

5　一群设得兰矮种马整年都在瓦德放牧

3

4

5

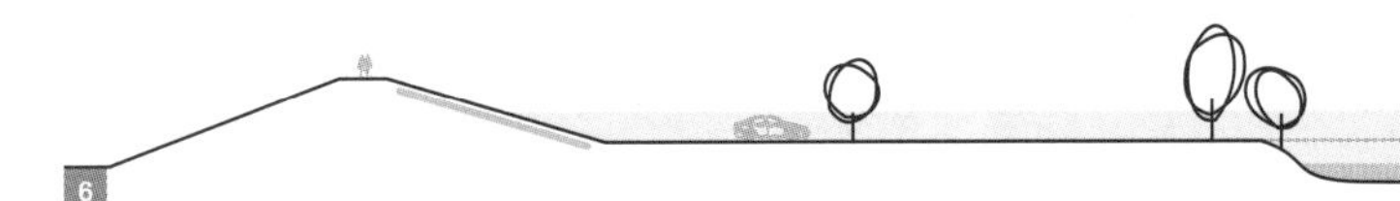

6

通过食草动物控制植被生长　从生态学的观点来看，这片区域的植被能够不受限制地生长是最好的。然而，树木和灌木的生长必须受到限制，因为它们会妨碍洪水时期的水流排放。在荷兰许多地区，像牛马这样的大型食草动物都经常用于限制植被的生长。由于他们并不能完全限制带刺灌木的生长，于是特别提出了一些备用方案或者补充方案，比如每十年就对这些树木和灌木丛进行一次砍伐。现在可以看到一群设得兰矮种马正在哈默伦瓦德区域吃草，当夏天来临的时候，一群草原红牛会加入它们。曾经的砖厂地基位于一处足够高的位置，当洪水来临时它可以作为一个安全土丘为这些动物提供庇护场所。

开放景观　这里整片区域都是可通行的，也欢迎游客参观。在大门之前有一片停车场，竖立的警示牌要求游客不要向动物投食并牵好自己的狗。半驯化的矮马使得游客到此观光变成了独特的经历。然而，由于众多的河道穿梭其间，这片区域缺乏空间的连贯性。这里没有铺好的道路，意味着游客们可以自由地四处行走。在很多地方留下的火堆和小径痕迹证明这片区域被用来休闲娱乐。

瓦尔财富项目　哈默伦瓦德是最早恢复自然生态的洪泛区之一。过去几年间，在政府主导的防洪项目的影响下，这个区域瓦尔河的河岸经历了很多动态变化。为了优化该动力过程的发展方向并达到全面的空间质量提升，开展了一个创新项目：瓦尔财富项目。这个项目监控着政府的补贴，社会团体可以通过这个项目为他们具体的项目申请拨款。沿着瓦尔河将建造更多的自然河岸，使瓦尔河更为安全，相关项目也更为经济可行。该项目的目的是推动瓦尔河沿岸的各种项目进行，同时控制它们的质量。这个项目背后的指导思想是沿着河流开发一个可识别的、协调一致的景观。以这种方式，防洪目的就可以通过一个自下而上的过程来实现，它是一个不仅仅针对荷兰的创新方法。

这个项目比其他所有的措施都要成功。提交的子项目数已经远远超过达到洪水控制目标所需要的数目。同时，这个项目有超过15个社会团体参加，覆盖了瓦尔河沿岸80km长的区域。

一个控制专家委员会强调了项目选择时需坚守的最重要的原则，虽然这些原则也许并不受法律约束，但它们仍然是申请补贴的先决条件。

7

项目必须满足以下标准：

— 每个项目延伸到城市边界以外。

— 每个项目都是完整的，且同时实现多个目的。

— 每个项目要与其他项目相互协调。

— 每个项目需获得广泛的支持：居民、政治家、企业、行政机构和国家组织都参与规划。

— 每个项目都应结合对应河段的具体特征来提高社区的空间质量。

— 每个项目都经济可行，必须提交相应的可靠的财务预算。

— 每个项目需保证至少30年的维护和保养。

所有项目的总体目标是保证空间质量。瓦尔河的空间规划指南——“视觉瓦尔财富项目”[Visie Waalweelde，2009]——概述未来景观的愿景，并包含所有参与者必须遵守的设计原则。它们还包括有关自然发展、娱乐用途和处理历史文化遗产的方法等详细指导。例如，在自然地区，必须允许动态沉积和侵蚀过程，禁止深湖开发。这也彰显了哈默伦瓦德项目的影响。

瓦尔财富项目目前包含大约50个子项目。选择了其中10个子项目来确保快速启动并帮助实现所需的防洪目标。自2010年以来，这些子项目已经付诸实施。在今后100年里，瓦尔财富项目将大大改变瓦尔河的面貌。哈默伦瓦德项目用其大胆的尝试为实现这一发展做出了贡献。

6 剖面示意图：沙岸位于较大支流的中部。背景中的流量调控设施形成了横跨河水的桥梁。第二条浅水支流与主河道并行而流，该支流常常处于干涸状态

7 浅水区域和开放沙岸为许多物种提供了栖息地，而在通航的主河道沿岸不会再有这样的空间

8 瓦尔财富项目统筹协调着瓦尔河沿线超过80km长的区域发展

堤坝

堤坝重新安置

行洪通道

不受洪水波及的区域

国家水计划区域

可持续能源产品区

高度动态岛屿（冲积沙丘）

岛屿，用途待定

预期变化

预期商业用途

城市间合作

河滨区域

洪泛区

洪泛感潮区

1

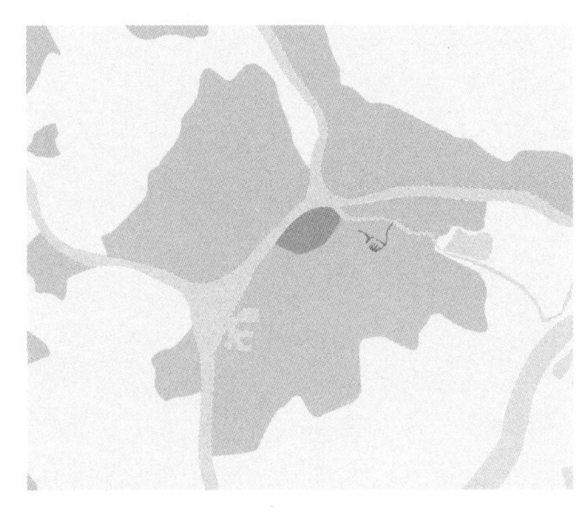

设计手段

C1.4 深挖洪泛区
C2.3 河桩建筑
C2.4 疏散通道
C5.2 游船码头

瓦提河

瓦提房地产规划，2006–2008年
多德雷赫特，荷兰

Wantij

Plan Tij Housing Estate, 2006–2008
Dordrecht, the Netherlands

项目区域的河流数据
河流类型：河床基质以泥沙为主的慢流速低地河流，莱茵河三角洲的支流
河床宽度：80–110m；洪泛区宽度：130–1000m
地理位置：51° 48′ 38″ N – 04° 41′ 35″ E

多德雷赫特市的瓦提房地产项目位于瓦提河流域，这条河流是荷兰西部河流网络中的一条分支。瓦提河将瓦尔河与下梅尔韦德(Beneden Merwede)和鹿特丹两城相连。在1953年灾难性的暴雨型洪水之后，在荷兰海岸，面对北海的地方建起了许多大型的拦河坝。这样做的结果是，多德雷赫特市附近的潮汐影响得以降低，并且水位的波动由原来的2m下降到了目前的接近70cm。现在，这个城市所面临的威胁不再来自北海的暴雨性洪水，而是来自拦河坝关闭时由瓦尔河涌入的倒灌水。根据多德雷赫特市记录，由瓦尔河倒灌的河水将会导致洪水水位上升至3m。多德雷赫特市的城市核心区域位于一处自然高地，不易受到洪水侵袭；然而，更多的新建居住区以及周边景观则处于低处，它们被环形堤坝包围着。在瓦尔河的另一边，比斯博施（Biesboscn）自然保护区里古老的河岸林地是一处著名的娱乐场所，从狭长河道上的快艇或者独木舟上可以看到这处林地。在其附近，正在修建一些新的船坞和度假区。

河桩建筑——一种新的居住方式　在多德雷赫特市，用于修建新住宅的空间非常有限。因此便形成了在堤岸以外的洪泛区修筑房屋的决定，这种房屋的特性在于，在里边的人可以不受限地接近水域。

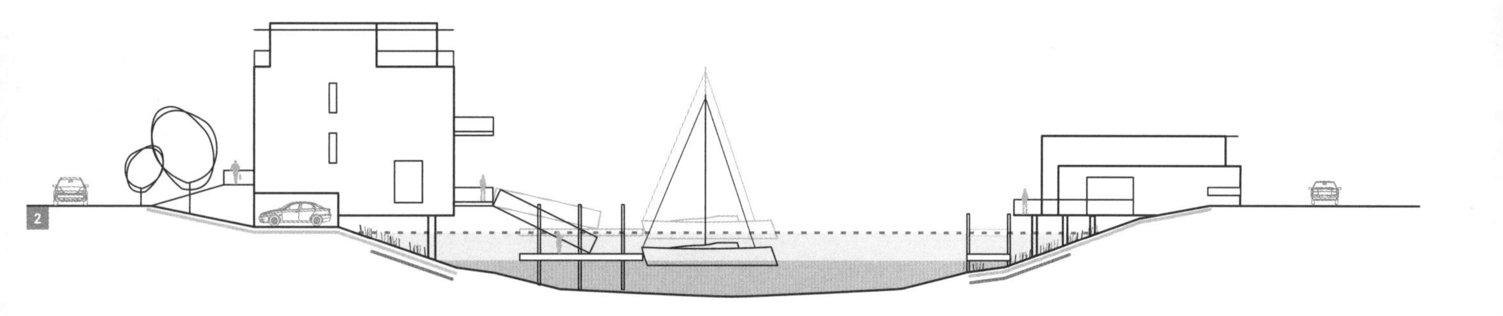
2

能够在洪泛区修筑房屋仅仅是因为这个项目获得了在EMAB计划（Experimenten Met Aangepasst Bouwen，尝试构建适应性建筑）下的政府特殊许可。这个计划需要探究在易发洪水地区构造建筑的特殊方式。作为附加措施，“以红换绿”确保了在定居点以外的大型自然场地的融资和建设，部分资金来自这些房屋的建造和销售过程。这意味着大约100座河桩住宅都修筑在了前运动场地，占地面积大约10hm²，在这里人们可以将船只停靠在住宅旁，并且可以在比斯博施（Biesbosch）河或者大河上航行。

大自然中的居所和其背后的船只 这片区域就坐落在紧邻主堤坝的洪泛区内，离河流航道500m远。这里所有的通道与堤坝同高，这样当洪水来临时可作为居民撤离通道。堤坝的高度，在统计平均值上，是根据2000年一遇的洪水设计的；这种级别的保护对于防止洪水对低洼腹地造成大规模破坏是很必要的。该房地产项目包括29套业主自住的公寓、34座双拼别墅以及15座独栋别墅。该区域的北部有18处额外的地块用于修筑独立的家庭式住宅。

邻近现有船坞的整片区域均被挖掘，从而在房屋间的间隙构建出水域或干湿区域。在受潮汐影响的浅岸区域生长着非常茂盛的沼泽植被。挖掘工作很有必要，它可以确保开发措施不会影响到滞洪区。

在面向入口的一边，半独立式住宅可以通过地面层进入。房屋的另一边，在水景之上建有桩上阳台。每栋房屋都只有一个前花园，面朝南的阳台悬置于周围植被之上，营造出建筑被公共自然空间包围的印象，尽管这些地块实际上属于各自的所有者。目前有两处地块空置，以保留对远处河景的开阔视野。居住在防洪堤坝以外的自然区域且处于潮汐可及的范围内，这在瓦提是一个非常积极的体验。新建的自然区域以及水域改善了城市区域，为居民提供了与河流产生联系的机会。

1 多德雷赫特洪泛区内一处房地产，人们可以邻船而居，船只停靠在屋后

2 剖面图显示了河桩住宅的布局[C2.3]，以及防洪通道和漂浮船坞

3 洪泛区内一条可通航的运河从新建地产区通向河流

4 除了独立式和半独立式住宅，一栋公寓楼也被设计为河桩建筑

5 挖掘形成的自然区域和水域[C1.4]，作为生态补偿区域并提供额外的滞洪空间。巨大的阳台悬挑于湿地上方

6 漂浮船坞随着潮汐起伏，可以通过阳台直接到达[C5.2]

4

5

3

6

1

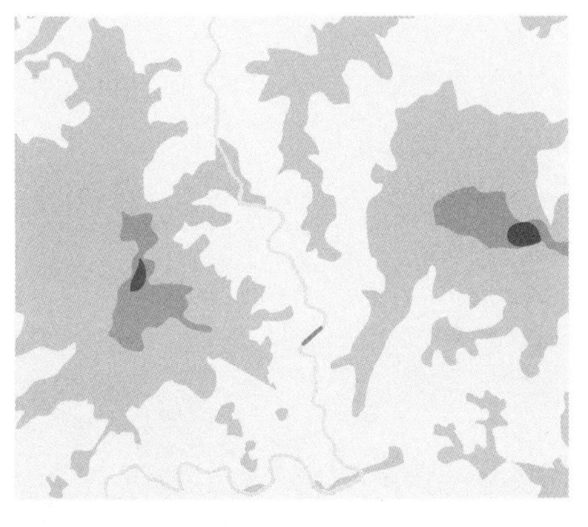

伍珀河

明斯顿大桥公园，2006年

明斯顿，德国

Wupper

Müngsten Bridge Park, 2006

Müngsten, Germany

项目区域的河流数据

河流类型：中等大小，河床基质以硅酸盐为主的高低河流

流域面积：814km^2

平均流量（MQ）：15.4m^3/s

百年一遇洪水流量（HQ100）：230m^3/s

河床宽度：25m；洪泛区宽度：70m

地理位置：51° 09′ 38″ N – 07° 08′ 00″ E

设计手段

- **A2.2** 垂直于河岸的通道
- **A4.1** 码头和露台
- **A5.9** 新堤防墙
- **C2.5** 索道
- **C3.4** 洪泛区内的公园
- **D1.1** 大块单石
- **D3.2** 河湾沙石滩
- **D4.3** 石块护岸

在索林根（Solingen）、雷姆沙伊德（Remscheid）和伍珀塔尔之间，欧洲海拔最高的钢架铁路桥横跨峡谷般的溪谷。在这里，高原河流伍珀河奔腾着流过壮丽风景区，在其上方107m的明斯顿大桥穿越而过。然而，这个受欢迎的旅游胜地与这条河几乎没有什么关系。河流前陆地带被用作停车场，使人们很难接触水域。作为伯吉斯彻（Bergische Land）第三区“2006区域规划”的一部分，这片正在日渐衰退的景点恢复了生机，并建设成了公园。明斯顿公园坐落在《栖息地指令》所列的保护区内。城市发展措施不包括河流改造，因为对伍珀河的保护就是不去触碰它；因此该项目的设计不能影响到河流现有的过流断面。

变化的河滨　Atelier Loidl景观建筑公司用了几个设施来重现陡峭的河岸，同时使得伍珀河处于不同的水位时都能被感知。设计的第一步就是使河岸后撤，这样就可以在不影响现有断面的前提下改变设计。构建一些与河流关联的块状地形以及空间。浅水河湾与高耸于水面的岩石加固的陡峭斜坡相互交错。几块草地向下倾斜伸向伍珀河，

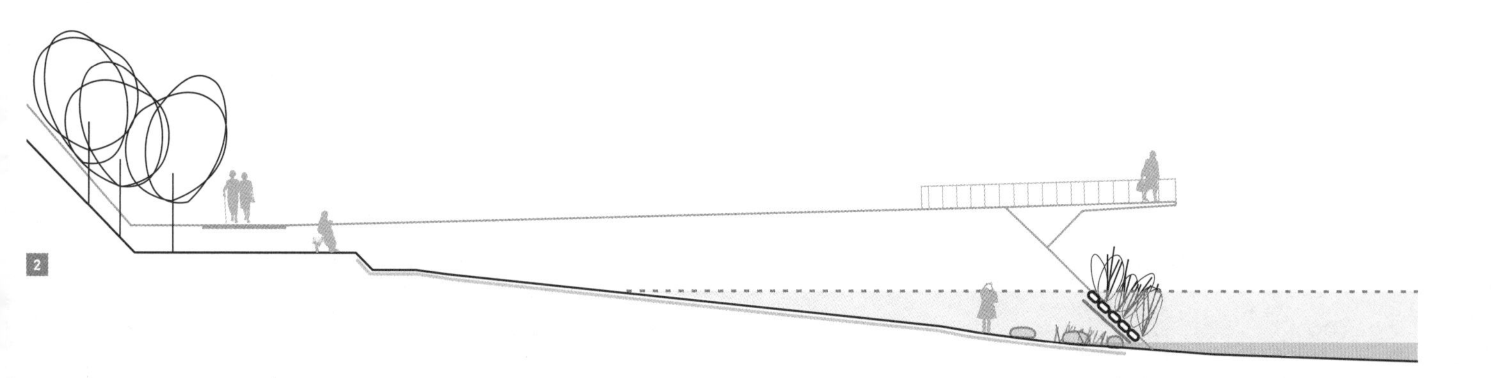

2

形成了一片河滨滩地，而另一些地块则朝向河流向上倾斜。因此便产生了河中高地，在这些高地上具有眺望河流的开阔视野。曾经一成不变的河岸经过改造，使处于山谷中的河流和公园自然衔接，并且影响了河流水位波动起作用的方式。在高水位期间，块状地形形成的河湾将被洪水完全淹没于公园中。从河湾可以直接到达水域，它们被设计成浴场和水上游乐场。它们不需要任何的加固措施。和斜坡陡峭的边缘形成鲜明的对比，由于在靠近河湾的时候水流流速降低，会发生沉积现象，这对水上游乐园有一些负面影响，比如在植被和脚踏石上淤积泥沙。

陡峭的河岸通过有间隙的粗糙卵石加固。这些加固措施对应的高度为预计百年一遇洪水水位。由此而带来的副作用是植被在石头的间隙中成功扎根，只有在下一次洪水来临时才被冲刷掉。

索道跨越 伍珀河上方有索道穿行而过，这是当地的一个特色。在缆道上悬挂着一个手摇车，人们可以通过手动操作来穿越河流到达对岸。该渡口是Atelier Loidl景观建筑公司专门为此处修筑的，这个渡口虽不能与重要的铁路钢桥相比，但是它的确有助于在雷姆沙伊德和索林根之间开辟许多徒步环线。由于要遵循《栖息地指令》中现有分区规则，所以才决定只在河的一边精心修建公园。另一个深思熟虑的决定是不在河的对岸修建任何特殊景点。

草地、简朴的坡地和斜坡区域形成了一种人造景观，这和河流及其周围的森林山谷形成了鲜明对比。尽管如此，或许正是由于这种几何形态的变换，各种各样的河岸应运而生。

1 明斯顿大桥公园因交错的水陆分界线及其形成的河湾与陡岸而著名

2 剖面图显示出公园的地形与伍珀河岸的关系。观景平台突显了陡峭的河岸；人们可以通过河湾到达水域[A2.2]

3 在高水位期间，河湾处被洪水淹没。可直接感知水位的上涨[C3.4]

4 观景平台强调了峻峭的人工雕琢地形[A4.1]

5 在河湾处[D3.2]水流减缓，人们可以通过水中踏脚石块到达水域［D1.1］

6 缆车通过手动操作，类似于手摇车[C2.5]

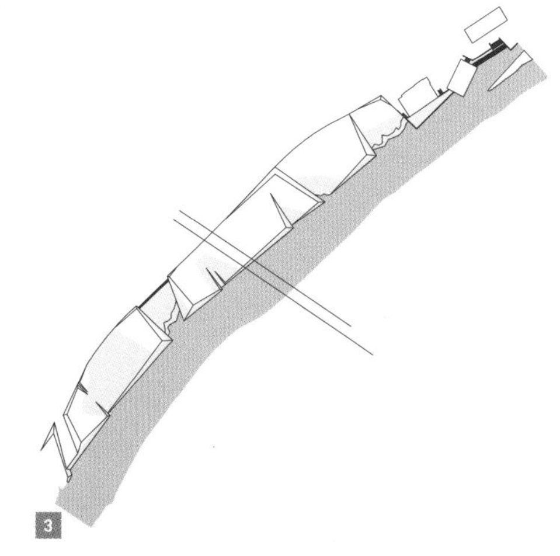

3

4

5

6

1

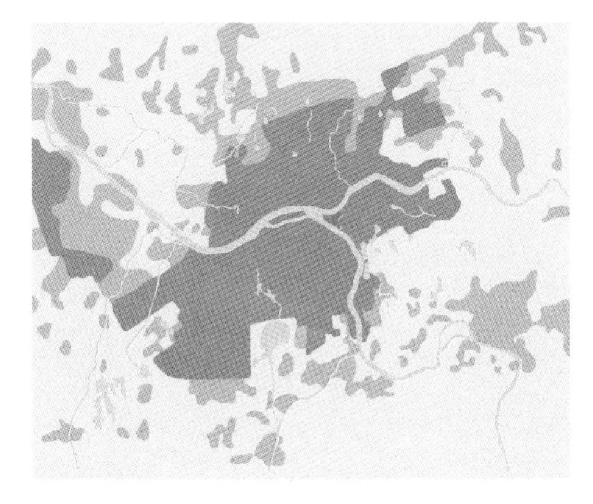

设计手段

A5.5 可淹没的栈道
C1.4 深挖洪泛区
C2.3 河桩建筑
C3.1 洪泛区内的步道
C3.4 洪泛区内的公园
C3.5 延伸自然区域
C3.8 聚会场地
D4.2 有生命力的护岸

义乌江与武义江

燕尾洲公园，2014年

金华，中国

Yiwu and Wuyi Rivers

Yanweizhou Park, 2014
Jinhua, China

项目区域的河流数据
流域面积：< 6000km²
河床宽度：义乌江226m；武义江173m
地理位置：29° 05′ 35″ N – 119° 39′ 58″ E

浙江省金华市位于武义江与义乌江的交汇处，在这里汇合形成了金华江；此处可看到燕尾洲湿地，占地面积26hm²。尽管它曾遭受分割、侵蚀和采砂等破坏，这里仍是金华市城市肌理中最后一块保存相对完整的天然滨水湿地。金华市属季风气候，燕尾洲滨水湿地每年会受到季风洪水影响。金华市水务局最初提出的应对这些挑战的建议是，通过修建高高的混凝土挡土墙保护湿地免受20年和50年一遇的洪水侵袭。这些措施已用于加强城市其他区域的防洪和土地开垦工作；然而，它们的累积效应加剧了洪水造成的破坏。挡土墙的建造实施还会阻碍水流和淤泥沉积，而它们正是维持和恢复郁郁葱葱的湿地生态的必要条件。高高的挡土墙还将进一步切断河岸洪泛区、河流和城市之间的联系。因此，设计者反对这个想法，主张拆除该场地现有的人工防洪基础设施。

洪水淹没的景观　取而代之的是，他们提出了一种梯级生态河堤，种植当地的耐水淹植被，以适应每年的洪水。这设想是通过挖填技术以及使场地适应早期地形干预和生长在采砂区先锋物种植被来实现的。现有湿地以次生植物杨树（加拿大杨树）和中国胡桃木（胡桃科）为主，为白鹭等本地鸟类提供生境。生物多样性通过种植其他可支

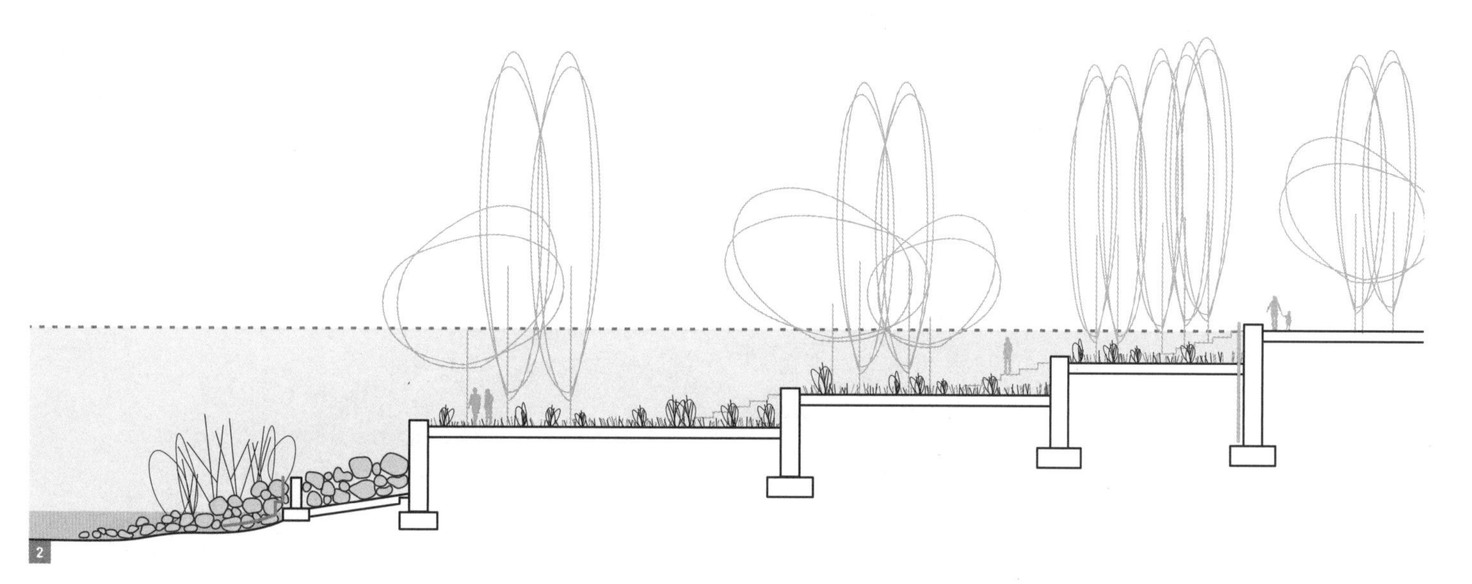

持当地野生动物的本地植被而增加。梯田阶地可通过台阶到达，并配有户外家具和亭子，但洪水期间这里会被淹没，不能进入。梯田上长着高高的草，河岸生境因每一次这样的洪水事件而恢复生机，因为洪水灌溉了场地并沉积了肥沃的淤泥。雨水从公园的相反方向流向河流，经过梯田河堤湿地植被时被冲刷和净化。在洪水期间，内湖也作为一个滞留区，水域扩张并最终汇入到邻近的河流。在旱季，河流中的水通过沙砾层渗透到湖中，在此过程中被过滤。因此，与河岸相比，湖泊提供了更干净的水、更平静的水域和更安全的亲水环境。公园覆盖了一层渗透性材料，并有一个循环生物湿地系统，以加强雨水的过滤。

1 公园横跨于武义河和义乌河交汇处的一片洪泛区域。该地区穿越八咏桥的大型步行路网与两岸的城市区域紧密相连，即使在洪水泛滥时该桥也可以使用[C3.4]。这座五彩缤纷的桥的设计灵感来自当地民俗的舞龙，已成为整个城市的地标

2 剖面示意图中所示为被洪水淹没的河岸和梯田式路堤

3 另一个道路系统高度几乎与水位持平，连接起部分公园水域[C3.1]

4 游客有机会在公园中心的湖上接触到水。湖泊本身作为一个滞洪水体，在季风洪水期间被淹没，从而重新与河流连接。

5 小路上铺满了砾石，是透水的。它们通向公园的各个部分，包括梯级堤岸，该堤岸上密集种植着耐涝的本地植物

6

7

八咏桥　通向湿地区域的可淹没式木栈道、小径和坡道保障了公园内的连通性，设计标高为被20年一遇的洪水淹没。一座五彩缤纷的标志性的新桥，连接着河流交汇处两侧的城镇北部和南部地区。其设计灵感来自当地民俗的舞龙，蜿蜒在公园上方，延伸700m，当公园自身被淹没时该桥仍然连通。八咏桥高于200年一遇的洪水水位，且具有坡道通往城市的不同区域。从桥上可以观察到强大的洪水动态，提醒人们周围水体的巨大力量。在旱季，它给游客提供了一个从桥上观察自然河岸栖息地却不打扰栖息地的机会。这座桥已经成为这个城市的重要地标和文化标识。

8

9

6 公园鸟瞰图（旱季）

7 根据其抵御洪水的能力来选择植被种类，以恢复景观已退化的前采砂场的活力

8 本地的草一年四季都呈现出鲜艳的颜色

9 标志性景观：八咏桥

10 季风季节的公园鸟瞰图，显示了公园在20年一遇的洪水中被淹没的区域

11 为了修建梯级生态护堤，需要拆除混凝土防洪墙。采用开挖-回填土方法时，开挖的土量与回填的土量相等

12 可淹没的栈道[A5.5]

13 一个桩上结构的观景台，可俯瞰湿地[C2.3]

1

设计手段

B6.2 艺术品和遗迹
C1.3 分洪渠
C1.4 深挖洪泛区
C2.3 河桩建筑
C3.4 洪泛区内的公园
D4.1 自然化部分河岸
D4.2 有生命力的护岸
E1.1 拆除河岸和河床加固设施

永宁河

永宁河公园，2004年
台州，中国

Yongning River

Yongning River Park, 2004
Taizhou, China

项目区域的河流数据
流域面积：2161km²
河床宽度：98m
地理位置：28° 39′ 30″ N – 121° 15′ 08″ E

永宁河公园位于中国东部沿海浙江省台州市永宁河沿岸。面对周期性的季风洪涝灾害，这座城市面临着与中国其他许多快速发展的城市地区相似的挑战。整条河流的河岸都受到城市化的侵扰，需要用混凝土堤防墙作防洪措施来加固河岸。因此，受人类干扰，沿岸动植物正遭遇很大的危机，它们的生态系统遭到破坏，而这些生态体系需要周期性的洪水淹没并与水接触才能得以维持。在设计一个21hm²的滨河公园时，规划者分析了区域洪水安全模式，以建立一个替代的、更具包容性的方法。

湿地景观 设计时参考了预计的5年、20年和50年一遇的洪水位，以确定公园易受洪水淹没的部分。同时也考虑了公园周边城市区域产生的雨水影响。通过将这两个因素叠加在一起，规划者设计了一个公园，采用部分淹没的湿地形式，同时为人类和当地动物提供多样化的水体验。为此，拆除了河流边缘的混凝土防汛基础设施。河堤被建成分层级的缓坡，岸线地形经多样化改造，并增加了河湾和小型生物工程防波堤，以提供如在天然潮间带呈现的那种动态变化的河岸条件。在这些地区恢复了能够承受周期性高水位的原生湿地植被。公园的这一部分面向河流开放，人们可以沿着新河滩欣赏美景，并进入此区域。沿岸湿地分布着几个设有瞭望台的亭子，在该区域被淹没的情

况下，游客能拾级而上，在台上看到河流和区域新的生态特征。垂直的、石柱状的艺术品安装在河岸平原上，并作为测量水位高度变化的标尺。

沿着公园的内侧，纵向延伸近1km长，另有一组系列湖泊和湿地区域，用来接收周边城区的雨水径流。在强降雨的情况下，它作为一个接收多余径流的蓄水池，雨水还淹没岸边的湿地植被。在旱季，除了滞留的雨水径流外，这个湖泊系统还接收来自河流上游入口的水源补给。这些近自然区域提供了河岸栖息地，并与公园、道网、桥梁和亭子交织在一起，为游客提供对水体、河流和内陆湖泊的直观体验。

1 拆除混凝土防洪墙，对河岸进行生态修复、梯级分层并使其多样化，为本地物种提供栖息地[E1.1]

2 公园的剖面示意图显示了重新引入植被的河岸、建在桩上的亭子和平行于河岸的湖泊

3 公园由耐受洪水的滨水湿地和一系列与之平行的内陆湖泊组成。在雨季，由于来自周边城区的径流汇入，湖泊的水位会上升

4 堤岸上耐涝的本地草种与艺术作品相结合，使公园具有独特的风貌，艺术品也能标示以前的水位[B6.2]

5 桩上的亭子俯瞰着河岸湿地景观，同时也映衬出黄岩区的文化和历史[C2.3]

6 浮在湖面上的树木岛屿排列成规则的网格

7 新的河岸提供了休闲场所

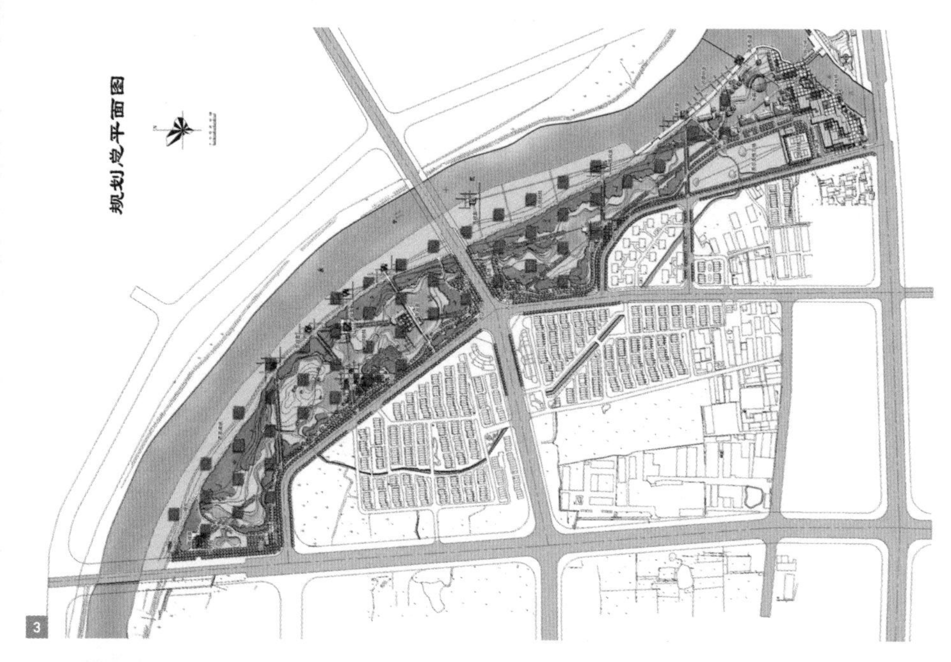

D 河床与水流

比尔斯河，巴塞尔

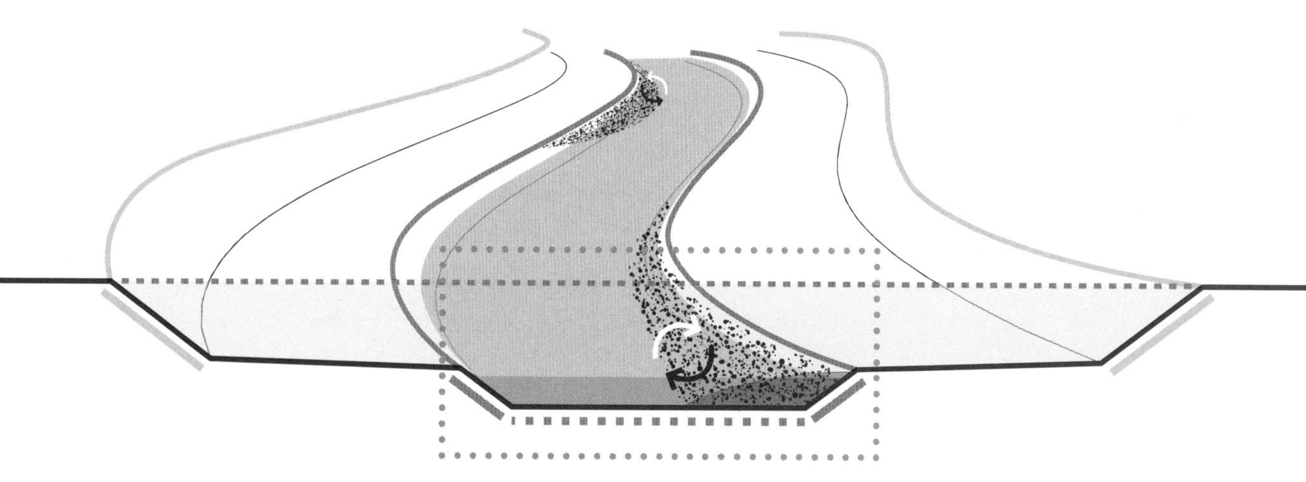

1

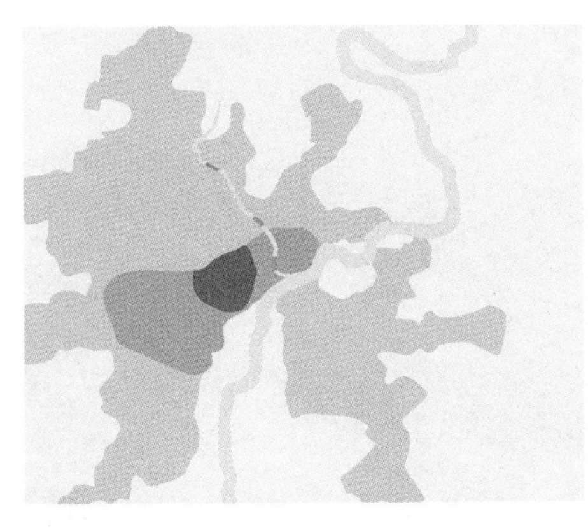

设计手段

A2.2 垂直于河岸的通道
D1.1 大块单石
D2.2 拓展河流长度
D4.4 石阶护岸
D5.2 改变河床和横向结构

阿纳河

生态恢复，2003-2004年
卡塞尔，德国

Ahna

Renaturation, 2003–2004
Kassel, Germany

项目区域的河流数据
河流类型：河床基质以硅酸盐为主的小型高地河流
流域面积：~40km²
平均流量（MQ）：0.37m³/s
百年一遇洪水流量（HQ100）：75.2m³/s
河床宽度：3-5m；洪泛区宽度：5-10m
地理位置：51° 19′ 20″ N – 09° 30′ 24″ E

在与富尔达河（Fulda）汇合之前，阿纳河的大部分下游河段已经消失于人们的视野很多年了。阿纳河的河床和河岸经强力加固，具有一条深深下凹的河道，部分河段被埋入地下通道。几十年来，在工业和商业占主导地位的荷兰北部城区，阿纳河几乎不可见。作为欧盟城市可持续发展计划URBAN II的一部分，阿纳河的复原工程于2003~2004年间开始启动。在共计5处场地开展了对河道生态连续性和结构多样性的复原，同时使阿纳河得以重见天日，使当地居民可以重新接近阿纳河。三分之二的基金来自黑森州发起的“天然水域”（Naturnahe Gewässer）河道修复计划，剩下的部分则来自URBAN II计划。然而，阿纳河的截面深度致使大范围河道改造难以进行，可能仅有的一段溪流可拓宽宽度并推平其河岸，即在Hegelbergstrasse附近。因此，在重塑河道的措施中，重点强调在现有河流断面的基础上进行结构提升。用阻挡物来扩大河道，并且增加水流形态的多样性。所有的低堰都被石槛构成的坡道代替，从而使鱼类可以重新顺利通过河流。用天然石头构成的加固设施来替代那些现存的混凝土河岸加固。

北城公园和大学校园　在URBAN II计划的倡议下，在阿纳河沿岸修建了一座新的公园（北城公园）；在该处，河流融入公园的设计。然而，由于河岸非常陡峭，使得公园的修建受到了许多限制。河的两岸各修建了一组阶梯，其中底部的阶梯同时充当河岸的护坡，并在河道中放置细长的踏脚石，供人们接近或穿越河流。台阶的上方安装了拦污栅，使其免于被枯木和其他碎片残渣堵塞。

在大学区域，阿纳河流过一段深度很大的方形截面河道。校园里仅有一处河堤岸墙是间断的，此处有一块地势较低的草坪，可作为水边娱乐使用。在溪流河床中结合使用天然石堆、挡板和抛石，在低流量的时候显著增强水流动态。这使得平缓蜿蜒的小溪流中的水流运动也能够被明显感知，并且在一定程度上，产生水的自驱动冲力，并伴随着小规模的沉积分化和再分配。该区域种植了柳树以及一些湿地植物，维护措施并不显眼并且没有太多规则，因此，该区域的阿纳河能够像一条绿化带一样流过城市。游人的视线被河底一艘老旧的木船造型的艺术品所吸引。总的来说，这些措施提高了这片区域内阿纳河的结构多样性以及可见性，尽管阿纳河仍然是很深的下凹河道，仅在少数的几个位置与周围的环境相互连接。然而，尤其是在大学附近，绿色的阿纳河的确丰富了这片区域，它与陡峭的河岸墙、过度铺砌和工程化措施的环境形成了鲜明的对比。

1　在大学校园里，河岸墙上有一处间断，以供人们接近水边进行休闲娱乐[A2.2]

2　剖面示意图：阿纳河流过一个方形截面河道，常水位时的平流通道，河道边缘发生沉积现象并有植物附着生长

3　鸟瞰图：曾埋在地下涵洞的阿纳河重见天日，如今像一条绿色丝带流过这片区域

4　河岸阶梯护坡[D4.4]以及水中脚踏石[D1.1]使人们能够横穿位于北城公园附近的阿纳河

5　曾经被覆盖的阿纳河方形截面河道

6　如今，植被覆盖的方形截面河道中的水流来自上游校园食堂。河床上一艘老旧的驳船成了一件艺术品

7　天然石槛代替了河床中原来的突出横向结构[D5.2]，并且保证了鱼类以及其他生物可以顺利通过

1

设计手段

D1.1 大块单石
D2.1 拓宽河道
D3.1 凸岸沙石滩
D4.1 自然化部分河岸
D5.1 鱼道
D5.2 改变河床和横向结构

阿尔布河

近自然修复，1989–2004年
卡尔斯鲁厄，德国

Alb

Near-natural Restoration, 1989–2004
Karlsruhe, Germany

项目区域的河流数据
河流类型：中等规模，河床基质以细沙到粗砂为主的高原河流
流域面积：~150km²
平均流量（MQ）：2.5m³/s
百年一遇洪水流量（HQ100）：97m³/s
河床宽度：10m；洪泛区宽度：50m
地理位置：48° 59′ 58″ N–08° 22′ 17″ E

在被修复之前，阿尔布河是一条非常没有特色的河流。陡峭、加固的堤岸几乎无法接近，可用作河道和洪泛区的面积总体上相对有限。阿尔布河的这一段上设置了许多低堰，水流相对缓慢，河床上形成了泥质沉积物。在工务署的倡议下，当局积极探索市区河段的修复方法。在城市范围内的阿尔布河整个河段，低堰都被改造成河底坡道，并建造了鱼梯。在城镇边缘开始形成一些新的、具有生态价值的洪泛区域。

景观花园的新河岸　在2003至2004年期间，对与冈瑟克罗兹公园（Günther Klotz Park）的景观花园毗邻的超过300多米长的河段采取了改造措施。阿尔布河的一侧通过郁郁葱葱的绿化带与一条主干大道分隔开，另一侧朝着向上倾斜的公园开放。由于洪水是通过城市上游的滞留区进行控制，并将其引至卡尔斯鲁厄以外，因此在修复工作中没有考虑防洪问题。为了在生态上加强阿尔布河，并将其发展为一个休闲娱乐区，利用了流水动态创造了河流的新特征。拆除低堰从而形成连续的水流，利用水

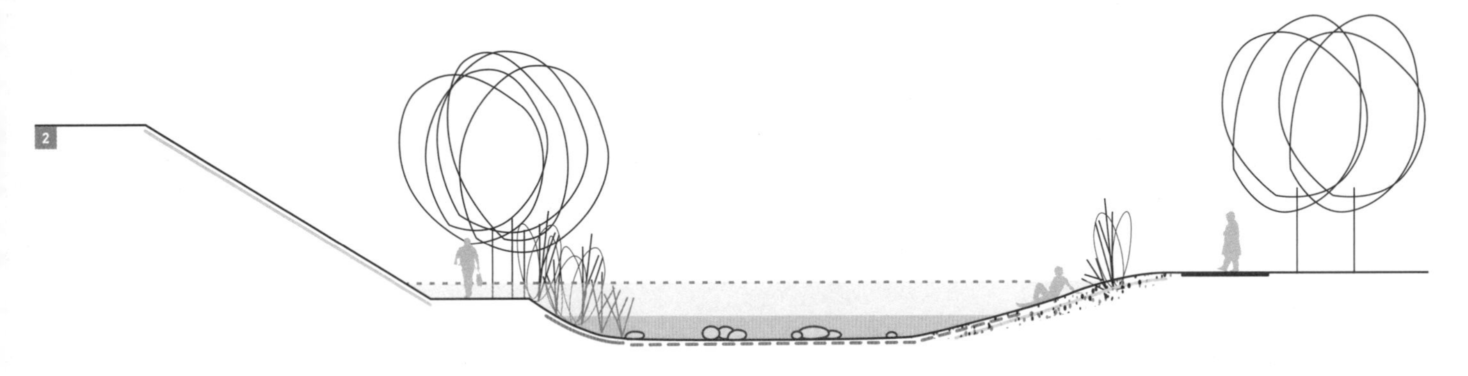

流来恢复自然沉积物输移过程，并形成平流河道和浅水区。在一些地方，拆除河岸加固设施，并构造平坦的河岸，拓宽河道。通过收窄河道和分流的形式以及引入岩石挡板来额外增加河道的多样性。设计中以这些预设的特征为改建的出发点，但没有设定具体的结果目标。通过对河道的进一步发展进行监测，根据需要，在具体的地方实施相对较小的后续干预。

阿尔布河区域用于休闲娱乐和欣赏自然 项目充分考虑了对阿尔布河作为休闲场所和欣赏自然风光区域的需求。河流的一些河段，设计得很吸引人，并且可以接近，在这方面表现突出的河岸都设有信息板或游乐设施。在一个冲积坡上构建了一处沙滩，沿河有一条自然小径，可供探索各种有趣的主题，帮助游客以多种方式探索阿尔布河和河流栖息地，一个有趣的关注点就是在这条水道中发生的河流过程。此外，拆除掉低堰意味着现在的阿尔布河重新成为一个有魅力的皮划艇路线。

限制客流量的目的是为了缓解那些主要开发为自然空间的区域的压力。这些修复措施的理想目标是使河流恢复到尽可能接近其自然条件的状态。尽管用于开发的空间有限，但其目的是给阿尔布河创建一个宽度上有所变化的平缓蜿蜒河道，使得这条有生命力且可接近的阿尔布河，成为增强冈瑟克罗兹公园的一大特色。

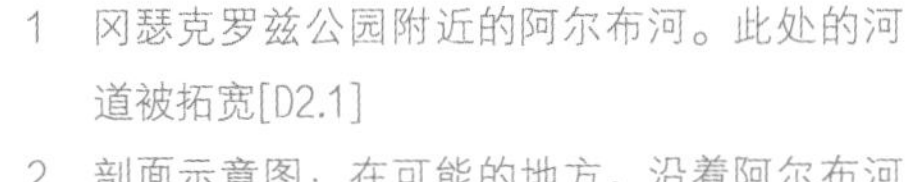

1 冈瑟克罗兹公园附近的阿尔布河。此处的河道被拓宽[D2.1]

2 剖面示意图：在可能的地方，沿着阿尔布河拆除了加固的堤岸，建造了平坦的、可到达的堤岸

3 河滨自然小径沿线的停靠点和石头挡板使人们可以接近水域[D1.1]。背景中可以看到一个河底坡道

4 安装相关设备来鼓励人们在水中和水边玩耍。此处是一个设有“泥桌”的取水点

5 平坦的河岸以及人工滩地

6 鱼梯[D5.1]

7 岸边道路和长椅，紧邻着一处可到达的延伸河岸[D4.1]以及砾石滩[D3.1]

8 浅水河流中形成了沉积区

1

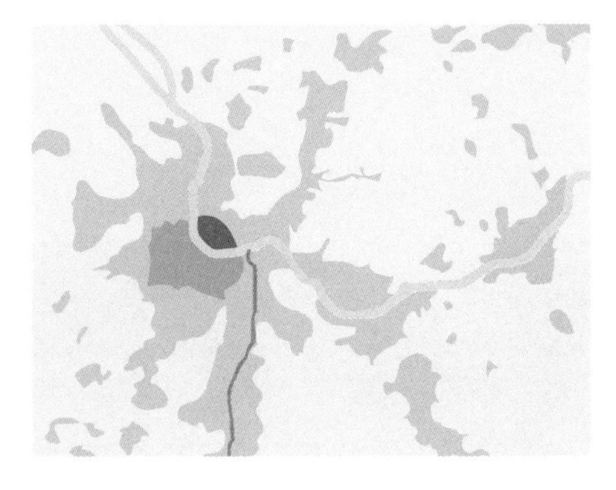

比尔斯河

比尔斯再生，2002-2004年

巴塞尔，瑞士

Birs

Birsvital, 2002–2004
Basle, Switzerland

项目区域的河流数据
流域面积：911km²
平均流量（MQ）：15–20m³/s
百年一遇洪水流量（HQ100）：360m³/s
河床宽度：20–30m；洪泛区宽度：50–60m
地理位置：47° 33′ 04″ N – 07° 37′ 20″ E

设计手段

- **D1.3** 铺设石制防波堤
- **D1.5** 生物防波堤
- **D1.7** 河床坝槛
- **D2.1** 拓宽河道
- **D2.2** 拓展河流长度
- **D3.3** 产生冲刷坑
- **D4.1** 自然化部分河岸
- **D4.2** 有生命力的护岸
- **D4.4** 石阶护岸
- **D5.2** 改变河床和横向结构
- **D5.3** 斜坡和滑坡
- **E4.1** “休眠的”河岸加固

比尔斯河在汇入莱茵河前不远的地方，形成了巴塞尔城市与乡村之间的边界。自19世纪以来，比尔斯河在该区域的河段已经被渠化，并且河床和河岸都被完全加固。河流断面呈现出一成不变且对称的形式，与已清理的前陆一起，形成了一个简单的双梯形横截面。这部分河流的水质受到东面邻近的污水处理厂的影响。在洪泛区内和毗邻这一区域的道路下铺设的供水管道不可改线，因此成为开发潜在的主要问题。

在紧密的空间内进行河流复兴　尽管最初的情况不容乐观，但在2002～2004年间，对比尔斯河的该河段进行了改造，其主要目的是恢复河流的活力。将污水厂出口迁往莱茵河的举措，对河流复兴工程项目的成功起了重要作用。除了改善水质之外，还通过重塑河道实现了更大的结构多样性。在1.5km的长度内，拆除以前的混凝土护岸，并平整了河岸。所有的低堰都被改造成河底坡道，这不仅保证了鱼类可以畅通无阻地通过，而且让河道内重新产生泥沙输移过程。在某些地方，保留了一些旧的低堰，用于引导水流。

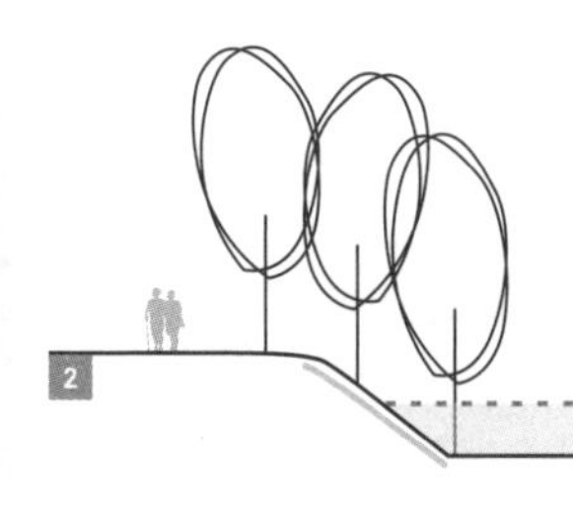
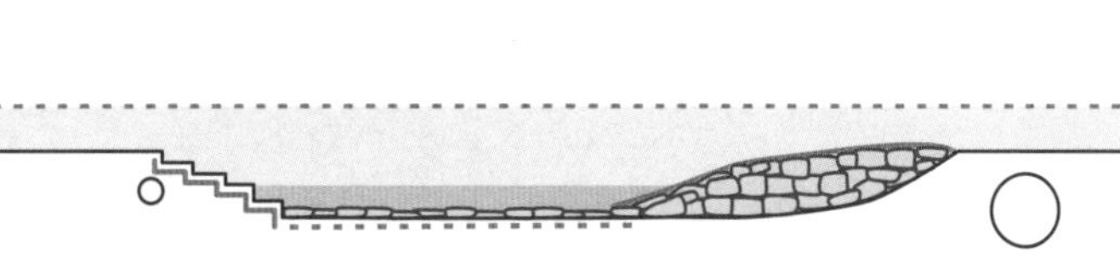
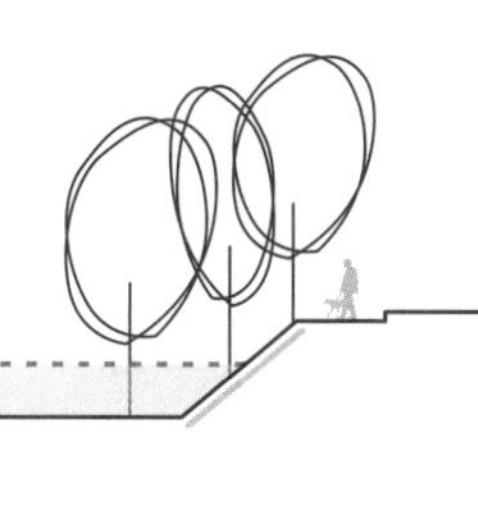

2

河道由20m拓宽至30m，采用该宽度来创建一个低流量和平均流量通道。水流偏转元素帮助在河道内创造蛇形水流路径。随之产生的流量变化致使在防波堤后面形成小沙滩形式的沉积区域。乍一看，比尔斯河给人的印象几乎像是一条自然发展的河流。然而，自动力动态过程仅被限制在小范围、可逆的规模内，冲积带会被洪水冲走，使河岸恢复到原来的状态。仅仅在少数的几个点，允许河岸有相对明显的侵蚀迹象。即使在实施了复兴措施之后，比尔斯河仍受到严格控制。

多功能护岸　然而，现在的河流护岸在设计上更加多样化：除了柳条或固定的树干等生物护岸外，还使用了由石制防波堤以及用石灰岩块粗略凿成的河岸台阶。在一些特定河段，河岸未实施进一步稳定措施：在这里，水流偏转元素特意使水流转向背离河岸的地方，因此不需要进一步的稳定措施。位于洪泛区的管道还额外得到了“休眠中”的加固设施的保护。定期巡查以监测河岸未加固部分的变化，并根据需要在特定的地方采取稳固措施。河岸的多样性和水流的自然状况，以及由此产生的河床条件的多样性，大大增强了比尔斯河的吸引力。

比尔斯两侧的前滩上没有高大的植被，因此无论在规模上还是结构上都符合防洪要求的排放通道。这些区域虽然看起来没有什么特色，但却为当地的娱乐活动提供了一个受欢迎的场所。它们位于居民区之间，可用作晒日光浴或烧烤的草坪、遛狗的场所，以及在比尔斯河中游泳的滩头。在许多地点都能较容易地到达河岸和河道，实际上是在鼓励公众通过建在河岸上的一长串台阶进入水域，或是水流减缓的浅滩区域。

出色的修复工作意味着比尔斯呈现出不再单调的河流风貌，在整个河段不会直接观察到严格划定的河流边界，呈现出相对同质的特征，对该地区的生态和当地居民都有很大的好处。

1　低水位的比尔斯河具有清晰可见的设施[D1.3]和最近新构建的卵石区

2　剖面示意图：在比尔斯河的河岸和河床加固设施上增加了多样性（红线）：用于坐着的台阶和水流偏转元素提供了更好的可达性和结构多样性

3　规划图显示了低流量河道的新曲线

4　河岸台阶由粗凿的天然石头制成[D4.4]，可作为座位和护岸

5　用柳枝制作的生物工程水流偏转元素，安装后不久的状态[D1.5]

6　低堰转变为河底坡道[D5.3]，可以清晰地看到湍急的水流

4

5

6

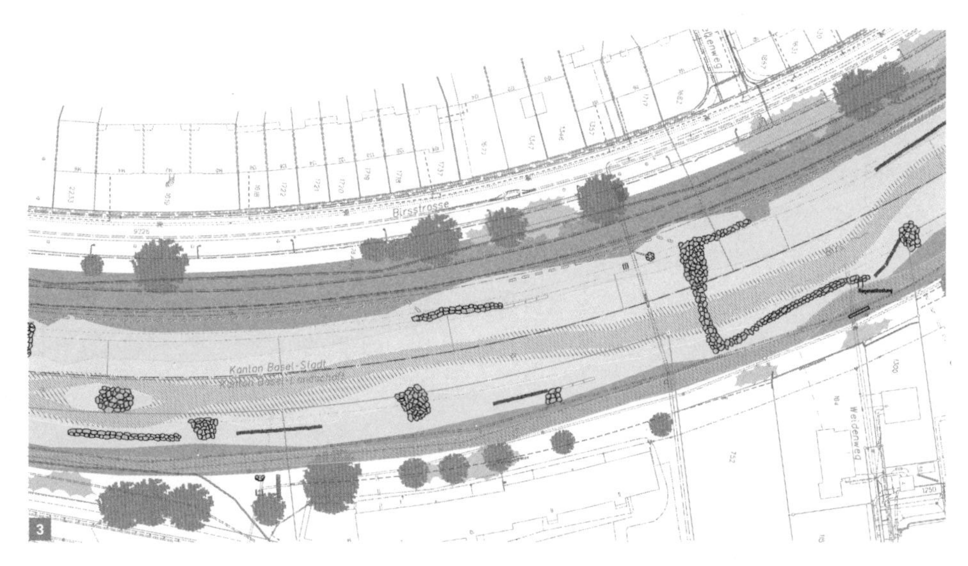

3

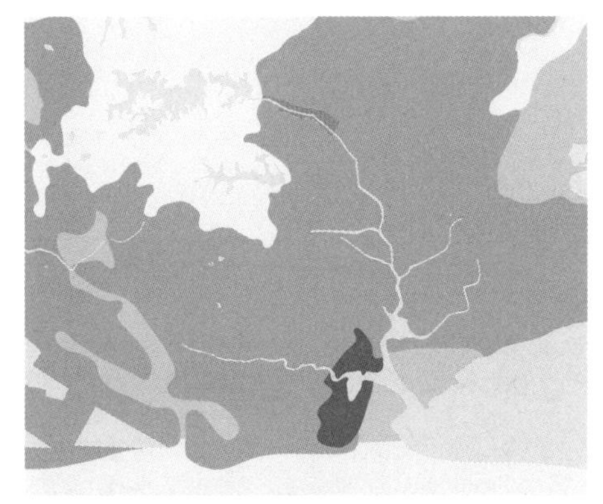

设计手段

C1.4 深挖洪泛区
C3.4 洪泛区内的公园
C4.2 电子预警系统
D1.1 大块单石
D1.4 堆石防波堤
D1.5 生物防波堤
D4.1 自然化部分河岸
D4.2 有生命力的护岸
D4.7 石笼阶梯护岸
E3.1 创建曲流
E4.3 加固局部河岸

加冷河

河流生态恢复与公园，2009-2012年
碧山，新加坡

Kallang River

River Revitalisation and Park, 2009–2012
Bishan, Singapore

项目区域的河流数据
流域面积：140km²
河床宽度：洪泛区宽度最宽达100m，低水位河道最小为3m
地理位置：1° 21′ 48″ N–103° 50′ 38″ E

尽管只有10km长，但加冷河是新加坡最长的河流，也是城市的一个较大型供水系统的重要组成部分。这个岛国的土地面积为700km²，没有地下含水层，是一个收集和储水空间都非常有限的地区。新加坡的人口非常密集，大约有500万居民。因此，加冷河及其热带水文动态十分有限，到20世纪70年代，这条河已被改造成一条笔直的混凝土运河。这一措施具有严格的单一功能目标，即在强季风期间控制并快速排走山洪。该举措完全破坏了河流生态，因为河水可能会瞬间涨满，很不安全，所以河流必须用栅栏隔开。然而，由于水资源有限，新加坡不得不重新思考这种水资源管理策略。在随后的几十年里，新加坡政府在全国范围内制定了一个广泛的可持续雨水收集、废水回收和水资源保护计划，该计划将新加坡的城市环境视为集水区的重要组成部分。自2006年以来，新加坡国家水务署也一直在参与ABC水计划，该计划扩大了水管理的范围，考虑将水体包含在城市复兴动力和娱乐资产的潜力内。该框架内的一个关键试点项目是加冷河和碧山公园项目，该项目旨在将一条2.7km的混凝土运河改造成一个生态为重且具有可达性的河流景观区。

从混凝土运河到碧山-宏茂桥公园　修复之前，加冷河的运河段流经新加坡中心碧山和宏茂桥社区之间的21km^2的公园。这条被栅栏隔开的河流将两个街区隔开，构成了一个明显的空间屏障。公园和这一地区的水资源保护基础设施都到了该更新和升级的年限，这将是扩大河流的泛滥区的好机会。设计师建议拆除混凝土河道，对河流进行生态恢复，并为其创建一个弯曲的新河道。这一设计方案柔化了河流的外观，延长了河道，并引入了一些控制洪水流速和流量的措施。河岸经分层级形成缓坡，不同河段及其洪泛区宽度不一，大部分河段可达100m。与混凝土渠道相比，改造后河流输水能力提高了40%，在洪涝灾害中水位上升也变得更为缓慢。修复后的河床变得更粗糙，水流受岩石、池塘和浅滩、生物防波堤和石制防波堤的扰动，总体上降低了水流速度， 并减少了被冲入下游马丽娜（Marina）水库的沉积物数量。

1　经过修复和分级的洪泛区，常年流淌着一条浅浅的、平静的河流，便于涉水和在河岸上玩耍
2　剖面示意图显示了宽达100m的分级洪泛区的尺度。虚线表示曾经开凿和加固的混凝土河床的位置宽度[C1.4]
3　碧山公园水域的直接可达性和丰富的生态资源具有很高的社会和教育价值
4　洪水期间的河床[C3.4]
5　河床上有各种各样的植被和岩石，它们减缓了河流的流速，并提供了栖息地
6　踏脚石和桥梁为跨越河流提供了便利
7　教育价值和接近鱼类、河岸动物自然栖息地的乐趣是该项目设计的核心

河岸加固　郁郁葱葱的热带植被占据了河岸，自然地将河流与公园景观融为一体。设计时特别考虑了植被的稳定河岸能力，以便对河岸的抗侵蚀力提供持久的保护。设计人员测试了几种不同的生物工程技术，然后在公园中实施，以确保它们与热带雨林气候和洪水的兼容性。通过水力模型分析确定哪些河段需要更强的防侵蚀保护，结果表明，需要在脆弱的部位放置堆叠石笼或设置抛石护坡等更坚固的材料。即使是这些加固的河岸边，也能在坚硬元素之间的缝隙插种嫩枝。在坡度较缓的河岸上，采用了较低水平的加固技术，包括柴笼、芦苇卷、土工织布和灌木垫，以增加植被的结构承受力。

生物工程技术　柴笼是一束束幼嫩的枝条捆在一起构成，放在一个斜坡的底部以防止侵蚀。这些可以与灌木垫结合，灌木垫是由活的插枝制成的厚垫子，沿着岸线的斜坡放置，用绳子和夯实的土壤固定。这些剪下来的枝条在一段时间后开始生根，形成一层植被保护层，并在垫子的底部放置柴捆以增加其稳定性。公园里使用的另一种生物工程技术是用土壤覆盖透水土工布织物，然后将嫩芽插入其中。芦苇卷具有类似的结构，它们具有土壤和植被，并用木桩固定。这些技术需要一个初始构建期，供植物生根并完成自身构建，最终能够完成抵御侵蚀力。在热带地区，这一时期较短。采用辅助材料来保护植物，如木制结构和天然纤维制成的土工布，这些材料在构建过程中会缓慢降解。这些植物和生物工程构筑物具有进化、适应周边环境和自我修复的能力。通过根系和有机材料的生长和密实化，增强了河岸的长期稳健性。

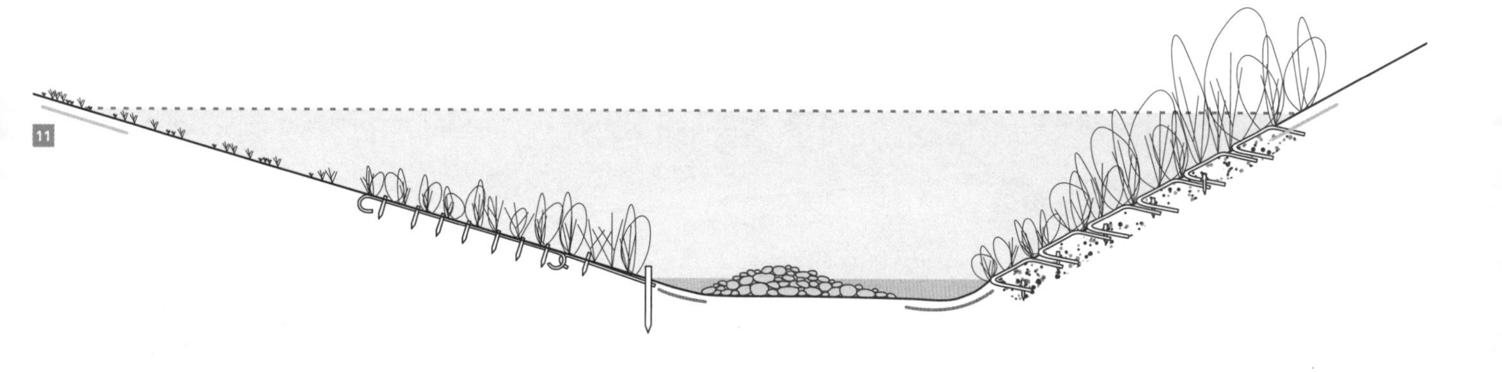

丰富多样的生活　不同曲率的曲流河段使水流更加多样化。再加上各种新引进的本地植物种类，增加了栖息生境的多样性和数量。包括鸟类、两栖动物、昆虫，甚至一些哺乳动物(如水獭)在内的野生动物已经自发地来到这里定居下来。如今来自亚澳路线的候鸟也经常在这个公园停留。白鹭在河中觅食，苍鹭、水母鸡和文鸟在沿岸高耸的草丛中生活、栖息。这些生态效益与公园提供的多种休闲和娱乐用途相结合。露台、河边平台和踏脚石鼓励着人们观察野生动物和涉水游玩。洪泛区开阔的草地为玩耍以及其他活动提供了充足的空间。同时还设有水上乐园、足球场地、健身区域、遛狗场等休闲设施。公园中引入了几座桥梁和道路网，修复了以前分隔的街区之间的联系。该公园的区域路径——公园连接道系统（The Park Connector），将其与一个更大的全国性自行车道和慢跑路网连接起来。

防洪安全　当水位上升时，靠近河流的公园空间成为洪泛区。通过净化池来削减雨水径流的影响，并把净化的雨水输送到池塘和水上游乐场。这些区域缓慢地被水淹没，所以人们有充足的时间离开洪泛区。为安全起见，该区域还配备了具有水位感应器、警告灯、警报器、公告牌及救生圈等设施的河流监测和警报系统。闭路监控和一支巡逻队确保游客在洪水到来之前已经安全离开红色标志区。

8　公园和新河道的鸟瞰图，图中显示蜿蜒的新河道与笔直的混凝土旧河段融合在一起[E3.1]

9　在公园建设之前，就已在河流的一个河段实施了用于稳固河岸的生物工程技术，以测试其在热带环境中的适用性

10　孩子们正在河流的测试河段上玩耍

11　采用各种稳定技术的生物工程河岸的横截面示意图，图中右侧显示土工织物包裹的土工堤，左侧为带有芦苇卷的土工织布附着在河岸上，并有木桩固定。活的扦插条经过一段时间后开始生根，形成植被保护层[D4.2]

12　石笼阶梯护岸技术用于保护侵蚀风险较高的河段[D4.7]

13　建设了几座跨越公园和河流的桥梁，即使洪水期间也可通行

设计手段

A4.1 码头和露台
A5.9 新堤防墙
D2.2 拓展河流长度

路易申溪

修复，2006–2007年
苏黎世，瑞士

Leutschenbach

Restoration, 2006–2007
Zurich, Switzerland

项目区域的河流数据
流域面积：<5km²
平均流量（MQ）：0.05m³/s
开发泄洪流量：15m³/s
河床宽度：1m；洪泛区宽度：10m
地理位置：47° 25′ 03″ N – 08° 33′ 33″ E

接收雨水的河道或溪流？ 苏黎世北部的路易申溪是一条相对较小的河流；然而，当路易申溪从周围环境中接收大量雨水时，它的水位会迅猛上升。该溪流位于瑞士电视公司有代表性的庭院前的两条街道之间，其功能是接纳雨水。由于强大的水流，未来其堤岸和河床将不得不保持加固状态，5m深的沟渠需要滞留涌入的雨水，所以溪流的河床底面也不能再提高。排水沟和其他溪流的现有交汇处也已经是用混凝土建造的。

来自一个城市设计竞赛的新想法 路易申溪周围的区域也用河流的名字命名。2002年举办的“路易申溪开放空间竞赛”，目的是改善社区环境和一段长250m的即将“复活”的路易申溪河段。景观设计师在本次路易申溪改造竞赛的框架内提交的各种提案将考虑这些因素。

竞赛的获胜者——Pipol Landschaftsarchitekten，将路易申溪设计为在墙壁和人行道建造框架内的“自然之窗”。较宽的曲流河床稳定了河道。高4.5m的必不可少的挡土墙，由类似圆粒岩的混凝土建造，使墙看起来像天然砾岩。这种混凝土确保了

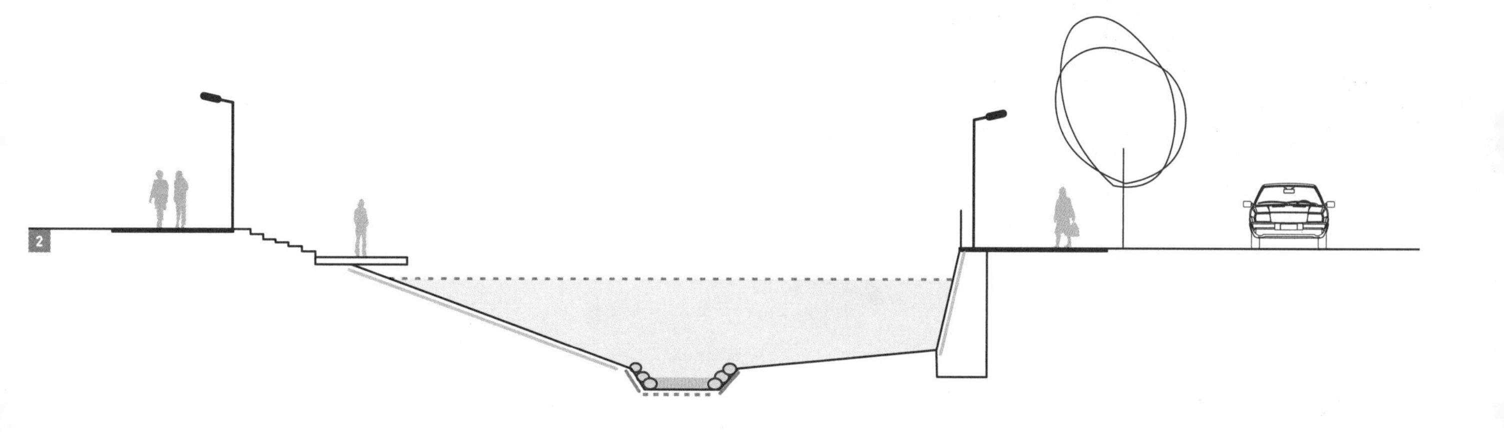

墙体有许多凹陷、凸起和缺口，为生物有机体提供了一个潜在的栖息地，让人联想起一个自然的陡峭河岸。雨水口通过建筑边界加以突出，用以说明这个深溪流河床的作用。卡岑溪（Katzenbach）的汇流点被抬高，这样小瀑布的急流就可以把更多人的注意力吸引到低洼的河流上。在瑞士电视公司旁边的河岸上，陡峭的溪谷边上简单的白色露台吸引着溪流观光者的目光。

建造阶段和亲近自然　最初，也曾计划用白色宽阔的混凝土板以有规律的曲线形式布局来加固河道边缘，通过这些人为手段创造出来的节律激发对动力的想象，从而凸显该溪流狭窄局促的空间。然而，这种固定的建筑方式遭到了当地居民和参与项目的水利工程师的反对，他们认为这种建设方式太不自然了。因此，在建造过程中，这个想法被舍弃了，取而代之的是将不规则排列的大卵石嵌在混凝土中。以人工手段维持水生态平衡为主导的河道生态价值保持不变，然而，其设计使它更接近自然河道的理念，为人们普遍接受。

本案例说明，修复措施可以采取不同形式，这方面与溪流是否真的被复兴这个问题一样有趣。尽管技术参数不允许河流真正的复兴，但现在路易申溪的确有助于该地区环境的提升。问题依然存在，即一个简单的人工设计是否对这条河道及其周围环境处理得更加得当；也许它将给人一种更明确的感觉，并使河道在其主导环境中具有更强有力的地位。

1　工程汇流点设计考虑了路易申溪作为接收来自周边环境的大量雨水的水道的重要性

2　剖面示意图：深处的空间可作为强降雨期间的雨水滞留区。由于水流湍急，河道必须保持加固状态

3　鸟瞰图显示了这一段河流在该地区是多么孤立

4　小型露台可提供观察深河床的视野[A4.1]

5　经过广泛的讨论，这条河的河道并没有使用白色混凝土板加固，而是用鹅卵石加固，营造了更加自然的风貌[A5.9]

1

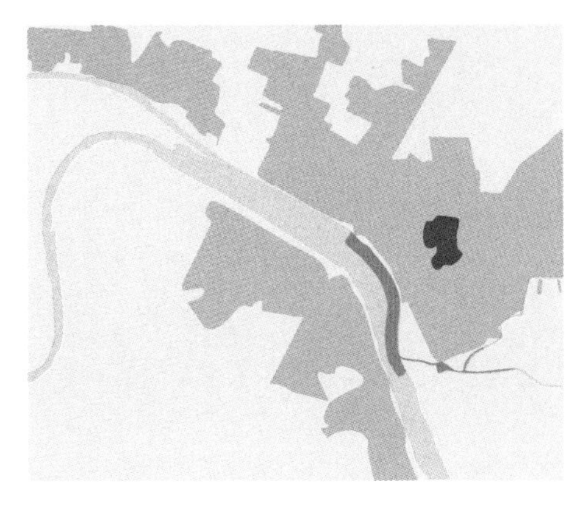

内卡河

城市绿环，2005年
拉登堡，德国

Neckar

Green Ring, 2005
Ladenburg, Germany

项目区域的河流数据
河流类型：河床基质以砾石为主的大型河流
流域面积：13850km²
平均流量（MQ）：~50m³/s
百年一遇洪水流量（HQ100）：~2800m³/s
河床宽度：125m；洪泛区宽度：300m
地理坐标：49° 27′ 56″ N – 08° 36′ 26″ E

“让拉登堡面向内卡河” 这一说法成了一个绿色项目的口号，也被称为小园艺展，并由此引领了2005年拉登堡创建城市绿环的项目。拉登堡位于一个由内卡河与莱茵河交汇处延伸出的大型冲积扇上。该项目的目标是在小镇内创建一个公共开放空间网络，并将其与内卡河连接起来，恢复坎德尔溪（Kandelbach）和卢斯沟（Loosgraben）的活力，并改进防洪措施。因而，环绕着整个城镇，构建了总长约3.5km的绿环。

通过改善镇外现有洪泛区的质量和氛围，从而加强了城镇与水的联系。在以前集市上的水塔附近，创建了一个具有舞台并能欣赏内卡河风景的吸引人的活动空间。用一个新的道路系统，将草地与河边沿线的现有道路连接起来。从地势较高的多级平台中开辟出一些小路，形成了新的河流景观。围绕着该区域的堤坝被建成一系列阶梯，一直向下延伸至水边。宽阔的梯级草坪，纵深达2~3m，是坐下来放松的最佳场所。

现在堤坝上的步道长廊通向一个新的码头和一个高耸的雕塑露台，可提供河流

设计手段

内卡河

A4.1 码头和露台
B1.3 重塑堤坝截面
C3.8 聚会场地
D3.2 河湾沙石滩

坎德尔溪

D1.1 大块单石
D2.2 拓展河流长度
D5.1 鱼道
D5.3 斜坡和滑坡

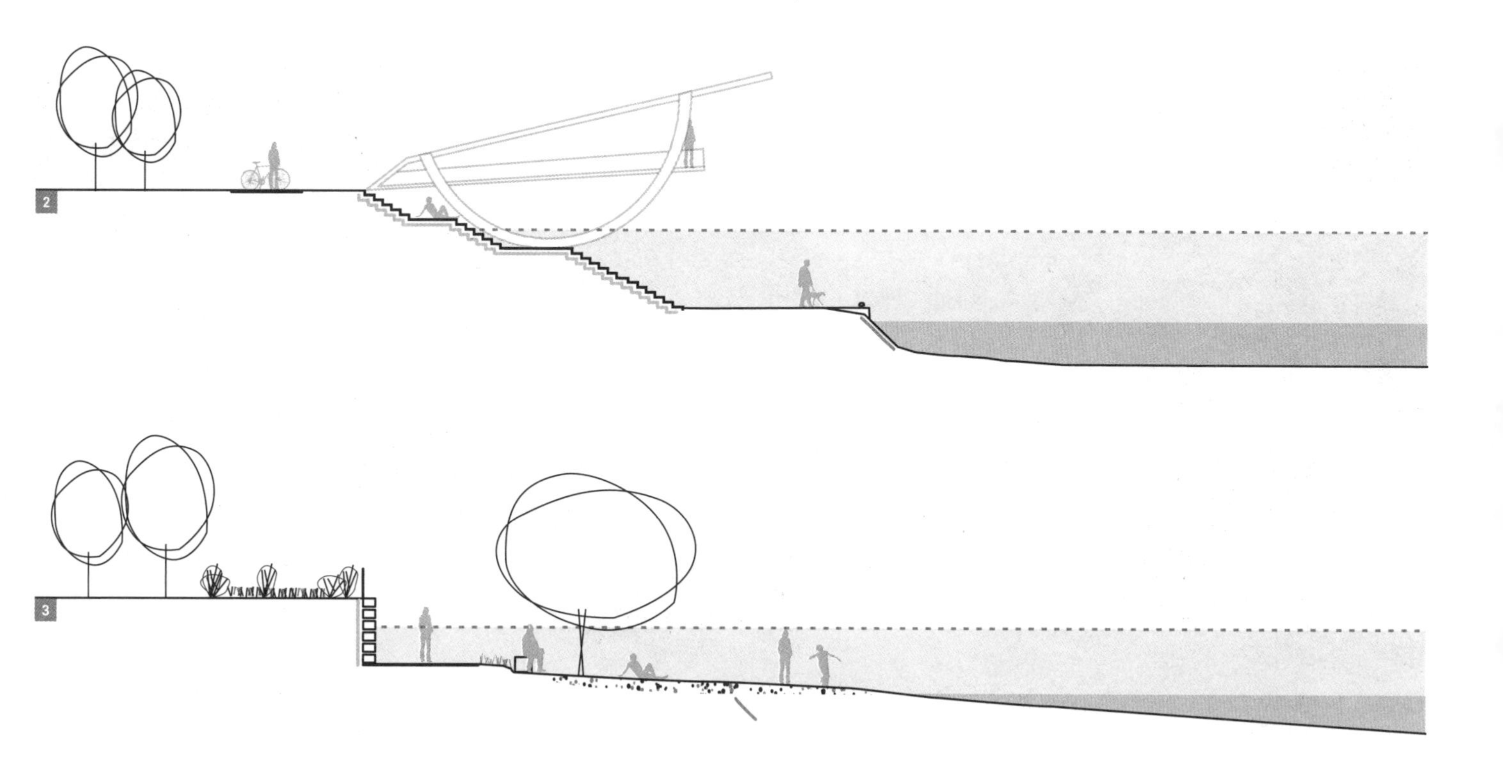

的全景视野，从长廊可以俯瞰活动区域和河流。内卡河此处的河道变得更加宽阔，河岸边的水流流速也减缓了。在河岸上有一个天然的沉积区域，由于该场地位于伸入河中的地块后方，因此受到了进一步的保护，不受水流的侵蚀。沙质河岸上的植被清理掉，并建造了低矮的座位墙。如此一来，拉登堡使用相对简单的方法就能够创建属于自己的吸引人的沙滩区域，人们可以坐在那里休憩，由于朝向的关系，甚至可以看到河面上日落的美景。

开放的溪流　小镇南侧的开放空间主要由两条恢复活力的小溪流，即坎德尔溪和卢斯沟所占据，它们都曾在地下管道中流淌。洪水期间，坎德尔溪曾用作备用分洪渠，水会流入邻近的地下室。新设计考虑了解决该问题的办法。这两条溪流都被挖开见光，变得更加可接近。现在的坎德尔溪拥有一条250m长的蜿蜒河道，堤岸修建的十分平坦，所以很容易看到并通往水面。在好几个地方都设置了可跨越河流的踏脚石，在这些独立的石头障碍物的下游，淤泥的沉积和水生植物的生长都清晰可见。河堤由精心维护的草坪区域组成，水域在绿化区中非常显眼。湿地丛中五彩缤纷的高大草本植物：千屈菜（千屈科）、春白菊（菊科）、黄菖蒲（黄菖蒲），与草地形成了鲜明的色彩对比，令人印象深刻。这些植物可以长到3m高，给公园增添了独特的魅力，也成为两栖动物和昆虫的庇护场所。

1　拉登堡内卡河堤坝的侧断面采用了多级平台式。一座雕塑般的露台[A4.1]成为新建码头的特色标志

2　剖面示意图：多级平台的侧断面为堤坝创造了多种座位的可能性[B1.3]

3　剖面示意图：一堵矮墙将河流沉积区域与道路分隔开来，并为游人提供了一个可以坐在海滩上的地方[D3.2]

4　为了创造一个可利用的沙滩，清理了河岸植被

5　在多级平台上开辟了新的道路，可以观赏内卡河风景

6　一座永久性舞台坐落于洪泛区内[C3.8]

一个由宽阔的踏脚石构成的小路横跨了溪流的一处浅滩。当水位很高时，浅滩淹没于水下，只能赤脚或穿胶靴穿越。因此洪水影响着公园内的路网，从而也使得游客可以感知洪水。溪水流经一座小桥之前，水域变得宽阔，从两岸平坦的草地穿流而过，形成滞留池，可以储存洪水期间从河里积聚而来的水。溪流和邻近建筑之间的下层地面进行了密封，以防止水渗漏进入建筑地下。溪流在该区域分成两条支流：一条支流的岸边筑起了堤坝，从而形成了一个小池塘，溪水变得非常清澈，另一条支流经过一个显眼的鱼梯。水在鱼梯上快速流动和翻腾时发出的声音在很远的地方都能听得到。鱼梯边上建有草坪，因而人们可以接近并观察它。形成池塘的支流末端有一个堰，其形状像一组大型水上阶梯。夏天，这些阶梯上挤满了孩子和大人，他们利用这个机会穿过浅水。

拉登堡仅用了相对较低的投资，共计600万欧元，成功地全面恢复和改善了其开放空间系统。这基本上是由于溪流和内卡河的建设采用了感性且经验导向的处理方式。因此，这个小镇于2006年获得了德国园丁联邦协会（Bundesverband Deutscher Garten-freunde）评选出的“德国最美丽的公园”奖。

10

11

12

7　坎德尔溪周围的公园以水为主，有一个池塘、水中台阶和一个鱼梯[D5.1]

8　一座桥横跨坎德尔溪蜿蜒的新河道

9　由于位置靠近精心维护的草坪区域，坎德尔溪蜿蜒的河道旁高大的草本植物看起来就像花园一样[D2.2]

10　新构建的绿色环线与城里现有的水体存在着密切的联系

11　当水位上升时，浅滩里的踏脚石会被淹没，游客要么绕道而行，要么把脚弄湿

12　依靠维护理念确保拉登堡附近内卡河开放空间的长期质量

1

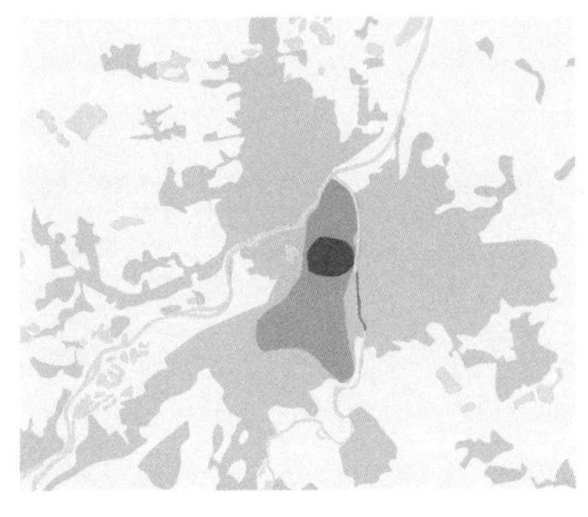

设计手段

C1.2 支流
C1.4 深挖洪泛区
C1.7 滞留池
C3.4 洪泛区内的公园
D4.5 砌体护岸
D4.6 建造在现有加固措施上

塞耶河

塞耶公园，1999年
梅斯，法国

Seille

Parc de la Seille, 1999
Metz, France

项目区域的河流数据
流域面积：1280km²
平均流量（MQ）：~10m³/s
50年一遇洪水流量（HQ50）：~170m³/s
河床宽度：15m；洪泛区宽度：40m
地理位置：49° 06′ 12″ N – 06° 11′ 11″ E

对塞纳河的新诠释 圆形剧场区位于梅斯市中心附近的火车站后方，与塞耶公园东部接壤。公园的名字来源于塞耶河，这条小河将公园与其东部的Queuleu区分隔开。这个占地20hm²的公园呈南北走向，长度大概有1km。该公园紧邻许多著名建筑，例如蓬皮杜–梅斯中心、奥尼体育宫殿（Palais Omnisport）以及罗塞尔（Lothaire）奥林匹克游泳馆。塞耶河长期以来都扮演着梅斯市这个区域里不起眼的角色，它笔直的河道向来都不是很显眼。通过塞耶公园的建造，这条河流被重新设计，质量得到提升。河流的大片前陆被移除。通过创新性地应用公园地形分级和地势海拔改造为多级平台的清晰结构，以及倾斜地面和斜坡的应用，使得公园整体面向塞耶河。挖掘河岸产生的土料重新用于公园，建造观景区的小山丘。一个金色的方尖塔标志着该公园的至高点。从此处可非常清晰地看到河流，该区域通过一组小路和阶梯系统十分巧妙地融入了公园。

公园内的雨水滞留 水作为公园的主题，不仅仅源于河流，同时也来源于一些融入公园景观的用于处理和滞留周边雨水的水池。由于融入了整体设计方案，这些滞留池几

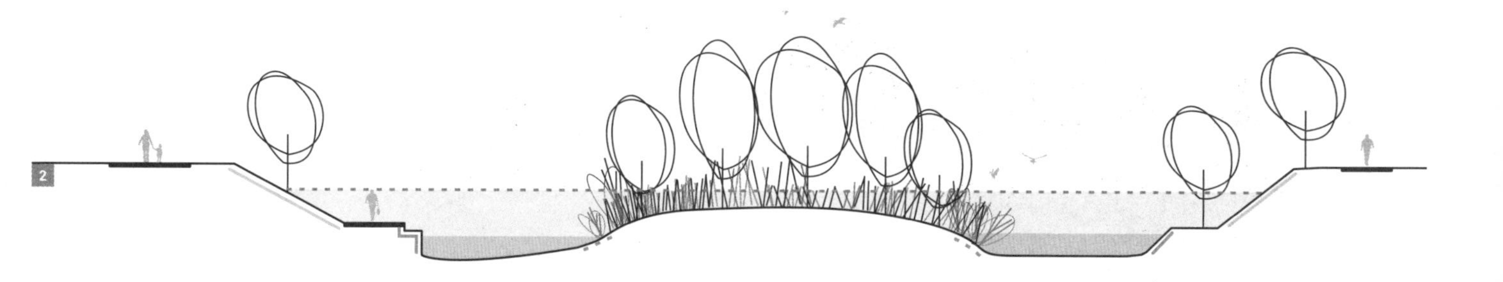

乎不会被视为水处理技术设施。不论是长满芦苇的区域，或是步行桥横穿的开阔水域，或仅仅是一个简单的草皮覆盖的洼地都是这个公园的重要组成部分。通过对主河道和位于公园一侧的河岸的重新设计，塞耶河自身也得到了新的诠释。因此，重点落在了开放空间的设计以及河流结构的生态改善。一条沿水边而建的步道长廊同时也作为河岸的加固设施，被设计成了有棱角的几何形式。相反的是，在步行道的前方开凿出来一条新支流，从而形成了一个大约350m长的小岛。新支流的自然河岸和大片的芦苇区域可作为鸟类休憩的区域。

再往下游一点，在现有加固河岸上建造了露台并伸向水面，为游客提供了与河水直接接触的机会。露台被加固河岸上种植着的3m高的芦苇床围绕。

可抵抗洪水的公园 这个公园的道路系统独特的轴线让整个结构看起来很清晰。通向塞耶河的小道在一些地方被阶梯和平台所中断，它们可以引导游客通向河边。从公园的较高区域可以看到洪水淹没的地势较低区域。因为公园内易淹没区域的家具设施是抗洪涝的，在洪水过后，并不需要移除任何沉淀物或是泥土，只需简单清理工作即可。尽管塞耶河在某些地方看起来具有自然风貌，但它仍然是一条由加固的河岸占主导的河流。公园里的河岸通过非常多样化的方式进行设计实施，同时拥有完全铺满植被的区域和直接坐落于河边的木栈道。河流自驱动发展过程仅仅发生在新形成的小岛岸边相当小的范围内。

1 许多小道穿过公园的不同高度区域，或通向水边或沿河铺设。平台使游客能够欣赏塞耶河以及公园中的其他支流

2 剖面示意图：新建步道加固了河流沿线[C1.2]支流的河岸[D4.5]。游人无法通往新建的小岛，那里是一个鸟类和两栖动物的庇护场所

3 塞耶河及公园的鸟瞰图[C3.4]。河流的支流以及微微弯曲的河道与公园规格的布局形成对比

4 公园中心方尖塔景观。公园的内部海拔明显高于塞耶河水位

5 一个坚硬的河岸限制了自然景观[D4.5]。这种强烈的对比形成了多样化的效果

6 几个露台[D4.6]延伸到水边，方便游客接近水域

7 木栈道穿过公园中密集分布的雨水滞留池[C1.7]

1

设计手段

A2.2 垂直于河岸的通道
A5.2 大石块与脚踏石
A5.3 前滩
D2.1 拓宽河道
D2.2 拓展河流长度

索斯特溪

索斯特溪复明，1992–2004年（后续阶段2006–2017年）
索斯特，德国

Soestbach

Daylighting of the Soestbach, 1992–2004 (additional phases 2006–2017)
Soest, Germany

项目区域的河流数据
河流类型：河床基质以黄土和壤土为主的小型低地河流
流域面积：< 5km²（源头区域）
平均流量（MQ）：0.5m³/s
开发泄洪流量：4m³/s
河床宽度：3m；洪泛区宽度：3–5m
地理位置：51° 34′ 28″ N – 08° 06′ 24″ E

索斯特溪流经中世纪的索斯特市中心，它始于市中心南部草地旁边的一条沟渠，水源主要由市内20多处淡水和咸水泉补给，因此，洪水问题非常有限。19世纪，索斯特溪被改造成一条污水渠，挖掘深度达1.5m。后来该溪流位于市区的河段几乎完全被覆盖，其水源也被收集并输送进入管道。1991年，索斯特市决定开放这条河流，并在城市狭窄的界限范围内将其设计得更加接近自然。因此，对长约600m的几个河段进行了重新设计。此次重新设计的目的是创造一个“独特的自然城市溪流”[Büro Stelzig，StadtSoest， 2010]。

旧河床中的新河道 完全拆除了双梯形截面的混凝土半壳河床，侧墙或是被加固或是更换，然后用天然石材覆盖。垂直河岸使人们能够在河岸墙之间找到一定的灵活设计可行性，即使是在溪流最窄的部分。河床被抬高到最初的高度，河流的深度和宽度之比变得平衡，使它再次引起人们的注意。在可行的地方，索斯特溪均被拓宽。在这些

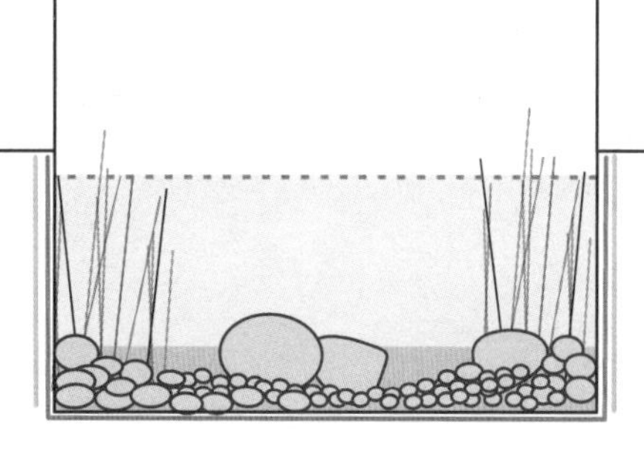

2

位置，河床基质增加砾石，并分级形成包含中低水位河道的复式河道，蜿蜒流淌于直立岸墙之间，留出相对平静的空间供植物生长。加上岩石坝的作用，这些拓宽的区域可形成不同的流速。河床铺设大石块，其间隙填充着沉积物。并根据尺寸大小摆放些未侵蚀过的、边缘切割过的材料。由于索斯特溪位于不同景观区域之间的过渡区域，因此使用了不同类型的水流模式来选择河床基质。不同类型基质的应用创造了一个利于栖息的结构。砾石清亮的色调让河床更清晰可见，同时突出了清澈且以泉水作补给的城市溪流印象。

让清泉更加可见 在这座老城边缘的一个停车场里，溪流边的岸墙被打开，取而代之的是一片缓坡。利用阶梯和脚踏石，现在人们可以真正接触到溪水。除了针对河床采取的生态措施，另外还建立了平行于溪流的雨水管道，从而使小溪保持只接受泉水补给而不受雨水的影响，保证了溪水的良好水质。

索斯特溪是一条由石块打造的几乎不间断地流淌于城区环境中的城市溪流的例子。因为水流较强，河岸与河床都被设计成可以承受水流可能引起的任何形变。但同时由于在河岸墙之间创造了新的空间，因此形成了一条充满生气的“绿色”溪流。该河的生态发展受到定期监测。索斯特溪修复背后的理念是将城市中的自然体验和城镇设计的各个方面联系起来。对垂直边墙强硬轮廓的保留不仅仅为流淌其中的溪流提供了空间，同时设定了一个市中心小溪的模式。

1 索斯特溪位于市中心的被拓宽的河段，该段拥有植被岛[D2.1/D2.2]

2 剖面示意图：通过抬高和重建河床，植被得以在墙缝中生长[A5.3]，同时水流可以再次进入路人的视野

3 在这座老城外的一个停车场里，溪流边的堤防墙被打开，现在取而代之的是一片的缓坡直接通向水边[A2.2]

4 索斯特溪穿越城区的大部分河段都流经巨大石块，使人们可以重新听到潺潺的水声，看见清澈的水流[A5.2]

3

4

1

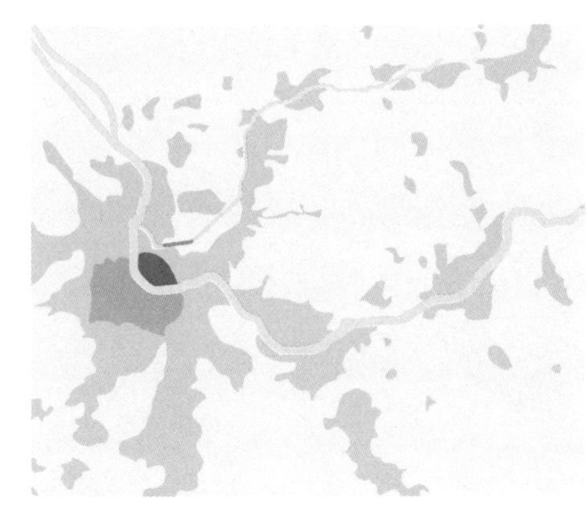

威泽河

复兴，1999-2000年

巴塞尔，瑞士

Wiese

Revitalisation, 1999–2000
Basle, Switzerland

河流类型：河床基质以粗糙硅土基质为主的中等规模高地河流
流域面积：~450km²
平均流量（MQ）：~11m³/s
百年一遇洪水流量（HQ100）：~250m³/s
河床宽度：30m；洪泛区宽度：50m
地理位置：47° 34′ 32″ N – 07° 36′ 28″ E

设计手段

D1.1 大块单石
D1.3 铺设石制防波堤
D1.7 河床坝槛
D2.1 拓宽河道
D2.2 拓展河流长度
D3.2 河湾沙石滩
D4.1 自然化部分河岸
D5.2 改变河床和横向结构

威泽河沿巴塞尔北部边境流淌其最后的几公里后汇入莱茵河。自19世纪经历严格地拉直改造后，这条河一直在石头和混凝土构成的狭窄空间中流动。由堤防墙构成的严格梯形截面，设有许多低堰的几乎完全封死的河床，以及被割过的草坪延伸到河边，使得这条高山河流呈现出运河一般的景象。在水生生态方面，威泽河结构上非常欠缺，且不利于水中生物的迁移。改变当前情况以及将河流及其支流与莱茵河联系起来的渴望，促使人们于1999年至2000年间对威泽河近3km长的河段进行了重新设计。河流建设的最初工作是对结构进行提升，并将其融入一个国境交界的景观公园。该项目的目标既包括改善河流的生态环境，也包括提高通往河流的可达性。

旧河床上的新河流　威泽河的设计从视觉上受自然的、多结构的动态河流启发。但由于现有的公用设施线路，导致河流邻近的洪泛区不能进行大幅度改造，因而河流自然动态发展过程也受到限制。因此对于这条河的重新设计的重点放到了现有河床上。将新河道设计为连续且结构多样的形式，例如单体岩石以及石制防波堤等阻挡设施使河

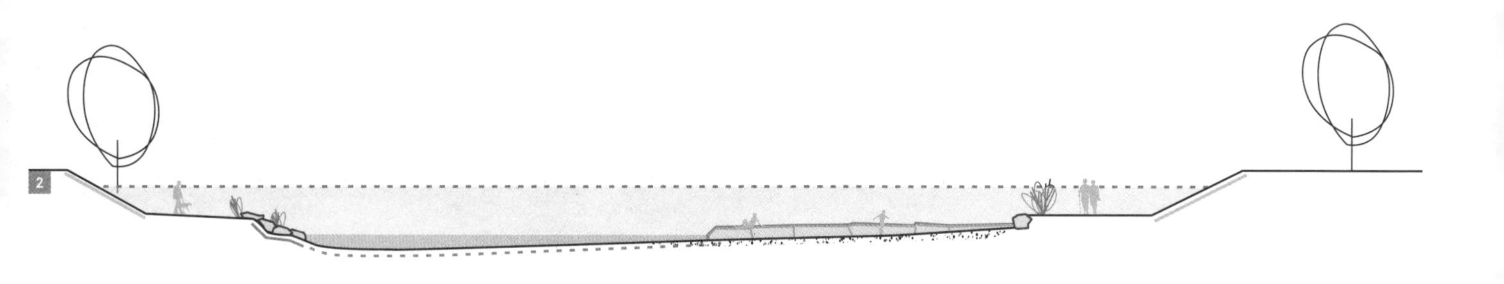

水在河床内从一边流向另一边，模拟了一个整体动态水流和显著的水流变化。同时还充分利用了原有的低堰：对它们进行部分拆除，因此主干水流偏转向一侧，使河流形成一个不对称的截面。河中央由大型岩石构成的小岛把河流分成了多个区域。这条新的蜿蜒河道在枯水期尤为清晰可见。拆除旧的河岸强化设施，但同时也设计了新的河道，新河道仍然处于堤岸之间。防波堤引导水流偏离河岸，同时半淹没的树干和大型岩石保护着较脆弱的区域。但洪水期间，河水仍然可以直接越过这些平坦结构，因此这次的新设计并未对洪水管理造成任何影响。

威泽河上的沙滩 防波堤之后逐渐形成小型的静水区域，沉积物在这里聚集。将河岸打造得更加平坦，因此小型的沙滩也可以渐渐形成。沙滩上的沉积物种类，例如沙子或砂砾，取决于河流的流速，但这两者都说明威泽河携带的沉积物种类之多。通过防波堤和平坦河岸的构建，通向水边的通道得到了一定的改善。现在人们可以直接感受河水流动，沙滩也吸引了许多游人来河边游泳和放松。威泽河的设计相比后来建造的巴塞尔的比尔斯河，显得更加可亲，但两者的设计策略是相似的。本项目的一个特征是：对于威泽河这一河段原有的特征性低堰的利用，也是威泽河项目的一个有趣的方面。

1 威泽河平坦河岸上防波堤后方形成的小型沙石滩。它们不仅仅具有生态学意义，同时也让游人更加容易接近水面

2 在该剖面示意图中，新的非对称截面很容易辨认。因为防波堤（右侧）重新引导了水流，因此在河流左侧形成了一个更深、水流更快的河道

3 防波堤和被淹埋的低堰使河流在河床内缓缓流动[D2.2]。在防波堤背后的静水区附近，将河岸改造得更加平坦，小型沙滩也渐渐形成

4 平坦的河堤让人们可以通向河边[D3.2]

5 由大型岩石组成的小岛将河流分为了不同的部分

6 由大型平坦岩石组成的防波堤[D1.3]很容易接近，同时并不会对泄洪造成阻碍

7 淹没的低堰[D5.2]依然清晰可见

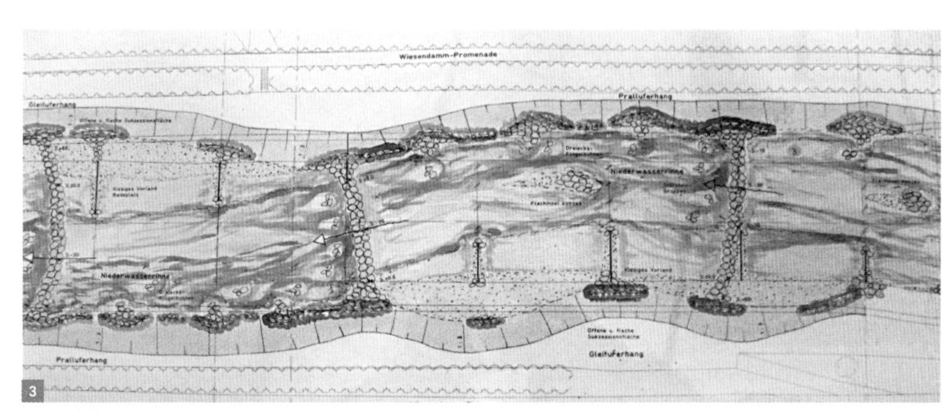

1

威泽河

Wiesionen项目，2007-2008年
罗拉赫，德国

Wiese

Wiesionen, 2007–2008
Lörrach, Germany

河流类型：河床基质以粗糙硅土基质为主的中等规模高地河流
流域面积：~400km^2
平均流量（MQ）：~10m^3/s
百年一遇洪水流量（HQ100）：~240m^3/s
河床宽度：25m；洪泛区宽度：40m
地理位置：47° 36′ 50″ N – 07° 39′ 09″ E

设计手段

C3.4 洪泛区内的公园
D1.1 大块单石
D1.4 堆石防波堤
D1.6 淹没式防波堤
D3.2 河湾沙石滩
D3.3 产生冲刷坑
D4.5 砌体护岸
D5.1 鱼道
D5.3 斜坡和滑坡

与位于巴塞尔的下游河段情况类似，位于罗拉赫的威泽河也遭到严格地裁弯取直并过度开发。其单调的外观在很大程度上是由其封闭的双梯形截面、草被修剪得较低的河岸、众多的低堰和与之平行的3～4m高的堤防造成的。

公众参与河流改造　Wiesionen项目之所以引人注目，是因为它是通过城市居民的努力才得以实现的。城市信托罗拉赫社区基金会（Bürgerstiftung Lörrach）的目标是通过实施建筑师Gerhard Zickenheiner之前提出的理念，来提高河流的生态质量，将其融入城市，并通过社交和形象塑造活动来提升它。

信托基金负责的这段河流从罗拉赫市中心一直延伸到瑞士边境，全长2.4km。项目采取了许多措施：更换低堰并绕过边界上的堰建造一个鱼梯，使鱼类能够再次迁移。Roßschwemme社交场所的重新设计以及沙滩的构建使人们可以重新接近威泽河，并将威泽河与周围的城市连接在一起。

Roßschwemme：社交场所　Roßschwemme曾经是用作洗衣服、牲畜饮水和当地啤酒

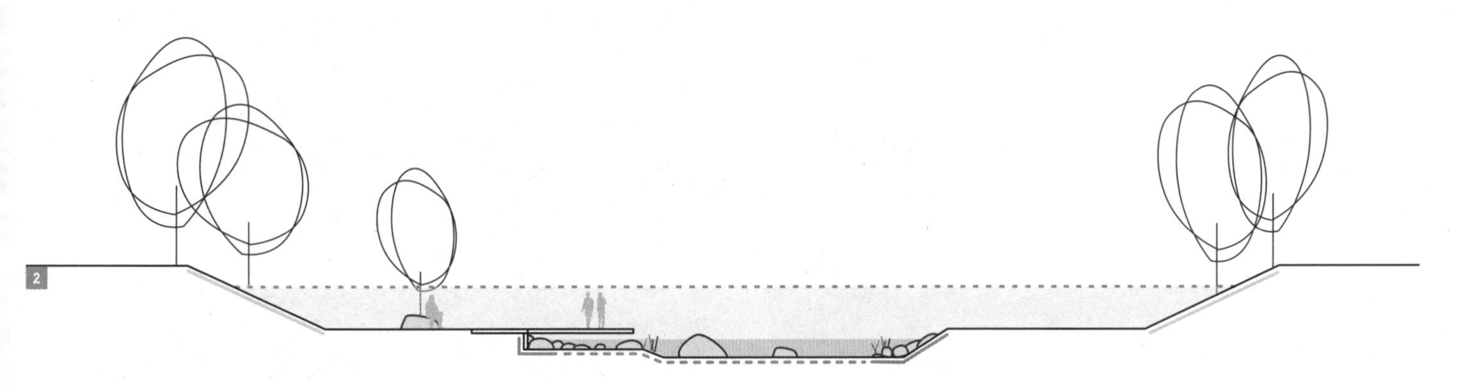

厂用来洗马的地方，现在是坐落于河堤顶部的一个区域骑行线路的小型休息站。一条新的道路从这里向下延伸到河边，那里的抗洪突堤码头可供游客在水边放松。在突堤码头混凝土地基下游的静水区，堆积起了砾石和沙子，方便人们从码头前来涉水游玩。刻意将码头设计成现代城市风格，使用混凝土和钢材，来突显这种公共设施与下游未受干扰的自然区域之间的对比。

创新的河流工程 这段河流的河道是按照Viktor Schauberger的河流工程方法重新设计的，Viktor Schauberger在20世纪二三十年代开展了针对水流的研究。水流经过人字形坝槛和偏转防波堤等结构，改变了水流方向，增加了河流动力。从而形成冲刷坑，河流中的物质经输移与沉积，增加了栖息地的多样性。低堰改造为河底坡道，岩石坝和防波堤进一步增加了水流变化。虽然制约威泽河开发的现有限制全部保留，但在河流内部建立了各种各样的新结构，恢复了河流原有的活力。

1 一条新建的小路通向老Roßschwemme，这里的突堤码头可供游人徘徊与休憩

2 剖面示意图，新建突堤码头的地基也可用于河岸加固[D4.5]

3 三个朝向下游的防汛码头突出了场地的特点

4 威泽河里的防波堤[D1.6]使水流偏转。这导致河流流速和深度的变化，使其呈现出更加多样化的外观

5 在防波堤下游的静水区域已经形成了小沙滩，改善了河流的可达性[D3.2]

6 一组组大块岩石取代了低堰，使河流风貌更加柔和，同时使河流内形成了重要的新构造[D5.3]

动态的河流景观

伊萨尔河，慕尼黑

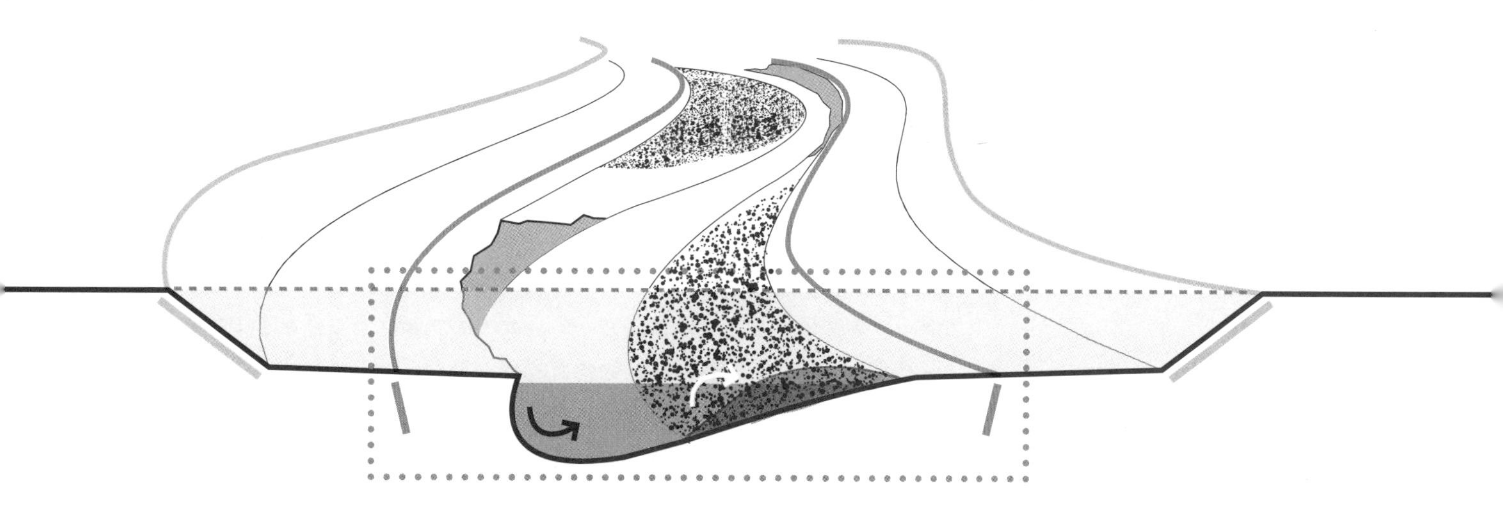

1

设计手段

B1.2 在堤坝上植树
B1.4 将堤坝融入路网
B6.3 可察觉的河流变化模式
C1.2 支流
C1.7 滞留池
C3.5 延伸自然区域
D2.2 拓展河流长度
E1.2 半自然河岸管理
E2.1 重塑河道断面
E2.2 引入破坏性元素
E3.1 创建曲流
E3.2 曲流结合直流
E4.3 加固局部河岸

艾尔河

河流生态修复与公园，2002-2016年

日内瓦，瑞士

Aire

Ecological River Restoration and Park, 2002–2016
Geneva, Switzerland

项目区域的河流数据
河流类型：慢流型冲积河流
流域面积：100km²
平均流量（MQ）：1m³/s
百年一遇洪水流量（HQ100）：100m³/s
河床宽度：12m；洪泛区宽度：80m
地理位置：46° 10′ 01″ N – 6° 04′ 60″ E

日内瓦附近的艾尔河修复项目集中于一段3km长的具有混凝土河岸和加固河床的运河河段。原先蜿蜒的河床在19世纪90年代被拉直，并在20世纪30年代用以给邻近的农田排水，可快速将洪水排至下游。由此产生的快速而巨大的洪峰流量必须由更下游的地方来承受，相应地建造了两个旁路涵洞结构，使水迂回排入罗纳河和阿尔沃（Arve）河。后续年间，降雨量明显增加，可能产生超出这些结构承受范围的威胁，因此必须提出解决办法，为更靠上游的河段提供更多的蓄洪空间。为此，建造了两个穿过洪泛区的具有堤坝的滞留池，并重新引入了曾经被阻断的弯曲河道。历史上那些分散的和局部的防洪方案将曾经相对完整且具有生态价值的艾尔河划分为工程化的、运河化的河段。由日内瓦州委托进行的一项全面修复工程，目的是改善运河河段的生态系统，作为下游接近自然区域的延伸。同时，另一个目的是为当地市民提供休闲空间和与河流互动的各种机会。

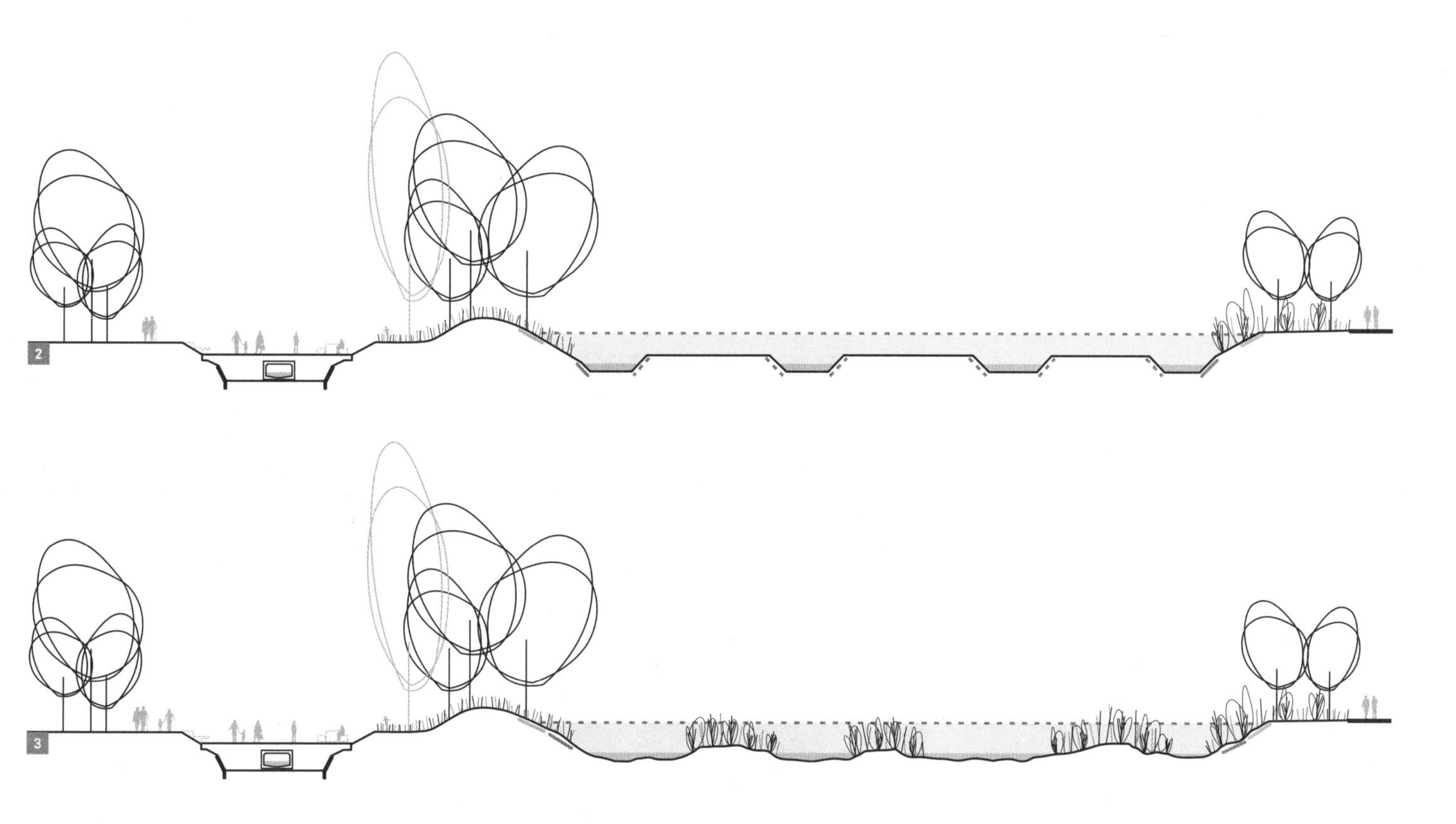

自发展的河流地貌　为了给洪水提供更多的空间，通过将农业用地改造成80m宽的河岸栖息地来构建一个巨大的新河床，河流能够在其迁移区域内自由地蜿蜒、侵蚀和沉积。水文实验证明艾尔河具有足够的沉积物来建造复杂的河道形态。在确定河流恢复方法时，设计者极力避免将河流恢复到河道渠化以前状态的严格规则。即使是天然易受侵蚀的河道走廊，美学和教育目标才是这个生态复兴项目的核心。设计师采用与陆地艺术家相似的手法，提出了沿整个河床挖掘出一定形式的洼地，以构造和突出原来宽阔却毫无特色的河床。菱形岛屿或菱形格纹根据河流的侵蚀强度进行尺寸划分，

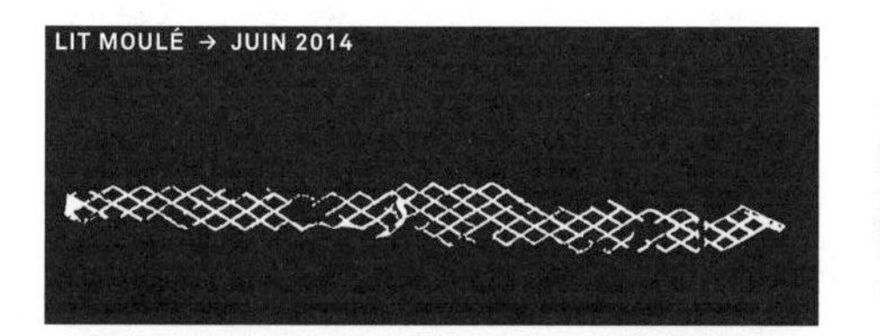

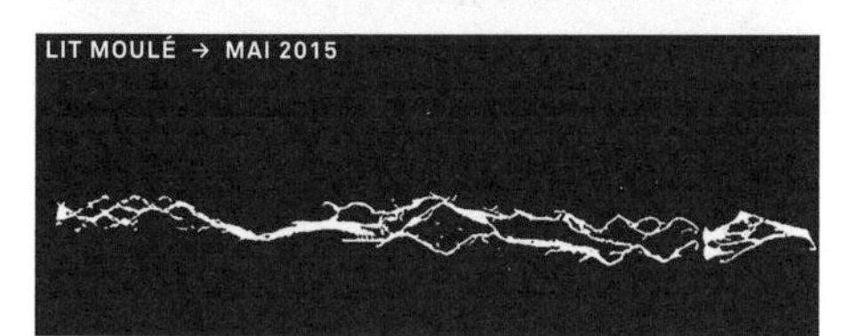

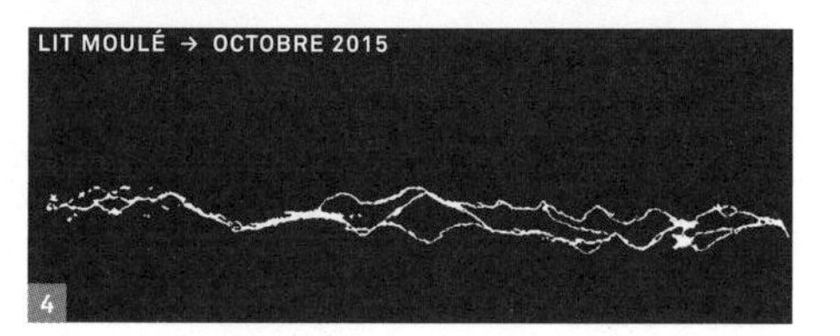

1　艾尔河景观航拍图，新引入的辫子形河道和与之平行的建造河道[B6.3]

2　不同状态下的河道改造过程：上面的河床剖面图显示的是刚刚开挖内菱形凹陷后的状态。新引进的辫子形河床旁边的旧运河保留作为文化遗产，现在与公园融为一体

3　下面的剖面示意图为以菱形挖掘的河道经侵蚀沉积作用重塑后的河床[E2.1]。左边现有的运河部分河段被覆盖，用以提供休闲空间，并可用于跨越河流

4　左边的时间序列图显示了经过几何挖掘后的河道路径自发改变的过程。右边的时间序列图突出了河床沉积物的最终形态变迁

5　新河道的工程设计构型是从毗邻河流的原农田土地中挖掘出来的

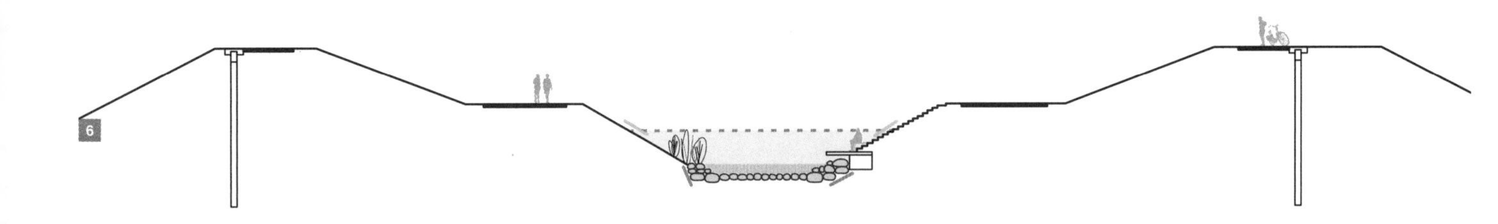
6

9

7

8

10

然后水流重新取道于新的河床内。菱形构造为河流提供了一个通过自动力河流过程来重塑复杂形态的时间和状态起点，最终形成一条有活力的辫状河道，类似于上游河段的未加修饰的冲积形成的特征。在一个自然的、动态的环境中，这种强烈的干预使得菱形格设计的工程化特征和移动沙洲自发形成的有机形状之间的相互作用得以展开。从而呈现出一种引人注目的美学语言，伴随着河流经由人工图案形式缓慢地雕琢自身的河道从而持续变化着。本设计决策的另一个生态修复措施是尽快为鱼类提供较深的水道，这样的水道在均匀覆盖着沉积物的宽阔曲流中难以自发地形成。通过给河流提供更多的空间，河流的整体坡度降低，使得水流模式变得更加复杂，促使泥沙侵蚀和沉积，在此过程中，造成了多样化的水流深度和栖息地。这一河段历史上就存在辫状河网，规划人员设法重新启动了其特有的沉积过程，而没有在一开始就将结果强加进来。因此，艺术干预丰富了纯粹的生态目标，并吸引公众来关注对河流生态健康至关重要的修复过程。

线形花园 平行于新河床的运河作为一种文化遗产被保留了下来，在河岸及部分河段上方布置了一系列线形的花园。人工运河结构与旁边新引入的自然河流空间的并置和对比，引发了人们对河流之前和之后的状态以及当前河流的生态和文化方面的思考。因此，老旧的、完全依靠技术的基础设施被改造成5km长的线性公园。加固的混凝土河床被拆除，现在覆盖着植被的河岸为运河打造了平静和封闭的空间。建筑元素，如阶梯和悬挑于水面的混凝土板、河岸上增加的植被，提供了直接通向水边的通道。由于流经运河的水量减少，对运河进行局部填充与覆盖，从而创造了更多的休闲空间。与新引入的野生、自然化的河床相比，它需要更大程度的维护，其目的是容纳大多数游客，减轻了新的河滨走廊的压力。一条小路沿着运河不断延伸，沿着白杨树构成的特色林荫道爬上平行的堤坝，并与一个更大的本地路网相连。拥有户外家具设施、凉棚和花园的公园区域连通性良好；桥梁和覆盖区域提供了很多穿越运河的机会。公园区域，从笔直运河上严格设计的花园到荒凉、野生的修复河流，为人们提供丰富的体验和与河流最大限度的互动。

6 在建造运河的两个堤岸上增加了休闲和建筑元素以及小路，以鼓励人们在其内活动，并减轻修复的运河以及与之平行的河岸走廊的压力

7 运河部分河段被覆盖，可以通过混凝土阶梯进入该区域，从而鼓励人们与水的接触

8 在运河的河床上设置了水流障碍，包括横向结构和大石头。这些横向结构的设计是为了帮助鱼类能够在水位较低时洄游

9 现有的运河已被改造成公园，图中还展示了保护运河的堤坝上的道路网络[B1.4]

10 平面图显示了两条河道、堤防系统和作为防洪措施的新滞留池

11 动态的河流过程创造了栖息地，增强了生物多样性，可以为人们所享受，并提供教育功能

12 经过生态修复的河岸与经过更为严格设计的公园和绿廊等建筑元素并行

13 运河上的桥梁

14 未经修饰的混凝土元素与自动力过程相结合

12

13

11

14

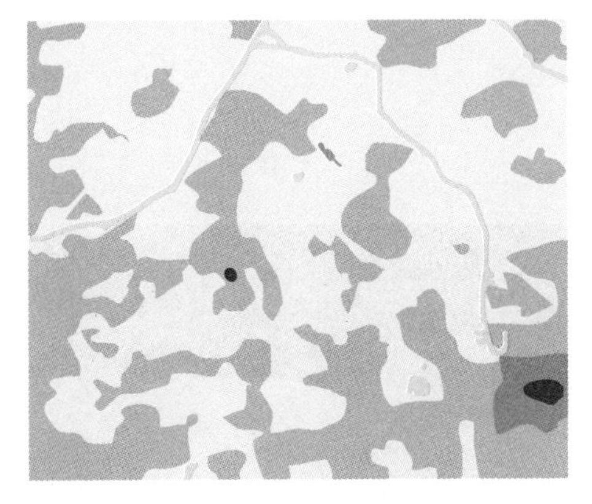

设计手段

C1.1 堤坝后移
C1.4 深挖洪泛区
C1.5 回水坑塘
C1.7 滞留池
C3.5 延伸自然区域
E1.1 拆除河岸和河床加固设施
E1.2 半自然河岸管理
E2.1 重塑河道断面
E3.1 创建曲流

埃姆舍河

孟德和艾林豪森蓄滞洪区，自2010年起
“埃姆舍未来”总体规划，1990–2020年
多特蒙得，德国

Emscher

Retention Basin Mengede and Ellinghausen, since 2010
Master Plan Emscher-Future, 1990–2020
Dortmund, Germany

项目区域的河流数据
河流类型：河滨洪泛区的小型溪流
流域面积：200km²
平均流量（MQ）：4m³/s
百年一遇洪水流量（HQ100）：108m³/s（艾林豪森），123m³/s（孟德）
河床宽度：7m；洪泛区宽度：150–600m
地理位置：孟德 51° 35′ 02″ N – 07° 21′ 24″ E
艾林豪森 51° 33′ 17″ N – 07° 25′ 06″ E

埃姆舍河改造 埃姆舍河的转变是一个世代工程。如何将一条长达70km的曾经流经欧洲最大工业区中部的开放污水渠变成一道河流景观？对埃姆舍河系统的改造项目将历时数十年，从1990年到2020年。预计修建与埃姆舍尔河及其支流并行的400km长的新污水渠，只有到那时才有可能开始重建埃姆舍河的开放水道。

这条曾经的工业河流不仅作为从多特蒙得附近的源头到杜伊斯堡附近莱茵河的汇合处的水系中的主干，同时也是埃姆舍景观公园的中心，该公园是连接城市鲁尔地区及后工业绿色区域的开放空间系统，改造的埃姆舍河也为鲁尔河谷的转变树立了积极的形象。

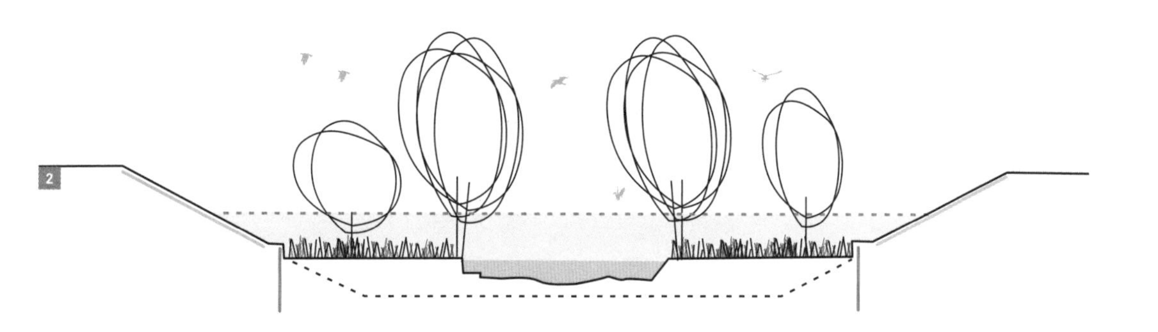

从排污渠变为河流典范 为埃姆舍河的整个河道开发了一个包含一系列重复元素的设计概念。“树木之河”是该项目的整体主题。无论是在堤坝内，还是延伸到周围的景观，与埃姆舍河平行的交错排列的树木将为该河流的洪泛区和草地注入新的生命。这些树木并不总是受水的影响，但通过有规律的间隔，并与埃姆舍河河道并行排列，使得埃姆舍河变得更加清晰可见。植被的选择与周围环境相呼应，例如在滞留池，将种植典型的抗洪树种，如赤杨和白柳。

从梯形的断面到自由流动的河流 埃姆舍河整个河长都无法到达，河流要么是消失于堤坝之后，要么是它的双梯形断面和草地被修剪得很矮的植草路堤基本上嵌入地下。由于流经城市和工业区的种种限制，难以将埃姆舍河所有河段都改造成天然河流。

在分析这条河可能采纳的河道形式基础上，对埃姆舍河可以发展为自由流动河流的最大廊道范围进行了调查。该河流可能采取的潜在曲流形式叠加在地图上，从中显示出工业区和交通路线对其边界的限制。当前对埃姆舍河的改造设想是在条件允许的地方，将河流断面拓宽成宽阔的洪泛区。很显然，在一些区域堤坝可以后移，河床的其余部分将被改造到能使河流保持生态一致性的程度。该方法使得改造工程将分段实施。埃姆舍河沿线的不同位置散落排布着许多环境优先区域，例如靠近Castrop-Rauxel的河曲Pöppinghauser Bogen，它们像是穿插于技术型设计的防洪措施中的镶嵌物。这些新的埃姆舍河洪泛区是通过改变梯形断面的平行状态而形成的。通过堤坝后移，扩大了现有的活动空间。一般来说，现有河堤都有一侧是保持不变的。

在洪泛区内，将建造一个相互平行的线性凹地和土丘组成的浮雕结构，与“树木之河”中树木的位置相呼应。通过这种方式，洪水将产生一个明显改变的景观。在堤防不能改变的地方，常水位河道的紧凑梯形断面将被重新开发为低地河流的典型平缓断面。必要时，河流将再次能够迅速蔓延至相邻的洪泛区。

1 一条工业河流的远景。一条视觉上的“树木之河”和蜿蜒的埃姆舍河附近的河曲Pöppinghauser Bogen，一个生态焦点

2 剖面示意图：设想中的埃姆舍河断面。平坦的前岸形成了一个边缘地带，赤杨树提供了遮阴的地方并加固了河岸

3 2010年的Pöppinghauser Bogen河段

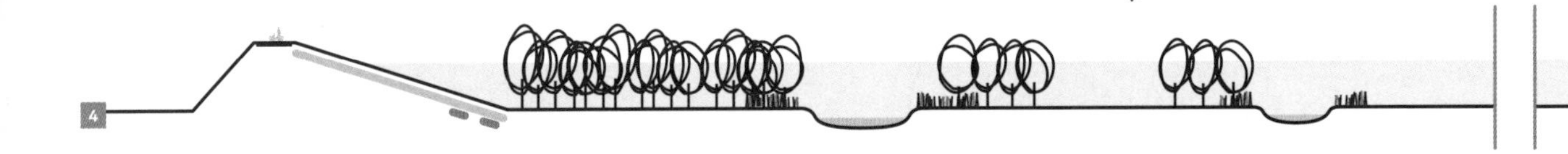

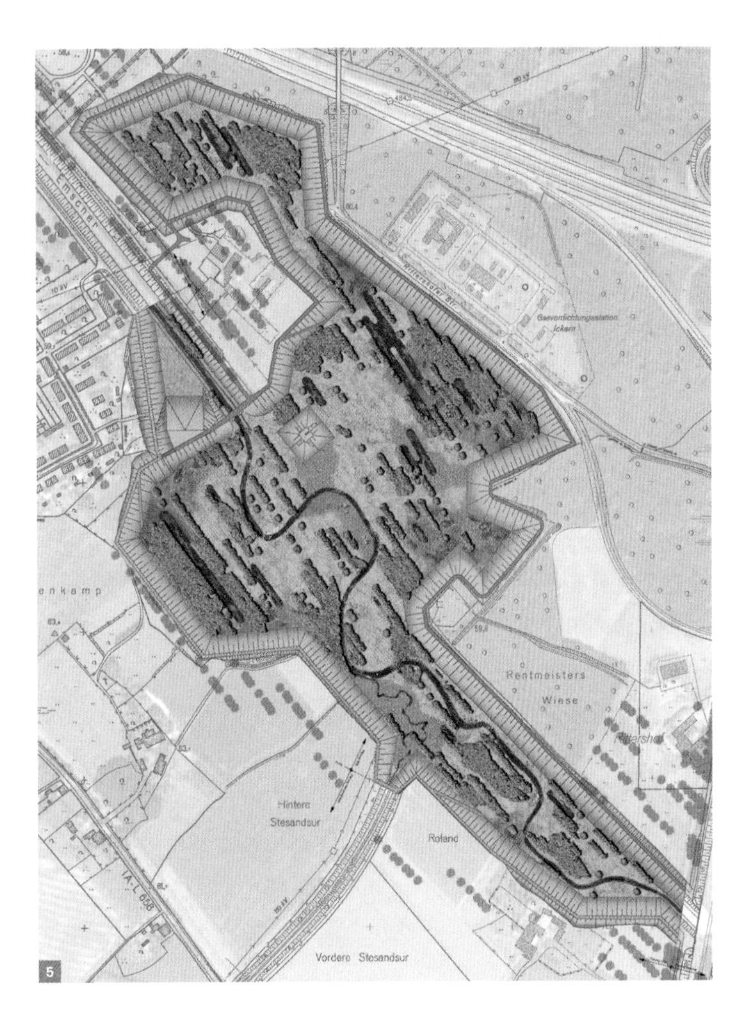

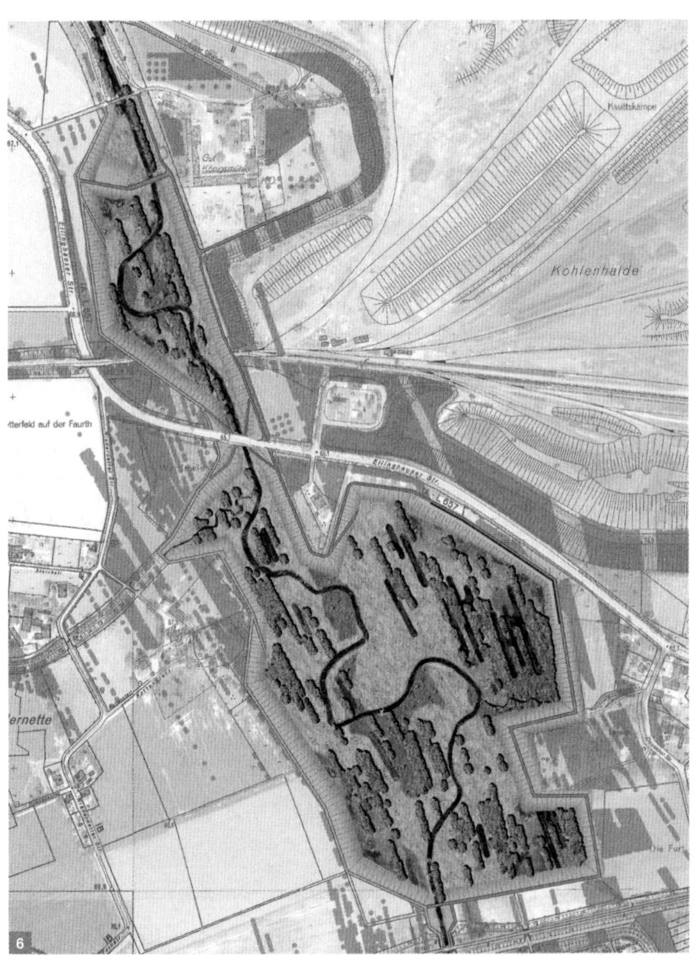

滞留区内动态的河流景观 在改造过程中，建设了两个河道内洪水滞留池，即这条河实际上会流经该滞留池，滞留池计划建设在多特蒙得-孟德和艾林豪森两个区域。滞留池的设置是为了确保位于其下游的埃姆舍河生态修复的河段受到保护。通过创建蜿蜒的河道，种植植被，进行广泛的维护（例如，使枯木保留在原位），水力粗糙度将会增加，河流流量将会减少。同时，洪水管理和滞留措施也将得到改善。这就是由Landschaft planen+bauen工作室开发的包含了“树木之河”概念的河流复兴方式：在滞留池内，与河流平行的成排树木位于小土丘上，埃姆舍河的大部分河段将采用这种方式重新振兴。

沿着堤岸和滞留池的边缘有许多小路。然而，由于需要保护生态，这些滞留区无法进入。规划中的蓄洪池面积约30hm^2，总蓄水量近200万m^3。这将通过从前陆挖掘土壤和堤坝后移来实现。除了对罕见的极端事件(如百年一遇的洪水)进行洪水管理，这些流域还有助于管理较小的洪水，例如大约每隔几年发生一次的洪水。由于埃姆舍河连续地流经滞留池，每个滞留池末端设有一个排放结构就已足够。通过这种方式，埃姆舍河的水流可保持不间断。

在池中挖掘蜿蜒河道只能看作是第一步。埃姆舍河将被允许发展自动力过程，并探寻自己的路径。河岸不设置额外的结构性安全保障。

湿润的下凹河床和起伏的构造都有利于形成复杂的洪泛区环境。根据洪水的强

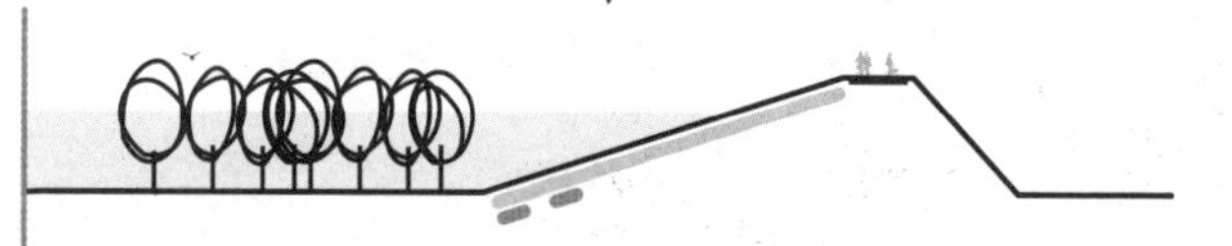

度，在必要时水可以溢流出滞留池。堤坝内的洪泛区将受到多种过程的影响，其中沟渠、树木土丘和浅的分洪渠（微地形）的存在将有助于洪水过后滞留池缓慢排水。随着时间的推移，这种人工创造的地形可以发展成支持丰富多变的植被群落的网状结构。洪水发生后，水将留在滞留池中。因此，在生态意义上，它们与牛轭湖相似。

2010年，滞留池开始建设。埃姆舍河改造项目的这个组成部分结合了洪水管理的提升和可进行自动态过程的河流景观的开发，以及明确设计的景观元素，例如成排的树木和人造地形。这个设计概念的方法是先定义将要打造的栖息地的初始状态，同时准备接受不受控制的自然变化过程。设计的独特之处在于初始阶段的几何严密性，然而，随着自然结构的发展，这种严密性将逐渐被取代。周期性洪水事件等过程也会在短时间内改变人们对这幅人工创造的水景的感知。

4 埃姆舍河将要流经的其中一个滞留池的剖面示意图[C1.7]

5 位于多特蒙得-孟德的洪水滞留池规划图

6 多特蒙得-艾林豪森附近的滞留池规划图：埃姆舍河的河道在流经该滞留池时可发生自我动态发展过程

7 埃姆舍河转入开放的排污渠中

8 由陡峭的堤防包围的加固且不透水的河床是这条河的特点

9 由于陡峭的河堤以及较糟糕的水质，即使是在埃姆舍河的支流，接近河水是非常危险的

7

8

9

1

设计手段

B3.1 隐形加固墙
C1.4 深挖洪泛区
D1.2 枯木
D5.1 鱼道
E1.1 拆除河岸和河床加固设施
E1.3 限制取水
E2.1 重塑河道断面
E2.2 引入破坏性元素
E2.3 增加河床物质
E3.3 分汊河道
E4.1 “休眠的”河岸加固
E4.3 加固局部河岸

伊萨尔河

伊萨尔规划，自2000年起
慕尼黑，德国

Isar

Isar-Plan, since 2000
Munich, Germany

项目区域的河流数据
河流类型：阿尔卑斯山麓的大型河流
流域面积：2814km²
平均流量（MQ）：64m³/s
百年一遇洪水流量（HQ100）：1050m³/s
河床宽度：50–60 m；洪泛区宽度：150m
地理位置：48° 06′ 35″ N – 11° 33′ 35″ E

早在19世纪中叶，伊萨尔河就被开凿和拉直。通过河岸加固，凯尔特人称之为“凶猛水流”的河流得到稳定化改造，其前岸植物被修剪得很低，流速受到低堰的限制，从而阻碍了鱼类的洄游和沉积物的输移。此外，在慕尼黑南部，为了发电，几乎所有的河水都被分流到一条与之平行的运河中。只有大约5m³/s的流量继续在狭窄断面中流动，其流量仅比一条小溪多一点。当针对该河段中建立生态基流的谈判开始时，也开始了关于将伊萨尔河改造的讨论。今天，流经河床的实际流量为15m³/s。

伊萨尔河位于阿尔卑斯山麓，是一条以碎石为主要基质的河流，容易发生猛烈的洪水，有时还会突然泛滥。名为“伊萨尔计划”的项目区域由城区上游开始，延伸8km到位于市中心的博物馆岛。该计划是慕尼黑市和巴伐利亚自由州的一个联合项目，由慕尼黑水务局作为代表实施。

伊萨尔计划的目的是增加人与自然的接触，改善洪水管理，提供更多的休闲放松活动。将河道平均宽度由50m扩阔至90m，在生态上是明智的，亦增加了河道的过流断

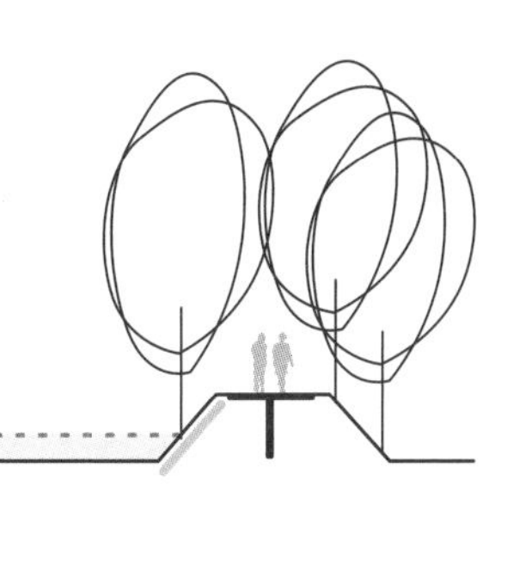

面。由于这一拓宽，现有堤坝的高度不必增加，现有的树木也得以保留。然而，通过在其核心增加隐形地下加固墙，堤坝得到了稳固。

具有动态边界的野生河流 在改善河流质量方面，这一概念将促进明确边界内的大规模地形动力过程的发展。通过该方式，在特定的限制范围内，河流可以在洪泛区内发展自己的河道。为了恢复伊萨尔河的一些原始动力，很重要的一点是要让这条河摆脱其运河般的狭窄空间：打破用石头和混凝土制成的梯形断面，并拆除其他防护措施。为了保护堤坝，设置了“休眠的”河岸加固设施，例如，位于地下的岩石层可以防止其后方的区域受到侵蚀。

砾石河岸不断变化，在夏天慕尼黑居民把它作为一个大型城市沙滩。这是一个可进行游泳、烧烤、日光浴和打球等活动的完美地方。同时也是一个适合小孩子玩耍的好地方，他们可以在浅水里嬉戏，也适合遛狗，甚至还有人骑马。长长的砾石滩仅在跨河的几座桥附近被中断。在这些地方，河岸需要封闭，碎石被石阶或石墙取代。在这些台阶上，我们可以看到河流水位的波动幅度。台阶可用作水边的座位区，与野生的砾石河岸形成有趣的对比。

一个学习的过程 2005年的洪水造成了超出计划范围的侵蚀和破坏，这为如何调整洪水管理策略提供了信息。由于在河岸边缘附近没有规划或铺设的道路网络，在“休眠的”加固设施正上方，一条行人踏出的粗糙小路破坏了保护性的草皮。现在已经设置了障碍，阻止人们使用这条小路。一些区域的“休眠的”加固设施甚至被冲刷掉。虽然在一些地区允许此类情况持续存在，但河流将继续受到严密监测。因此，河流的改造过程也可以看作是一个学习的过程。

1 采用阶梯确保瓶颈位置的安全，使整个河岸变得可利用[E4.3]

2 剖面示意图：可清楚看到“休眠的”河岸加固设施的位置[E4.1]。堤坝采用混凝土核心加固[B3.1]

3 在重新设计的河段，平坦且不断变化的砾石滩，如在Flaucher的此处，已经取代了陡峭的草坡

4 枯木结构由地基支撑，并开启了新的侵蚀和沉积过程。他们也很受玩游戏的孩子们的欢迎[D1.2]

5 削减了分流到河流另一支流用于发电的水量[E1.3]

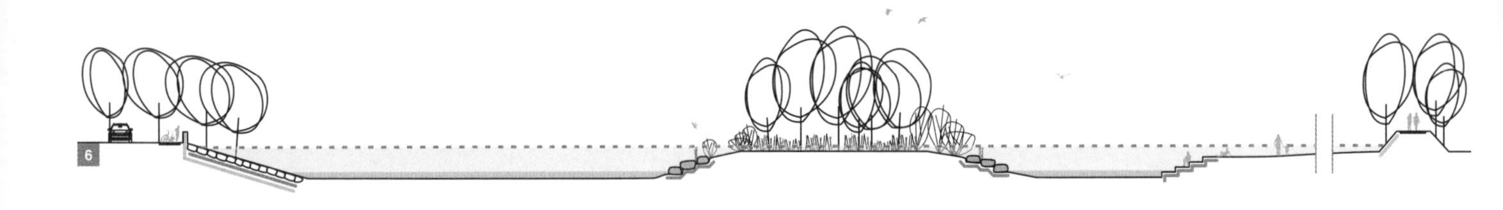

在市中心亲近自然 慕尼黑税务局主管Klaus Arzet曾提道："21世纪的伊萨尔河的形象不是原始的阿尔卑斯山脉河流风貌，而是反映其起源的河流。" [Arzet; Joven，2008，pp. 21-22]。在靠近市中心的一个区域Flaucher，河流变宽，在项目开始前就拥有砾石滩和小岛，因此被用作河流改造的示范区。该项目的灵感来自一个野生山地河流的景象，并将其作为一个大城市中心独特的开放空间类型。如今伊萨尔洪泛区具有慕尼黑城市公园的功能，尽管它们已经根据生态需求进行了重新设计。如下所述，改造项目中使用的所有元素在河流复兴项目中较为常见。然而，独特之处在于，如何应用这些元素在城市中心创建一个高质量的城市休闲区。

打造自然山地河流的范例 蜂窝结构的河底坡道以及其中设置的一系列洼地取代了低堰，使得鱼类迁移成为可能，并由于流速的不同而创造了多样化的栖息地。巨大的石头也为游泳和进出独木舟创造了可用空间。重新设计了低堰，使河流拥有了更连续的水流，通过拆除旧的河岸加固结构，可允许河流内发生一定程度的自然河道迁移过程。由于上游的大型堰坝无法移走，导致只有很少的沉积物输移至城市区域。然而，如果没有这些沉积物，河流就不能形成新的河道，因此必须引入砾石。此外，在河中放置了大岩石和枯木，增加粗糙度并改变水流方向，从而促使形成岛屿和浅水区。用混凝土地基固定了一根老树干，增添了一种人们坐在野生山河岸边的错觉，这是景观设计师想要实现的，同时也提供了指导设计模型。由于其新的浅水区和树干，使得该河段成为特别受孩子们欢迎的游泳和攀爬的去处。

不断迁移的河漫滩砾石河岸，使重新设计的河段不仅更具吸引力，而且从生态的角度来看也更具价值。在这些稀有的栖息地可以发现各种各样的植物和动物物种。许多微生物和罕见的鱼类，如河鳟和常见软口鱼，现在栖息于砾石河床上。此外，每一次新的洪水都会把大量的枯木冲入河中，冲上伊萨尔的沙滩。根据维护理念，大部分枯木应该保留在原处：它不仅能够干扰水流，也是稀有昆虫的重要栖息地。

除了坚实的"枯木岛"和新建的砾石岛，柳树岛也是一个特色。从前在河堤上生长的老柳树，现在虽然河面变宽了，却依然在生长。将其保留下来对当地居民尤为重要。这些树现在矗立在一个岛上，与河岸隔着一条新的支流。位于岛对面的宽阔台阶是观察它的好地方。这个岛不方便游客进入，将成为动植物的庇护所。

在洪泛区，烧烤只能在特定区域进行，这样更容易解决用地冲突。除了休闲娱乐，还应关注生态需求。除此之外，由本地草本植物组成的特殊混合草种用于洪泛区上草地的开发，而一种特殊的旱地混合草种则用于没有树木的堤坝。

最后一个建设阶段　德国博物馆附近的由河流分流成的大小伊萨尔支流是项目建设的最后阶段，于2010年11月开启，目前尚未完成。在小伊萨尔起始段，将构建砾石河岸和岛屿，以及一组大型阶梯。采用慕尼黑工业大学建立的模型模拟了复杂的水流条件和泥沙的动态输移。

6　横穿柳树岛的剖面示意图。为了保护曾经矗立在旧河岸上的树木，这条河被分成了两条支流[E3.3]

7　一条新建的蜂窝结构的鱼梯[D5.1]

8　刻意设计的河岸侵蚀创造了新的栖息地[E1.1]

9　被冲刷的枯木会改变水流

10　从上方可以很容易看到，伊萨尔河的河道现在拥有一个不断变化的轮廓——砂砾河岸在洪水后发生移动或消失，仅在水流不太湍急的河流区域重新出现

11　新的平坦的砾石滩颇具生态价值，它将河流变成了一个休闲和冒险的空间[E2.2]。在河床中可以看到一个由增加的河床物质堆成的小土丘[E2.3]，它在洪水中可能会发生迁移

1

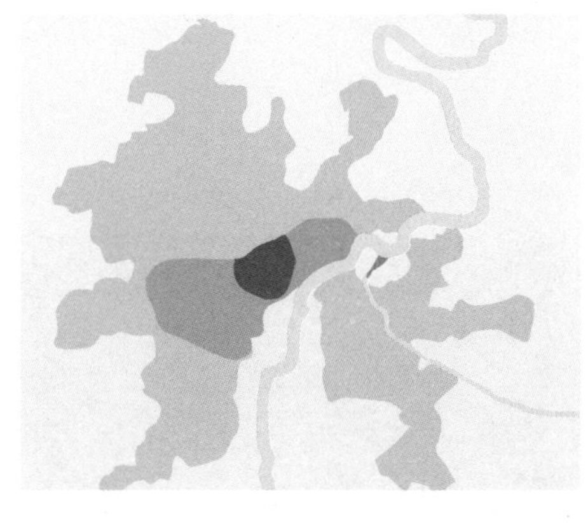

设计手段

C1.5 回水坑塘
E1.2 半自然河岸管理
E2.2 引入破坏性元素
E3.1 创建曲流
E3.2 曲流结合直流
E3.3 分汊河道

洛斯河

洛斯三角洲，2005年
卡塞尔，德国

Losse

Losse Delta, 2005
Kassel, Germany

项目区域的河流数据
河流类型：河床基质以细沙为主的小型高地河流
流域面积：120km²
平均流量（MQ）：1.4m³/s
百年一遇洪水流量（HQ100）：93m³/s
河床宽度：50m；洪泛区宽度：200m
地理位置：51° 19′ 16″ N – 09° 32′ 04″ E

新开发的洛斯三角洲自然保护区位于卡塞尔东部，距离最近的居民区只有几百米。洛塞河流经未开发的前陆后汇入富尔达河。在重新设计之前，这条河通过一个狭窄的封闭梯形断面流经该地区。该项目是在欧洲城市发展计划“URBAN II”的框架内进行的，该计划支撑了卡塞尔几个小型水体的复兴项目。

自然发展需求 以自然三角洲为模型，在5hm²的场地上改造了洛斯河的河道和洪泛区。具有分汊河道的低洼河段如今紧邻着小池塘和草地流淌，而这些地方只有在洪水泛滥时才会被淹没。河道的位置没有预先设定，每次洪水过后，将重新形成新的结构。在此过程中形成的开放沙石区域，由于其较为罕见而颇具生态价值。小型铺砌土墙围绕着这片场地，这些土墙可以保护邻近区域免受洪水侵袭，同时也限制了河流自然发展河道的能力。然而，由于卡塞尔市不具有规划洛斯河和富尔达河交汇处的权限，所以不允许重新设计这段河流。因此，要完全实现三角洲改建的愿景是不可能

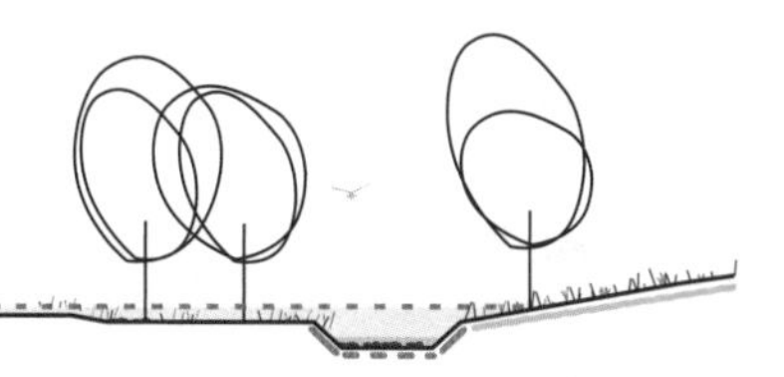

的，因为洛斯河的不同河道在进入富尔达之前汇成一条支流，而洛斯河与富尔达河的交汇处却不受影响。原来的洛斯河道并没有完全被移除，现在隐藏在一排茂密的赤杨林后面。这条旧河道的其中一段筑起了堤坝，以便使水流改道流入新河道，但在强洪水期间，它可以用来排放一些水进入富尔达河。这增加了用于蓄洪目的的总体可用空间。三角洲地区的植被是自然演替的结果，曾经开阔的地区现在长满了齐胸高的矮树丛、杨树和柳树。

洛斯三角洲作为一个娱乐区域　洛斯靠下游的河段设计基于一个三角洲，与邻近的集中农业用地以及原始交汇处形成了强烈的对比，使其成为一个有趣的休闲区域。场地外围上的观景小山和信息板为游客提供了重新设计的洛斯三角洲的概览，尽管该地区很快将消失在一层植被下。一个不在整体规划概念中的道路系统可以接近该场地，这些用脚踏出的小道表明当地居民已经发现了这片区域。

然而，出于自然保护的原因，也有人呼吁限制人们进入该场地。这必将成为将来的一个讨论话题。同时还将探讨场地植被的维护理念。特别有利的是，城市水管理当局将在未来几年监测该地区的发展，这意味着可以迅速找到任何可能出现的新问题的解决办法。它将促使在河流上进行面向过程的开发工作，并创造新的设计和生态品质。

1　刚建设完成后的新洛斯三角洲。旧河道及其茂密的植被墙[E3.2]毗邻着新三角洲

2　剖面示意图：右边的老河道已经断开。现在水流流经众多的小型河道。在洪水期间，位于更高处的水池也会淹没于水下

3　此次设计包含了多样化的结构，因此三角洲现在处于不断变化之中。在规划图上方可以看到富达尔河

4　岩石阻挡作为破坏性元素[E2.2]，其引起的后续水流变化侵蚀着一些区域的河岸。从而加速了河道自动态发展过程

5　洛斯河新建支流的不同种类的河道结构[E3.1]。三角洲的河岸在建设完成后不久就已经生长出茂密的植被

6　三角洲边缘的积水，此处的水一直存在[C1.5]。洪水泛滥时，水将流经三角洲的这一区域

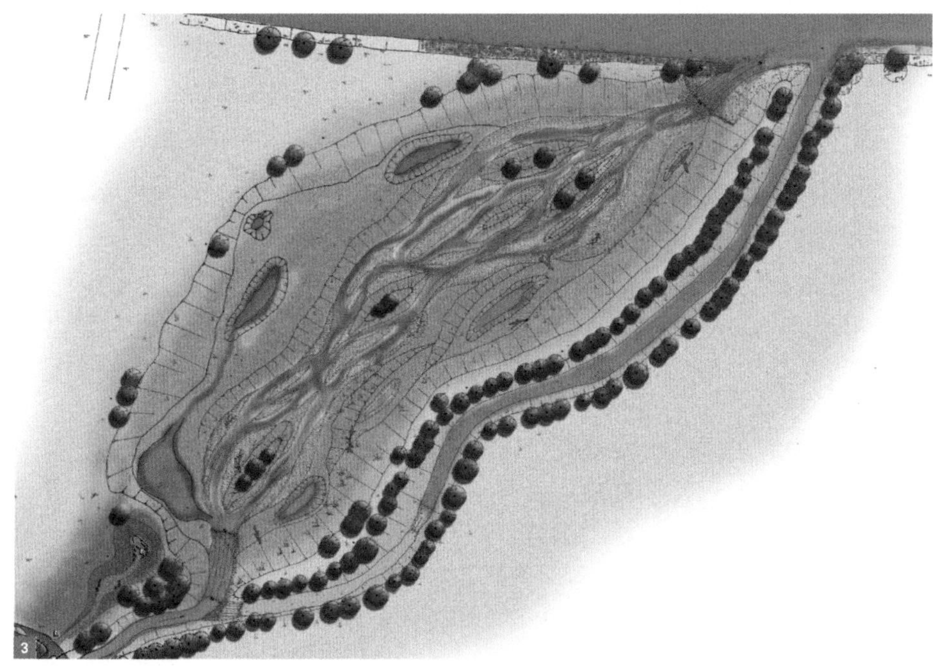

1

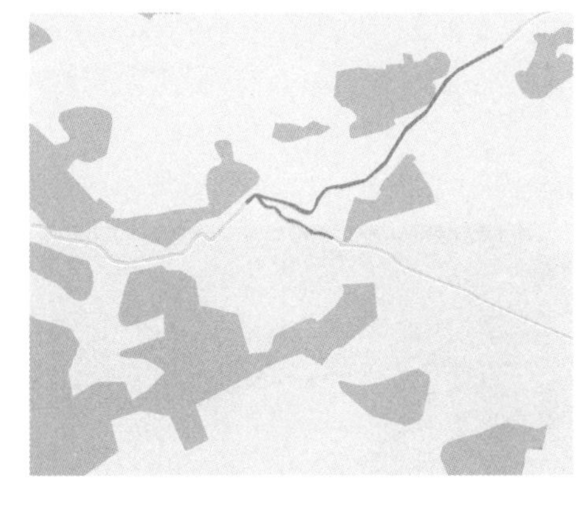

设计手段

C1.3 分洪渠
C1.4 深挖洪泛区
C1.5 回水坑塘
E1.1 拆除河岸和河床加固设施
E1.2 半自然河岸管理
E2.1 重塑河道断面
E2.2 引入破坏性元素

顺特河

修复，2009-2011年
布伦瑞克，德国

Schunter

Restoration, 2009–2011
Braunschweig, Germany

项目区域的河流数据
河流类型：河床基质以粗砂和壤土为主的中型低地河流
流域面积：396km²
平均流量（MQ）：2.2m³/s
百年一遇洪水流量（HQ100）：57.3m³/s
河床宽度：7m；洪泛区宽度：150m
地理位置：52° 18′ 16″ N – 10° 36′ 02″ E

顺特河经21世纪初的拉直、拓展以及相应的维护后，失去了许多自然特性。这条河的河槽较深，与周围的区域存在很少的联系。让顺特河更加自然化的开发计划始于20世纪90年代中期。A2高速公路的拓宽所产生的补偿措施建设以及随之而来的土地整顿，意味着位于洪德拉格-迪比斯多夫（Hondelage-Dibbesdorf）的4km长的河段的洪泛区内大部分地区可以考虑进行规划。这为包含顺特河洪泛区在内的区域开发奠定了基础。

洪水管理与自我动态发展 随着2009年至2011年该概念的实施，顺特河生态得到了改善，并再次与其洪泛区联系起来。河流和河漫滩环境中典型结构变化的增强主要是通过自我动力发展来实现的。除了需要改善周边地区的防洪安全外，还必须考虑到现有城市雨水排放系统的效率。位于顺特河和周边发达地区之间的一个旧铁路堤防成了洪水泛滥的新界限。从迪比斯多夫排出的雨水以前流入堤坝下的顺特河，后来又经重建

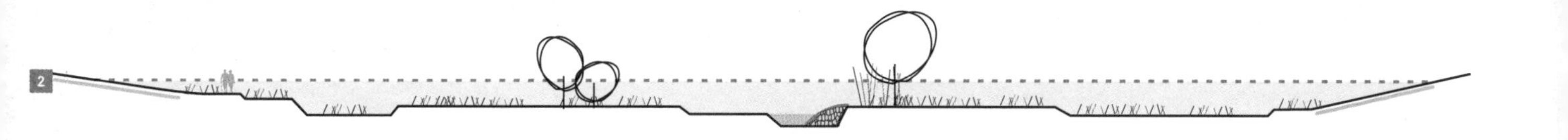

管线使其流向下游，然后堤坝被封堵。

在沿河岸的洪泛区修建了分洪渠，以改善洪水的排放能力。这些渠道最长可达3km，只有当水位达到一定高度时才需要排放，分洪渠可作为对河床变化的补偿。溪流自身的水力粗糙度增加，意味着可以削减过流断面，这对于促进河流的自我动态发展是十分必要的。分洪渠确保了洪水能够畅通无阻地排放。这种高水准的安全防护使人们可以采取更少的水管理措施，而且仅需要采取那些基于特定需求的措施。

激发河道动力　开启和支撑顺特河自动力发展过程的初始措施主要由砾石防波堤和固定的枯木元素等形式的水流偏转元素组成。为了促进顺特河河岸的进一步发展，将特定部分的岸线挖掘到平均水位以下。通过在洪水区大规模开挖表层土和建立临时和永久的含水或积水栖息地，来尝试实现自然的洪泛区和洪水动态。

总的来说，该项目通过应用具有强大河流迁移过程的自然流动河流模式来开发顺特河。在该项目的框架内，还可以通过改变河流的一部分来重建中世纪城堡前的护城河。一个广泛的步行和自行车道网络也是该项目理念中的一部分。

1　通过夷平河岸[E2.1]、放置破坏性元素[E2.2]，开启了顺特河中的侵蚀与沉积过程

2　剖面示意图：沿主河道的加固河岸被拆除了[E1.1]，并在河流中设置了水流偏转元素。在洪泛区上修建了多条平坦的分洪渠[C1.3]

3　破坏性元素的设置和河流的拓宽促使河流进行自我动态发展。分洪渠确保了一个充足的泄洪断面[C1.3]

4　在洪水期间，新的分洪渠使顺特河洪泛区上暂时形成一个广泛分支的水生景观

5　旧铁路堤防用作新的防洪线；来自堤岸更远一侧的雨水现在进入了更靠下游的河段

6　水流偏转元素[E2.2]，此处的枯木加快了河流的自我动态发展

1

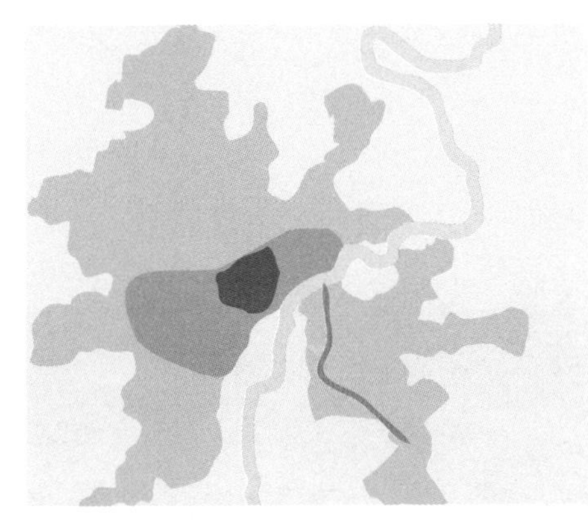

威乐溪

近自然修复，2005年

卡塞尔，德国

Wahlebach

Near-natural Restoration, 2005
Kassel, Germany

项目区域的河流数据
河流类型：河床以细小硅土基质为主的小型高原河流
流域面积：38km²
平均流量（MQ）：0.35m³/s
百年一遇洪水流量（HQ100）：55m³/s
河床宽度：3–5m；洪泛区宽度：150m
地理位置：51° 17′ 20″ N – 09° 32′ 04″ E

设计手段

D1.1 大块单石
D1.4 堆石防波堤
D5.2 改变河床和横向结构
E1.1 拆除河岸和河床加固设施
E2.1 重塑河道断面
E2.2 引入破坏性元素
E3.1 创建曲流
E3.2 曲流结合直流
E4.2 必要时才加固河岸
E4.3 加固局部河岸

位于卡塞尔的威乐溪5km长的河段重新恢复了自然状态，成为“URBAN II”开发计划的一部分。“URBAN II”开发计划是由欧洲区域发展基金资助的欧盟城市可持续转型联合倡议。除了保持河流和溪流畅通无阻之外，发展自然水道结构是该计划的主要目标。修复项目重新设计了威乐溪被拉直的三个河段，这些河段大部分河床和河岸曾处于封闭状态。沿着整个河流重新建立了水流的连续性。此外，为了增加水流和基质的多样性，计划中采用了伸入水中的阻挡元素，如大块岩石、木桩防波堤和石块护岸。

修复的河段穿过居民区及其花园的中部。沿着其中的两个河段，平行于现有河道开挖出新的开放的蜿蜒河道。原来的笔直河道现在只有一端开口，与主河道相连，在洪水期间充当额外的排水通道。当水位下降时，它就变成了一个静水生物栖息地，就像一个牛轭湖。其他区域也开发了几个洪泛区生物栖息地。通过提高整体粗糙度，启动了河道自动力发展过程。

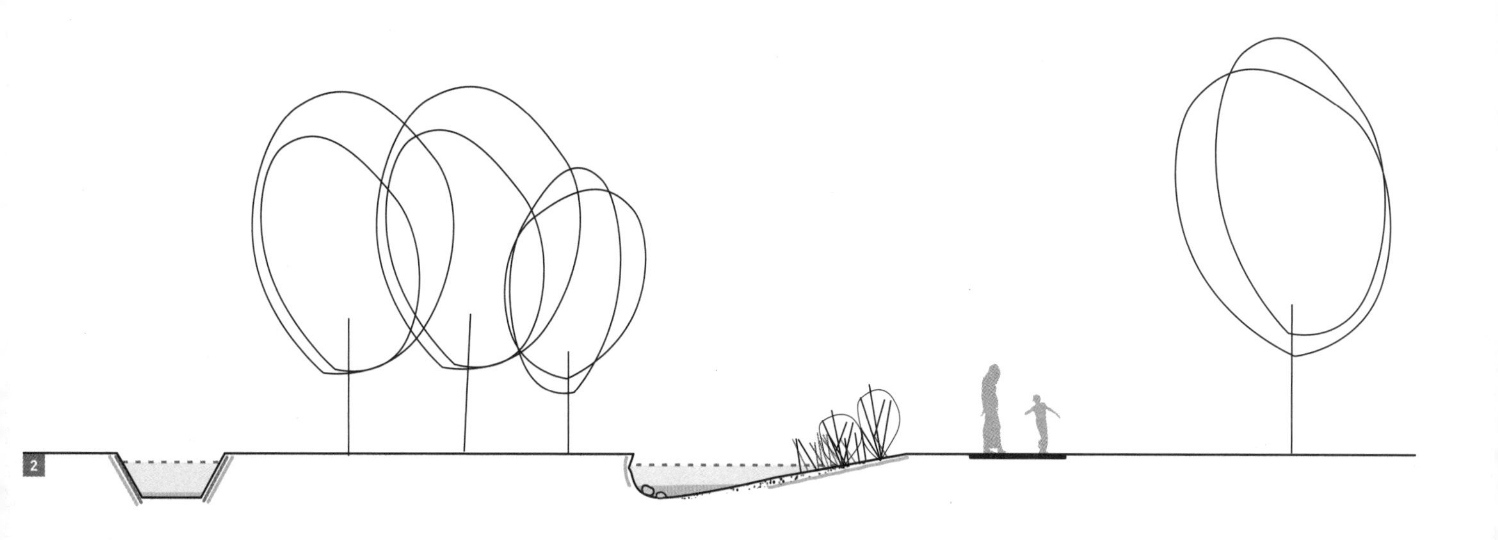

定期观察下的自由发展 新河道是这些地区中河流自我动态发展的起点。侵蚀和未侵蚀的河岸以及冲积层是目前正在进行的河道发展过程的证据，使河流呈现出一种动态的面貌。在一些地方，平坦的河岸提高了水边的可达性。河流中出现了不同种类的沉积物，沙子和砾石吸引人们前来玩耍。

有关必要安全措施的决定是在洪水发生后逐个视情况而作出的。当地水务部门定期监测这条河流开放的河道。如果溪水离人行道太近，可采用石块护岸或植物来防止此处的进一步侵蚀。

新旧相邻 由于修建了新的曲流河道，发展形成了一种非常自然的河流类型。紧靠溪流精心维护的草地未经改造，以便继续使用。因此，蜿蜒的溪流很容易辨认。它将流经的空间划分为可达区域和不可达区域。由于新河道的创建，原有的树丛现在似乎位于岛屿上。因此，在保持可用性的同时，该区域变得更加多样化。与仍被维护着的溪流旧河段相比，新设计的动态演化溪流变得更加明显。

溪水及其周边环境不仅是一个玩耍和放松的场所，而且也被用于教学和作为体验自然的学校项目的场地。

1 威乐溪的结构是动态演化的。某些地方的河岸会受到侵蚀[E2.2]。新栽的柳树保护小路不受侵蚀[E4.2]

2 剖面示意图：新老河道之间现有的树丛现在看起来像是生长在一个岛上。

3 该区域创建了一条新的曲流[E3.1]。旧的笔直河道仅在其下游端与新河道相连[E3.2]

4 与精心维护的草坪区相比，河流新河道的活力和多样性尤为明显

5 平坦的沙石滩吸引人们前来游玩。在某些地方，石块护岸(图中左侧)被用作加固措施[E4.3]

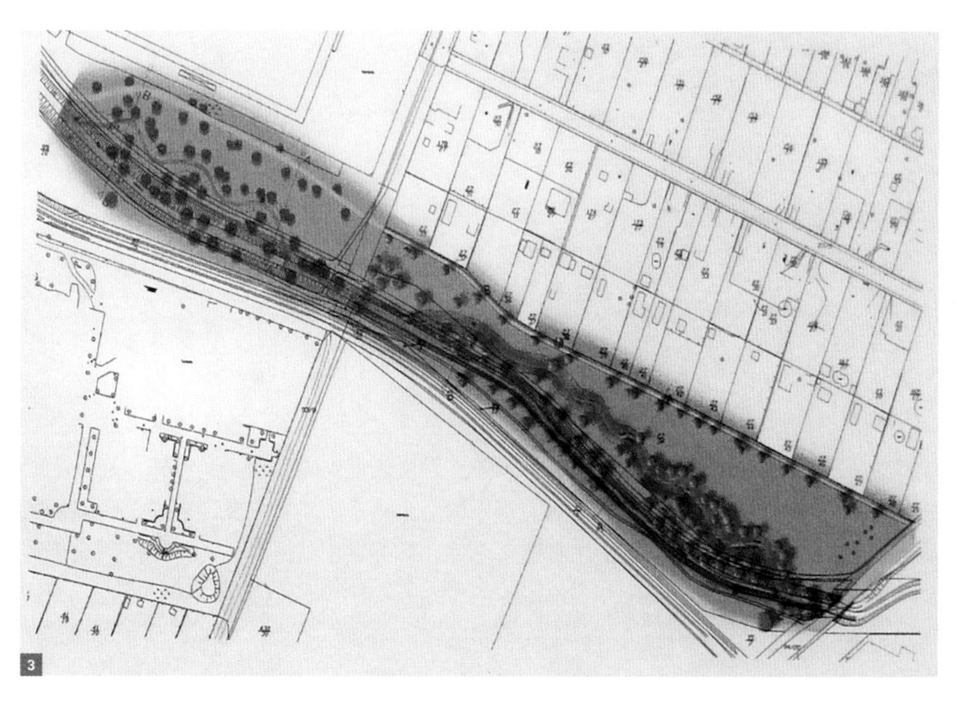

1

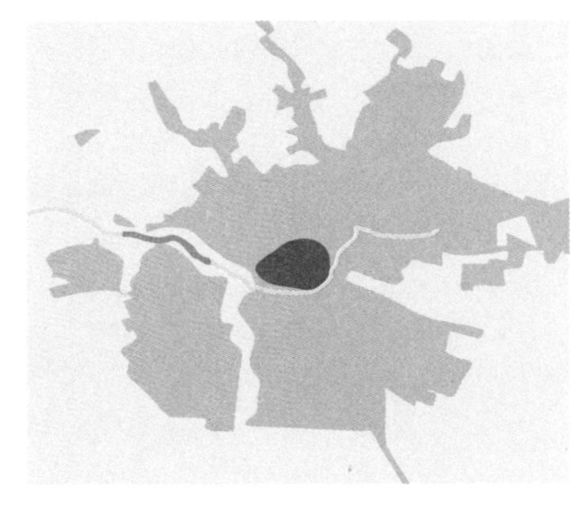

韦尔瑟河

近自然开发，自2001年起

贝库姆，德国

Werse

Near-natural Development, since 2001

Beckum, Germany

项目区域的河流数据

河流类型：河床基质以砾石为主的小型低地河流

流域面积：~10km²

平均流量（MQ）：0.6m³/s

百年一遇洪水流量（HQ100）：~15m³/s

河床宽度：2m；洪泛区宽度：20–100m

地理位置：51° 45′ 15″ N – 08° 01′ 06″ E

设计手段

D1.1 大块单石
D1.2 枯木
D2.1 拓宽河道
D5.1 鱼道
D5.3 斜坡与滑坡
E1.1 拆除河岸和河床加固设施
E1.2 半自然河岸管理
E2.1 重塑河道断面
E2.2 引入破坏性元素
E3.1 创建曲流
E3.2 曲流结合直流

韦尔瑟河的水源区位于贝库姆镇。如今，它作为一条绿色走廊的一部分，从城镇中心的南部边缘向西延伸。几个世纪以来，这条河流在城镇内的河道被迁移重新安置，同时也成为城镇防御系统中的护城河。直到20世纪70年代，这条河流被持续管控，呈现出一条结构不佳、拉直且强化加固的河道面貌。尽管这条河流在水力发电和供水方面具有重要的历史意义，但单调的河床结构和河岸，加上它在城镇生活中所起的作用非常小，使它成为一个高度退化的河道。

自2001年以来，当局一直在努力尝试改进韦尔瑟河流体系。除了将其发展为自然流动的溪流外，当地的娱乐活动和防洪工作亦是优先考虑的目标。河流和它的洪泛区即将得到开发，同时要结合源于其以前用途的历史结构。建立生态连续性，强化生境网络，以及为河流的自我动态发展创造新基础，都将增加溪流的美学感受，并在享受自然的同时，为当地增加更多的娱乐机会。截止到2010年，这条溪流中长约2.2km的河道被重新设计。

2

通过生态措施进行洪水管理 将低堰改为河底坡道，以及建造鱼梯和旁路通道，来促进当前河流的连续流动。目前，在一些区域，河流及其洪泛区可进行自我动态演变。实现这一目标的基本步骤是拆除河岸加固设施，通过移除横向结构来实现排放动力，设置众多初始化措施，例如放置阻挡元素（如岩石和枯木）以及创建曲流河道。移除表层土壤，除了最初种植的一些本地树木和灌木，其他植被可以自发生长。这些措施还改善了下游地区的洪水管理，这是由于每一段河流均延长了蓄水时间。通过对河流断面的定向侧面压缩，例如设置石笼，也可以增加洪水的滞留量。在不允许自我动态发展的地方，阻挡设施的布置和河道的拓宽改善了结构多样性。

体验溪流 重新安置了一些原有的自行车道，但仍然使它保持不间断，现在成为跨区域的韦尔瑟河自行车道的一部分。经由小路通向溪流的通道和“绿色教室”让游客对洪泛区的新自然区域有一个深入的体验。该项目在不受干扰的自然发展和娱乐需求之间取得了平衡。河流的整体设计主要基于自然流动的河流和公园景观的模型。通过刻意使用人工元素（如石笼），使得一些区域可以清楚地看到对景观的干预。

1 图中近景中的积水区和背景中的韦尔瑟河新的自动态发展河道[E3.1]

2 剖面示意图：大量挖掘洪泛区来构建一条新的曲流河道，该曲流河道与原来的拉直河道相邻。这也提高了该地区滞洪能力[E2.1]

3 表层土被移除。除了一些最初种植的本地物种，作为自然演替的结果，植物能够自发生长

4 第三阶段的规划清晰地展示了新曲流紧挨着老河道的设计原则，二者只有一端相连

5 河底坡道取代了低堰结构[D5.1]

6 通过引入大块岩石阻挡物[D1.1]和[D2.1]和拓宽河道断面，河道原有结构得到了提升

7 为了增加滞留水量，采用石笼对河道进行了约束

3

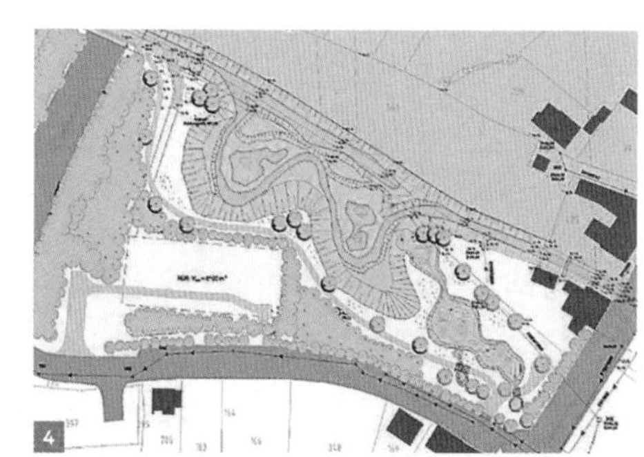

4

5

6

7

附　录

项目参与者和参考资料

\- - - - - - - -

阿纳河

生态恢复

卡塞尔，德国

业主：Kasseler Entwässerungsbetrieb

水利工程：GKW-Ingenieure, Essen

景观设计：I. Schulz, Kassel; Latz Riehl Partner, Kassel

规划、项目和施工管理：Büro schöne aussichten, Kassel

承包商：RK Landschaftsbau Dittersdorf, Dittersdorf

参考资料：

Stadt Kassel, 2005. *Renaturierungsprojekte Ahna/Losse/Wahlebach. Naturnaher Ausbau und mehr Aufenthaltsqualitäten. Losse – Kunst am Fluss. Kunstprojekte an der Losse* (brochure). Kassel.

Wagner, Detlef, n. d. *Ahna Renaturierung. Rückbau von Sohlabstürzen und Einbau von Aufstiegshilfen in der Ahna im Stadtgebiet von Kassel.* http://www.gfg-fortbildung.de/web/images/stories/gfg_pdfs_ver/Hessen/UFulda/10_ufulda_v3_AhnaRenaturierung_Wagner.pdf, accessed March 9, 2011.

Kasseler Entwässerungsbetrieb n. d. *Naturnah gestalten und unterhalten. Renaturierung der Ahna im Bereich der Universität Kassel.* http://www.ks-keb.de/inhalt/gewaesser_867.html, accessed March 9, 2011.

\- - - - - - - -

艾尔河

河流生态修复与公园

日内瓦，瑞士

业主：Canton of Geneva

景观设计：Georges Descombes and Atelier Descombes & Rampini

工程师：B+C Ingénieurs, ZS Ingénieurs civils

生物学顾问：Biotec

设计师团队：Group Superpositions

参考资料：

由 Group Superpositions 提供。

Kondolf, G. Mathias, 2012. The Espace De Liberté and Restoration of Fluvial Process: When Can the River Restore Itself and When Must We Intervene? In: Philip J. Boon and Paul J. Raven (eds.), *River Conservation and Management*, Chichester: John Wiley & Sons, pp. 223–241.

The River Chronicle I, October 7, 2014. http://issuu.com/archizoom/docs/the_river_chronicle1, accessed February 3, 2017.

The River Chronicle II, June 4, 2016. http://www.superpositions.ch/, accessed February 3, 2017.

\- - - - - - - -

阿尔布河

近自然修复

卡尔斯鲁厄，德国

业主、规划和施工：City of Karlsruhe, Public Works Department

参考资料：

City of Karlsruhe, Environmental Agency, n. d. *Gewässererlebnispfad an der Alb.* http://www.karlsruhe.de/rathaus/buergerdienste/umwelt/archiv/pool/HF_sections/content/Gewaessererlebnispfad.pdf, accessed March 9, 2011.

City of Karlsruhe, 2010. *Gewässererlebnispfad.* http://www.karlsruhe.de/rathaus/buergerdienste/umwelt/naturschutz/naturerleben/gewaesser erlebnispfad/index_html, accessed March 9, 2011.

\- - - - - - - -

阿勒格尼河

阿勒格尼河滨水公园

匹兹堡，宾夕法尼亚州，美国

业主：Pittsburg Cultural Trust

景观设计：Michael Van Valkenburgh Associates

艺术设计：Ann Hamilton, Michael Mercil

工程师：Arup, Cambridge, MA

参考资料：

Amidon, Jane, 2005. *Michael Van Valkenburgh Associates Allegheny Riverfront Park.* New York: Princeton Architectural Press, pp. 28–115.

Website Michael Van Valkenburgh Associates: http://www.mvvainc.com/project.php?id=5&c=parks, accessed December 15, 2016.

United States Geological Survey

http://waterdata.usgs.gov/nwis/annual/, accessed January 31, 2017.

\- - - - - - - -

柏吉斯彻马斯河

Overdiepse圩田

瓦尔韦克至海特勒伊登贝赫段，荷兰

项目管理：North Brabant Province

项目合作方：Ministry for Transport and Water Management; Waalwijk Municipality and Geertruidenberg Municipality

规划：Waterschap Brabantse Delta

土丘设计：Bosch en Slabbers Landschapsarchitecten, Den Haag, Middelburg, Arnhem

参考资料：

Provincie Noord-Brabant, 2010. Landwirte machen Platz für Hochwasser – das Warftenprojekt Overdiepse Polder. In: Rheinkolleg (ed.), Das Wasser bedenken – Living with Floods. Karlsruhe: Engelhard und Bauer, p. 20.

Provincie Noord-Brabant, 2006. *River Expansion Project Along the Maas in the Netherlands.* March 2006. http://www.klaretaal.nl/wijmer/OVERDIEPSE%20POLDER%202006.pdf, accessed March 9, 2011.

Provincie Noord-Brabant, 2008. *Kaart projectplan Overdiepse Polder*, November 2008. http://www.brabant.nl/dossiers/dossiers-op-thema/water/bescherming-tegen-water/rivierverruiming-overdiepse-polder.aspx/~/related/aaf47d46eb584886b31d1d8b095d77aa, accessed March 9, 2011.

Waterschap Brabantse Delta, Provincie Noord-Brabant, 2010. *Rivierverruiming Overdiepse Polder.* http://www.brabantsedelta.nl/overdiep/publicaties, accessed November 25, 2010.

Ministerie van Verkeer en Waterstaat, 2004. Overdiepsche Polder: bewoners denken mee over ruimte voor de rivier. In: *Campagne Nederland leeft met water: Ruimte voor de Rivier – mooier en veiliger*, Den Haag, December 2004, p. 10. http://english.verkeerenwaterstaat.nl/kennisplein/page_kennisplein.aspx?id=266437&DossierURI=tcm:195-15041-4, accessed November 25, 2010.

Waterschap Brabantse Delta, n. d., Website Overdiepse Polder: http://www.overdiepsepolder.nl, accessed November 25, 2010.

\- - - - - - - -

贝索斯河

生态修复

巴塞罗那，西班牙

业主：City of Barcelona

规划：Barcelona Regional Agència Metropolitana de Desenvolupament Urbanistic i d'Infrastructures S. A.

参考资料：

Margolis, Liat; Robinson, Alexander, 2007. *Living Systems – Innovative Materials and Technologies for Landscape Architecture.* Basle: Birkhäuser, pp. 62–63, 106–109, 130–131.

\- - - - - - - -

比尔斯河

比尔斯再生

巴塞尔，瑞士

业主：Basel-Stadt, Public Works Department

规划：Böhringer AG, Oberwil

参考资料：

Aggeler, M., 2005: BirsVital – Ingenieurbiologie im städtischen Bereich. In: *Ingenieurbiologie*, no. 3.

Baudepartement des Kantons Basel-Stadt; Polizei- und Militärdepartement des Kantons Basel-Stadt, Kantonale Fischereiaufsicht; Gemeinde Riehen (ed.), 2003. *Lebendige Bäche Lebendige Flüsse* (brochure). Basle. http://www.aue.bs.ch/fluessebaeche.pdf, accessed April 20, 2011.

Baudepartement des Kantons Basel-Stadt, Amt für Umwelt und Energie, 2002. *Entwicklungskonzept Fließgewässer Basel-Stadt zur ökologischen Aufwertung der Bäche und Flüsse im Kanton.* Basle. http://www.aue.bs.ch/bericht_fg.pdf, accessed March 9, 2011.

Lardi, Rodolfo, 2007. *Projekt BirsVital: Natürliche Landschaft und bessere Wasserqualität – auch auf baselstädtischer Seite.* http://www.pronatura.ch/content/data/070607_referate.pdf, accessed April 20, 2011.

水牛河

水牛河漫步长廊

休斯敦，得克萨斯州，美国

业主：The Buffalo Bayou Partnership

景观设计师：SWA Group

顾问：L'Observatoire International

照明：Stephen Korns

岩土工程：Fugro South, Inc.

土木工程：United Engineers, Inc.

种植设计：Mary L. Goldsby Associates – Landscape Architect

灌溉设计：Ellis Glueck and Associates

承包商：Boyer, Inc.

参考资料：

Landscape Architecture Foundation, Ozdil, Taner; Modi, Sameepa; Stewart, Dylan, 2013. LAF's CSI Program Landscape Performance Series: The University of Texas at Dallas Campus Identity & Landscape Framework Plan Methodology. The University of Texas at Arlington. http://landscapeperformance.org/case-study-briefs/buffalo-bayou-promenade, accessed January 31, 2017.

United States Geological Survey. http://waterdata.usgs.gov/usa/nwis/uv?site_no=08073600, accessed January 31, 2017.

Website SWA: http://www.swagroup.com/projects/buffalo-bayou-park/, accessed January 31, 2017.

Website ASLA: *2009 Award of Excellence.* http://www.asla.org/2009awards/104.html, accessed January 31, 2017.

Scenario Journal. http://scenariojournal.com/strategy/buffalo-bayou-promenade/, accessed January 31, 2017.

The Infrastructure Research Initiative at SWA (ed.), 2013. *Landscape Infrastructure: Case Studies by SWA,* Second and Revised Edition. Basle: Birkhäuser. pp. 38–55.

东河

布鲁克林大桥公园

纽约，纽约州，美国

业主：Brooklyn Bridge Park Development Corporation

规划、景观设计：Michael Van Valkenburgh Associates

生态景观规划：Margie Ruddick Landscape

环境工程师：Battle McCarthy

生态学家：Steven Handel

参考资料：

Carr, Ethan, 2009. Brooklyn Bridge Park: the Complex Edge, In: Berrizbeitia, Anita (ed.), *Michael Van Valkenburgh Associates: Reconstructing Urban Landscapes.* New Haven: Yale University Press, pp. 240–248.

Partnering Strategies for the Urban Edge. 2011 Rudy Bruner Award for Urban Excellence http://www.rudybruneraward.org/wp-content/uploads/2016/08/04-Brooklyn-Bridge-Park.pdf, accessed January 26, 2017.

Sandy Success Stories Project Report 2013. Environmental Defense Fund. http://www.edf.org/sites/default/files/sites/default/files/content/SandySuccessStories_June2013.pdf, accessed January 26, 2017.

Brooklyn Bridge Park Preventative Maintenance Plan Report 2015. http://brooklynbridgepark.s3.amazonaws.com/p/3266/BBP%20Preventative%20Maintenance%20Plan%20Report_11-3-15.pdf, accessed January 26, 2017.

Coastal Climate Resilience Urban Waterfront Adaptive Strategies Report 2013. New York City Department of City Planning. http://www1.nyc.gov/assets/planning/download/pdf/plans-studies/sustainable-communities/climate-resilience/urban_waterfront_print.pdf, accessed January 26, 2017.

American Society of Landscape Architects, Honor Award 2009. http://www.asla.org/2009awards/011.html, accessed January 26, 2017.

Final Environmental Impact Statement, December 2005. http://www.brooklynbridgepark.org/pages/Final-Environmental-Impact-Statement-FEIS, accessed January 26, 2017.

埃布罗河

水岸公园

萨拉戈萨，西班牙

业主：City of Zaragoza, represented by Expoagua 2008

景观设计：aldayjover, Barcelona

参考资料：

Alday, Iñaki; Jover, Margarita; Dalnoky, Christine, 2008. Der Wasserpark in Saragossa. In: *Garten und Landschaft*, no. 9.

Alday, Iñaki; Jover, Margarita, 2008. *Parque del Agua.* Barcelona: Actar und Zaragoza: Ed. Expoagua.

Girot, Christophe, 2010. Design Nature – Natur Entwerfen. In: Dettmar, Jörg; Rohler, Hans-Peter (ed.), *Trägerschaft und Pflege des Emscher Landschaftsparks in der Metropole Ruhr.* Essen: Klartext, pp. 26–42.

Markus, Jakob, 2008. Eine Ökostadt an den Ufern des Ebro. http://www.nzz.ch/nachrichten/kultur/aktuell/eine_oekostadt_an_den_ufern_des_ebro_1.766321.html, accessed November 25, 2010.

Website Expo Zaragoza: http://www.expo-zaragoza2008.es/Home/seccion=3&idioma=en_GB.do, accessed November 25, 2010.

Website aldayjover: http://www.aldayjover.com/index.php?option=com_articulo&idcategoria=17&idarticulo=431&lang=es, accessed November 25, 2010.

易北河

海港城

汉堡，德国

开发商、所有人和基础设施业主：HafenCity Hamburg GmbH

总体规划：KCAP Architects & Planners, Rotterdam, Zurich, Shanghai

景观设计：EMBT Arquitectes Associats, Barcelona; WES & Partner, Hamburg

参考资料：

Montag Stiftung Urbane Räume and Regionale 2010 (ed.); Hölzer, Christoph; Hundt, Tobias, Lüke, Caroline; Hamm, Oliver G., 2008. Public Urban Spaces in the HafenCity. In: *Riverscapes – Designing Urban Embankments.* Basle: Birkhäuser, pp. 348–351.

Website HafenCity Hamburg: http://www.hafencity.com/de/konzepte/warften-statt-deiche-hochwasserschutz-in-der-hafencity.html, accessed December 7, 2010.

Website EMBT: http://www.mirallestagliabue.com/project.asp?id=67, accessed December 7, 2010.

易北河

Niederhafen长廊

汉堡，德国

业主：Landesbetrieb Straßen, Brücken und Gewässer, Hamburg

规划：Zaha Hadid Architects, London

照明：Schlotfeldt Licht, Hamburg

参考资料：

Bartels, Olaf, 2016. Hauptrolle für den Hamburger Hafen. In: *Garten + Landschaft.* http://www.garten-landschaft.de/hamburg-hafen-promenade/, accessed January 31, 2017.

Landesbetrieb Straßen, Brücken und Gewässer Hamburg, *Neubau der Hochwasserschutzwand Niederhafen.* http://lsbg.hamburg.de/gewaesser-und-hochwasserschutz/4484680/niederhafen/, accessed January 31, 2017.

Landesbetrieb Straßen, Brücken und Gewässer Hamburg, *Neubau der Hochwasserschutzanlage Niederhafen in Hamburgs Innenstadt.* http://lsbg.hamburg.de/contentblob/3876382/data/pdf-flyer-niederhafen.pdf, accessed January 31, 2017.

埃尔斯特河和普莱瑟河

新河岸

莱比锡，德国

业主：City of Leipzig, Environmental Agency

项目合作方：Verein Neue Ufer e. V.

参考框架、公共关系：various architects and artists, among them Heinz-Jürgen Böhme, Detlef Lieffertz, Bernd Sikora, Angela Wandelt

景观建筑：various planners for various sections, among them GFSL Clausen + Schell, Leipzig; RKW Rhode Kellermann Wawrowsky GmbH, Leipzig (Mendelssohnufer)

参考资料：

Förderverein Neue Ufer Leipzig e.V., 2001–2004. In: *Neue Ufer*, no. 6 and 7. Leipzig: Passage Verlag.

Förderverein Neue Ufer e.V., n. d. *Projekte zum Elster- und Pleißemühlgraben.* http://www.neue-ufer.de, accessed December 7, 2010.

City of Leipzig, n. d. *Öffnung des Elstermühlgrabens.* http://www.leipzig.de/de/buerger/stadtentw/projekte/renatur/emg/index.shtml, accessed December 7, 2010.

City of Leipzig, n. d. *Offenlegung des Pleißemühlgrabens.* http://www.leipzig.de/de/buerger/stadtentw/projekte/renatur/pleisse, accessed December 7, 2010.

埃姆舍河

孟德和艾林豪森蓄滞洪区

“埃姆舍未来”整体规划

多特蒙得，德国

业主、项目管理：Emschergenossenschaft

城市设计方案：ASTOC, Cologne

景观建筑、生态设计：RMP Landschaftsarchitekten, Köln; Landschaft planen + bauen, Berlin

建筑、城市规划：Post + Welters, Dortmund

参考资料：

Emschergenossenschaften (ed.), 2006. *Masterplan Emscher-Zukunft. Das Neue Emschertal*, Essen: Emschergenossenschaft.

Emscher Genossenschaft Lippe Verband, n. d. *Hochwasserrückhaltebecken – Hochwasser- und Naturschutz.* http://www.eglv.de/wasserportal/emscher-umbau/das-neue-emschertal/werkstatt-neues-emschertal/hochwasserrueckhaltebecken.html, accessed November 25, 2010.

福克斯河

河流露台与“城市露台”步道

格林湾，威斯康星州，美国

业主：City of Green Bay

景观设计：Stoss Landscape Urbanism

建筑师和顾问：
Vetter Denk Architects
Graef Anhalt and Schloemer and Associates
STS Consultants
WF Baird Associates
Clark Dietz
Light THIS!
Pine + Swallow

参考资料：

Website Stoss Landscape Urbanism:

http://www.stoss.net/projects/17/the-citydeck/, accessed December 15, 2016.

Uje, Lee (ed.), 2007. *stossLU Monograph.* Seoul: C3 Publishers, pp. 108–121.

United States Geological Survey. http://waterdata.usgs.gov/nwis/annual/, accessed January 31, 2017.

加列戈河

河流公园

祖埃拉，西班牙

业主：City of Zuera; Ebro Water Management Association

建筑、景观建筑：aldayjover, Barcelona

水利工程：Conrado Sancho Rebullida

生态规划：Jorge Abad García

参考资料：

Alday, Iñaki; Jover Biboum, Margarita, 2003. Das Gallego-Ufer in Zuera, Spanien. In: *Topos*, no. 44, pp. 44–49.

Website aldayjover: http://www.aldayjover.com/

瓜达卢佩河

瓜达卢佩河滨公园

圣何塞，加利福尼亚州，美国

景观设计：Hargreaves Associates

参考资料：

M'Closkey, Karen, 2013. *Unearthed. The Landscapes of Hargreaves Associates.* Series: Penn Studies in Landscape Architecture. Philadelphia: University of Pennsylvania Press.

Guadalupe River Park Conservancy, *Flood Control.* http://www.grpg.org/flood-control/, accessed February 3, 2017.

City of San Jose, San Jose Redevelopment Agency, Santa Clara Valley Water District, United States Army Corps of Engineers, *Guadalupe River Park Master Plan, 2002 Brochure.* http://www.grpg.org/Files/GRPGMasterPlan.pdf, accessed February 3, 2017.

Hargreaves, George; Czerniak, Julia; Berrizbeitia, Anita; Kelly, Liz Campbell, 2009. *Landscape Alchemy: The Work of Hargreaves Associates.* San Raphael: ORO Editions, pp. 16–21.

United States Geological Survey. http://waterdata.usgs.gov/ca/nwis/inventory/?site_no=11169025&agency_cd=USGS , accessed January 31, 2017.

伊赫姆河

伊赫姆公园

汉诺威，德国

业主：Landeshauptstadt Hannover

景观设计：Foundation 5+ Landschaftsarchitekten

工程师：Heidt + Peters Ingenieure

参考资料：

The City of Hanover. http://www.postkarten-archiv.de/media/files/Hochwasserschutz-in-Hannover---Brosch-re.pdf, accessed February 3, 2017.

Hochwasserschutz in Hannover, Vorlandabgrabungen an der Ihme, Antrag auf Planfeststellung – Teil II: Erläuterungsbericht. http://calenbergerloch.files.wordpress.com/2011/01/pfv-teil2-erlaeuterungs-bericht_textteil.pdf, accessed February 3, 2017.

艾塞尔河

艾塞尔码头住宅区

杜斯堡，荷兰

业主：Doesburg Municipality; Waterschap Rijn en IJssel; Johan Matser Projectontwikkeling BV, Hilversum

建筑：Adolf Natalini, Florence

景观建筑：OKRA, Utrecht

参考资料：

Knuijt, Martin, 2002. IJsselkade Doesburg – IJssel Waterfront in Doesburg. In: Topos, no. 39, pp. 19–23.

Wilbert, Hendriks, n. d. *Historisch Doesburg.* http://www.historischdoesburg.nl/index.php?option=com_content&view=category&layout=blog&id=10&Itemid=122, accessed March 9, 2011.

Website OKRA: *IJsselkade Doesburg.* http://www.okra.nl/project.php?project_id=19, accessed November 25, 2010.

艾塞尔河

坎彭中段防洪工程

坎彭，荷兰

业主：Waterschap Groot Salland; Kampen Municipality

景观设计：Witteveen en Bos, Deventer

工程：Royal Haskoning, Nijmegen

参考资料：

H+N+S Landschapsarchitecten, 2010. Neuer Landschaftsraum für Kampen(NL). In: Rheinkolleg (ed.), *Das Wasser bedenken – Living with Floods.* Karlsruhe: Engelhard und Bauer, p. 48.

Waterschap Groot Salland, 2007. *Waterkering Kampen Midden* (brochure). Zwolle: self-published.

De Visser, Rik 2005. Residential Landscape IJssel Bypass. *Topos*, no. 51, pp. 43-45.

Website IJsseldelta project, Overijssel Province: *project-ijsseldelta.* http://www.ijsseldeltazuid.nl, accessed November 25, 2010.

艾塞尔河

Vreugderijkerwaard地区

兹沃勒，荷兰

业主：Ministry for Agriculture, Nature and Food Quality (MLNV); Ministry of Transport and Water (MV&W)

项目合作方、规划和施工：Dienst Landelijk Gebied; Rijkswaterstaat; Overijssel Province; Zwolle Municipality; Waterschap Groot Salland

维护：Vereniging Natuurmonumenten

参考资料：

Dienst Landelijk Gebied in cooperation with Vereniging Natuurmonumenten, 2006. *Vreugderijkerwaard – Nieuwe waarden voor'n karakteristiek stuk IJsselandschap* (brochure). Zwolle: self-published.

Sykoa, Karle, 2008. Stroomdalgraslanden in Nederland – Onwikkeling en beheer in de Vreugderijkerwaard.
http://www.beheerdersnetwerken.nl/bestanden/verslag_vwp_280508_Millingerwaard.pdf, accessed November 25, 2010.

Waterschap Groot Salland, 2011. *Dijkverlegging Westenholte.*
http://www.wgs.nl/veilige_dijken/ruimte_voor_de/dijkverlegging, accessed March 9, 2011.

伊萨尔河

伊萨尔规划

慕尼黑，德国

业主：Free State of Bavaria; City of Munich

项目管理、局部规划：Munich Water Authority, Munich Department for Construction

工程：Dr. Blasy + Mader, Eching; Prof. Dr.-Ing. W. Bechteler, Universität der Bundeswehr, Munich

景观设计：Winfried Jerney, Bad Griesbach im Rottal

参考资料：

Arzet, Klaus; Joven, Stefan, 2008: Erlebnis Isar – Fließgewässerentwicklung im städtischen Raum von München. In: *Korrespondenz Wasserwirtschaft*, no. 1, pp. 17–22.

Zinsser, Tilmann, 2003: Neues Leben für die Isar. In: *Garten + Landschaft*, no. 12, p. 12–15.

Lieckfeld, Claus-Peter, 2003. Wie die zahme Isar wild und schön wird. In: *Geo Special*, no. 4, pp. 106–108.

Zinsser, Tilman, 1999. Die Isar in München – vom Wildfluss zum „Kulturfluss". In: *Infoblatt Wasserwirtschaftsamt München*, no. 3.

Munich Water Authority, n. d. *Neues Leben für die Isar.*
http://www.neues-leben-fuer-die-isar.de/projekte_und_programme/isarplan/index.htm, accessed December 8, 2010.

Landeshauptstadt München – Das offizielle Stadtportal, n. d. *Isarplan.*
http://www.muenchen.de/Stadtleben/Gesundheit_Umwelt/Umweltinfos/isar/isarplan/141600/index.html, accessed January 26, 2011.

加冷河

河流生态恢复与公园

碧山，新加坡

景观设计：Ramboll Studio Dreiseitl

业主：Public Utilities Board & National Parks Board

工程师：CH2M Hill, Geitz & Partner

参考资料：

Material provided by Ramboll Studio Dreiseitl

Website ASLA: 2016 *Honor Award.* http://www.asla.org/2016awards/169669.html, accessed February 3, 2017.

Dreiseitl, Herbert; Grau, Dieter, 2009. *Recent Waterscapes: Planning, Building and Designing with Water.* Basle: Birkhäuser, pp. 72–76.

Brochure on Urban River Park Bishan–Ang Mo Kio Park, Singapore, LivCom Project Awards 2012, The International Awards for Liveable Communities, presented by Ramboll Studio Dreiseitl.

ABC Waters Programme. http://www.pub.gov.sg/abcwaters, accessed February 3, 2017.

基尔河

基尔河口的复兴

特里尔，德国

业主：Landesbetrieb Mobilität Rheinland-Pfalz, Trier; Zweckverband Wirtschaftsförderung im Trierer Tal, Flöhren

规划：BGHplan Landschaftsarchitekten, Trier

参考资料：

Architektenkammer des Saarlandes (AKS), 2009. Gottfried-Kühn-Preis 2009 – Landschaftsarchitekturpreis Rheinland-Pfalz/Saarland (December 18, 2009)

http://www.aksaarland.de/index.php?id=225&tx_ttnews%5Btt_news%5D=352&tx_ttnews%5BbackPid%5D=224&cHash=537a064da1, accessed August 19, 2011.

BGHplan Landschaftsarchitekten(unpublished application documents, Gottfried Kühn Prize for landscape architecture)

莱纳河

莱纳河套房系列工程

汉诺威，德国

业主：Rainer Aulich, Hanover

参考资料：

Kaune, Stefanie und Meding, Conrad von, 2010. Leine Suite in Hannover geht baden. In: *Hannoversche Allgemeine Zeitung*, March 14, 2010.
http://www.haz.de/Hannover/Aus-der-Stadt/Uebersicht/Leine-Suite-in-Hannover-geht-baden, accessed September 3, 2010.

路易申溪

路易申溪修复

苏黎世，瑞士

业主：City of Zurich, Public Works Department

景观设计：Dipol Landschaftsarchitekten GmbH, Basle

水利工程：Staubli, Kurath und Partner AG, Zürich

项目管理：Gruner AG, Zürich

参考资料：

City of Zurich, n. d. *Leutschenbach/Riedgraben.*
http://www.stadt-zuerich.ch/ted/de/index/gsz/planung_u_bau/entwicklungs-_und_aufwertungsgebiete/entwicklungsgebiet_leutschenbach/leutschenbach_riedgraben.html, accessed November 29, 2010.

Kurath, Josef, 2005. Umgang mit öffentlichen Gewässern in urbaner Umgebung. In: *Der Bauingenieur*, no. 4.

利马特河

水岸工厂

苏黎世，瑞士

业主：City of Zurich, Grün Stadt Zurich

景观设计：Schweingruber Zulauf Landschaftsarchitekten, Zurich

水利和土木工程：Staubli, Kurath & Partner AG, Zurich

参考资料：

Landscape architects Schweingruber Zulauf, n. d. *Fabrik am Wasser Zürich*, project factsheet.
http://www.schweingruberzulauf.ch, accessed November 29, 2010.

Leutenegger, Marius, 2007. *Ein Pausenplatz der etwas anderen Art.* In: *Grünzeit*, no. 7, pp. 4–6.

Kerle, Christine, 2006: Zürich – Stadt am Wasser. In: anthos – Zeitschrift für Landschaftsarchitektur, no. 3, pp. 4–13.

Montag Stiftung Urbane Räume and Regionale 2010 (ed.); Hölzer, Christoph; Hundt, Tobias, Lüke, Caroline; Hamm, Oliver G., 2008. Fabrik Am Wasser. In: *Riverscapes – Designing Urban Embankments.* Basle: Birkhäuser, pp. 532–535.

利马特河

Wipkinger公园

苏黎世，瑞士

业主：Grünstadt Zürich; City of Zurich

景观设计：asp Landschaftsarchitekten AG, Zurich

工程：Locher AG, Zurich

参考资料：

Montag Stiftung Urbane Räume and Regionale 2010 (ed.); Hölzer, Christoph; Hundt, Tobias, Lüke, Caroline; Hamm, Oliver G., 2008. Wipkingerpark. In: *Riverscapes – Designing Urban Embankments.* Basle: Birkhäuser, pp. 550–553.

- - - - - - - -

洛斯河

洛斯三角洲

卡塞尔，德国

业主、规划和施工：Kasseler Entwässerungsbetriebe; Wasserverband Losse – WAGU GmbH, Kassel

参考资料：

Stadt Kassel, 2005. *Renaturierungsprojekte Ahna/Losse/Wahlebach. Naturnaher Ausbau und mehr Aufenthaltsqualitäten. Losse – Kunst am Fluss. Kunstprojekte an der Losse (brochure).* Kassel: self-published.

City of Kassel, n. d. *Urban II – Renaturierung der Losse. Naturnaher Ausbau und mehr Aufenthaltsqualitäten entlang der Losse.* http://www.urban-kassel.de/projekt_detail/druckansicht.php?id=4, accessed August 4, 2010.

- - - - - - - -

马斯河

金汉姆漂浮房屋

马斯博默尔，荷兰

业主：Dura Vermeer Groep, Hoofddorp

景观建筑：Factor Architecten, Duiven

参考资料：

Kamer van Koophandel Midden-Nederland, commissioned by project group EMAB Gouden Ham, 2009. *‚Als een paal boven water', Masterplan EMAB Gouden Ham*, February 2009. http://www.westmaasenwaal.nl/upload/115880_8970_1236607703384-Masterplan_EMAB_Gouden_Ham_februari_2009.pdf, accessed November 29, 2010.

Municipality West Maas en Waal, 2005. *Visie en toetsingskader. Gouden Ham/De Schans.*

Montag Stiftung Urbane Räume and Regionale 2010 (ed.); Hölzer, Christoph; Hundt, Tobias, Lüke, Caroline; Hamm, Oliver G., 2008. Amfibisch wonen. In: *Riverscapes – Designing Urban Embankments.* Basle: Birkhäuser, pp. 424–427.

Ministerie van Verkeer en Waterstaat (ed.); H+N+S Landschapsarchitecten, 2007. *Hoogwater als uitdaging 2.0 – Meervoudig gebruik van de dijk en het buitendijks gebied: wie durft?.* Utrecht, November 2007. http://www.klimaatdijk.nl/pagina.asp?id=65&L=2, accessed November 29, 2010.

- - - - - - - -

美因河

洪水管理理念

米尔腾贝格，德国

业主：City of Miltenberg; Aschaffenburg Water Authority

规划：Dr. Hartmut Holl, Würzburg

参考资料：

Keilbach, Anja, 2004. Eine Hochwasserwand für Miltenberg. In: *Garten + Landschaft*, no. 8, pp. 38–39.

Holl, Hartmut, 2004. Hochwasserschutz in Miltenberg. In: *Detail,* no. 6.

Aschaffenburg Water Authority, n. d. *Hochwasserschutz der Stadt Miltenberg am Main.* http://www.wwa-ab.bayern.de/projekte_und_programme/technischer_hochwasserschutz, accessed September 30, 2010.

- - - - - - - -

美因河

古老城镇的洪水管理

美因河畔的沃尔特，德国

业主：Free State of Bavaria; Aschaffenburg Water Authority

项目合作方：City of Wörth am Main

规划：Trojan, Trojan + Neu, Darmstadt

工程、项目管理：EDR GmbH, München

参考资料：

Hochwasserschutz als Stadtgestaltung, 2010. In: Rheinkolleg (ed.), *Das Wasser bedenken – Living with Floods.* Karlsruhe: Engelhard und Bauer, p. 28.

Aschaffenburg Water Authority/City of Wörth am Main, 2004. *Lebensqualität durch Hochwasserschutz – Alt-Wörth – Stadtteil mit Zukunft* (brochure). Aschaffenburg.

Aschaffenburg Water Authority, n. d. *Hochwasserschutz der Stadt Wörth am Main.* http://www.wwa-ab.bayern.de/projekte_und_programme/technischer_hochwasserschutz/hws_woerth/index.htm, accessed March 9, 2011.

- - - - - - - -

纳赫河

洪水管理理念

巴特克罗伊斯纳赫，德国

业主：Land Rhineland-Palatinate, Structure and Approval Management North

项目合作方：City of Bad Kreuznach

水利工程：Francke + Knittel, Mainz

景观建筑、景观规划：Prof. Peter Prinz, Felsberg; Rüdiger Filger, Büro für Ingenieurbiologie und Landschaftsplanung, Wilnsdorf; Biologist Dr. Sigrid Lenz, Polch

流向研究：University Karlsruhe, Theodor-Rehbock-Laboratorium

施工：Verheyen Ingenieure, Bad Kreuznach; Ruiz Rodrigues-Zeisler-Blank, Ingenieursgemeinschaft für Wasserbau und Wasserwirtschaft

参考资料：

Land Rhineland-Palatinate, Structure and Approval Management North, Department for Water Management, Waste Management and Soil Conservation Koblenz; City of Bad Kreuznach, 2005. *Hochwasserschutz Bad Kreuznach – Ein Projekt des Landes Rheinland Pfalz* (brochure). Bad Kreuznach.

Hochwasserschutz mit Mehrwert – Value Added Flood Resiliency Planning 2010. In: Rheinkolleg (ed.), *Das Wasser bedenken – Living with Floods.* Karlsruhe: Engelhard und Bauer, p. 14.

Website engineering office Francke + Knittel: http://www.francke-knittel.de/site/preisverleihungen/ingenieurkammer/index.php?print=true, accessed November 29, 2010.

Landscape architects Prof. Peter Prinz, Rüdiger Filger with Bernhard Görg, n. d. *Zum Hochwasserschutz in Bad Kreuznach.* http://www.stadt-bad-kreuznach.de/hochwasserschutz/hochwasserschutz.pdf, accessed November 29, 2010.

- - - - - - - -

内卡河

城市绿环

拉登堡，德国

业主：Stadt Ladenburg

景观设计：Luz Landschaftarchitektur, Stuttgart

参考资料：

Water engineering: Wald und Corbe, Stuttgart

Hochwasser-Park statt Parkplatz – Flood Park Instead of a Car Park, 2010. In: Rheinkolleg (ed.), *Das Wasser bedenken – Living with Floods.* Karlsruhe: Engelhard und Bauer, p. 70.

Luz, Christoph, 2006. Grüner Ring in Ladenburg. In: Garten + Landschaft, no. 12, pp. 36–39.

Montag Stiftung Urbane Räume and Regionale 2010 (ed.); Hölzer, Christoph; Hundt, Tobias, Lüke, Caroline; Hamm, Oliver G., 2008. Grüner Ring. In: *Riverscapes – Designing Urban Embankments.* Basle: Birkhäuser, pp. 384–387.

- - - - - - - -

小吉伦特河

吉伦特公园

柯莱尼斯，法国

业主：City of Coulaines

景观设计：Agence HYL, Paris

参考资料：

Leblanc, Linda, 1995. Überschwemmungslandschaft an der Petite Gironde. In: *Topos*, no. 10, pp. 18–21.

- - - - - - - -

雷根河

防洪墙与河岸改建

雷根斯堡，德国

业主：Stadt Regensburg

景观设计：Rose Fisch Landschaftsarchitektur, Berlin

建筑师：Matthias Rottmann, DeZwarteHond, Köln

工程师：Prof. Ludwig Obermeyer, Potsdam

顾问：Dr. Blasy/Dr. Øverland, Eching a. A.s

参考资料：

Hochwasserschutz Regensburg. http://www.hochwasserschutz-regensburg.de/abschnitte/abschnitt-d.html, accessed January 31, 2017.

Bundesstiftung Baukultur, *Baukultur Bericht Stadt und Land* 2016/17, pp. 108, 143. http://www.bundesstiftung-baukultur.de/baukulturbericht-201617, accessed January 31, 2017

莱茵河

科勒岛圩田

布吕尔，德国

业主和规划：Land Rhineland-Palatinate, Structure and Approval Management South

参考资料：

Structure and Approval Management South (ed.), 2001. *Hochwasserschutz am rheinland-pfälzischen Oberrhein – Der Polder Kollerinsel* (brochure). Neustadt an der Weinstraße. http://www.sgdsued.rlp.de/icc/Internet/med/235/23570b52-95b1-7911-6e39-e8a42700266c,11111111-1111-1111-1111-111111111111.pdf, accessed March 9, 2011.

IUS Weisser & Ness GmbH, 2006. *Ökologische Erfolgskontrolle Polder Kollerinsel.* December 2006 http://www.biodiversitaet.rlp.de/wasserwirtschaft/pdfs/kollerinsel01.pdf, accessed March 9, 2011.

莱茵河

河岸生态恢复和雷斯岛上的丽都饭店

曼海姆，德国

丽都饭店

协调：City of Mannheim

景观设计：Glück Landschaftsarchitektur

建筑师：Blocher Blocher Partner

河岸生态恢复

（"活力莱茵河"项目）

业主：Land Baden-Württemberg

规划和施工：Regional Council Karlsruhe

参考资料：

Förderverein Mannheimer Strandbad e. V., n. d. *SOS Strandbad.* http://www.strandbad-mannheim.de, accessed November 29, 2010.

City of Mannheim, Department for Planning, Building, Environment and Urban Development, 2008. *Blau_Mannheim_Blau – Eine Entwickungskonzeption für die Freiräume an Rhein und Neckar.* http://www.lohrberg.de/vero/down/blau_Mannheim_blau_Broschuere.pdf, accessed October 29, 2011.

Naturschutzbund Deutschland NABU, n. d. *Lebendiger Rhein.* http://www.lebendiger-rhein.de, accessed November 29, 2010.

罗纳河

罗纳河畔

里昂，法国

业主：City of Lyon, Grand Lyon Service Espaces Publics

景观设计：In Situ; Jourda Architectes, Lyon

照明：Coup d'Eclat, Paris

种植：SolPaysages, Roncq

参考资料：

Montag Stiftung Urbane Räume and Regionale 2010 (ed.); Hölzer, Christoph; Hundt, Tobias, Lüke, Caroline; Hamm, Oliver G., 2008. Berges du Rhône. In: *Riverscapes – Designing Urban Embankments.* Basle: Birkhäuser, pp. 414–419.

Schulz, David, 2007. Wiederentdeckung des Rhone-Ufers. In: *Garten + Landschaft*, no. 12, pp. 32–35.

Zitzmann, Marc, 2005. Stadt, Land, Strom. Wie Bordeaux, Lyon und Orleans ihr Flussufer zurückgewinnen. *Neue Züricher Zeitung*, June 27, 2005. http://www.nzz.ch/2005/06/27/fe/articleCU3I6.print.html, accessed March 9, 2011.

顺特河

修复

布伦瑞克，德国

业主：City of Braunschweig

规划：aquaplaner, Hanover

参考资料：

aquaplaner, Hanover (plans)

塞耶河

塞耶公园

梅斯，法国

业主：City of Metz

景观设计：Jacques Coulon and Laure Planchais, Paris

照明：Coup d'eclat, Paris

生态设计：SINBIO Burau d'études, Muttersholtz; SINT – Société d'Ingénierie Nature et Technique, La Chapelle-du-Mont-du-Chat

工程：Ingerop International

参考资料：

Le Parc de la Seille, 2003. In: Paysage Actualités, no. 10, pp. 42–43.

Coulon, Jacques, 2003. Parc de la Seille. In: *Only with Nature: Catalogue of the III European Landscape Biennial.* Barcelona: COAC Publications, p. 99.

Racine, Michel (ed.), 2006. *Garden and Landscape Architects of France.* Ulmer, pp. 40–41.

SINT – Société d'Ingénierie Nature et Technique; SINBIO Burau d'études, n. d. *Parc Urbain des bords de Seille à Metz* (57). http://www.sint.fr/pdf/fiche-metz.pdf, accessed March 9, 2011.

塞纳河

船码头

舒瓦西勒鲁瓦，法国

业主：Département Val-de-Marne

景观设计：SLG Paysage, Kremlin-Bicêtre

参考资料：

Val-de-Marne, Conseil Général, n. d. *Le Quai des Gondoles.* http://www.cg94.fr/espaces-verts-et-paysage/10968-le-quai-des-gondoles.html, accessed March 9, 2011.

Val-de-Marne, Conseil Général, n. d. *Le quai des gondoles au fil de l'eau (flyer).* http://www.cg94.fr/files/0701/2009_journal-Quai-des-Gondoles.pdf, accessed March 9, 2011.

Website SLG Paysage: http://www.slgpaysage.eu/fr/Projets/berges/quai_des_gondoles, accessed December 6, 2010.

塞纳河

科比尔公园

勒佩克，法国

业主：Le Pecq-sur-Seine Municipality

景观设计：Agence HYL, Paris

参考资料：

Hannetel, Pascale, 2003. Hochwasser-Park in Le Pecq. In: Schäfer, Robert; Moll, Claudia (ed.), Edition Topos. *Water: Designing With Water, Promenades and Water Features,* Munich: Callwey, pp. 6–11.

Website HYL: Corbière Park – Le Pecq. http://www.hyl.fr/detail_projet.php?id_rub=2&id_cate=1&id_projet=22&id_page=409, accessed March 9, 2011.

索斯特溪

索斯特溪复明

索斯特，德国

业主：City of Soest

生态设计：Büro Stelzig, Soest

工程：Ingenieurbüro Sowa, Lippstadt; Ingenieurbüro A. Vollmer, Geseke

参考资料：

Büro Stelzig, City of Soest, 2010. *Der Soestbach – ein naturnahes Stadtgewässer mit Erlebnisgarantie* (flyer). Soest.
Büro Stelzig, n. d. *Aktuelles Projekt: Der Soestbach.* http://www.buero-stelzig.de/aktuelles-projekt-soestbach.php, accessed March 9, 2011.
Stelzig, Volker, 2010. *Chronologie zur Freilegung des Soestbachs* (unpublished).
Ministry of the Environment and Conservation, Agriculture and Consumer Protection, Land North Rhine-Westphalia (ed.), 2008. *Ökologische Gewässerprojekte von Städten und Gemeinden; Beiträge zur Umsetzung der europäischen Wasserrahmenrichtlinie in Nordrhein-Westfalen.* Düsseldorf: self-published, p. 14. http://www.weser.nrw.de/Download/broschuere_gewaesserprojekt.pdf, accessed March 9, 2011.

- - - - - - - -

施普雷河

泳池船

柏林，德国

业主：Kulturarena Veranstaltungs GmbH

泳池船建筑：AMP arquitectos, Teneriffa, with Gil Wilk and Susanne Lorenz (artist)

冬季泳池船建筑：Wilk-Salinas Architekten with Thomas Freiwald

防波堤结构工程：IB Leipold, Berlin

系泊船：HHW + Partner, Braunschweig

船舶改装：Märkische Bunker und Service GmbH

参考资料：

AMP arquitectos (plans)

Kronenburg, Robert, 2008. *Portable Architecture. Design and Technology.* Basle: Birkhäuser, pp. 74–79.

Städtereisen Reiseführer Kurzurlaub: *Berliner Badeschiff. Noch nie war Schwimmen in der Spree so schön!* http://www.staedte-reisen.de/berlin/ausgehen/bericht/badeschiff_sommer, accessed March 9, 2011.

Website Arena Bathing Ship Berlin: http://www.arena-berlin.de/badeschiff_winter_2009-2010.aspx, accessed March 9, 2011.

- - - - - - - -

瓦尔河

锥形堤坝

阿弗登至德勒默尔段，荷兰

业主：Waterschap Rivierenland, polder district Groot Maas en Waal

景观设计：H+N+S Landschapsarchitecten, Utrecht

工程：DHV, Amersfoort

参考资料：

Programmdirectie Ruimte voor de Rivier (ed.); de Koning, Robbert; Eshuis, Liesbeth, 2008. *Rivieren & Inspiratie.* Delft: Eburon Academic Publishers, p. 28. http://www.hoogwaterplatform.nl/dmdocuments/Rivieren%20en%20Inspiratie.pdf, accessed November 1, 2010.

- - - - - - - -

瓦尔河

哈默伦瓦德洪泛区生态恢复

瓦尔财富项目

哈默伦，荷兰

业主和规划：Rijkswaterstaat; Waterschap Rivierenland; Zaltbommel Municipality

维护：Staatsbosbeheer

参考资料：

Programmdirectie Ruimte voor de Rivier (ed.); de Koning, Robbert; Eshuis, Liesbeth, 2008. *Rivieren & Inspiratie*, Delft: Eburon Academic Publishers, p. 56. http://www.hoogwaterplatform.nl/dmdocuments/Rivieren%20en%20Inspiratie.pdf, accessed November 1, 2010.

Dekker van de Kamp, 2008. *Gamerensche Waarden – Verondiepen plas met herbruikbare waterbodems.* http://www.zaltbommel.nl/LoketDocumenten%5CGamerenschen-Waarden-3.pdf, accessed December 6, 2010.

Ministerium van Verkeer en Waterstaat; Rijkswaterstaat Waterdienst; Gerritsen, Hans; Schropp, Max 2010. *Handreiking sedimentbeheer Nevengeulen.* http://english.verkeerenwaterstaat.nl/kennisplein/page_kennisplein.aspx?id=399442&DossierURI=tcm:195-15041-4, accessed December 6, 2010.

Peters, Bart; Kurstjens, Giijs, 2009. *Waterplanten in Nevengeulen – Inventarisatie.* Published on behalf of Rijn in Beeld, a joint project by Rijkswaterstaat; Ministerie van Landbouw, Natuur en Voedselkwaliteit; Staatsbosbeheer; Ark; Vereniging Natuurmonumenten; Dienst Landelijk Gebied. http://forecaster.deltares.nl/images/2/26/Peters%26Kurstjens_2009.pdf, accessed March 20, 2011.

Ministerie van Verkehr en Waterstaat, Ruimte voor de Rivier, 2006. *Room for the River* (brochure). Utrecht: self-published. http://www.ruimtevoorderivier.nl/meta-navigatie/english, accessed March 20, 2011.

Website WaalWeelde Programme: Visie WaalWeelde, November 2009. http://www.waalweelde.nl, accessed March 9, 2011.

Projektsecretariaat WaalWeelde, Provincie Gelderland, 2009. *Presentatie WaalWeelde*, October 2009. http://www.waalweelde.nl/?page_id=20&did=104, accessed December 6, 2010.

- - - - - - - -

瓦尔河

瓦尔码头长廊

扎尔特博默尔，荷兰

业主：Waterschap Rivierenland

项目合作方：Gelderland Province; Zaltbommel Municipality

城市设计、建筑：IMOSS, Amersfoort

参考资料：

Montag Stiftung Urbane Räume and Regionale 2010 (ed.); Hölzer, Christoph; Hundt, Tobias, Lüke, Caroline; Hamm, Oliver G., 2008. Waalkade. In: *Riverscapes – Designing Urban Embankments.* Basle: Birkhäuser, pp. 526–527.
Staldenberg, Bianca, 2003. *Waterkering in de stad*, thesis Delft University of Technology, Department for Civil Engineering, Chair for Water Engineering, December 2003.
http://www.tudelft.nl/live/binaries/4de0d195-5207-4e67-84bb-455c5403ae47/doc/2004Stalenberg.pdf, accessed December 6, 2010.
Film showing the assembly of the mobile elements: Brabandse dag, n. d. *Waterkering Zaltbommel vlot bedrijfsklaar.*
http://www.youtube.com/watch?v=oDBZugD1qB8, accessed December 6, 2010.

- - - - - - - -

威乐溪

近自然修复

卡塞尔，德国

业主：Kasseler Entwässerungsbetrieb (KEB)

水利工程：WAGU GmbH, Kassel

参考资料：

City of Kassel, 2005. *Renaturierungsprojekte Ahna/Losse/Wahlebach. Naturnaher Ausbau und mehr Aufenthaltsqualitäten. Losse – Kunst am Fluss. Kunstprojekte an der Losse (brochure).* Kassel.

WAGU GmbH, 2005. *Naturnahe Umgestaltung des Wahlebachs im Stadtgebiet von Kassel* (Project documentation). Kassel.

- - - - - - - -

瓦提河

瓦提房地产规划

多德雷赫特，荷兰

业主：Volker Wessels Vastgoed in cooperation with DeKoning Wessels

建筑：Klunder Architecten, Rotterdam

参考资料：

On-site visit, plans and oral information by Dordrecht Municipality

- - - - - - - -

韦尔瑟河

近自然开发

贝库姆，德国

业主：City of Beckum

内城规划：Flick Ingenieurgemeinschaft GmbH, Ibbenbüren/Rhede

参考资料：

Heuckmann, Heinz-Josef, 2006. Die Werse in Beckum. Hochwasserschutz durch naturnahe Entwicklung. In: Deutsche Umwelthilfe (ed.), *Städte und Gemeinden aktiv für den Naturschutz. 15 gute Beispiele.* Radolfzell: self-published. http://www.geo.de/_components/GEO/_static/bday/GEO-Tag_DUH_Broschuere_15_Beispiele.pdf, accessed March 9, 2011.

Heuckmann, Heinz-Josef, 2010. *Lebendige Werse. Hochwasserschutz und Gewässerentwicklung an der Werse in Beckum – Ein Gewinn für Natur und Mensch.* Lecture at workshop ‚Bundeshauptstadt der Biodiversität' of Deutsche Umwelthilfe e.V. http://www.duh.de/uploads/media/4_Heuckmann_Beckum.pdf, accessed March 9, 2011.

Netzwerk FluR – Fließgewässer im urbanen Raum e.V., n. d. *Gewässersteckbrief Werse.* http://www.netzwerk-flur.de/bilder/web/Steckbriefe/pdf-Steckbriefe/Steckbrief_Werse.pdf, accessed March 9, 2011.

- - - - - - - -

威泽河

复兴

巴塞尔，瑞士

业主：Kanton Basel-Stadt, Public Works Department

规划：Ingenieurbüro Peter Jermann, Zwingen

参考资料：

Public Works Department Basle (plans)

Baudepartement des Kantons Basel-Stadt; Polizei- und Militärdepartement des Kantons Basel-Stadt, Kantonale Fischereiaufsicht; Gemeinde Riehen (ed.), 2003. *Lebendige Bäche Lebendige Flüsse* (brochure). Basle.
http://www.aue.bs.ch/fluessebaeche.pdf,
accessed September 20, 2010.

Baudepartement des Kantons Basel-Stadt, Amt für Umwelt und Energie, 2002. *Entwicklungskonzept Fliessgewässer Basel-Stadt zur ökologischen Aufwertung der Bäche und Flüsse im Kanton.* Basle: self-published.
http://www.aue.bs.ch/bericht_fg.pdf,
accessed September 20, 2010.

\- - - - - - - -

威泽河

Wiesionen项目

罗拉赫，德国

业主：Bürgerstiftung Lörrach

项目合作方：City of Lörrach; Sozialer Arbeitskreis e.V. Lörrach; BUND Hochrhein; Regional Council Freiburg; Government of Land Baden-Württemberg; Deutsche Bundesstiftung Umwelt; Kurt Lange Stiftung

景观设计：Jacob Landschaftsplanung, Basle

城市建筑师：Zickenheiner Architektur, Lörrach

工程：Flösser Ingenieurgruppe, Lörrach

参考资料：

Bürgerstiftung Lörrach, n. d. *Projektdarstellung der gewässerbezogenen Projekte an der Wiese in Lörrach.*
http://www.wiesionen.de,
accessed December 6, 2010.

Schwimmende Grenzgänger. Der Lachsaufstieg bei der Landesgrenze, ein Wiesionen-Projekt, ist seit wenigen Tagen in Betrieb. In: *Badische Zeitung,* September 7, 2010.
http://www.badische-zeitung.de/loerrach/schwimmende-grenzgaenger--35117936.html,
accessed December 6, 2010.

\- - - - - - - -

伍珀河

明斯顿大桥公园

明斯顿，德国

业主：Cities of Remscheid, Solingen and Wuppertal, represented by Regionale 2006 Agentur GmbH

景观设计：Atelier Loidl, Berlin

参考资料：

Leppert, Stefan, 2006. Brückenpark Müngsten. In: *Garten + Landschaft*, no. 12, pp. 24–27.

Website Regionale 2006, Remscheid: *Der Brückenpark* in Müngsten.
http://www.remscheid.de/Regionale2006/Regionale 2006BrueckenparkMuengsten2.htm,
accessed December 6, 2010.
Website Atelier Loidl:
http://www.atelier-loidl.de,
accessed December 6, 2010.

\- - - - - - - -

伍珀河

伍珀塔尔90°

伍珀塔尔，德国

业主：City of Wuppertal

项目合作方：Building Management Wuppertal, Building and Real Estate Management Authority North Rhine-Westphalia

规划：Friedhelm Terfrüchte, Essen; Davids, Terfrüchte + Partner, Essen; StadtLandschaften, Wuppertal

参考资料：

Stefan, Leppert, 2007. Im rechten Winkel an die Wupper. In: *Garten + Landschaft*, no. 12, pp. 24–27.

Wupperverband, July 20, 2000. Vom „Industriefluss" zur „Lebensader Wupper".
http://www.wupperverband.de/8FC33B253DBAD032C1256CA9003F0853_610DB3B635496C78C1256CD000371B9C.html,
accessed September 3, 2010.

Website Davids, Terfrüchte + Partner: Tourismus + Kulturlandschaft – Leitlinie Wuppertal.
http://www.dtp-essen.de/P_home.htm,
accessed September 30, 2010.

\- - - - - - - -

义乌江与武义江

燕尾洲公园

金华，浙江省，中国

业主：金华市政府

景观设计：土人设计

参考资料：

Yanweizhou Park in Jinhua City. http://www.landezine.com/index.php/2015/03/a-resilient-landscape-yanweizhou-park-in-jinhua-city-by-turenscape/, accessed February 3, 2017.

Material provided by the Turenscape landscape architecture office

\- - - - - - - -

永宁河

永宁河公园

台州，浙江省，中国

所有人/业主：台州市黄光区政府

景观设计：土人设计

参考资料：

Saunders, William S., (ed.), 2012. *Designed Ecologies: The Landscape Architecture of Kongjian Yu.* Basle: Birkhäuser, pp. 66–77.
Website ASLA 2006 Professional Awards: http://asla.org/awards/2006/06winners/186.html,
accessed February 3, 2017.

其他参考项目

这里介绍一些有趣的案例，它们在第二章设计目录中有所提及，但在案例一章中并未对它们进行充分的介绍，原因有很多：有些案例在本书出版时还在建设中，有些是过去的项目或规模很小的项目，或是一些无法到现场参观的项目。本节对这些案例进行简要描述，同时提供了参考来源以供读者作进一步研究。

多瑙河

可移动式防护设施，2008年

雷根斯堡，德国

业主：雷根斯堡市，巴伐利亚自由州

直至2025年左右“HW100”防洪系统建设完工前，雷根斯堡市都将依赖于2000m长的可移动防洪设施来保护这座城市的低洼地区。这些防洪设施可额外提供1.5m的防洪高度。

参考资料：

Dammbalken aus Aluminium haben es gepackt – Nach der Flut beginnen die Aufräumarbeiten. In: *Mittelbayrische Zeitung*, January 18, 2011.
http://www.hochwasserschutz-regensburg.de/system/pdf_1s/132/original/mz_18_1_2011_seite3_hochwasser.pdf, accessed March 8, 2011

B5.1 可移动式防洪设施

多瑙河

游泳船，2006年

维也纳，奥地利

“维也纳游泳船”是位于维也纳多瑙河上一个改造过的有泳池的驳船。另一艘船则提供餐饮服务和阳光甲板，另外在毗邻的运河岸边有一片沙滩。

参考资料：

Website Bathing Ship Vienna:
Badeschiff Wien. Bad mit Tiefgang.
http://www.badeschiff.at/jart/prj3/badeschiff/main.jart, accessed March 9, 2011.

A6.3 系泊船

埃布罗河

市中心河流整治，2008年

萨拉戈萨，西班牙

近年来，流经萨拉戈萨市的埃布罗河的河岸越来越紧密地融入了城市景观之中。城市本身位于河面以上数米，由高高的河岸墙保护着。在一些地方，新布置了一些有趣的河岸墙设计，采用斜坡和台阶来承接高差；露台和座位为游客创造了逗留的空间；配有可抵御洪水的门窗的餐厅与河滨墙融为一体。一个木制码头和穿过洪泛区的新建道路通向河谷，而河岸的台阶和坡道则使人们能够直接接触到河水。

来源：
2009年4月现场参观

A4.1 码头和露台
A5.6 可跨越的堤防墙
A5.9 新堤防墙
C3.1 洪泛区内的步道

易北河

易北河谷大型自然保育项目，2010年

伦岑，德国

项目管理者：伦岑堡协会（易北河）e.V.
业主：联邦环境、自然保护与核安全部

在德国勃兰登堡州的“乡村河流-易北河”生物圈保护区，在距离易北河1.3公里的地方重新修建堤坝，由此形成了一个新的天然洪泛区，占地350公顷，拥有大片新种植的河边林地。后撤堤坝还能提高防洪能力，缓解水力瓶颈，创造新的滞洪区。该项目使易北河中下游的河流林地面积增加了一倍。

参考资料：

Website of the Trägerverbund Burg Lenzen (Elbe) e.V.: *Naturschutzgroßprojekt Lenzener Elbtalaue.*
http://www.naturschutzgrossprojekt-lenzen.de/projekt/p_set.html, accessed March 9, 2011.

C3.5 延伸自然区域

易北河

鱼类拍卖大厅，建于1894年

汉堡，德国

汉堡阿尔托纳区的前鱼类拍卖大厅在第二次世界大战期间遭到破坏，从1976年起由于一场市民运动而被修复。今天，它作为一个公共和私人活动的场所。由于位于官方防洪线前方，当洪水即将来临的时候，大厅的门被打开，这样水就可以在建筑内流过而不产生破坏。该建筑表面是坚固的材料，敏感的电气装置放置在高于常规的位置。

参考资料：

http://www.fischauktionshalle.de, accessed March 8, 2011.
http://de.wikipedia.org/wiki/Fischauktionshalle_(Hamburg-Altona), accessed April 20, 2011.

C3.3 耐受洪水的建筑

易北河

分洪系统，1875年

马格德堡，德国

比勒奇恩堰（Pretzien Weir）是450m宽的Elbumflutkanal分洪渠的起点，这条分洪渠周围环绕着堤坝，只有在极端洪水时才会被填满。其他时间该区域则被用作农业用地。其中一些河段是拥有着珍惜生物群落的半自然区域。该运河作为一条行洪通道，与易北河并行向前，将极端洪水从马格德堡和舍内贝克市（Schönebeck）引开。壮阔的比勒奇恩堰制约着运河的洪水，是一个颇受欢迎的旅游景点。

来源：

http://www.ploetzky.de/pretziener-wehr/seite5.php, accessed March 9, 2011.

C1.3 分洪渠

富尔达

分洪沟区域

卡塞尔，德国

“Flutmulde”是一个可作为分洪沟的天然洼地，自古以来就保护着卡塞尔城免受洪水侵袭。在一定的水位以上，富尔达的河水流入沟渠，而该沟渠并未是人工构建。沟壑构成了城市景观，在城市北部河流平原和南部之间打造出了一条延绵不断的绿色走廊。自1997年以来，分洪沟区作为用于夏季游艺集市“Messe”的场所，然而当洪水警戒达到Ⅱ级，该区域必须被疏散。

来源：

Stadtplanungsamt Kassel: *Fallstudie Kassel*, April 2003.
http://www.umweltdaten.de/rup/fallstudie-kassel.pdf, accessed March 9, 2011.

C1.3 分洪渠
C3.8 聚会场地

盖尔斯瓦尔德湖和格兰本多弗湖

漂浮式房屋，2006年

国际建筑展览（IBA）Fürst-Pückler-land 2000-2010年
格兰本多弗（Großräschen），德国

项目监督：IBA Fürst-Pückler-Land
盖尔斯瓦尔德湖（Geierswalder）：
设计：Kerstin Wilde, Büro Wildesign
建设与营销：Steeltec 37, Metallbau Thomas Wilde

格兰本多弗湖（Gräbendorfer）：
设计、建设与营销：Kuhn und Uhlich GmbH

国际建筑展览会（IBA）Fürst-Pückler-Land采用漂浮式建筑来推动原东德地区的下卢萨蒂亚（Lower Lusatia）露天矿区的景观重建工作。在一轮设计竞赛之后，一些方案作为参考项目得到了实施。2006年，在格兰本多弗湖上的拉索夫（Laasow），作为试点项目，建造了漂浮式潜水学校、沙滩酒吧和系泊公寓。从那时起，该项目就制定了一个发展计划，预计将建造30多座水上房屋。

在盖尔斯瓦尔德湖上，作为启动项目，2009年开始建造“Scado”住宅码头，包含20座漂浮式房屋和9座位于岸边的房屋，截至2011年，已完成两座漂浮式房屋的建造。

参考资料：

Internationale Bauausstellung (IBA) Fürst-Pückler-Land: *IBA Projekte.*
http://www.iba-see2010.de/de/projekte.html, accessed April 20, 2011.
Internationale Bauausstellung (IBA) Fürst-Pückler-Land (ed.), 2008. *Mobile schwimmende Architektur – Floating Mobile Architecture; Dokumentation des internationalen Wettbewerbs 2008 – Documentary of the International Competition*, Großräschen: self-published.
Am Wohnhafen Scado entsteht ein “Service”-Center, In: *LausitzEcho*, April 30, 2011.
http://www.lausitzecho.de/de/touristik/am-wohnhafen-scado-entsteht-ein-„service“-center_00946.html, accessed April 20, 2011.

C5.1 漂浮式两栖房屋

艾塞尔湖

艾塞尔堡，自1999年（码头岛住房项目，自2003年）

阿姆斯特丹，荷兰

自1999年以来，在阿姆斯特丹附近位于艾塞尔湖中7个人工岛屿上的艾塞尔堡新城区不断发展。在码头岛部分实施了由漂浮式房屋构成的住房开发项目，其中包含在100块“水域”上建造的252套公寓。

参考资料：

Website Initiatief steigereiland: steigereiland.com. *Voor den door bewoners van het steigereiland.*
http://www.steigereiland.com/over_steigereiland/, accessed April 20, 2011.

C5.1 漂浮式两栖房屋

利马特河

女士露天游泳池，1888年

苏黎世，瑞士

弗劳恩巴德（Frauenbad，女士泳池）最初是作为一个女士公共浴池而建的，现在是利马特河上一个很有吸引力的游泳池，有日光浴区，仍然只供女士使用。木制码头和有顶棚的区域漂浮于河上，游泳者经由一个木栈道环绕的区域进入利马特河。

参考资料：

City of Zurich: *Frauenbad Stadthausquai.*
http://www.stadt-zuerich.ch/content/ssd/de/index/sport/schwimmen/sommerbaeder/frauenbad_stadthausquai/adresse.html, accessed April 20, 2011.
Barfussbar: *Die Geschichte der Frauenbadi.*
http://www.barfussbar.ch/hist.html, accessed March 9, 2011.

A6.1 浮动码头

利马特河

奥伯勒莱顿（Oberer Latten）浴场洗浴设施，2005年

苏黎世，瑞士

业主：苏黎世市，Grün Stadt Zürich
景观设计师：Rotzler, Krebs und Partner GmbH, Winterthur
集装箱设计：Damir Masek, Zurich

在利马特河上，以前的一个铁路站点在某种程度上已经成为一个受欢迎的浴场。河流上的永久木制栈道，坐落于经改造的预制建筑中，设有休息台阶、日光浴区和餐饮区，从而在一个非常紧凑的空间里创造了多样的休闲景观。部分场地被铁路道渣覆盖，作为栖息在铁路沿线的蜥蜴的避难所。

参考资料：

Montag Stiftung Urbane Räume and Regionale 2010 (ed.); Hölzer, Christoph; Hundt, Tobias; Lüke, Carolin and Hamm, Oliver G., 2008. Oberer Letten Bathing Place. In: *Riverscapes – Designing Urban Embankments.* Basle: Birkhäuser, pp. 542–544.

A1.2 多级平台
A5.5 可淹没的栈道

新马斯河

达克公园（Dakpark），2013年

鹿特丹市，荷兰

业主：鹿特丹市
规划者：鹿特丹市

位于鹿特丹的这个建筑综合体占地8hm²，包括一个地下停车场、商店和办公场所，它们的顶部位于水边，并被美化成一个绿色公园，有树木、小路和操场。同时该综合建筑也保护着其背后的城镇免受洪水侵袭；这个超级堤坝的高度经过精密计算，以应对潜在的气候变化引起的水位波动。该项目是“Stadshavens”城市发展计划的一部分，该计划旨在将鹿特丹的旧码头改造为住宅和商业地产。

参考资料：

Website Dakpark Rotterdam:
http://www.dakparkrotterdam.nl, accessed April 6, 2017.

B1.1 堤防公园
B1.6 超级堤坝

莱茵河

鱼道，2006年

伽姆斯海姆（Gambsheim），德国

联合业主：Federal Republic of Germany, Republic of France and CERGA (Gambsheim hydro-electric)

伽姆斯海姆鱼道是为恢复莱茵河生态系统而采取的一系列措施的一部分。如今，洄游鱼类可以通过鱼梯绕过伽姆斯海姆的大坝。此处也是一个旅游景点，游客可以通过信息室和观察室了解大坝，并通过玻璃墙观察鱼类。

参考资料：

CERGA, 2006. Gambsheim: *Inbetriebnahme eines der größten Fischpässe Europas.* Dossier de presse. March 23, 2006.
http://s1.e-monsite.com/2008/12/18/98478936gambsheim-dossier-de-presse-vd-mars06-pdf.pdf, accessed March 8, 2011.
Verein zur touristischen Erschließung des Rheinareals Gambsheim/Rheinau und Umgebung, n. d.: *The project Passage 309.*
http://www.passage309.eu/passage309, accessed March 11, 2011.
Verein zur touristischen Erschließung des Rheinareals Gambsheim/Rheinau und Umgebung, n. d.: *Fischtreppe Gambsheim* (flyer). http://www.rheinau.de/index.html?pageToLoad=aHR0cCUzQS8vcmhlaW5hdS5hY3RpdmUtY2l0eS5uZXQvY2l0eV9pbmZvL2Rpc3BsYXkvYmlvZWludHJhZy9kZXRhaWxzLmNmbSUzRnJlZ2lvbl9pZCUzRDE0NSUyNmRlc2lnbl9pZCUzRDEyNjQlMjZpZCUzRDE0NDYx, accessed March 8, 2011.

D5.1 鱼道

莱茵河

莱茵河缆车，1957年

科隆，德国

缆车（莱茵缆车）建于1957年，是为了联邦园艺展览而建造的，目的是连接位于动物园大桥的莱茵河两岸。从那时起，缆车已经运载了5000多万人，并被游客和当地居民用作另一种观赏风景的交通工具。从2008年起，人们可以在“婚礼缆车”中举办婚礼。

参考资料：

Website Rhine Cablecar: *Köln schwebend genießen.*
http://www.koelner-seilbahn.de/german/index.html, accessed March 9, 2011.

C2.5 索道

莱茵河

“莱茵文化节”音乐会，自1983年

波恩，德国

“莱茵文化节”的免费音乐会每年吸引超过20万名游客来到波恩的莱茵河畔洪泛区。这片平原被规划为一个公园，该公园是为1979年的联邦园艺展而设计的，由景观设计师戈特弗里德·汉斯雅各布和海因里希·拉德歇尔设计。如今，这里成为当地的娱乐场所，莱茵河上涨时，该区域时常被淹没。

参考资料：

Rheinkultur GmbH: *Rheinkultur. Bonn Rheinaue – Eintritt frei.*
http://www.rheinkultur-festival.de/home.html, accessed March 9, 2011.
http://de.wikipedia.org/wiki/Rheinaue_(Bonn), April 20, 2011.

C3.8 聚会场地

莱茵河

劳斯沃德（Lausward）高尔夫球场，1977年，2001年进行了耐洪涝改造

杜塞尔多夫，德国

该高尔夫球场位于杜塞尔多夫莱茵河洪泛区内，经常被洪水淹没；2001年，球场被重新设计，从而不受淹没的损害，高尔夫俱乐部的建筑建于堤坝顶端的高度。其他设施在洪水期间可以暂时移走。

参考资料：

Montag Stiftung Urbane Räume and Regionale 2010 (ed.); Hölzer, Christoph; Hundt, Tobias, Lüke, Caroline; Hamm, Oliver G., 2008. Lausward Golf Course. In: *Riverscapes – Designing Urban Embankments.* Basle: Birkhäuser, pp. 308–309.
GEV Düsseldorf, n. d.: *Chronik GSV Düsseldorf.*
http://www.gsvgolf.de/index.php/impressum.html, accessed March 10, 2011.

C3.2 体育设施和运动场

莱茵河

“英格尔海姆圩田”洪水滞留区，2006年

英格尔海姆，德国

业主：Federal State of Rhineland-Palatinate
规划建设监督方：Unger Ingenieure Ingenieurgesellschaft mbH, Darmstadt, Freiburg
景观规划：Jestaedt + Partner, Mainz; Ing.-Büro Brauner, Worms

作为莱茵河上游防洪系统的一部分，英格尔海姆建造了162hm2的洪水圩田；在极端的高水位条件下，通过刻意引导洪水淹没封闭圩田来控制洪峰。该圩田也通过生态措施发展成为一片广阔的自然河流景观。

参考资料：

Ministry for the Environment, Forestry and Consumer Protection, Rhineland-Palatinate represented by: Struktur- und Genehmigungsdirektion Süd (Southern Structure and Approval Management): *Hochwasserschutz am rheinland-pfälzischen Oberrhein. Hochwasserrückhaltung „Polder Ingelheim“* (brochure), August 2006.
http://wasser.rlp.de/servlet/is/7838/Ingelheim.pdf?command=downloadContent&filename=Ingelheim.pdf, accessed March 9, 2011.
NABU Deutschland, n. d. *Der Rhein zwischen Mainz und Bingen. Bausteine für eine ökologische Entwicklung.*
http://www.nabu-rheinauen.de/dia/polder/html/01.htm, accessed April 16, 2010.

C1.6 圩田系统
C3.6 农业

莱茵河

韦斯特霍芬漫滩保护区，2004–2007年

科隆，德国

业主：Cologne Wastewater Treatment
规划建设方：Dywidag, Munich; IBA Thierhaupten

1996年科隆防洪概念重新修订后，在韦斯特霍芬区（Westhoven），沿着河滨长廊而建的300m长的现有防洪墙必须再提高40cm。在河岸与私人花园接壤的地方，居民要求永久性地安装长2m的透明玻璃元素，从而保留河流景观。夹层玻璃板由两个外部牺牲板和两个内部支撑板组成。单个玻璃板可以简单且轻易地更换。

参考资料：

IBS, n. d.: *Glaswand Köln-Westhoven am Rhein.*
http://www.hochwasserschutz.de/de/pdf/westhoven.pdf, accessed May 9, 2011.
City of Cologne, Flood Protection Centre: *Approval section 15/15a Westhoven*
http://www.steb-koeln.de/baulicherhochwasserschutzzentral.html?detail[uid]=17&cHash=0540bbb603, accessed May 9, 2011.

B3.2 玻璃墙

莱茵河

莱茵滨水步道

曼海姆，德国

位于曼海姆的莱茵河段滨水步道（Rheinpromenade），也因斯蒂芬妮诺弗（Stephanienufer）著称，该步道建于1800年，当时的王储卡尔·冯·巴登（Karl von Baden）的夫人斯蒂芬妮（Stéphanie de Beauharnais），对改造皇宫花园和莱茵河两岸很感兴趣。古老的城市防御工事被夷为平地，修建成为一个英式风格的园林，并向公众开放。1889年，该地区成为曼海姆市的财产。通过构建河湾和通往宫殿南部的多级台阶，莱茵河陡峭的河岸变得更易亲近。河湾在凹岸前形成了一个静水区，使沉积物堆积于台阶底部形成一个小沙滩，可用于日光浴。

参考资料：

City of Mannheim: *Stephanienufer, Reißinsel und Waldpark*
http://www.mannheim.de/buerger-sein/stephanienufer-reissinsel-und-waldpark, accessed July 8, 2011.
Morgenweb: *Mücken nicht Namensgeber – Das Schnickenloch: Lehrpfad Teil 7 / BIG-Spaziergang in die Historie des Stadtteiles*
http://www.morgenweb.de/anzeigen/specials/lokales/Lindenhof/20090121_Lehrpfad_07.html, accessed July 8, 2011.

D3.2 河湾沙石滩

萨尔特河

木板岛，2008年

勒芒，法国

业主：勒芒市，勒芒大都会
景观设计师：Arnaud Yver, HYL–Paysagistes et urbanistes
水利工程师、规划方：Engineering office Bérim

萨尔特河上一个未开发的小岛上建造了一个引人注目的城市公园，延伸数层，可从桥的两端进入。底部一层设计成耐洪水的，这样洪水就可以在低洼地区畅通无阻地流动。

参考资料：

Website HYL: Parc de Île aux Planches – Le Mans.
http://www.hyl.fr/detail_projet.php?id_rub=2&id_cate=0&id_projet=14&id_page=330, accessed April 20, 2011.

D4.5 砌体护岸

Schanzengarben

滨水步道, 1984年

苏黎世，瑞士

苏黎世的Schanzengraben是以前星型城市防御工事的一部分。该巴洛克风格的防御工事免遭拆除，是由于它被认为是苏黎世湖的第二个必要的出口。Schanzengraben运河旁的人行滨水步道于1984年完工。

步道由格斯纳大桥（Gessnerbrücke）开始，而后继续延伸，经过曼巴迪（Mänerbadi）的洗浴设施，直到教堂广场附近的湖泊出口处。这条步道跨过木板路和砂岩板，紧邻水边并穿过桥下。具有规律间隔的阶梯将运河所在地层与更上层的邻近街道空间连接起来。Schanzengraben接纳了利马特河最大的支流锡尔河排出的水流，且恰好位于河口前方，因此必须适应水位的变化。警告标志显示，滨水步道可能在高水位时被淹没。

参考资料：

Wikipedia: Schanzengrabenhttp://en.wikipedia.org/wiki/Schanzengraben, accessed July 7, 2011.
Stadt Zürich – Park und Grünanlagen: Schanzengraben
http://www.stadt-zuerich.ch/ted/de/index/gsz/natur-_und_erlebnisraeume/park-_und_gruenanlagen/schanzengraben.html, accessed July 7, 2011.

C4.1 警示标识与护栏

术语表

\- - - - - - - -

Advance warning period Period between the prediction of a flood and its arrival, for implementing flood protection or evacuation plans. The larger the catchment area and flatter the topography, the longer the lead time due to the time lapse between the rainfall event and the resultant flood. For floods near the headwaters and in hilly areas (causing flash floods) the lead time is so short that hardly any defence measures are possible. Also called forecast lead time

Aggradation zone Area of a watercourse subject to progressive sedimentation processes through which aquatic zones can become amphibious or terrestrial

Annuality The annuality of a high water event indicates the period within which a particular water level or discharge volume will occur once according to the law of statistical averages. A one-in-100-year flood would thus be expected to occur only once every century.

Aquatic zone The part of a river that is usually completely submerged and thus offers a habitat to specially adapted water plants and animals

Armour stone Special stones for river construction, used for ↗ Groynes or riverbank reinforcements according to the flow rate. Armour stone is available in various sizes for use on various watercourses. Its use has been regulated since 2002 by DIN EN 13383.

\- - - - - - - -

Backwater Part of a flowing watercourse that, either through natural processes or human intervention, is completely, partially or periodically separated from the main channel, often a former ↗ Meander (oxbow) or ↗ Branch

Bed load Solids such as sand and gravel that are moved along the riverbed by the current

Bed load balance Relationship between bed load deposit and removal on a specified stretch of river

Bed load deficit A lack of bed load caused, for example, by dams and weirs that obstruct the movement of materials from upstream sections of a river

Berm Horizontal section in the slope of a riverbank or dike that reduces pressure on the foot of the embankment and increases its stability; that on the water side is the outer berm, that away from the water the inner berm.

Biodiversity General term for the variety of ecosystems, biological communities, species and genetic diversity within a species

Branch Channel of a braided or divided river that, at mean water level, carries less discharge than the main channel. Also called distributary

Brush mattress Thick mats of cuttings or living branches laid in a criss-cross pattern on a bank to form a ground cover. They stabilise the bank and provide nutrients until cuttings root and vegetation establishes.

Bypass channel Artificial branch to circumvent a transverse construction such as a ↗ Weir; see also ↗ Fish pass

\- - - - - - - -

Catchment area See ↗ River catchment area

Channel cross-section Profile of river channel

Compensatory measure Instrument of environmental policy to create nature conservation areas as compensation for built interventions that degrade the landscape

Concrete cellular mattress Concrete riverbed pavement laid in an interlocking pattern and secured with a cable.

Current diversity See ↗ Flow variation

Cut bank Outside bank on the curve of a river, also called impact bank, opposite the ↗ Slip-off bank

\- - - - - - - -

Dead wood Branches, trunks and entire trees, providing a valuable structuring element in flowing water

Delta Deposition of sediments carried down a river, which divides it into several branches as the flow rate decreases, especially at the river mouth

Dike base Lower section of a dike embankment, transitional area to the ↗ Dike foreland

Dike foreland Area between dike and riverbank, which is partially or completely submerged during high water events (above mean water level), see ↗ Dike hinterland

Dike hinterland The land protected from flooding behind a dike, see ↗ Dike foreland

Dike line Location of a dike with all its built structures and machinery to protect the ↗ Dike hinterland from flooding

Discharge The amount of water that passes through a defined cross-section of a watercourse within a certain period; in most cases it is given in m3 per second. If it refers to a catchment area it is either given as specific discharge (q) in l(s/km^2) or as runoff depth(h)in mm/unit of time (day, month, year), making it possible to compare variously sized areas.

Discharge cross-section Cross-section at right angles to the watercourse through which the discharge flows

Discharge dynamics Fluctuation in the volume of discharge caused by various weather conditions and changes in the discharge conditions in the catchment area, for instance from snowmelt

Distributary See ↗ Branch

Double-row pilings Mostly bank reinforcement of ↗ Fascines set in front of the actual bank to protect it from waves and currents. Unlike ↗ Groynes, double-row pilings are usually set parallel to the bank. Sometimes they are used on navigable waterways to protect the vegetation of the ↗ Marginal zone from wave impact.

\- - - - - - - -

Ecological condition Description of the quality of flowing water according to chemical, ecological and morphodynamic parameters; according to the ↗ EU Water Framework Directive, a good ecological condition is the primary developmental aim for natural surface water.

Erosion Removal of sediment through the tractive force of flowing water on the riverbed and –banks

Erosive forces Forces that impinge upon the riverbed or -banks and remove material, mainly determined in flowing waters by their flow rate and gradient

EU Flood Risk Management Directive (FRMD) Directive 2007/60/EC of the European Parliament and of the Council of October 23, 2007 on the assessment and management of flood risks, intended to reduce flood risks, improve flood prevention and establish a risk management system

EU Water Framework Directive (WFD) Directive 2000/60/EG of the European Parliament and Council to create a regulatory framework for EU members on water policy

Extensive farming Land use with little intervention in natural conditions and retaining local vegetation, for example through sustainable farming of meadows with low concentrations of grazing animals or infrequent mowing

\- - - - - - - -

Fascine Weaves or bundles of brushwood, usually willow, to secure riverbanks or embankments; they can also jut out into the river as ↗ Groynes.

Fish ladder Term for fishway or ↗ Fish pass

Fish pass Construction to bypass obstructions on rivers such as ↗ Weirs that prevent fish migration; across Europe, the necessity for fish routes is regulated by the ↗ EU Water Framework Directive among others. Natural fish passes are usually ↗ Rock ramps or ↗ Bypass channels.

Flood See ↗ High water

Flood peak The crest of a flood surge; the moment during a high water event when the water level is highest and the discharge largest, see ↗ Peak discharge

Flood plain Terrestrial margins of a watercourse particularly subject to its discharge processes, especially flooding. Through fluctuations in the water level, flood plains are periodically submerged, drying out when the waters recede. This makes them very dynamic habitats that, in their natural state, can contain a great variety of flora and fauna within a very small area. In an intensively used landscape, the flood plain is often confined to the ↗ Dike foreland.

Flood probability Period during which a certain high water discharge or high water level will, statistically, occur once. The common value HQ100 indicates a flood probability of once in a 100 years

Flood protection Measures to limit the damage caused by high water, including technical flood defences, enhancing natural floodwater retention and flood risk management

Flood protection elements Built structures or components to defend areas from flooding or other damage by high water events

Flood protection line Line running parallel to the river intended to protect the land behind it from flooding. It can be a fixed built structure such as a dike or wall or temporary, made of mobile flood protection elements.

Flood protection system Interplay of various measures to ensure that a given area is protected from floods

Flood surge Procession of a high water event from the rising to the falling of the water level

Flow resistance Forces in flowing water that counteract the current, see also ↗ Roughness

Flow variation Spatial differentiation of the current, clearly apparent at low water from the various patterns on the surface. Also called current diversity or current variation

Foreland Area above ↗ Mean water level between the riverbed and usually a dike that can be flooded at high water; see also ↗ Flood plain

Freeboard Distance between the water surface and the upper edge of a built structure or riverbank

- - - - - - - -

Gabion Wire basket filled with stones to protect embankments from erosion

Geotextile Permeable felt, woven material or netting of natural or artificial fibres, used as erosion protection or to separate layers in earthworks, watercourse maintenance and highway construction

Geotextile-wrapped soil-lifts or coir rolls Biodegradable fibre tubes filled with soil and anchored along the riverbanks to provide a short-term erosion protection during the initial establishment period of vegetation.

Groyne A built structure at right angles to the riverbank, usually of stone, concrete or wood, to divert the current away from the bank, to narrow the discharge cross-section and increase the depth of water and flow rate in the middle of the watercourse (and thus reduce silting and keep the navigation open). See also ↗ Fascine, ↗ Double-row pilings, ↗ Stub groyne

Habitat Location or home of a particular species of flora or fauna

Habitats Directive This nature conservation directive issued by the EU in 1992 as 'Council Directive 92/43/EEC on the conservation of natural habitats and of wild fauna and flora' is designed to create a coherent network of conservation areas for rare flora and fauna, and contains specific species protection regulations.

Heavy rain event A great amount of rain in a short time, occurring on average twice a year at most; volumes depend on climate and can vary dramatically from place to place. Colloquially also called cloudburst or downpour

High water Level or discharge of a river that is markedly higher than the ↗ Mean water level

Hydraulic survey Study of the discharge along a stretch of water, mainly intended to determine water levels and flow rates

- - - - - - - -

In-channel flood retention basin A basin through which the watercourse flows to temporarily store flood discharge

Inland delta Landlocked river delta, not necessarily identical to a delta giving into the sea. The watercourse divides into several streams around obstructions and through current diversification, usually where the gradient is slight, see ↗ Delta.

- - - - - - - -

Low flow channel A part of a multistage channel. It is a narrower channel at the bottom of a riverbed which ensures adequate depth and passage of water for fish, even when the river water levels are low.

Low water Level or discharge of a watercourse that lies markedly below the medium flow

Low water channel Area of a watercourse at low discharge

- - - - - - - -

Marginal zone Riverbank habitat of plants whose roots are in the water but which grow above the waterline, for instance rushes. This intershore zone can be wet or dry depending on tides or seasons. Also called amphibious zone or riparian corridor

Meander Serpentine watercourse caused by erosion and sedimentation processes, especially common in the middle and lower reaches of a river where the gradient is slight

Meander avulsion A river breaks through a loop in its meander, and the section thus detached forms a ↗ Backwater or oxbow, through which water no longer flows at ↗ Mean water level. Also called meander breach.

Mean flow Average flow rate

Mean water channel The area covered by a watercourse at average discharge levels

Mean water level The mean surface elevation as determined by averaging the heights of the water at equal intervals of time, usually hourly

Microrelief Small-scale structure of the riverbed surface, made up of various materials

Mound Earthwork or raised settlement providing refuge from floods

- - - - - - - -

Particle size The size or diameter of mineral soil matter particles

Passability Measure of how easy it is for fish and other water-bound organisms to migrate up- and downstream. Also called permeability

Peak discharge Highest discharge rate between short-term increase and decrease of water volumes during a high water event, see ↗ Flood peak

Plunge pool Basin below a transverse structure to absorb the kinetic energy of falling water and protect riverbed and banks from erosion; also called stilling basin

- - - - - - - -

Receiving water Watercourse that takes up runoff; in water management for human settlements, the receiving channel of rain- and drainage water

Reference river Reference rivers act as models and examples of almost-natural watercourse development; generally their condition shows little sign of human intervention.

Renaturation Measures to reinstate the natural current conditions and structures of a river and promote its self-dynamic development

Residual water The amount of water left in a river after extraction, for example to cool a power station

Retention Delaying discharge through natural conditions or artificial measures, see also ↗ Retention space

Retention basin Basin or reservoir to reduce discharge peaks through temporary storage, see also ↗ Retention space

Retention space Artificial or natural area adjacent to the river for the temporary storage of high water discharge to relieve the river

Revetment Sloping structure, often a facing of masonry, placed on a riverbank in such a way as to absorb the energy of incoming water

Revitalisation Reviving a habitat that has been damaged by human intervention, aiming to promote natural processes and species typical to the habitat, see also ↗ Renaturation

Riparian management Maintenance measures to care for and enhance flowing water, intended to retain the riverbed and banks, ensure a clearly defined discharge capacity while considering the ecological functioning of the river. Traditionally, the maintenance focus lay with the management requirements placed on the watercourse, but amendments to the German Water Resources

Law (WHG) in 2009 defined its duty as the care and development of rivers according to ecological considerations.

Rip-rap bank stabilisation Large rocks stacked on the riverbanks and in the riverbed on the foot of the banks to protect stretches of the river particularly vulnerable to erosion, bridge pilings and other shoreline structures from hydrologic activity.

Riverbank Sides of a river, the transitional area between watercourse and foreland

Riverbed Bottom of the river, ground over which the water flows

Riverbed sill Regulatory structure laid across the flow but not protruding above the water surface; as opposed to the engineered ground sill or low weir the structure is passable for fish due to its differences in height.

River bottom slide See ↗ Rock ramp

River catchment area Area defined by a surface or underground watershed and drained by a river with all its tributaries, also: river basin

River cross-section The section at right angles to a river; on straightened watercourses often trapezoid, see also ↗ Discharge cross-section

Rock ramp Hydraulic construction to overcome height differences in the riverbed but, unlike a ↗ Weir, preserving the ↗ Passability of a river; in the course of implementing the ↗ EU Water Framework Directive, many low weirs are being converted to rock ramps. They are usually built of loose or regularly laid stones and have a gradient of between 1:3 and 1:100. Also called rough ramp or river bottom slide. See also ↗ Fishway

Roughness Irregularities in the riverbed or the flood plain that retard the flow rate through friction; vegetation, ↗ Dead wood, boulders or ↗ Riverbed sills increase the roughness of a watercourse.

– – – – – – – –

Scour hole Deeper spot in the riverbed caused by vortexes and eddies in the current

Sedimentation Gravity-induced deposition of solids such as sand, gravel or stones that had been carried by water and wind

Seep water At high water levels, especially where the soil is coarse-grained, sandy or gravelly, water seeps under the dike, rising to the surface to create temporary lakes behind it.

Self-dynamic river channel development
Changes in the structure of a river brought about by its currents and affecting breadth and depth, form of the banks, bed material etc. that eventually lead to migration, i.e. shifts in its course. Through ↗ Riparian management measures (excavation of the riverbed, mowing the banks) the natural development in a river's course can be restricted, or encouraged (by leaving plants and dead wood in situ and/or the deliberate installation of disruptive elements such as current diverters.

Sleeping dike A dike that, after construction of a new ↗ Dike line, now stands in the ↗ Dike hinterland or ↗ Dike foreland and is thus 'dormant'. In the dike hinterland it constitutes a second line of defence against flooding in case the main dike is breached or overflowed. In the dike foreland it can function as a ↗ Summer dike to restrain minor high water events and thus create a more usable foreland.

Slip-off bank Bank on the inside of a curve in a river, opposite the ↗ Cut bank

Sluice gate Structures that can be regulated or that have a defined discharge cross-section, to control the water influx or outflow of a stretch of watercourse or a retention area

Spiling Riverbank and embankment stabilisation with dense layers of living willow wands, fixed in the earth with wooden stakes

Spillway Structure used to provide the controlled release of flows from a dam or levee into a downstream area. Spillways release floods so that the water does not damage the dam. Water only flows over a spillway during a high water period. Also called overflow channel

Stepping-stone biotope Refuge for animals travelling between habitats, and from where animals and plants can also (re)colonise neighbouring areas

Stilling basin See ↗ Plunge pool

Structural diversity Complex overall structure of variously shaped areas along a stretch of flowing water

Stub groyne A short groyne, angled downstream, that has little effect on the current but structures and protects the riverbank

Substrate differentiation The simultaneous presence of various riverbed structures and materials along a stretch of flowing water

Summer dike A dike that usually protects farmland against frequent medium floods but which the more seldom severe high water events can overflow. See also ↗ Winter dike

Suspended matter Solids suspended in flowing water by the force of the current

– – – – – – – –

Terrestrial zone The vegetation zone where plants grow outside the water but are still subject to the river dynamic, for instance through frequent flooding or high groundwater levels

Tractive force The energy impinging on the riverbed exerted by the current and solids it is carrying

– – – – – – – –

Underflow Water passing under an obstacle through the earth, for instance ↗ Seep water behind a dike

– – – – – – – –

Watercourse dynamic Changes in the form and position of a watercourse, brought about by flow fluctuation and material movement

Water level-discharge ratio Relationship between the water level or discharge depth and the discharge volume in a ↗ Channel cross-section, expressed as diagram, table or equation. On gauges they are marked as discharge table.

Weir Transverse construction to regulate water level and discharge; water falls over the weir into a ↗ Plunge pool. Weirs are obstacles to the ↗ Passability of a watercourse.

Wet meadow Meadows that are affected by high groundwater levels or are periodically flooded, and thus cannot be in constant agricultural use, among the most species-rich of biotopes

Winter dike The embankment to protect settlements and low-lying areas against rare but extreme high water events; see also ↗ Summer dike

– – – – – – – –

Zig-zag sill Special form of a ramped riverbed, in which alternating depressions in the sills create a zig-zag, elongated course

参考文献精选

景观设计

Agence Ter: Bava, Henri; Hoessler, Michel; Phillippe, Olivier, 2001. Wasser, *Schichten, Horizonte. Luzern: Quart.*

Angelil, Marc; Klingmann, Anna, 1999. Hybride Morphologien – Infrastruktur. Architektur, Landschaft. In: *Daidalos*, no. 73, pp. 16–26.

Bell, Simon, 1999. *Pattern: Perception and Process.* London: E & FN Spon.

Corner, James, 1996. Aqueous Agents. The (Re-) Presentation of Water in the Landscape Architecture of Hargreaves Associates. In: *Process Architecture*, no. 128, pp. 46–61.

Dieterle, Jan, 2006. Aqua-urbane Landschaft. Hochwasserschutz und urbane Landschaft: Veränderte Problemstellungen erfordern neue Antworten. In: *Stadt + Grün*, no. 7, pp. 5–9.

Dieterle, Jan, 2006. Landschaft bauen – Hochwasserschutz als Impuls für die aqua-urbane Landschaft Oberrhein. In: *Planerin*,no. 4, pp. 39–41.

Dramsted, Wenche; Olson, James; Forman, Richard, 1996. *Landscape Ecology Principles in Landscape Architecture and Land-Use Planning.* Washington DC: Island Press.

Dreiseitl, Herbert; Grau, Dieter, 2009. *Recent Waterscapes – Planning, Building and Designing with Water.* Basle: Birkhäuser.

Grau, Dieter; Leppert, Stefan, 2002. Hochwasserschutz fürs Auge. In: *Garten + Landschaft*,no. 11, pp. 36–38.

Grosse-Bächle, Lucia, 2003. *Eine Pflanze ist kein Stein. Strategien für die Gestaltung mit der Dynamik von Pflanzen. Untersuchung an Beispielen zeitgenössischer Landschaftsarchitektur.* Beiträge zur räumlichen Planung, 72. Hanover: Schriftenreihe des Fachbereichs Landschaftsarchitektur und Umweltentwicklung der Universität Hannover.

Hargreaves, George, 1993. Most Influential Landscapes. In: *Landscape Journal, booklet* 12 (2), p. 177.

IBA Hamburg/STUDIO URBANE LANDSCHAFTEN (ed.), 2008. *Wasseratlas. WasserLand-Topologien für die Hamburger Elbinsel.* Berlin: Jovis.

Izembart, Helene; Le Boudec, Bertrand, 2003. *Waterscapes.* Land&Scape Series, GG, Barcelona: Aleu Publishers.

Klein, Rüdiger, 2004. Wehrhaft dem Hochwasser entgegen. In: *Garten + Landschaft*, no. 8, pp. 34–37.

Lohrer, Axel, 2008. Basics: *Designing with Water.* Basle: Birkhäuser.

Loidl, Hans; Bernard, Stefan, 2003. *Opening Spaces: Design as Landscape Architecture.* Basle: Birkhäuser.

Margolis, Liat; Robinson, Alexander, 2007. *Living Systems – Innovative Materials and Technologies for Landscape Architecture.* Basle: Birkhäuser.

McHarg, Ian, 1969. *Design with Nature.* New York: The Natural History Press.

Mossop, Elisabeth, 2006. Landscapes of Infrastructure. In: Waldheim, Charles (ed.), *The Landscape Urbanism Reader.* New York: Princeton Architectural Press, pp. 164–177.

Mostafavi, Mohsen with Doherty, Gareth (ed.), 2010. *Ecological Urbanism.* Baden: Lars Müller Publishers.

Prominski, Martin, 2004. *Landschaft entwerfen. Einführung in die Theorie aktueller Landschaftsarchitektur.* Berlin: Reimer.

Prominski, Martin; Maaß, Malte; Funke, Linda, 2014. *Urbane Natur gestalten. Entwurfsperspektiven zur Verbindung von Naturschutz und Freiraumnutzung.* Basle: Birkhäuser.

Rainy, Reuben M., 1996. Physicality and Narrative, In: *Process Architecture,* no. 128, pp. 30, 81.

Rietveld, Ronald, 2006. Deltawerke 2.0 – Ein Park als Deich. In: anthos – *Zeitschrift für Landschaftsarchitektur*, no. 3, pp. 40–45.

Saunders, William S. (ed.), 2008. *Designed Ecologies: The Landscape Architecture of Kongjian Yu.* Basle: Birkhäuser.

Sijmons, Dirk, 2004. *LANDSCAPE.* Amsterdam: Architectura & Natura Press.

Van Buuren, Michael; Kerkstra, Klaas, 1993. The Framework Concept and the Hydrological Landscape Structure: A New Perspective in the Design of Multifunctional Landscapes. In: Vos, Claire C.; Opdam, Paul (ed.), *Landscape Ecology of a Stressed Environment.* London: Chapman & Hall, pp. 219–243.

Venhuizen, Hans, 2000. *Amfibisch Wonen – Amphibious Living,* Rotterdam: NAi Publishers.

Venhuizen, Hans, 2006. Living on Estate Agents' Water. In: Topos, booklet 57, p. 64–69.

Von Seggern, Hille, 2004. Reflexion über die Aktualität von Wasser. In: Garten + Landschaft, no. 8, pp. 10–12.

Waldheim, Charles (ed.), 2006. *The Landscape Urbanism Reader.* New York: Princeton Architectural Press.

Woodward, Joan, 2000. *Waterstained Landscapes. Seeing and Shaping Regionally Distinctive Places.* Baltimore: John Hopkins University Press.

水体和空间开发

Baca Architects, Bre for Defra, 2009. *The LifE Project – Long-term Initiatives for Flood-Risk Environment,* http://www.baca.uk.com/LifE/downloads/Baca-LifE-Report-samplepages.pdf, accessed March 31, 2011.

Bernhardt, Christoph, 2003. Stadt am Wasser. In: *Informationen zur modernen Stadtgeschichte*, no. 2, pp. 4–13.

Beter bouw en woonrijp maken/SPR (ed.), 2009. *Waterrobust bauen – de kracht van kwetsbaarheid in een duurzaam ontwerp, Rotterdam:* self-published.

De Greef, Pieter (ed.), 2005. *Rotterdam Waterstad 2035 – Internationale Architektur Biennale.* Heijningen: Jap Sam Books.

Desfor, Gene; Laidlay, Jennefer; Stevens, Quentin; Schubert, Dirk (ed.), 2011: *Transforming Urban Waterfronts: Fixity and Flow.* New York: Routledge.

Deutsche Vereinigung für Wasserwirtschaft, Abwasser und Abfall e.V. (DWA), 2009. *Entwicklung urbaner Fließgewässer, Teil 1: Grundlagen, Planung und Umsetzung,* DWA-M 609-1.

Dreiseitl, Herbert; Grau, Dieter, 2009. *Recent Waterscapes: Planning, Building and Designing with Water.* Basle: Birkhäuser.

Dreiseitl, Herbert; Grau, Dieter, 2014. *Waterscapes Innovation.* Hongkong: Design Media Publishing.

Feyen, Jan; Shannon, Kelly; Neville, Matthew (ed.), 2009. Water and Urban Development Paradigms. Towards an Integration of Engineering, Design and Management Approaches. Balkema: CRC Press.

Gesetz zur Ordnung des Wasserhaushalts – WHG, 2009. *Wasserhaushaltsgesetz vom 31. Juli 2009 (BGBl. I S.2585), das durch Artikel 12 des Gesetzes vom 11. August 2010 (BGBl.I S.1163) geändert worden ist.* http://www.gesetze-im-internet.de/bundesrecht/whg_2009/gesamt.pdf, accessed October 7, 2011.

Haass, Heiner, 2005. *Stadt am Wasser – Neue Chancen für Kommunen und Tourismus.* Schriftenreihe Lebendige Stadt, volume 4. Frankfurt am Main: Societäts-Verlag.

Hoimijer, Fransje; Meyer, Han; Nienhuis, Arjan (ed.), 2005. *Atlas of Dutch Water Cities. Amsterdam*: SUN Publishers.

Hough, Michael, 1984. *City Form and Natural Process.* Sydney: Croom Helm Ltd.

Huisman, P.; Koekebakker, O.; de Baan, C. (ed.), 2005. *De Hollandse Waterstad – Water Cities.* Rotterdam: Internationale Architectuur Biënnale.

Hurck, Rudolf; Raasch, Ulrike; Kaiser, Mathias, 2005. Wasserrahmenrichtlinie und Raumplanung – Berührungspunkte und Möglichkeiten der Zusammenarbeit. In: Alfred Toepfer Akademie für Naturschutz (ed.), *Fließgewässerschutz und Auenentwicklung im Zeichen der Wasserrahmenrichtlinie – Kommunikation, Planung, fachliche Konzepte.* Schneverdingen. pp. 37–50.

Jansen, Peter, 2001. *Bauen am Wasser – Planungsgrundlagen für Siedlungen und Gebäude an Binnengewässern unter Berücksichtigung bootssportorientierten Gewässerbaus.* Berlin: Verlag Dr. Köster.

Knechtel, John (ed.), 2009. Water, In: Alphabet City Magazine, Cambridge: The MIT Press.

Kögel, Eduard, 2006. *Dialoge über das Bauen am Wasser in der Volksrepublik China und in Deutschland.* Berlin: Stadtkultur International e.V. http://www.stadtkultur-international.de/pubningbo/inhningbo.html

Mathur, Anuradha, 1996. *Recovering Ground. The Shifting Landscape of Dacca – Landscape Transformed.* London: Academy Editions.

Mathur, Anuradha; Cunha, Dilip Da, 2006. *Deccan Traverses. The Making of Bangalore's Terrain.* New Delhi: Rupa & Co.

Meyer, Han; Bobbink, Inge; Nijhuis, Steffen (ed.), 2010. *The Netherlands (Delta Urbanism).* Washington: American College Personnel Association.

Montag Stiftung Urbane Räume and Regionale 2010 (ed.); Hölzer, Christoph; Hundt, Tobias, Lüke, Caroline; Hamm, Oliver G., 2008. *Riverscapes – Designing Urban Embankments.* Basle: Birkhäuser.

Novotny, Vladimir; Brown, Paul (ed.), 2007. *Cities of the Future: Towards Integrated Sustainable Water and Landscape Management.* London: IWA Publishers.

Olthuis, Koen; Keuning, David, 2010. *Float! Building on Water to Combat Urban Congestion and Climate Change.* Amsterdam: Frame Publishers.

Reh, Wouter; Steenbergen, Clemens; Aten, Diederik, 2005. *Sea of Land. The Polder as an Experimental Atlas of Dutch Landscape Architecture.* Wormerveer: Stichting Uitgeverij Noord-Holland, Amsterdam: Uitgeverij Thoth.

Rheinkolleg (ed.), 2010. *Das Wasser bedenken – Living with Floods.* Karlsruhe: Engelhard und Bauer.

Ruimte voor de Rivier Programmdirectie (ed.); de Koning, Robbert; Eshuis, Liesbeth, 2008. *Rivieren & Inspiratie – Ruimte voor de Rivier.* Delft: Eburon Academic Publishers. http://www.hoogwaterplatform.nl/dmdocuments/Rivieren%20en%20Inspiratie.pdf, accessed November 1, 2010.

Ruimtelijk Planbureau Den Haag, 2003. *Naar zee! Ontwerpen aan de kust.* Rotterdam: NAi Publishers.

Schubert, Dirk (ed.), 2002. *Hafen- und Uferzonen im Wandel – Analysen und Planungen zur Revitalisierung der Waterfront in Hafenstädten.* Second edition. Berlin: Leue Verlag.

Shannon, Kelly et al. (ed.), 2008. *Water Urbanism.* Amsterdam: SUN Publishers.

Strauß, Christian, 2002. *Amphibische Stadtentwicklung – Wasser im Lebensraum Stadt. Zur Integration des Wassers in die Stadtplanung.* Berlin: Leue Verlag.

Strauß, Christian, 2002. Hydrophile Zukunft. In: *Garten + Landschaft,* no. 11, pp. 6–11.

Tjallingii, Sybrand, 1993. Water Relations in Urban Systems – An Ecological Approach to Planning and Design. In: Vos, Claire C.; Opdam, Paul (ed.), *Landscape Ecology of a Stressed Environment.* London: Chapman & Hall Publishers, pp. 281–302.

Wasserstadt GmbH Berlin, 2000. *Wasser in der Stadt – Perspektiven einer neuen Urbanität.* Berlin: Transit Buchverlag.

Watson, Donald; Adams, Michele (ed.), 2010. *Design for Flooding: Architecture, Landscape, and Urban Design for Resilience to Climate Change.* New York: Wiley.

White, Iain, 2010. *Water and the City. Risk, Resilience and Planning for a Sustainable Future.* Abingdon, Oxfordshire: Routledge.

历史和文化

Blackbourn, David, 2007. The *Conquest of Nature: Water, Landscape and the Making of Modern Germany.* London: Pimlico.

Deutsche Forschungsgemeinschaft (DFG), 2003. *Wasserforschung im Spannungsfeld zwischen Gegenwartsbewältigung und Zukunftssicherung.* Weinheim: Wiley-VCH.

Frank, Susanne; Gandy, Matthew (ed.), 2006. *Hydropolis. Wasser und die Stadt der Moderne.* Frankfurt am Main/New York: Campus.

Horstmann, Markus; Knutti, Andreas, 2002. *Befreite Wasser – Entdeckungsreisen in revitalisierte Flusslandschaften der Schweiz.* Zürich: Rotpunktverlag.

Ipsen, Detlev, 1994. Umweltwahrnehmung und Umgang mit Wasser in Agglomerationsräumen. Forschungsprojekt Wasserkreislauf und urbanökologische Entwicklung. In: *WasserKultur Texte,* 5. Kassel: Forschungsprojekt Wasserkreislauf und urban-ökologische Entwicklung.

Ipsen, Detlev, 2003. Neue Wasserkultur, kooperative Planung und dichte Partizipation. In: Schluchter, Wolfgang; Elkins, Stephan (ed.), *Wasser Macht Leben.* Cottbus: UWV BTU Cottbus.

Kunst- und Ausstellungshalle der Bundesrepublik Deutschland GmbH (ed.), 2000. *Wasser.* Köln: Druck- und Verlagshaus Wienand.

Parodi, Oliver, 2008. *Technik am Fluss. Philosophische und kulturwissenschaftliche Betrachtungen zum Wasserbau als kulturelle Unternehmung.* München: Oekom.

Parodi, Oliver (ed.), 2009. *Towards Resilient Water Landscapes.* Karlsruhe: KIT Scientific Publishing.

Picon, Antoine, 2005. Constructing Landscape by Engineering Water. In: Institute for Landscape Architecture, ETH Zurich (ed.), *Landscape Architecture in Mutation.* Zurich: Gta, pp. 99–114.

Tümmers, Horst Johannes, 1999. *Der Rhein – Ein europäischer Fluss und seine Geschichte.* München: C. H. Beck.

Universität Osnabrück, Institut für Umweltsystemforschung (ed.), 2005. Harmonising *Collaborative Planning: Learning Together to Manage Together. Improving Participation in Water Management.* Osnabrück. http://ecologic.eu/de/1624, accessed April 1, 2011.

水利工程、水文和河流生态学

Begemann, Wolf; Schiechtl, Hugo Meinhard, 1994. *Ingenieurbiologie. Handbuch zum ökologischen Wasser- und Erdbau.* Second edition. Wiesbaden: Bauverlag.

Briem, Elmar, 2002. *Formen und Strukturen der Fließgewässer: Ein Handbuch der morphologischen Fließgewässerkunde.* ATV-DVWK-Arbeitsbericht. Hennef.

Bundesministerium für Umwelt, Naturschutz und Reaktorsicherheit – BMU (Federal Ministry for the Environment, Nature Conservation and Nuclear Safety), department for public relations, 2009. *Auenzustandsbericht, Flussauen in Deutschland;* Berlin. http://www.bmu.de/files/pdfs/allgemein/application/pdf/auenzustandsbericht_bf.pdf, accessed March 31, 2010

Deutsche Vereinigung für Wasserwirtschaft, Abwasser und Abfall e.V. (DVWA) (ed.), 2000. *Gestaltung und Pflege von Wasserläufen in urbanen Gebieten.* Leaflet 252/2000. Hennef.

Deutsche Vereinigung für Wasserwirtschaft, Abwasser und Abfall e.V. (DVWA) (ed.), 2009. *Entwicklung urbaner Fließgewässer, Teil 1 – Grundlagen, Planung und Umsetzung, Leaflet* DWA-M 609-1. Hennef.

Deutsche Vereinigung für Wasserwirtschaft, Abwasser und Abfall e.V. (DVWA) (ed.), 2010. *Fischaufstiegsanlagen und fischpassierbare Bauwerke: Gestaltung, Bemessung, Qualitätssicherung.* Leaflet DWA-M 509. Draft February 2010. Hennef.

Deutscher Rat für Landespflege e.V. (DRL) (ed.), 2008. *Kompensation von Strukturdefiziten in Fließgewässern durch Strahlwirkung;* Schriftenreihe des DRL, no. 81. Meckenheim.

Deutscher Rat für Landespflege e.V. (DRL) (ed.), 2009. *Verbesserung der biologischen Vielfalt in Fließgewässern und ihren Auen*; Schriftenreihe des DRL, no. 82. Meckenheim.

Dickhaut, Wolfgang; Schwark, Andre; Franke, Karin, 2006. *Fließgewässerrenaturierung heute. Auf dem Weg zur Umsetzung der Wasserrahmenrichtlinie. Forschungsbericht Fließgewässerrenaturierung heute – Forschung zu Effizienz und Umsetzungspraxis.* Norderstedt: Books on Demand.

European Flood Risk Management Directive (FRMD), 2007. *Directive 2007/60/EC of the European Parliament and of the Council of 23 October 2007 on the Assessment and Management of Flood Risks.*
http://eur-lex.europa.eu/LexUriServ/LexUriServ.do?uri=OJ:L:2007:288:0027:0034:EN:PDF, accessed July 25, 2011.

European Water Framework Directive (WFD), 2000. *Directive 2000/60/EC of the European Parliament and of the Council of 23 October 2000 Establishing a Framework for Community Action in the Field of Water Policy,* Article 4.
http://eur-lex.europa.eu/LexUriServ/LexUriServ.do?uri=CELEX:32000L0060:EN:HTML, accessed July 25, 2011.

Federal Interagency Stream Restoration Working Group (FISRWG), 1998. *Stream Corridor Restoration – Principles, Processes, and Practices,* GPO Item No. 0120-A; SuDocs No. A 57.6/2: EN 3/PT.653.

Gebler, Rolf-Jürgen, 1991. *Sohlrampen und Fischaufstiege.* Walzbachtal: self-published.

Gebler, Rolf-Jürgen, 2005. *Entwicklung naturnaher Bäche und Flüsse. Maßnahmen zur Strukturverbesserung – Grundlagen und Beispiele aus der Praxis.* Walzbachtal: Verlag Wasser und Umwelt.

Gerhard, Marc; Reich, M., 2001. *Totholz in Fließgewässern – Empfehlungen zur Gewässerentwicklung.* Fortbildungsgesellschaft für Gewässerentwicklung. Mainz: GFGmbH & WBWmbH.

Huisman, P., 2004. *Water in the Netherlands.Managing Checks and Balances*, NHV-special, no. 6, Utrecht.

Junker, Berit; Buchecker, Matthias, 2008. Aesthetic Preferences Versus Ecological Objectives in River Restorations. In: *Landscape and Urban Planning,* vol. 85 (3), pp. 141–154.

Jürging, Peter; Kraus, Werner; Patt, Heinz, 2004. *Naturnaher Wasserbau. Entwicklung und Gestaltung von Fließgewässern.* Heidelberg: Springer.

Jürging, Peter; Patt, Heinz, 2005. *Fließgewässer- und Auenentwicklung. Grundlagen und Erfahrungen.* Berlin: Springer.

Kaiser, Oliver, 2005. *Bewertung und Entwicklung urbaner Fließgewässer.* Freiburg: Ph.D. thesis at the Faculty for Forest and Environmental Sciences, Institute for Landscape Management. Culterra 44.

Kaiser, Oliver; Schüle, Franziska, 2004. Bewertung städtischer Fließgewässer. In: *Wasserwirtschaft,* no. 4, pp. 20–26.

Kern, K., 1994. *Grundlagen naturnaher Gewässergestaltung.* Heidelberg: Springer.

Kommunale Umwelt-Aktion U.A.N.; Netzwerk FluR – Netzwerk Fließgewässer im urbanen Raum e.V., 2010. *Revitalisierung urbaner Flüsse und Bäche, Empfehlungen und Tipps von kommunalen Akteuren für kommunale Akteure.* Hanover.

Lange, Gerd; Lecher, Kurt (ed.), 1986. *Gewässerregelung, Gewässerpflege. Naturnaher Ausbau und Unterhaltung von Fließgewässern.* Hamburg: Parey.

Larsen, Peter (ed.), 1991. Beiträge zur naturnahen Umgestaltung von Fließgewässern. In: *Mitteilungen des Instituts für Wasserbau und Kulturtechnik der Universität Karlsruhe (TH),* no. 180. Karlsruhe.

Lechner, Kurt; Lühr, Hans-Peter; Zanke, Ulrich C. E., 2001. *Taschenbuch der Wasserwirtschaft.* Hamburg: Parey.

Lehmann, Boris, 2005. Empfehlungen zur naturnahen Gewässerentwicklung im urbanen Raum – unter Berücksichtigung der Hochwassersicherheit. In: *Mitteilungen des Instituts für Wasser- und Gewässerentwicklung der Universität Karlsruhe (TH),* no. 230. Karlsruhe.

Mangelsdorf, Joachim; Scheurmann, Karl, 1990. *River Morphology: A Guide for Geoscientists and Engineers.* Berlin, New York: Springer.

Margolis, Liat; Chaouni, Aziza, 2015. *Out of Water: Design Solutions for Arid Regions.* Basle: Birkhäuser.

Ministerie van Verkeer en Waterstaat (ed.), 2007. *Hoogwater als uitdaging 2.0 – Meervoudig gebruik van de dijk en het buitendijks gebied: wie durft?* Utrecht.
http://www.klimaatdijk.nl/pagina.asp?id=65&L=2, accessed July 25, 2011

Ministerium für Umwelt und Naturschutz, Landwirtschaft und Verbraucherschutz des Landes Nordrhein-Westfalen – MUNLV (Ministry of the Environment and Conservation, Agriculture and Consumer Protection, Northrhine-Westphalia), 2008. *Ökologische Gewässerprojekte von Städten und Gemeinden. Beiträge zur Umsetzung der europäischen Wasserrahmenrichtlinie in Nordrhein-Westfalen.* Düsseldorf.

Netzwerk FluR – Fließgewässer im urbanen Raum e.V. *Gewässersteckbriefe.*
http://www.netzwerk-flur.de, accessed March 9, 2010

New York City Department of City Planning, 2013. *Coastal Climate Resilience: Urban Waterfront Adaptive Strategies Report 2013, pp.78–79.*
http://www1.nyc.gov/assets/planning/download/pdf/plans-studies/sustainable-communities/climate-resilience/urban_waterfront_print.pdf, accessed January 26, 2017.

Niedersächsischer Landesbetrieb für Wasserwirtschaft, Küsten- und Naturschutz (NLWKN) (ed.), 2008. *Leitfaden Maßnahmenplanung Oberflächengewässer, Teil A Fließgewässermorphologie, Empfehlungen zu Auswahl, Prioritätensetzung und Umsetzung von Maßnahmen zur Entwicklung niedersächsischer Fließgewässer.* Wasserrahmenrichtlinie, vol. 2. Hanover.

Odum, Eugene P., 1983. *Basic Ecology.* Philadelphia: Saunders College Pub.

Patt, Heinz, 2001. *Hochwasser-Handbuch. Auswirkungen und Schutz.* Heidelberg: Springer.

Schaffernak, Friedrich, 1950. *Grundriss der Flussmorphologie und des Flussbaues.* Vienna: Springer.

Scherle, Jürgen, 1999. Entwicklung naturnaher Gewässerstrukturen – Grundlagen, Leitbilder, Planung. In: *Mitteilungen des Instituts Wasserwirtschaft und Kulturtechnik der Universität Karlsruhe (TH)*, no. 199, Karlsruhe.

Schwenk, Theodor, 1965. *Sensitive Chaos– The Creation of Flowing Forms in Water and Air.* London: Rudolf Steiner Press.

Shaw, Elizabeth; Beven, Keith; Chappell, Nick; Lamb, Rob, 2010. *Hydrology in Practice*, fourth edition. Abingdon, Oxford: Taylor & Francis.

Strobl, Theodor; Zunic, Franz, 2006. *Wasserbau. Aktuelle Grundlagen – Neue Entwicklungen.* Heidelberg: Springer.

Sukopp, Herbert; Wittig, Rüdiger (ed.), 1998. *Stadtökologie – Ein Fachbuch für Studium und Praxis.* Stuttgart: Gustav Fischer.

Toepfer, Alfred; Akademie für Naturschutz (ed.), 2005. Fließgewässerschutz und Auenentwicklung im Zeichen der Wasserrahmenrichtlinie – Kommunikation, Planung, fachliche Konzepte. In: *NNA-Berichte,* vol. 18, 1. Schneverdingen.

Tönsmann, Frank (ed.), 1996. Sanierung und Renaturierung von Fließgewässern -Grundlagen und Praxis. In: *Kasseler Wasserbau-Mittteilungen*, no. 6. Kassel: Herkules Verlag, p. 31.

Umweltbundesamt (Federal Environment Agency), 2010. Daten zur Umwelt – *Umweltzustand in Deutschland – Binnengewässer – Gewässerstruktur.*
http://www.umweltbundesamt-daten-zur-umwelt.de/umweltdaten/public/theme.do?nodeIdent=2393, accessed April 9, 2010

索引

河流索引

地名索引

项目和规划区域索引

主题索引

以粗体显示的页码表示此处详细讲解该主题。

A

B

C

D

S

T

U

V

W

Z

作者简介

马丁·普林斯基教授，生于1967年，于柏林工业大学就读景观设计专业。获哈佛大学设计学院研究生院DAAD奖学金。博士学位论文为《复杂景观设计》。从2003年至2008年，他担任当代风景园林理论专业的助理教授，2009年成为汉诺威莱布尼茨大学城市景观设计专业的全职教授。

安特耶·施托克曼教授，生于1973年，曾就读于汉诺威莱布尼茨大学和爱丁堡艺术学院景观设计专业。2005年至2010年，她在汉诺威莱布尼茨大学担任生态系统设计和流域管理专业助理教授。2010年至2017年，成为斯图加特大学景观规划与生态研究所的全职教授及所长。自2017年起，她就任汉堡海港城大学建筑与景观专业的全职教授。

苏珊娜·泽勒，1972年出生，曾就读于汉诺威莱布尼茨大学景观设计专业，并在荷兰乌得勒支的景观设计实践H+N+S 景观设计事务所工作，其工作重点是设计河岸空间。自2008年以来，苏珊娜·泽勒一直于汉诺威莱布尼茨大学城市河流空间过程导向设计项目及其他水相关的国际研究项目中担任研究员。自2010年以来，她成为汉诺威莱布尼茨大学城市景观设计系讲师。

丹尼尔·斯蒂姆伯格，1977年出生，曾就读于柏林工业大学景观设计专业。2006年，他成为柏林TH treibhaus景观设计事务所的创始合伙人之一。从2008年至2010年，他在汉诺威莱布尼茨大学城市河流空间过程导向设计项目中担任研究员。自2010年以来，丹尼尔·斯蒂姆伯格长期工作于柏林Häfner/Jiménez景观设计事务所。

辛纳克·沃尔玛尼克，1970年出生，是一名专注于水体的土木工程师；曾就读于不伦瑞克工业大学。2002年，辛纳克·沃尔玛尼克与合作伙伴于汉诺威共同创办了aquaplaner工作室，主营水环境、污水管理相关的工程实践。从2008年至2010年，他于汉诺威莱布尼茨大学城市河流空间过程导向设计项目中担任研究员。

卡塔琳娜·巴伊茨，生于1983年，先后在卢布尔雅那大学学习视觉艺术教育、在卢布尔雅那（Ljubljana）、汉诺威莱布尼茨大学和慕尼黑大学学习景观设计。2005年至2015年，她曾在德国、葡萄牙和斯洛文尼亚的艺术画廊、景观建筑和城市规划工作室工作。2015年，她成为加利福尼亚大学伯克利分校环境设计学院的研究学者。自2016年以来，她长期在斯图加特大学景观规划与生态学院任教和研究。

致谢

我们衷心感谢所有为本书编写提供信息、计划和项目照片的人，尤其感谢那些带我们参观项目现场的人：

Michael Aggeler, Böhringer AG, Oberwil; Iñaki Alday Sanz, aldayjover, Barcelona; Rudolf Bossert, Tiefbauamt (Public Works Department), Basel-Stadt; Isolde Britz, Bürgerstiftung Lörrach; Reinhard Buchli, Tiefbau- und Entsorgungsdepartement (Public Works and Disposal Department), City of Zurich; M. Bury, Agence fluviale et maritime, Amiens; Peter Davids, Büro Davids | Terfrüchte + Partner, Essen; Günther Deiler, Tiefbauamt (Public Works Department), Bad Kreuznach; Volker Hahn, Amt für Umwelt und Arbeitsschutz (Agency for the Environment and Occupational Health and Safety), City of Karlsruhe; Heinz-Josef Heuckmann, Amt für Umweltschutz (Agency for Environmental Protection), City of Beckum; M. Jameaux, DSEA, Creteil; Matthias Junge, Wasserwirtschaftsamt (Water Authority), Munich; Daniel Küry, Life Science AG, Basle; Matthijs Logtenberg, Dienst Landelijk Gebied (DLG), Zwolle; Rolf Mosimann, Tiefbauamt (Public Works Department), Kanton Basel-Landschaft; Pascal Murguet, service espace vert, Coulaines; Mr. Pellicioli, DSEA, Conseil général du Val-de-Marne; Pierre Pionchon, landscape architect, Vaulx-en-Velin; Christophe Rouillon, Coulaines; Mechthild Semrau, Emschergenossenschaft und Lippeverband, Essen; Volker Stelzig, Büro Stelzig, Soest; Grit van Dinter-Schneider, Waterschap Rivierenland; Tom Veenhoff, Waterschap Rivierenland; Hans Wetzl, Tiefbauamt (Public Works Department), City of Karlsruhe; Detlef Wagner, Kasseler Entwässerungsbetrieb (Water Authority), City of Kassel; Angela Wandelt, Verein Neue Ufer, Leipzig; Gilbert Wilk, Büro Wilk Salinas, Berlin.

我们特别感谢安博戴水道（Ramboll Studio Dreiseitl）、土人设计、SWA设计团队和Superpositions设计团队的为本书第二版提供的支持。

图片来源

此处未列明的所有照片和图片均由作者拍摄或绘制。

- - - - - - - -

1 基础知识

8 photograph: HafenCity Hamburg GmbH
14 photographs: Michael Aggeler, Böhringer AG, Oberwil
16 photograph: Stephan Pflug, IBA Hamburg GmbH
18 Charte des alten Flußlaufes im Ober-Rhein-Thal, published by BRAUN in Karlsruhe. Source: http://de.wikipedia.org/wiki/Datei:Rheinkarte.JPG
22 top Drawn after: Lange, Gerd; Lecher, Kurt (ed.), 1986. *Gewässerregelung, Gewässerpflege. Naturnaher Ausbau und Unterhaltung von Fließgewässern.* Hamburg: Parey Verlag, p. 59.
23 top right Drawn after: Schaffernak, Friedrich 1950. *Grundriss der Flussmorphologie und des Flussbaues.* Vienna: Springer, p. 45.
24 bottom Drawn after: Schwanke, Karsten, 2005. *Landschaftsformen. Unsere Erde im Wandel – den gestaltenden Kräften auf der Spur.* Berlin: Springer, p. 125.
25 aerial view: Blom Deutschland GmbH, Neubrandenburg
26 drawn after: LAWA Länder Arbeitsgemeinschaft Wasser. Karte der biozönotisch bedeutsamen Fließgewässertypen Deutschlands (December 2003)
http://www.fliessgewaesserbewertung.de/download/typologie/
27 drawn after: Federal Interagency Stream Restoration Working Group (FISRWG), 1998. *Federal Stream Corridor Restoration Handbook. Principles,* Processes, and Practices. Washington, DC: self-published, chapter 1, p. 24.
http://www.nrcs.usda.gov/technical/stream_restoration/
35 photograph: Engler, City of Wörth am Main

- - - - - - - -

2 设计目录

61 A5.3 photograph: SLG Paysage, Kremlin Bicêtre
62 A5.5 photograph: SLG Paysage, Kremlin Bicêtre
66/67 photograph: Anja Wölfelschneider, Fotostudio Lichtnis, Lützelbach
73 B1.1 photograph: Engler, City of Wörth am Main
74 B1.3 photograph: H+N+S Landschapsarchitecten, Utrecht
75 B1.6 right dS+V, City of Rotterdam
79 B3.1 photograph: Dr. Klaus Arzet, Wasserwirtschaftsamt (Water Authority) Munich
79 B3.2 photograph: Aquastop, Neuwied
83 B5.1 photograph: Aquastop, Neuwied
83 B5.2 photograph: Waterschap Rivierenland
85 B6.3 photograph: Fabio Chironi, Superpositions
86/87 aerial view: Expoagua Zaragoza 2008
93 C1.1 Landschaft planen+bauen Berlin GmbH, courtesy of Emschergenossenschaft
93 C1.2 aerial view: Microsoft Bing Maps
99 C2.5 right photograph: Gerd Franke, Cologne
101 C3.3 photograph: Markus Sorger, Hamburg
108/109 photograph: Marion Plassmann, Birkhäuser Verlag
116 D1.4 photograph: Isolde Britz, Lörracher Stadtbau-GmbH
116 D1.5 photograph: Michael Aggeler, Böhringer AG, Oberwil
125 D4.7 photograph: Ramboll Studio Dreiseitl

- - - - - - - -

3 案例

All schematic sections were drawn by the authors. They document the riverbank structure in principle but do not represent exact to-scale drawings. The sections illustrate an estimated ratio of height to width based on on-site visits and photographs.

157; 3 aerial view: Blom Deutschland GmbH, Neubrandenburg
160/161; 1, 4, 5, 6 photographs: Mike Roemer, Stoss Landscape Urbanism
161; 3 photograph: Chris Rand, Stoss Landscape Urbanism
165; 4, 5 photographs: Schweingruber Zulauf Landschaftsarchitekten, Zurich
167; 6 aerial view: Blom Deutschland GmbH, Neubrandenburg
172/173; 1, 3, 4 photographs: SLG Paysage, Kremlin Bicêtre
174/175; 1 photograph: Burgold; 3, 4 photographs: Peter Hellbrück
176/177; 1, 3, 4, 5 photographs: Martin Richard, Davids | Terfrüchte + Partner, Essen
178/179 photograph: Anja Wölfelschneider, Fotostudio Lichtnis, Lützelbach
185; 4 aerial view: Microsoft Bing Maps (modified by authors)
187 H+N+S Landschapsarchitecten, Utrecht, October 2010, courtesy of Overijssel Province (key modified by authors)
188/189; 1, 4, 5 Wasserwirtschaftsamt (Water Authority) Aschaffenburg
189; 3 aerial view: Diephold, courtesy of Wasserwirtschaftsamt (Water Authority) Aschaffenburg
191; 4, 5 Wasserwirtschaftsamt (Water Authority) Aschaffenburg
193; 9 photograph: Engler, City of Wörth am Main
199; 4, 5 photographs: City of Regensburg, Peter Ferstl
199; 3 plan: Wasserwirtschaftsamt (Water Authority) Regensburg
201; 4, 5 H+N+S Landschapsarchitecten, Utrecht
204/205 aerial view: Expoagua Zaragoza 2008
206; 1 Noord Brabant Province
207; 3 aerial view: Microsoft Bing Maps (modified by authors)
207; 4, 5 Bos Slabbers Landschapsarchitecten, Arnhem
209; 3 aerial view: Microsoft Bing Maps
210; 1 photograph: Bill Tatham, SWA
211; 3, 4, 5 photographs: Tom Fox, SWA
212; 1 aerial view: Expoagua Zaragoza 2008
215; 7 aldayjover, Barcelona
219; 3 courtesy of City of Zuera
221; 9 plan: aldayjover, Barcelona
226; 1 photograph: Börries von Detten
227; 9 plan: foundation 5+ landschaftsarchitekten und planer
229; 3 aerial view: Microsoft Bing Maps (modified by authors)
230/231; 1, 3, 5 BGH Plan, Trier
233; 3 aerial view: Microsoft Bing Maps
235; 3 plan: HYL, Paris, courtesy of the Municipality of Coulaines
239; 3 Information sign of the states of Baden-Wuerttemberg and Rhineland-Palatinate, Brühl 2010 (photograph: authors)
243; 4 aerial view: Microsoft Bing Maps
245; 2 aerial view: Microsoft Bing Maps
247; 8: plan: H+N+S Landschapsarchitecten, Stroming and TNO, courtesy of Gelderland Province (key modified by authors)
248/249; 1, 6 Municipality of Dordrecht
249; 3 aerial view: Microsoft Bing Maps
251; 3 plan: Atelier Loidl, Berlin
252/253; 1, 3, 4, 5, 6, 7, 8, 9, 10, 11, 12, 13 photographs: Kongjian Yu, Turenscape
256/257; 1, 4, 5, 6, 7 photographs: Kongjian Yu, Turenscape
257; 3 plan: Kongjian Yu, Turenscape
258/259 photograph: Marion Plassmann, Birkhäuser Verlag
261; 3 aerial view: Blom Deutschland GmbH, Neubrandenburg
264/265; 1, 4, 5, 6 photographs: Michael Aggeler, Böhringer AG, Oberwil
265; 3 plan: Böhringer AG, Oberwil
266; 1 photograph: PUB and Ramboll Studio Dreiseitl
266/267; 3, 4, 5, 6, 7 photographs: Ramboll Studio Dreiseitl
268/269; 8, 9, 10, 12, 13 photographs: Ramboll Studio Dreiseitl
271; 3 aerial view: Microsoft Bing Maps
275; 10 plan: Grünprojekt Ladenburg 2005, Luz Landschaftsarchitektur, Stuttgart
277; 3 aerial view: Microsoft Bing Maps
281; 3 plan: Basel-Stadt, Tiefbauamt (Public Works Department)
253; 3 plan: Jacob Landschaftsplanung, Basle
283; 4 Petra Böttcher, Efringen-Kirchen, courtesy of
Lörracher Stadtbau-GmbH
283; 6 photograph: Isolde Britz, Lörracher Stadtbau-GmbH, Lörrach
286/287; 1, 5 photographs: Fabio Chironi, Superpositions
287; 4 illustration: Superpositions
288/289; 7, 8, 9 photographs: Jacques Berthet, Superpositions
288; 11, 12, 13, 14 photographs: Superpositions
288; 10 plan: Superpositions
290/291; 1, 3 aerial view: Blossey, courtesy of Emschergenossenschaft
292; 5, 6 Landschaft planen+bauen, Berlin, courtesy of Emschergenossenschaft
293; 7 photograph: Atelier Dreiseitl, Überlingen
297; 10 aerial view: Microsoft Bing Maps
298; 1 aerial view courtesy of Kasseler Entwässerungsbetrieb (KEB)
299; 3 plan: Kasseler Entwässerungsbetrieb (KEB)
301; 3 Aquaplaner, Hanover
303; 3 Kasseler Entwässerungsbetrieb (KEB)
305; 4 City of Beckum

著作权合同登记图字：01-2019-5704号

图书在版编目（CIP）数据

河流空间设计：城市河流规划策略、方法与案例/（德）马丁·普林斯基等著；王秀蘅等译.
北京：中国建筑工业出版社，2019.10
书名原文：River Space Design Planning:Strategies,Methods and Projects for Urban Rivers
ISBN 978-7-112-24079-1

Ⅰ.①河… Ⅱ. ①马…②王… Ⅲ.①城市-河流-水利规划-研究 Ⅳ.①TV212.4

中国版本图书馆CIP数据核字（2019）第172064号

RIVER. SPACE. DESIGN.
Planning Strategies, Methods and Projects for Urban Rivers
Second and Enlarged Edition
Martin Prominski, Antje Stokman, Susanne Zeller, Daniel Stimberg, Hinnerk Voermanek, Katarina Bajc
ISBN 978-3-0356-1186-1

责任编辑：石枫华　孙书妍
责任校对：姜小莲

河流空间设计
城市河流规划策略、方法与案例
（原著第二版增补本）

［德］马丁·普林斯基
［德］安特耶·施托克曼
［德］苏珊娜·泽勒
［德］丹尼尔·斯蒂姆伯格
［德］辛纳克·沃尔玛尼克
［斯洛文尼亚］卡塔琳娜·巴伊茨　著

王秀蘅　王秋茹　王秀慧　王　群　译

*

中国建筑工业出版社出版、发行（北京海淀三里河路9号）
各地新华书店、建筑书店经销
北京建筑工业印刷厂制版
天津图文方嘉印刷有限公司印刷

*

开本：880×1230毫米　1/16　印张：21　字数：472千字
2019年10月第一版　2019年10月第一次印刷
定价：**269.00**元
ISBN 978-7-112-24079-1
（34185）